计算机软硬件技术基础

主　编　马建锋　冯寿鹏

副主编　袁春霞　孙燕明

西安电子科技大学出版社

内 容 简 介

本书以培养学生的信息素养为目标，以职业技术教育对计算机应用能力的要求为核心，以“理论与实践并重，应试与技能兼顾”为原则，从实用、易用、管用角度出发，按照“模块化、任务式”形式组织内容。

本书共分七个模块，内容包括计算机系统组成、操作系统的使用、文字处理技术、数据处理技术、多媒体课件制作技术、局域网技术和常用工具软件。

本书图文并茂、通俗易懂、实践性强，能使学生通过实训操作，在巩固计算机理论基础知识和掌握办公软件使用技巧的基础上，全面培养和提高信息素养与计算机应用能力。

本书不仅可作为大专院校和职业技术院校学生的计算机基础教材，也可供广大计算机爱好者自学使用。

本书资源获取方式：

(1) 通过链接获取(http://pan.baidu.com/s/1QCWm1_VD1Ps6JaoMZIOZUQ)，提取码：et64。

(2) 发送邮件至 sun_41@163.com 咨询本书相关问题或索取相关资源。

图书在版编目(CIP)数据

计算机软硬件技术基础 / 马建锋，冯寿鹏主编. —西安：西安电子科技大学出版社，2019.6
(2023.1 重印)
ISBN 978-7-5606-5308-2

Ⅰ.① 计…　Ⅱ.① 马…　② 冯…　Ⅲ.① 电子计算机—基本知识　Ⅳ.① TP3

中国版本图书馆 CIP 数据核字(2019)第 078552 号

策　　划　成　毅
责任编辑　成　毅
出版发行　西安电子科技大学出版社(西安市太白南路 2 号)
电　　话　(029)88202421　88201467　　邮　　编　710071
网　　址　www.xduph.com　　电子邮箱　xdupfxb001@163.com
经　　销　新华书店
印刷单位　西安日报社印务中心
版　　次　2019 年 6 月第 1 版　2023 年 1 月第 2 次印刷
开　　本　787 毫米×1092 毫米　1/16　印　张　23.5
字　　数　563 千字
印　　数　3001～4000 册
定　　价　54.00 元
ISBN 978-7-5606-5308-2 / TN
XDUP 5610001-2

前　言

随着计算机应用技术的日益发展与计算机普及率的快速增长，高等院校的计算机基础教育不仅仅是启发学生追求先进的科学技术，激发学生的创新意识，提高学生的综合素质，更重要的是培养学生学习新知识的主动性和积极性，以及运用计算机知识处理现实问题的思维方式和实践能力。信息技术的不断进步深刻地改变着竞争力的内涵和要素，人的信息化素质成为人类社会最富活力的增长点。我们只有认真地学信息化、钻信息化、用信息化，才能占领信息化的制高点，才能在未来信息化战场上立于优势地位。

本书根据教育部高等院校非计算机专业计算机基础课程教学指导分委员会提出的“大学计算机基础课程教学基本要求”，结合职业技术教育对学生计算机应用能力的要求和多年来的教学实践编写而成。全书从实用、易用的角度出发，改变传统以知识点为主线的教学模式，按照“模块化、任务式”形式组织教学内容，主要内容包括计算机系统组成、操作系统的使用、文字处理技术、数据处理技术、多媒体课件制作技术、局域网技术和常用工具软件七个模块，共计三十八个任务。每个任务采用【学习目标】→【相关知识】→【任务说明】→【任务实施】→【课堂练习】→【知识扩展】的结构进行叙述。全书思路清晰、层次清楚、选材新颖、图文并茂、版面活泼、通俗易懂、应用性强。学生通过实际训练，在巩固计算机理论基础知识和掌握办公软件使用的基础上，应用能力和信息素养将得到全面培养和提高。

参与编写本书的作者，都是长期工作在计算机教学科研一线的计算机专业教师，具有丰富的教学经验。本书由马建锋和冯寿鹏担任主编，袁春霞和孙燕明担任副主编。本书模块一由马建锋编写，模块二由袁春霞编写，模块三由郑寇全和徐莎莎共同编写，模块四由冯寿鹏编写，模块五由孙燕明编写，模块六由李忍东和惠军华共同编写，模块七由朱敏编写，梁政和杨娟参与了部分内容的编写和校对工作。冯寿鹏教授对全书进行了统稿。

本书在编写过程中得到了军事信息服务运用教研室全体同仁的支持和帮助，并提出了宝贵意见和建议，在此表示由衷的感谢！

限于作者水平，书中难免存在不足之处，恳请广大读者批评指正！

编者

2019 年 3 月

目　录

模块一 计算机系统组成

计算机现已成为我们不可或缺的工具，无论是学习、工作，还是生活，都离不开它。为了让广大学员了解计算机、熟练运用计算机，以及进一步普及计算机基础知识，本模块的内容将被分成五个任务来讲解。这五个任务的内容相辅相成，相信通过系统学习，学员一定能对计算机基础知识有深入的认识。

任务一 了解计算机的产生及发展

【学习目标】

(1) 了解电子计算机发展的四个阶段及其特点。

(2) 理解并掌握冯·诺依曼计算机的主要特点。

(3) 区分电子计算机发展的四代与微型计算机发展的四个阶段的划分依据。

【相关知识】

(1) 集成电路(IC)：一种微型电子器件或部件。集成电路是采用一定的工艺，把一个电路中所需的二极管、三极管、电阻、电容和电感等元件及布线互连在一起，制作在一小块或几小块半导体晶片或介质基片上，然后封装在一个外壳内，成为具有所需电路功能的微型结构。当今半导体工业大多数应用的是基于硅的集成电路。

(2) 冯·诺依曼(John von Neumann)：美籍匈牙利裔犹太人，数学家，现代电子计算机创始人之一。他在计算机科学、经济学、物理学中的量子力学及几乎所有数学领域都做过重大贡献。虽然电脑界普遍认为冯·诺依曼是“电子计算机之父”，但数学界却坚持说他是本世纪伟大的数学家之一，他在遍历理论、拓扑群理论等方面作出了开创性的工作，算子代数甚至被命名为“冯·诺依曼代数”；而物理学界则表示，冯·诺依曼在30年代撰写的《量子力学的数学基础》已经被证明对原子物理学的发展有极其重要的价值；经济学界则反复强调，冯·诺依曼建立了经济增长模型体系，他的著作《博弈论和经济行为》(与摩根斯顿合著)，使他在经济学和决策科学领域竖起了一块丰碑。

【任务说明】

新兵班长拟给新兵们普及一些计算机软硬件的基础知识。首先介绍计算机产生与发展的基础知识，然后比较归纳计算机发展各阶段的特点。

【任务实施】

一、电子计算机的产生

世界上第一台电子数字式计算机于1946年2月15日在美国宾夕法尼亚大学研制成功，它的名称叫电子数值积分式计算机(Electronic Numberical Integrator and Computer，ENIAC)，如图1-1-1所示。它使用了17 468个真空电子管，耗电150千瓦时，占地167平方米，重达30吨，每秒钟可进行5000次加法运算。当时它主要用于“二战”时期新武器的弹道问题中的许多复杂计算。

图1-1-1 宾夕法尼亚大学研制的ENIAC

ENIAC虽是第一台正式投入运行的电子计算机，但它不具备现代计算机“存储程序”的思想。1946年6月，冯·诺依曼博士发表了论文《电子计算机装置逻辑结构初探》，并设计出第一台“存储程序”的离散变量自动电子计算机(Electronic Discrete Variable Automatic Computer，EDVAC)，1952年正式投入运行，其运算速度是ENIAC的240倍。冯·诺依曼理论主要有两大特点：其一是电子计算机以二进制为运算基础；其二是电子计算机采用“存储程序”方式工作。并且进一步明确指出了整个计算机的结构应由五个部分组成：运算器、控制器、存储器、输入装置和输出装置。直至今天，绝大部分的计算机还是采用冯·诺依曼方式工作，所以现代的计算机常被称为冯·诺依曼结构计算机。

二、电子计算机的发展

自世界上第一台计算机问世后的半个多世纪以来，电子计算机经历了电子管、晶体管、集成电路(IC)和超大规模集成电路(VLSI)四个阶段的发展，即“电子计算机发展的四代”。每一代在技术上都是一次新的突破，在性能上都是一次质的飞跃。电子计算机目前正朝着智能化(第五代)计算机方向发展。

- **第一代：电子管计算机(1946—1957年)**

主要特点：

(1) 采用电子管作为基本逻辑部件，其体积大、耗电量大、寿命短、可靠性低、成本高。

(2) 采用电子射线管作为存储部件，其容量很小，后来外存储器使用了磁鼓存储信息，扩充了容量。

(3) 输入输出装置落后，主要使用穿孔卡片，速度慢，使用十分不便。

(4) 没有系统软件，只能用机器语言和汇编语言编程。

- **第二代：晶体管计算机(1958—1964 年)**

主要特点：

(1) 采用晶体管制作基本逻辑部件，其体积减小、重量减轻、能耗降低、成本下降，计算机的可靠性和运算速度均得到提高。

(2) 普遍采用磁芯作为存储器，采用磁盘/磁鼓作为外存储器。

(3) 开始有了系统软件(监控程序)，提出了操作系统概念，出现了高级语言。

- **第三代：集成电路计算机(1965—1969 年)**

主要特点：

(1) 采用中、小规模集成电路制作各种逻辑部件，从而使计算机体积更小、重量更轻、耗电更省、寿命更长、成本更低，运算速度有了更大的提高。

(2) 采用半导体存储器作为主存，取代了原来的磁芯存储器，使存储器容量和存取速度有了大幅度的提高，增加了系统的处理能力。

(3) 系统软件有了很大发展，出现了分时操作系统，多用户可以共享计算机软硬件资源。

(4) 在程序设计上采用了结构化程序设计，为研制更加复杂的软件提供了技术上的保证。

- **第四代：大规模、超大规模集成电路计算机(1970 年至今)**

主要特点：

(1) 基本逻辑部件采用大规模、超大规模集成电路，使计算机体积、重量、成本均大幅度降低，出现了微型机。

(2) 作为主存的半导体存储器，其集成度越来越高，容量越来越大；外存储器除广泛使用软、硬磁盘外，还引进了光盘。

(3) 各种使用方便的输入输出设备相继出现。

(4) 软件产业高度发达，各种实用软件层出不穷，极大地方便了用户。

(5) 计算机技术与通信技术相结合，计算机网络把世界紧密地联系在一起。

(6) 多媒体技术崛起，计算机集图像、图形、声音、文字、处理于一体，在信息处理领域掀起了一场革命，与之对应的信息高速公路正在紧锣密鼓地筹划实施。

第四代计算机的另一个重要分支是以大规模、超大规模集成电路为基础发展起来的微处理器和微型计算机。

微型计算机的发展也大致经历了四个阶段。

第一阶段：从 1971 年到 1973 年，微处理器有 4004、4040、8008。1971 年，Intel 公司研制出 MCS4 微型计算机(CPU 为 4040，四位机)，后来又推出以 8008 为核心的 MCS-8 型计算机。

第二阶段：从 1973 年到 1977 年，微型计算机的发展和改进阶段。微处理器有 8080、8085、M6800、Z80。初期产品有 Intel 公司的 MCS-80 型(CPU 为 8080，八位机)；后期有 TRS-80 型(CPU 为 Z80)和 APPLE-II 型(CPU 为 6502)，在 20 世纪 80 年代初期一度风靡世界。

第三阶段：从 1978 年到 1983 年，16 位微型计算机的发展阶段。微处理器有 8086、8088、80186、80286、M68000、Z8000。微型计算机代表产品是 IBM-PC(CPU 为 8086)。本阶段的顶峰产品是 APPLE 公司的 Macintosh(1984 年)和 IBM 公司的 PC/AT286(1986 年)微型计算机。

第四阶段：从 1983 年开始的 32 位微型计算机的发展阶段。微处理器相继推出 80386、80486，都属于初期产品。1993 年，Intel 公司推出了 Pentium(或称 P5，中文译名为“奔腾”)微处理器，它具有 64 位的内部数据通道。

由此可见，微型计算机的性能主要取决于它的核心器件微处理器(CPU)的性能。

从 20 世纪 80 年代开始，日本、美国及欧洲的一些发达国家都宣布开始新一代计算机，即第五代计算机的研究。第五代计算机将突破传统计算机的冯·诺依曼系统结构，实现高度的并行处理，把信息采集、存储、处理、通信和人工智能结合在一起。它将是智能型的，能智能化地模拟人的行为，理解人类自然语言并具有形式推理、联想、学习和解释能力，并且继续向着微型化、网络化发展。

【知识扩展】

人类在长期的生产劳动中，很早就创造和使用了各种计算工具。如我国古代开始使用并流传至今的算盘；17 世纪研制出的计算尺和机械计算机；19 世纪制成的手摇计算机；随着电的发明，产生了电动齿轮计算机等。人类所使用的计算工具是随着生产的发展和社会的进步，经历了从简单到复杂、从低级到高级的发展过程。现代的电子计算机就是上述这些计算工具的继承和发展，至今它还在随着科学技术的日新月异而不断地更新换代。

虽然 ENIAC 还远比不上今天最普通的一台微型计算机，但在当时它已是运算速度的绝对冠军，并且其运算的精确度和准确度也是史无前例的。以圆周率(π)的计算为例，中国古代科学家祖冲之利用算筹，耗费 15 年心血，才把圆周率计算到小数点后 7 位数；1000 多年后，英国人香克斯(William Shanks)以毕生精力计算圆周率才计算到小数点后 707 位；而使用 ENIAC 进行计算，仅用了 40 秒就达到了这个记录，还发现香克斯的计算中，第 528 位是错误的。ENIAC 的问世，奠定了电子计算机的发展基础，在计算机发展史上具有划时代的意义，标志着电子计算机时代的到来。

任务二　掌握计算机的分类、特点及应用

【学习目标】

(1) 掌握计算机的分类。
(2) 掌握计算机的特点。
(3) 关注计算机的主要应用及前景。

【相关知识】

(1) 模拟计算机：用电流、电压等连续变化的物理量直接进行运算的计算机。使用模拟量的目的，不在于获得数学问题的精确解，而在于给出一个可供进行实验研究的电子模型。

(2) 机器人(Robot)：自动执行工作的机器装置，它是高级整合控制论、机械电子、计算机、材料和仿生学的产物。它既可以接受人类指挥，又可以运行预先编排的程序，还可以根据以人工智能技术制定的原则纲领行动。它的任务是协助或取代人类的工作，在工业、

医学、农业、建筑业甚至军事等领域中均有着重要用途。

【任务说明】

本任务是任务一的后续，主要内容是计算机的分类、特点、主要应用及前景。

【任务实施】

一、计算机的分类

1. 按其不同的数据处理方式分类

计算机按照其不同的数据处理方式，可分为模拟计算机和数字计算机两大类。我们常说的计算机就是指数字计算机。

模拟计算机的主要特点：参与运算的数值由不间断的连续量表示，其运算过程是连续的；模拟计算机由于受元器件质量影响，其计算精度较低，应用范围较窄，目前已很少生产。

数字计算机的主要特点：参与运算的数值用断续的数字量表示，其运算过程按数字位进行计算。数字计算机由于具有逻辑判断等功能，是以近似人类大脑的“思维”方式进行工作的，所以又被称为“电脑”。

2. 按用途分类

计算机按照用途，又可分为专用计算机和通用计算机两种。专用计算机与通用计算机在效率、速度、配置、结构复杂程度、造价和适应性等方面是有区别的。

专用计算机功能单一，针对某类问题能显示出最有效、最快速和最经济的特性，但它的适应性较差，不适合应用在其他方面。导弹和火箭上使用的计算机大部分就是专用计算机。这类计算机就是再先进，也不能用来玩游戏。

通用计算机功能多样，适应性很强，应用面很广，但其运行效率、速度和经济性依据不同的应用对象会受到不同程度的影响。

通用计算机按其规模、速度和功能等又可分为巨型机、大型机、中型机、小型机、工作站、微型机及单片机。这些计算机的基本区别通常在于其体积大小、结构复杂程度、功率消耗、性能指标、数据存储容量、指令系统和设备、软件配置等的不同。

二、计算机的特点

计算机的特点主要表现在以下几个方面：

1. 运算速度快

运算速度是计算机的一个重要性能指标。计算机的运算速度通常用每秒钟执行定点加法的次数或平均每秒钟执行指令的条数来衡量。计算机的运算速度已由早期的几千次每秒(如 ENIAC 每秒钟仅可完成 5000 次定点加法)发展到现在的最高可达几千亿次每秒乃至万亿次每秒。

2. 计算精度高

科学研究和工程设计对计算的结果精度有很高的要求。一般的计算工具只能达到几位有效数字(如过去常用的四位数学用表、八位数学用表等)，而计算机对数据的结果精度可达到十几位、几十位有效数字，根据需要甚至可达到任意的精度。

3. 存储容量大

计算机的存储器可以存储大量数据，这使计算机具有了“记忆”功能，这是计算机与传统计算工具的一个重要区别。目前，计算机的存储容量越来越大，已高达千兆数量级的容量。

4. 具有逻辑判断功能

计算机的运算器除了能够完成基本的算术运算外，还具有进行比较、判断等逻辑运算的功能。这种能力是计算机处理逻辑推理问题的前提。

5. 自动化程度高，通用性强

由于计算机的工作方式是将程序和数据先存放在机内，工作时按程序规定的操作逐步自动完成，一般无需人工干预，因而自动化程度高。这一特点是一般计算工具所不具备的。

三、计算机的应用

计算机应用广泛，归纳起来有以下几个方面的应用：

1. 数值计算

数值计算即科学计算，是指应用计算机处理科学研究和工程技术中所遇到的数学计算。应用计算机进行科学计算，如卫星运行轨迹、水坝应力、气象预报、油田布局、潮汐规律等，可为问题求解带来质的进展，使往往需要几百名专家几周、几月甚至几年才能完成的计算，只要几分钟就可得到正确结果。

2. 信息处理

信息处理是对原始数据进行收集、整理、分类、选择、存储、制表、检索、输出等的加工过程。信息处理是计算机应用的一个重要方面，涉及的范围和内容十分广泛。如自动阅卷、图书检索、财务管理、生产管理、医疗诊断、编辑排版、情报分析等。

3. 实时控制

实时控制是指及时搜集检测数据，按最佳值对事物进程进行调节控制，如工业生产的自动控制。利用计算机进行实时控制，既可提高自动化水平，保证产品质量，也可降低成本，减轻劳动强度。

4. 辅助设计

计算机辅助设计为设计工作自动化提供了广阔的前景，受到了普遍的重视。利用计算机的制图功能，实现各种工程的设计工作，称为计算机辅助设计，即CAD(Computer Aided Design)。如桥梁设计、船舶设计、飞机设计、集成电路设计、计算机设计、服装设计等。当前，人们已经把计算机辅助设计、辅助教学(CAI)、辅助制造(CAM)和辅助测试(CAT)联系在一起，组成了设计、制造、测试的集成系统，形成了高度自动化的“无人”生产系统。

5. 智能模拟

智能模拟也称人工智能，是指利用计算机模拟人类智力活动，以替代人类部分脑力劳动。第五代计算机的开发，将成为智能模拟研究成果的集中体现，具有一定“学习、推理和联想”能力的机器人的不断出现，正是智能模拟研究工作取得进展的标志。智能计算机作为人类智能的辅助工具，将被越来越多地应用到人类社会的各个领域。

【知识扩展】

网络计算机是一台不含 CPU、内存、硬盘和主板的电脑。它是利用微软公司开发的Window2000/XP/2003 等操作系统本身具备的多用户操作特性，同时让 2～30 套显示器、键盘、鼠标共用一台电脑主机。每台网络计算机都拥有自己的账号，查看自己的桌面和独立使用各种应用程序并互不影响。网络计算机就相当于一台电脑主机一样，这就大大缩减了对电脑主机的需求量，让公司在电脑软、硬件投入上节省最多达 80%的开支。

任务三　掌握计算机系统的组成

【学习目标】

(1) 掌握计算机系统的组成。
(2) 理解计算机硬件系统与软件系统的关系。
(3) 理解计算机基本工作原理。
(4) 了解计算机软件系统的组成。

【相关知识】

(1) 裸机：没有配置操作系统和其他软件的电子计算机。
(2) 硬件软化：硬件的功能用软件来代替，比如解压卡，就有所谓的硬解压和软解压。
(3) 软件固化(固件)：具有软件功能的大规模集成电路，确切地说，是将一段特定的程序烧写到芯片内，像把程序固定住了一样，它采用硬件的物理形式而提供软件式的执行方式。
(4) 指令：能够实现一定功能的计算机命令。

【任务说明】

新兵班长拟通过本任务，让学员们正确理解一个完整计算机系统的组成及其相互关系，为独立组装一台微型计算机打牢理论基础。

【任务实施】

一、计算机系统的基本组成

一个完整的计算机系统包括硬件系统和软件系统两大部分，其组成如图 1-3-1 所示。

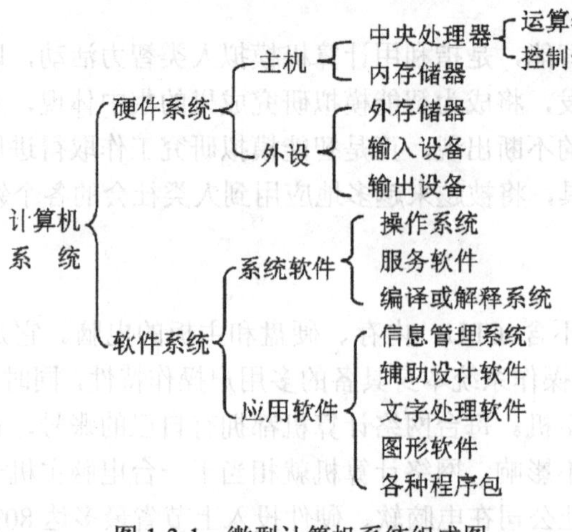

图 1-3-1　微型计算机系统组成图

计算机硬件系统是指构成计算机的所有实体部件的集合，通常这些部件由电路(电子元件)、机械等物理部件组成。直观地看，计算机硬件是一大堆设备，它们都是看得见摸得着的，是计算机进行工作的物质基础，也是计算机软件发挥作用、施展其技能的舞台。

计算机软件是指在硬件设备上运行的各种程序和有关资料。所谓程序，实际上是指用户用于指挥计算机执行各种动作以便完成指定任务的指令的集合。为了便于对程序进行修改与完善，必须对程序做必要的说明或整理出有关的资料。这些说明或资料(称为文档)在计算机执行指令的过程中可能是不需要的，但对于用户阅读、修改、维护、交流这些程序却必不可少。

通常，人们把不装备任何软件的计算机称为硬件计算机或裸机。裸机由于未装置任何软件，所以只能运行机器语言程序。普通用户面对的一般不是裸机，而是在裸机之上配置若干软件之后构成的计算机系统。有了软件，就把一台实实在在的物理机器(有人称其为实机器)变成了一台具有抽象概念的逻辑机器(有人称其为虚机器)，从而使人们不必更多地了解机器本身，就可以使用计算机，软件在计算机和计算机使用者之间架起了桥梁。计算机硬件是支撑计算机软件工作的基础，没有足够的硬件支持，软件也就无法正常工作。实际上，在计算机技术的发展进程中，计算机软件随硬件技术的迅速发展而发展；反过来，软件的不断发展与完善又促进了硬件的新发展，两者的发展密切地交织着，缺一不可。

二、计算机硬件系统

虽然计算机的制造技术从计算机出现到今天已经发生了极大的变化，但在基本的硬件结构方面，一直沿袭着冯·诺伊曼的传统框架，即计算机硬件系统由运算器、控制器、存储器、输入设备、输出设备五大部件构成，如图 1-3-2 所示，其中，实线代表数据流，虚线代表指令流，计算机各部件之间的联系就是通过这两股信息的流动来实现的。

计算机的基本工作原理就是接受计算机程序的控制来实现数据输入、运算和数据输出等一系列根本性的操作，具体过程是将程序和数据存放在存储器中，然后由计算机的控制器按照程序中指令的序列，从存储器中取出指令，并分析指令的功能，进而发出各种控制信号，指挥计算机中的各类部件来执行该指令。这种重复执行取指令、分析指令、执行指令的操作，直到完成程序中的全部指令操作为止的过程，就是冯·诺伊曼计算机的“程序存储，程序控制”工作方式。

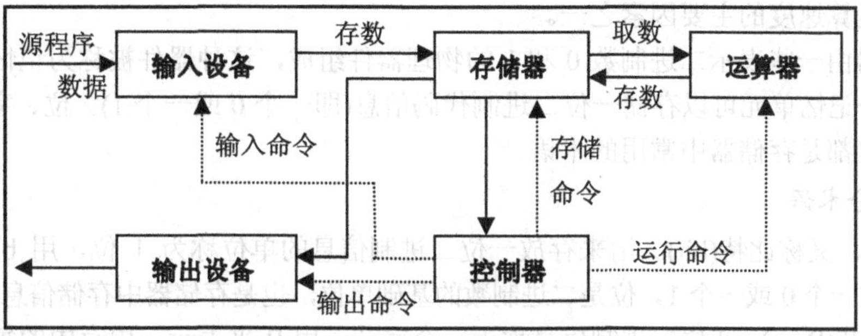

图 1-3-2　各主要设备之间的关系

1. 中央处理器

中央处理器简称 CPU，它是计算机系统的核心。中央处理器包括运算器和控制器两个部件。其中，运算器主要完成各种算术运算和逻辑运算，是对信息进行加工和处理的部件，由进行运算的运算器件及用来暂时寄存数据的寄存器、累加器等组成。控制器是对计算机发布命令的“决策机构”，用来协调和指挥整个计算机系统的操作，它本身不具有运算功能，而是通过读取各种指令，并对其进行翻译、分析，而后对各部件做出相应的控制。

CPU 是计算机的心脏，主要由指令寄存器、译码器、程序计数器、操作控制器等组成。人们通常所说的 8 位机、16 位机、32 位机、64 位机，是指 CPU 能够同时处理 8 位、16 位、32 位、64 位的二进制数据。

现在的 CPU 芯片主要由两大公司生产，它们是 AMD 公司和 Intel 公司。这两个公司的设计理念是完全不同的，AMD 比较侧重于实用性上的速度优势化，而 Intel 则相反，比较注重实用性上的速度与稳定平衡发展。目前，Intel 公司生产的主流产品是第二代 i3、i5、i7 系列和新奔腾的 G 系列 CPU。如图 1-3-3 所示。

图 1-3-3　CPU 标识

2. 存储器

存储器是计算机的记忆和存储部件，用来存放信息。存储器容量越大、存储速度越快越好。存储器的工作速度相对于 CPU 的运算速度要低很多，因此，存储器的工作速度是制约计算机运算速度的主要因素之一。

存储器由一些表示二进制数 0 和 1 的物理器件组成，这种器件被称为记忆元件或记忆单元。每个记忆单元可以存储一位二进制代码信息(即一个 0 或一个 1)。位、字节、存储容量和地址等都是存储器中常用的术语。

1) 部分术语

(1) 位，又称比特(bit)。用来存放一位二进制信息的单位称为 1 位，用 bit 来表示，1 位可以存放一个 0 或一个 1。位是二进制数的基础单位，也是存储器中存储信息的最小单位。

(2) 字节(Byte)。8 位二进制信息称为一个字节，用 B 来表示。内存中的每个字节各有一个固定的编号，这个编号称为地址。CPU 在存取存储器中的数据时是按地址进行的。

(3) 存储容量指存储器中所包含的字节数，通常用 KB、MB、GB 和 TB 作为存储器容量单位。它们之间的关系为：1 KB = 1024 B; 1 MB = 1024 KB; 1 GB = 1024 MB; 1 TB = 1024 GB。

(4) 存储器中每个存储单元都有一个独立的编号，这就是存储单元地址。对某存储单元的访问(读或写)都是通过该单元的地址来实现的。

2) 存储器的分类

计算机存储器一般分为两部分：一个是包含在计算机主机中的内存储器(简称内存)，它直接和运算器、控制器交换数据，容量小，但存取速度快，用于存放那些正在处理的数据或正在运行的程序；另一个是外存储器(简称外存)，它间接和运算器、控制器交换数据，存取速度慢，但存储容量大，价格低廉，用来存放暂时不用的数据。

(1) 内存。内存又称主存，它和 CPU 一起构成了计算机的主机部分。内存由半导体存储器组成，外形如图 1-3-4 所示。内存存取速度较快，由于价格上的原因，一般容量较小。

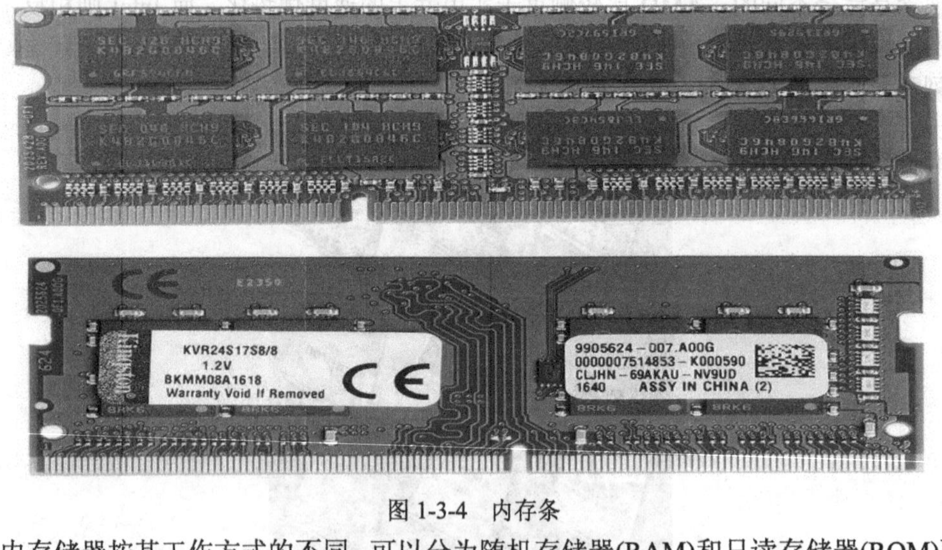

图 1-3-4 内存条

内存储器按其工作方式的不同，可以分为随机存储器(RAM)和只读存储器(ROM)两种。RAM 是一种可读写存储器，其内容可以随时根据需要读出，也可以随时写入新的信息。

ROM 是一种内容只能读出而不能写入和修改的存储器，其存储的信息是在制作该存储器时就被写入的，其中存储的信息不受断电的影响，具有永久保存的特点。

(2) 外存。外存即外存储器，又称辅助存储器，它的容量一般都比较大，而且大部分可以移动，便于不同计算机之间进行信息交流。在微型计算机中，常用的硬盘、光盘等属于外存储器。

硬盘是至今最重要的外存储器。它是由若干硬盘片组成的盘片组，一般都封装在一个金属盒子里(如图 1-3-5 所示)，固定在主机箱内，不得任意拆卸。现在一般微型机上所配置的硬盘容量通常在几百 GB 或以上。硬盘在出厂后必须经过以下三步基本操作才能使用：第一步是对硬盘进行低级格式化(一般出厂时已做)；第二步是对硬盘进行分区；第三步是对硬盘进行高级格式化。

图 1-3-5　两种不同形状的硬盘

光盘的存储介质不同于磁盘，它属于另一类存储器。光盘系统由光盘盘片和光盘驱动器(如图 1-3-6 所示)组成。一张 CD-ROM 光盘可以存储 650 MB 的数据(DVD-R 只读光盘容量约为 4.3 GB)。现在光驱的种类很多，如：CD-ROM、DVD、DVD-RW、DVD+RW 等，其参数中都提到了数据读取倍速，如 16×、24×、32×、40×、50×、52×。目前，CD-ROM 最快已达到 52×，DVD 最快已达到 16×，刻录机最快也已达到 52×。

图 1-3-6　光盘驱动器

移动硬盘与 U 盘也属于外存储器，一般都是 USB 接口(如图 1-3-7 所示)。

图 1-3-7　常见的 USB 接口

移动硬盘主要指采用计算机外设标准接口的硬盘，是一种便携式的大容量存储系统(如图 1-3-8 所示)。U 盘是一种基于 USB 接口的体积小且无需驱动器的微型高容量活动盘，可以简单方便地实现数据交换(如图 1-3-9 所示)。

图 1-3-8　移动硬盘盒

图 1-3-9　U 盘

目前市售的 U 盘容量一般为 2 GB 至 64 GB，它无外接电源，使用简便，即插即用，支持带电热插拔，存取速度快，可靠性高，可擦写达百万次，数据可保存 10 年以上，并带密码保护功能。

当前，市面上 USB1.1、USB2.0、USB3.0 接口的移动硬盘与 U 盘都有销售。USB1.0 是 1996 年出现的，速度只有 1.5 Mb/s(b/s 也可用 bps 来表示)，两年后升级为 USB1.1，速度也大大提升到 12 Mb/s。目前广泛使用的 USB2.0 是 2000 年 4 月推出的，其速度达到了 480 Mb/s，是 USB1.1 的 40 倍。2008 年，USB3.0 应运而生，最大传输带宽高达 5.0 Gb/s，也就是 640 Mb/s(接口如图 1-3-10 所示)。

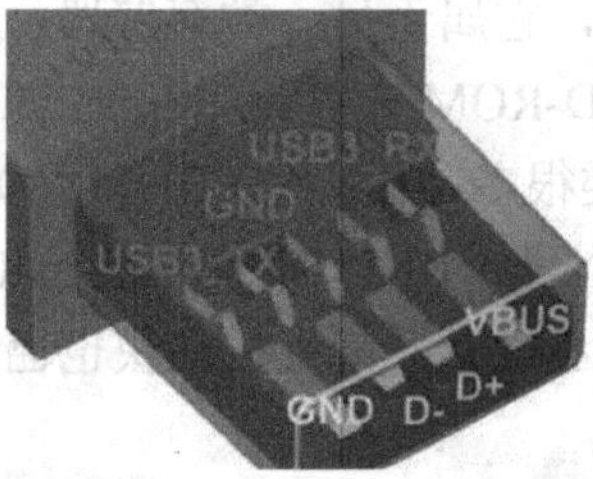

图 1-3-10　USB3.0 接口定义图

3. 输入设备

输入设备是外界向计算机传送信息的装置。在微型计算机系统中，最常用的输入设备是键盘和鼠标。键盘由一组按阵列方式装配在一起的按键开关组成。微型计算机配置的标准键盘有 101(或 104)个按键，包括数字键、字母键、符号键、控制键和功能键等。101(或 104)键盘中有 47 个“双符”键，每个键面上标有两个字符。当按一个“双符”键后，究竟代表哪一个字符，可由换挡键 Shift 来控制：在按下 Shift 键的同时按下某个“双符”键，则代表其上位字符；单独按下某个“双符”键，则代表其下位字符。键盘上有 4 个“双态”键：Ins 键、Caps Lock 键、Num Lock 键和 Scroll Lock 键。双态键是状态转换开关，按一下该键，即由一种状态转换为另一种状态；再按一下该键，则又回到原状态。Ins 键包含插入状态和改写状态；Caps Lock 键包含小写字母状态和大写字母自锁状态；Num Lock 键包含数字自锁状态和其他状态；Scroll Lock 键包含滚屏状态和自锁状态。计算机启动时，4 个状态键都处于第一种情况。键盘上还有一些常用的键，Alt 键是组合键，它与其他键组合成特殊功能键或控制键；Ctrl 键是控制键，它与其他键组合成多种复合控制键。

鼠标也是一种常用的输入设备，它可以方便、准确地移动光标进行定位。常用的鼠标器有两种：机械式鼠标和光电式鼠标。

微型机中，根据不同的用途还可以配置其他一些输入设备，如光笔、数字化仪、扫描仪等。

4. 输出设备

输出设备的作用是将计算机中的数据信息传送到外部媒介，并转化成为人们所认识的表示形式。在微型计算机中，最常用的输出设备有显示器和打印机。根据各种应用的需要，微型机上还可以配置其他的输出设备，如绘图仪等。

显示器是微型计算机不可缺少的输出设备，其色彩有单色和彩色两种，显示方式有字符和图形两种，常见的类型有 CRT(如图 1-3-11 所示)和 LCD 液晶显示器(如图 1-3-12 所示)。显示器与主机之间需要通过接口电路(即显示器适配卡)连接，适配卡通过信号线控制屏幕上的字符及图形的输出。目前主流的显示卡一般是 AGP(图形加速端口)或 PCI-E 接口的，能够满足三维图形和动画的显示要求。

图 1-3-11　CRT 显示器

图 1-3-12　LCD 液晶显示器

另一种输出设备是打印机，常用的打印机有针式打印机、喷墨打印机和激光打印机(如图 1-3-13 所示)。

图 1-3-13　打印机

三、计算机软件系统

软件是计算机系统中与计算机硬件相互依存的另外一部分，它是包括程序、数据及相关文档的完整集合。计算机软件系统包括系统软件和应用软件两大类。

系统软件是指控制和协调计算机及其外部设备、支持应用软件的开发和运行的软件。其主要的功能是进行调度、监控和维护等。系统软件是用户和裸机的接口。

应用软件是为解决某一领域的具体问题而编制的程序，如事务软件、工程和科学软件、个人计算机软件、人工智能软件、财务管理、文字处理、情报检索、工程设计、交通指挥、宇航控制、大地测量等领域的专用软件，其中，通用化和商品化了的部分被称为软件包。

软件的运行实质上是不断执行指令的过程。所谓指令，就是规定计算机完成某种操作的命令。例如，计算机进行的加、减、乘、除等操作，都是通过计算机的不同指令完成的。指令及指令系统和计算机的硬件密切相关，每一种计算机都有自己的指令系统，不同类的计算机指令系统一般会有差别。计算机在工作时将指令输送给指令寄存器和指令译码机构，而把数据送往数据寄存器和算术逻辑单元。

计算机的语言主要包含机器语言、汇编语言、高级语言和语言处理程序等。机器语言是计算机唯一能直接识别和处理的语言，其他类型的计算机语言必须经过解释或编译后才能被计算机使用。常用的高级语言有：FORTRAN、BASIC、C、C++、Java 等。

软件是由一个或多个功能强大且相对独立的程序构成的。程序则是为实现不同的功能而由不同的计算机语言编制的。人要和计算机交流信息的“语言”，就是计算机语言，又称程序设计语言。这就是计算机语言、程序和软件三者之间的关系。

【知识扩展】

固态硬盘(Solid State Disk)是用固态电子存储芯片阵列制成的硬盘，由控制单元和存储单元(FLASH 芯片、DRAM 芯片)组成。固态硬盘的接口规范和定义、功能及使用方法与普通硬盘完全相同，在产品外形和尺寸上也与普通硬盘完全一致。使用 SSD 固态硬盘，一来可以提高速度，加快数据的读取；二来它工作起来噪音很低，比起普通的机械硬盘，几乎为零分贝，再加上它超低的功耗，可以使笔记本待机时间延长 36%。

任务四　配置一台微型计算机

【学习目标】

(1) 了解微型计算机硬件系统的配置原则。
(2) 认识微型计算机硬件系统的基本组成部件。
(3) 掌握台式微型计算机主机各部件的安装步骤与方法。

【相关知识】

(1) LGA 全称是 Land Grid Array，直译为“栅格阵列封装”，与英特尔处理器之前的封装技术 Socket 478 接口相对应，也被称为 Socket T。它用金属触点式封装取代了以往的针状插脚。而 LGA775 就是有 775 个触点。与 Socket 478 不同的是，它并不能利用针脚固定接触，而是需要一个安装扣架来固定，让 CPU 可以正确地压在 Socket 露出来的具有弹性的触须上，这样便于解开扣架更换芯片。

(2) DDR，严格地说应该叫 DDR SDRAM(Double Data Rate Synchronous Dynamic Random Access Memory)，是双倍速率同步动态随机存储器的意思。DDR 内存是在 SDRAM 内存基础上发展而来的，仍然沿用 SDRAM 生产体系。

(3) ATX是一种主板规格，由英特尔公司在1995年制定，这一标准得到了世界主要主板厂商的支持，目前已经成为最广泛的工业标准；1997年2月推出了ATX2.01版，2010年流行的PC机使用的主板大多数是ATX板。

(4) SATA是Serial ATA的缩写，即串行ATA，它采用串行方式传输数据。SATA总线使用嵌入式时钟信号，具备更强的纠错能力，能对传输指令(不仅仅是数据)进行检查，如果发现错误，则会自动矫正，这在很大程度上提高了数据传输的可靠性。它还具有结构简单、支持热插拔的优点。

(5) IDE接口也叫ATA(Advanced Technology Attachment)接口，微机使用的硬盘大多数是IDE兼容的，用一根40线电缆将它们与主板或接口卡连接起来，把盘体与控制器集成在一起的做法，减少了硬盘接口的电缆数目与长度，数据传输的可靠性得到了增强。

【任务说明】

新兵班长拟通过本任务，让战士们学会合理配置台式微型计算机硬件系统的方法。

【任务实施】

一、微机配置的基本原则

随着计算机技术的迅猛发展，微机配件种类令人眼花缭乱，生产厂家日渐繁多，微机用户的经济能力又千差万别，选购微机的配件不可能用统一的标准要求，但在选购配件时要遵循一些基本的原则。

1. 经济实用性原则

花最少的钱，办最好的事。在同等价位基础上，微机的配置要根据个人的需求特点和实际使用情况，以实用和够用为原则。同时，微机的配置要有一定的超前意识，不要购买已经被淘汰或即将被淘汰的产品。

2. 便于更新的原则

通常，微机的更新主要表现为更换CPU、更换主板、增大内存容量和更换大容量硬盘。选购微机配件必须考虑主板与CPU、内存和硬盘之间的兼容性，避免在升级配件时，整机中其他配件不支持或不兼容，造成无法升级或必须全部更换的后果。简而言之，微机的配置要考虑升级，但要理智升级。

3. 资金合理分配的原则

决定微机整体性能的主要配件有CPU、主板和内存。这3个部件要重点投资，另外，还要兼顾其他配件的性能。也就是说，在资金有限的前提下，首先重点投资主要配件，然后根据个人情况考虑其他配件的性能，合理地分配资金。

4. 重视售后服务的原则

商家在销售兼容机或配件的时候，都有一个保修期，一般承诺“一个月包换，一年保修”。购买配件时一定要选择服务质量好、信誉度高的商家。

二、微机的硬件参考配置

表 1-4-1 是以“学习办公型”“疯狂游戏型”和“图形音像型”为例配置的微型计算机硬件组成，可作为模拟攒机的参考。

表 1-4-1　微型计算机硬件配置参考表

类型/部件	学习办公型		疯狂游戏型		图形音像型	
	品牌型号	单价/元	品牌型号	单价/元	品牌型号	单价/元
CPU	AMD A12-9800	899	AMD Ryzen 7 1700X	2499	Intel 酷睿 i9 7900X	7499
主板	技嘉 AB350M-D3H	799	华硕 PRIME X370-PRO	1999	华硕 PRIME X299-DELUXE	4599
内存	金士顿骇客神条 FURY4GBDDR4 2400(HX424C15FB/4)	249	金泰克 X3 Pro 16 GB DDR4 2666	969	芝奇 Trident Z 32 GB DDR4 3200(F4-3200C14D-32GTZ)	2799
硬盘	希捷 BarraCuda 1 TB 7200 转 64 MB 单碟(ST1000DM003)	329	HGST 7K6000 6T (HUS726060ALE610)+三星 960 EVO NVMe M.2(250 GB)	2799 + 999	希捷 BarraCuda Pro 10 TB 7200 转 256 MB (ST10000DM0004)	4199
显卡	CPU 内置显卡		华硕 ROG ARES III 两个	16 888	丽台 NVIDIA Quadro M6000 24 GB	41 800
机箱	先马天机	99	酷冷至尊坦克兵(SGC-5000-KKN1)	1399	IN WIN 99	2280
电源	酷冷至尊 GX-400W (RS-400-ACAA)	100	金河田 Z 监制 GF700P	499	海盗船 AX1500i	3499
显示器	航嘉 D2461WHU/DK	899	AOC C2708VH8	1300	NEC PA302W	30 000
键鼠装	双飞燕 WKM-1000 针光键鼠套装	79	Razer 酷黑特别版游戏外设套装	1999	罗技 G100S 键鼠套装	160

三、主机的安装

主机安装一般依照如下顺序步骤实施。

1. 安装 CPU 处理器

目前市售的英特尔处理器主要有双核奔腾 D、Core 2 等系列，它采用 LGA775 接口，触点式设计(如图 1-4-1 所示)，这种设计最大的优势是不用再担心针脚折断的问题，但对处理器的插座要求则更高。

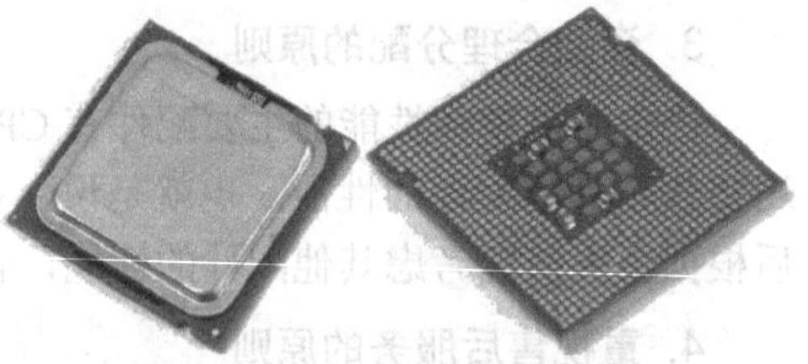

图 1-4-1　LGA775 接口 CPU

在安装 CPU 之前，要先打开插座，方法是：用适当的力向下微压固定 CPU 的压杆，同时用力往外推压杆，使其脱离固定卡扣。压杆脱离卡扣后，便可以顺利地将压杆拉起。接下来，将固定处理器的盖子与压杆向反方向提起，如图 1-4-2 所示。

图 1-4-2　打开 CPU 插座

安装 CPU 时，需要特别注意的是：在 CPU 处理器的一角上有一个三角形的标识，另外，仔细观察主板上的 CPU 插座，同样会发现一个三角形的标识。在安装时，处理器上印有三角标识的那个角要与主板上印有三角标识的那个角对齐，然后慢慢地将处理器轻压到位。这既适用于英特尔的处理器，也适用于目前所有的处理器。将 CPU 安放到位以后，盖好扣盖，并反方向微用力扣下处理器的压杆。至此，CPU 便被稳稳地安装到主板上了，安装过程结束，如图 1-4-3 所示。

图 1-4-3　CPU 安装

2. 安装散热器

安装散热器前，我们先要在 CPU 表面均匀地涂上一层导热硅脂(很多散热器在购买时已经在底部与 CPU 接触的部分涂上了导热硅脂，这时就没有必要再在处理器上涂一层了)，如图 1-4-4 所示。

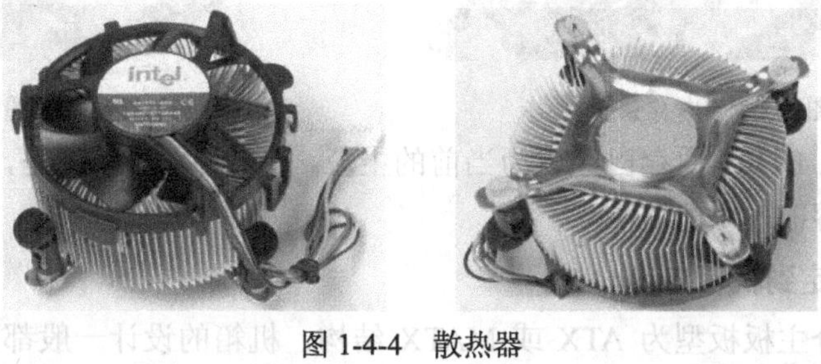

图 1-4-4　散热器

安装时，将散热器的四角对准主板相应的位置，然后用力压下四角扣具即可。有些散热器采用了螺丝设计，因此散热器会提供相应的垫角，我们只需要让四颗螺丝受力均衡即可。

固定好散热器后，还要将散热风扇接到主板的供电接口上。找到主板上安装风扇的接口(主板上的标识字符为 CPU_FAN)，将风扇插头插放即可(注意：目前有四针与三针等几种不同的风扇接口，安装时要注意)，如图 1-4-5 所示。由于主板的风扇电源插头都采用了防呆式设计，反方向无法插入，因此安装起来相当方便。

图 1-4-5　安装散热器及风扇电源接口

3. 安装内存条

安装内存时，先用手将内存插槽两端的扣具打开，然后将内存平行放入内存插槽中(内存插槽也使用了防呆式设计，反方向无法插入，在安装时可以对照一下内存与插槽上的缺口)，如图 1-4-6 所示，用两拇指按住内存两端轻微向下压，听到“啪”的一声响后，即表明内存已安装到位。

当内存成为影响系统整体运行效率的最大瓶颈时，双通道的内存设计大大解决了这一问题。提供英特尔 64 位处理器支持的主板目前均提供双通道功能，因此，在选购内存时，应尽量选择两根同规格的内存来搭建双通道。主板上的内存插槽一般都采用两种不同的颜色来区分双通道与单通道，如图 1-4-7 所示。

图 1-4-6　内存条插槽

图 1-4-7　安装双通道内存条

另外，DDR3、DDR4 内存已经成为当前的主流，需要特别注意的是，它与 DDR、DDR2 内存接口是不兼容的，不能通用。

4. 将主板固定到机箱内

目前，大部分主板板型为 ATX 或 MATX 结构，机箱的设计一般都符合这种标准。在安装主板之前，先将机箱提供的主板垫脚螺母安放到机箱主板托架的对应位置(有些机箱在购买时就已经安装了这些)。双手平行托住主板，将主板放入机箱中，如图 1-4-8 所示。

图 1-4-8　将主板放入机箱

机箱安放到位，可以通过机箱背部的主板挡板来确定(提示：不同主板的背部 I/O 接口是不同的，在主板的包装中均提供一块背挡板，因此，在安装主板之前，先要将挡板安装到机箱上)。拧紧螺丝，固定好主板(提示：首先要注意螺丝的规格；其次，在装螺丝时，注意不要一次性拧紧每颗螺丝，应等全部螺丝安装到位后，再将每粒螺丝拧紧，这样做是为了随时可以对主板的位置进行调整)，如图 1-4-9 所示。

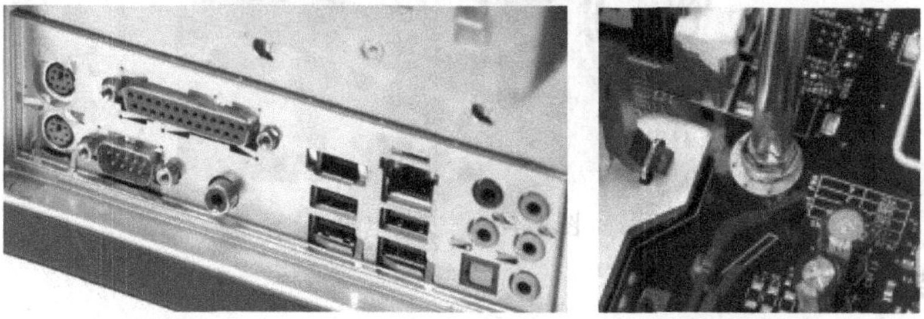

图 1-4-9　固定主板

5. 安装硬盘

将硬盘固定在机箱的 3.5 英寸硬盘托架上。对于普通的机箱，我们只需要将硬盘放入机箱的硬盘托架上，拧紧螺丝，使其固定即可。若机箱内使用的是可拆卸 3.5 英寸机箱托架，这样安装起硬盘来就更加简单了。

取出 3.5 英寸硬盘托架，将硬盘装入托架中，并拧紧螺丝。将托架重新装入机箱，并将固定扳手拉回原位，固定好硬盘托架，如图 1-4-10 所示。

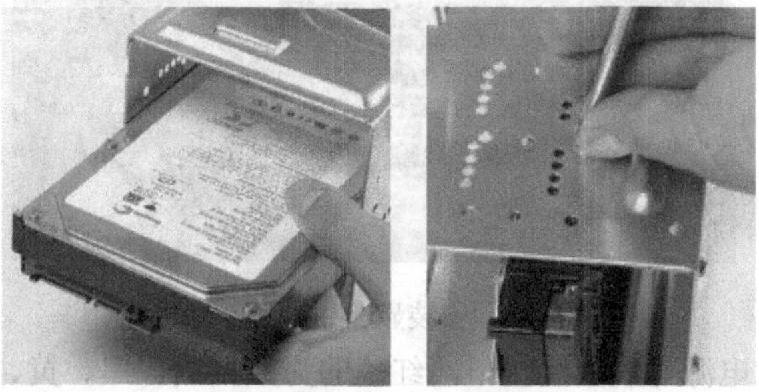

图 1-4-10　安装硬盘

6. 安装光驱和电源

安装光驱的方法与安装硬盘的方法大致相同，对于普通的机箱，只需要将机箱 4.25 英寸的托架前的面板拆除，并将光驱放入对应的位置，拧紧螺丝即可；对于抽拉式设计的光驱托架，在安装前，则先要将类似于抽屉设计的托架安装到光驱上，再像推拉抽屉一样，将光驱推入机箱托架中。机箱安装到位，需要取下时，用两手按住两边的簧片，即可以拉出，如图 1-4-11 所示。

图 1-4-11　安装光驱

机箱电源的安装，只需将电源放到位后，拧紧螺丝即可，如图 1-4-12 所示。

图 1-4-12　安装电源

7. 安装显卡并接好各种线缆

用手轻握显卡两端，垂直对准主板上的显卡插槽，向下轻压到位后，再用螺丝固定，即完成显卡的安装过程，如图 1-4-13 所示。

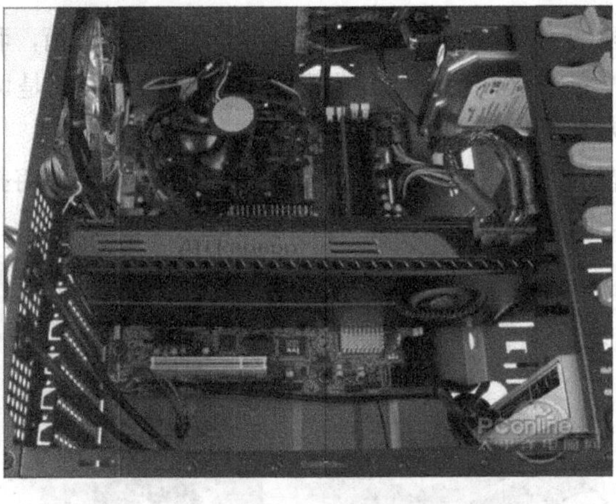

图 1-4-13　安装显卡并接好各种线缆

安装 SATA 硬盘电源与数据线接口，红色的为数据线，黑、黄、红交叉的是电源线，安装时将其按入即可，如图 1-4-14 所示。主板上 SATA 硬盘数据线接口按主、从设备连接。接口全部采用防呆式设计，反方向无法插入。

IDE 接口硬盘或光驱数据线安装，均采用防呆式设计，安装数据线时可以看到 IDE 数据线的一侧有一条红色的线，这条线位于电源接口一侧。主板上的 IDE 数据线接到相应接口上，如图 1-4-15 所示。

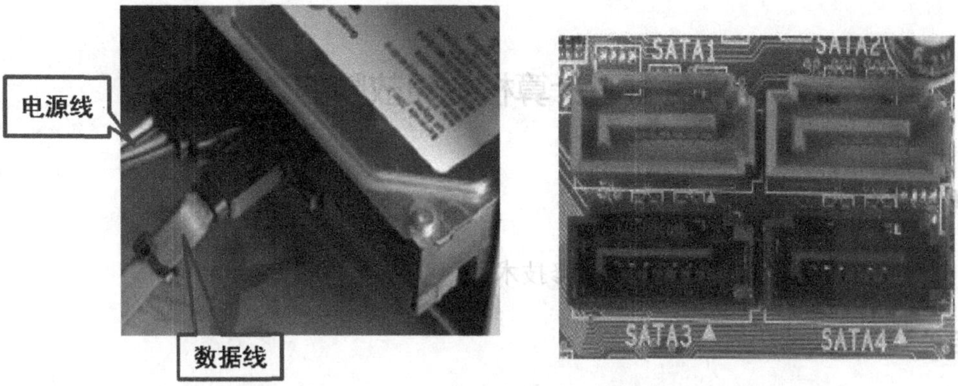

图 1-4-14 SATA 接口设备电源与数据线连接

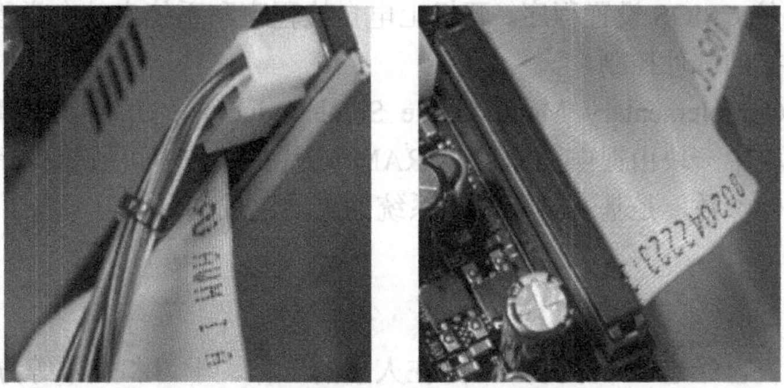

图 1-4-15 IDE 接口设备电源与数据线连接

主板供电电源接口，目前大部分主板采用 24PIN 和 20PIN 两种供电电源设计。CPU 供电接口，部分采用四针的加强供电接口设计，高端的使用了 8PIN 设计，以保障 CPU 稳定的电压供应，如图 1-4-16 所示。

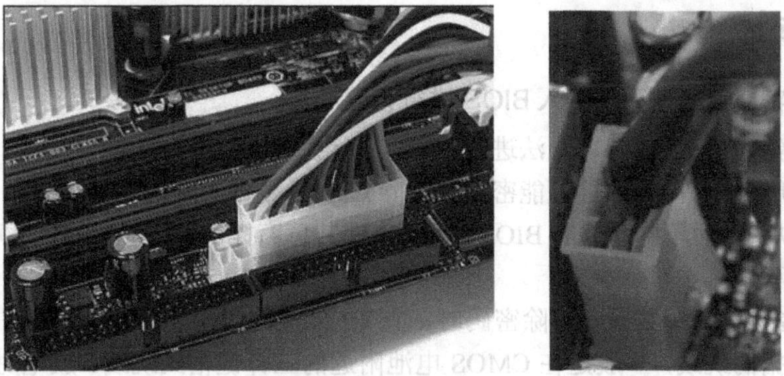

图 1-4-16 主板电源连接

主板上前置 USB 接口、音频信号接口，以及机箱开关、重启、硬盘工作指示灯等接口，可直接对照主板上的标记或主板说明书进行连接。

8. 整理线缆

对机箱内的各种线缆进行简单的整理，以提供良好的散热空间。

任务五　计算机常见故障的处理

【学习目标】

掌握计算机常见故障的诊断与维修技术。

【相关知识】

(1) BIOS(Basic Input/Output System)：基本输入输出系统，是安装在主板上的一个ROM(Read Only Memory，只读存储器)芯片，其中固化保存着计算机系统最重要的基本输入/输出程序、系统 CMOS 设置程序、开机上电自检程序和系统启动自举程序，为计算机提供最低级和最直接的硬件控制。

(2) CMOS(Complementary Metal Oxide Semiconductor)：互补金属氧化物半导体存储器，是计算机主机中一块由锂电池驱动的 RAM 芯片，其内容可通过程序进行读写，有关于系统配置的具体参数，是基本输入输出系统的重要组成部分。

【任务说明】

如今，计算机已经进入千家万户，并在人们的工作、学习和娱乐等方面承担着越来越重要的任务。人们在享受计算机带来的便利的同时，也不得不面对这样的事实：计算机出现故障，无法正常使用。其实计算机出现故障并不可怕，可怕的是在出现故障后不能正确地分析故障并排除故障，以至于造成更严重的后果。因此，能够正确地分析、排除计算机常见故障是一种必备的技能。

【任务实施】

1. 丢失密码而导致无法进入 BIOS 进行设置

故障现象：忘记了密码，无法进入 BIOS 进行设置。

故障分析：该故障可通过万能密码或清除 CMOS 数据来解决。

故障解决：针对不同品牌的 BIOS，可以查阅其厂商提供的万能密码，还可以从网上下载相关的破解程序。

通过清除 CMOS 数据来清除密码时，首先应切断电源，参照主板说明书找到用于清除 CMOS 数据的跳线，一般是在 CMOS 电池附近的三针键帽式跳线。放电时，取出键帽，连接中间针脚和原来空闲的针脚，等待几秒钟后放电完毕，然后将跳线恢复到原来的状态即可。请注意：放电完毕之后，务必将跳线恢复到原来的状态，否则 CMOS 数据无法保存，并且电池的电量很快就会被耗尽。除了设置跳线来放电外，还可以取出主板电池来放电，即“取电池”。以“取电池”的方式放电时，一定要在完全断电的状态下进行，这样才能保证放电成功。

2. 开机自检时提示 BIOS 出错

故障现象：一台旧电脑开机提示“CMOS checkup error defaults loaded，press F1 to continue，Del to enter setup”。

故障分析：此故障一般是由 CMOS 电池无电而导致设置无法保存引起的。

故障解决：更换 CMOS 电池，重新设置 BIOS，故障排除。

3. CPU 散热不良而引发系统蓝屏死机

故障现象：一台电脑在运行时经常出现死机现象，并且每次出现蓝屏死机现象的时间都不相同。

故障分析：首先对硬盘进行全盘杀毒，未发现病毒。重新分区格式化后，在重新安装操作系统过程中，也出现了蓝屏死机现象。使用替换法证明内存、主板、硬盘、显卡及电源等均使用正常。故障是在系统运行一段时间后出现的，因此进入 BIOS 查看 CPU 温度，发现温度直线上升，直到出现死机现象。经检查，发现 CPU 与散热器接触不良。

故障解决：将 CPU 和散热器原有的硅脂全部擦掉，在 CPU 表面上均匀地涂上一层硅脂，以免在 CPU 表面和散热器之间因存在缝隙而影响散热，但注意不要涂太厚。正确安装 CPU 散热器后，故障排除。

CPU 散热不良导致 CPU 进入保护状态引发的电脑故障，是很常见的一类故障。通常会造成电脑不定时地重启或死机，或者运行速度变慢。其共同的特点是关机或休眠一段时间后，出现故障的时间会晚一些。一般情况下，CPU 风扇转速变慢、硅脂涂抹不到位、散热器接触不良等，都会导致故障。

4. CPU 电压偏低而导致频繁死机

故障现象：一台电脑在运行时，若同时运行多个程序或上网每隔一段时间就死机，而做其他普通应用则正常。

故障分析：由于在同时运行多个程序或上网时才出现故障，而且出故障的时间有一定的规律，可以判断故障与 CPU 温度或是否满负荷有关。进入 BIOS 查看 CPU 温度，发现正常，再查看 CPU 其他参数时，发现电压值偏低，由此判断由于 CPU 电压设置偏低，造成 CPU 在普通应用状态下正常，一旦满负荷工作时就会出现故障。

故障解决：将 CPU 电压设为额定值或使用“AUTO”后，故障排除。

5. 电脑长时间工作后出现死机现象

故障现象：一台旧电脑，一直工作正常，但最近出现故障，表现在长时间工作或运行大型程序时经常出现死机现象。

故障分析：根据故障现象，估计是电脑中某个部件不能经受长时间的使用，通常是散热不良造成的。

故障解决：打开机箱，发现内部沾满了灰尘，尤其是主板上的灰尘特别多。先用皮老虎将大部分灰尘吹去，再用小毛刷仔细清理关键部件上的灰尘。清理完毕后重新开机，一切正常，长时间运行后再也没有出现此类故障。

6. 内存插槽损坏而导致电脑无法启动

故障现象：一台电脑死机后重启，结果显示器黑屏，硬盘指示灯、电源指示灯常亮，机箱不断发出“嘀嘀”的声音。

故障分析：根据报警声判断，应该是内存出问题了。将内存安装到别的电脑上，发现能正常使用，说明内存本身没问题。再将内存安装到出故障电脑的第二个内存插槽上，故障消失了，由此判断，原来第一个内存插槽出问题，导致无法识别内存，进而出现上述故障。

故障解决：将内存安装到第二个内存插槽上，故障排除。

7. 带电清洁电脑而导致内存烧毁

故障现象：一次在没有完全断电状态下，打开机箱清理一番后便无法正常开机，显示器黑屏，机箱扬声器不断发出“嘀嘀”的声音。

故障分析：根据报警声判断是内存出了故障，仔细观察内存，发现内存颗粒被烧毁，内存已报废。此故障有可能是在没有完全断电的状态下清理时，不小心碰到了内存，产生短路而导致内存烧毁。

故障解决：更换一条新的内存，故障排除。

8. 内存和主板之间因兼容性问题而引起故障

故障现象：一台新组装的电脑，在安装操作系统时总是出现蓝屏死机现象。

故障分析：因为是刚刚组装的电脑，硬件都是新的，不应该存在故障。使用替换法逐个检查硬件，均没发现问题。根据故障现象判断，应该是内存的问题。

故障解决：抱着试试看的态度，换了一条不同品牌的内存后，故障消失了，原来是内存和主板之间存在兼容性问题，导致上述故障。

9. 进行磁盘碎片整理时出错

故障现象：一台电脑最近使用 Windows 操作系统自带的工具对硬盘进行碎片整理时，系统提示出错，无法完成碎片整理。

故障分析：碎片整理无法完成，很有可能是硬盘存在坏道引起的。

故障解决：使用 Windows 操作系统自带的磁盘扫描工具进行全盘扫描，如果是逻辑坏道或存在文件存储错误，一般都能恢复。操作步骤为：打开“我的电脑”，鼠标右键点击要扫描的分区，在弹出的右键菜单里选择“属性”，在“本地磁盘属性”界面上选择“工具”选项卡，点击“开始检查”按钮，在“检查磁盘”界面勾选“自动修复文件系统错误”和“扫描并试图恢复坏扇区”，点击“开始”按钮即可。至于物理坏道，只能使用专业软件、专用设备处理了。

10. 因受潮而导致硬盘故障

故障现象：一台电脑，两年多没有使用，当开机自检后，读硬盘的声音很大、很沉闷，并且显示“1701 Error Press F1 Key to Continue”，当按 F1 键后，出现“Boot Disk Failure Type Key to Retry”提示，按下回车键重试时却死机。使用光盘启动时，也显示“1701 Error Press F1 Key to Continue”，当按 F1 键后，启动成功并进入 DOS 模式，但无法进入 C 盘，并且提示“Invalid Drive Specification”信息。

故障分析：出现“1701”错误代码，表示在自检过程中发现硬盘有故障。用分区软件进行重新分区，提示“No Fixed Disks Present”(当前没有固定磁盘)信息。结合上述情况，并根据硬盘读盘声音很沉闷，初步判断是硬盘存在物理故障，又考虑到该电脑很长时间没有使用，硬件受潮引起故障的可能性很大。

故障解决：首先利用电吹风为硬盘进行加热除湿，第一次加热除湿后，开机测试，故障现象没有消失，但硬盘声音明显减小了。继续对硬盘及其他硬件进行加热除湿，最后开机重试，硬盘沉闷的声音消失，硬盘启动成功，故障排除。

11. 显卡驱动引起的自动重启

故障现象：一台电脑将操作系统升级到 Windows 7 操作系统后，各种程序和游戏都能顺畅运行，但播放电影时，按下鼠标右键，电脑会立即重新启动。

故障分析：在没有升级操作系统前使用正常，说明硬件存在问题的可能性不大，所以怀疑是兼容性问题或感染病毒造成的。使用最新的杀毒软件查杀病毒，并未发现病毒，后来发现在升级到 Windows 7 后，没有重新安装显卡驱动程序，虽然能够运行大部分的程序和游戏，但因为驱动程序上的一些细小的区别而导致出现故障。

故障解决：安装显卡最新驱动程序，重新启动后，故障排除。

12. 显卡与网卡冲突

故障现象：一台电脑添加了一块网卡后，开机自检能通过，但不能进入操作系统。

故障分析：故障是在安装网卡后出现的，将网卡拔掉，重新启动电脑，能顺利进入操作系统，故怀疑是网卡有问题，但是将网卡安装到其他电脑上，却能正常使用。最后怀疑是网卡和某个硬件发生冲突导致故障，使用替换法，将网卡和其他硬件一一测试，终于发现只要显卡和网卡同时使用，就会出现上述故障。

故障解决：更换一个网卡后，故障排除。硬件之间的兼容性问题，一般通过更换其中的一个硬件来解决。

13. LCD 显示字体模糊

故障现象：一台品牌电脑，使用 19 英寸宽屏 LCD，将显示器分辨率调整为 800×600 及 32 位色彩时，屏幕上显示的字体有些模糊，看不清。

故障分析：LCD 跟 CRT 显示器不同，其分辨率都有一个最佳值，LCD 在最佳分辨率下才能达到最佳显示效果，因此，一般情况下不能随意调整。

故障解决：将显示器分辨率设置为 1440×900 后，显示正常，故障排除。

14. 键盘无反应

故障现象：一台电脑原来使用 USB 接口键盘，更换一个 PS/2 接口，键盘正常启动后，进入 Windows 操作系统，键盘却无法使用。

故障分析：在电脑自检时，发现键盘 Num Lock、Caps Lock 和 Scroll Lock 没有闪烁，说明键盘和主板之间的连接存在问题。重新接好键盘测试，故障依旧，将键盘接到别的电脑上，发现能正常使用，因此问题出在主板接口上。打开机箱，仔细观察主板，没有发现烧毁、损坏的现象，只是灰尘很多，最后判断是灰尘惹的祸。

故障解决：清理主板灰尘，重新接上键盘，开机测试，一切正常，故障排除。

15. 键盘和鼠标插反而导致黑屏

故障现象：一次对电脑除尘后，再启动电脑却出现了黑屏死机现象。

故障分析：由于故障是除尘后出现的，所以怀疑是硬件没有安装好、线路接触不良或线路接错导致的。打开机箱，仔细检查硬件安装情况和线路连接情况，没发现异常。最后检查外部线路时，发现键盘和鼠标接反了，由此找到了故障原因。

故障解决：将键盘和鼠标位置调整过来，开机测试，一切正常，故障排除。主板上的PS/2 接口中，绿色的接口是连接鼠标的，另一个接口是连接键盘的，不能接反。

16. 电源负载能力低而导致无法开机

故障现象：一台电脑添加了一块硬盘和一个 DVD 刻录机，当按下电源键后，CPU 风扇和电源风扇均短暂转动后随即停止，无法继续启动。再次按下电源键，主机无反应，只有拔掉电源线，再重新接上，才能恢复初始状态，如此循环。

故障分析：根据故障现象推测，有可能是主机中有短路现象，导致电源保护性关机，或者电源本身存在问题。故障是在添加硬盘和刻录机后出现的，使用替换法更换一个大功率电源后，系统能正常启动了。由此断定，由于电源功率较小，负载能力较低而导致故障。

故障解决：更换大功率电源，或者卸掉新添加的设备，故障排除。

17. 接通电源后电脑自动启动

故障现象：一台电脑接通电源，在没有按下电源键的情况下，就会自动启动，进入操作系统，运行正常。

故障分析：此类故障一般是与电源设置或电源本身有关。更换一个使用正常的新电源，故障依旧，由此判断很有可能是 BIOS 设置问题引起故障。

故障解决：进入 BIOS 中的 Power Management Setup 选项，在这里，有些主板可以设置通电后主机的运行状态。一种状态是通电后即自动启动；另一种状态是通电后保持关机状态，必须按下电源键才能启动。可以根据主板说明书，找到该选项，重新设置即可排除故障。

习　题

一、选择题

1. 当前，计算机应用已进入以(　　)为特征的时代。

A. 并行处理技术　　B. 分布式系统

C. 微型计算机　　D. 计算机网络

2. 微型计算机的发展是以(　　)的发展为特征的。

A. 主机　　B. 软件　　C. 微处理器　　D. 控制器

3. 未来计算机的发展趋向于巨型化、微型化、网络化、(　　)和智能化。

A. 多媒体化　　B. 电器化　　C. 现代化　　D. 工业化

4. 个人计算机属于(　　)。

A. 小巨型机　　B. 中型机　　C. 小型机　　D. 微机

5. 要把一张照片输入计算机，必须用到(　　)。

A. 打印机　　B. 扫描仪　　C. 绘图仪　　D. 软盘

6. 3.5 英寸的软盘，写保护窗口上有一个滑块，将滑块推向一侧，使其写保护窗露出来，此时(　　)。

A. 只能写盘，不能读盘　　B. 只能读盘，不能写盘

C. 既可写盘，又可读盘　　D. 不能写盘，也不能读盘

7. DRAM 存储器的中文含义是(　　)。

A. 静态随机存储器　　B. 动态随机存储器

C. 静态只读存储器　　D. 动态只读存储器

8. 使用高级语言编写的程序被称为(　　)。

A. 源程序　　B. 编辑程序　　C. 编译程序　　D. 连接程序

9. 微机病毒是指(　　)。

A. 生物病毒感染　　B. 细菌感染

C. 被损坏的程序　　D. 特制的具有损坏性的小程序

10. 某单位的财务管理软件属于(　　)。

A. 工具软件　　B. 系统软件　　C. 编辑软件　　D. 应用软件

11. I/0 接口位于(　　)。

A. CPU 与主存储器之间　　B. CPU 与 I/0 设备之间

C. 总线和设备之间　　D. 主机和总线之间

12. 在计算机硬件的五个组成部分中，唯一能向控制器发送数据流的是(　　)。

A. 输入设备　　B. 输出设备　　C. 运算器　　D. 存储器

二、判断题

1. 我国开始计算机的研究工作是 1956 年。(　　)

2. 微型计算机的核心部件是微处理器。(　　)

3. BASIC 语言是计算机唯一能直接识别、直接执行的计算机语言。(　　)

4. 计算机软件由文档和程序组成。(　　)

5. 汇编语言和机器语言都属于低级语言，之所以称其为低级语言，是因为用它们编写的程序可以被计算机直接识别执行。(　　)

6. 由 Microsoft 公司开发的 Microsoft Office 软件属于系统软件。(　　)

模块二 操作系统的使用

计算机操作系统是软件系统的核心，其主要功能是管理和控制计算机的硬件和软件资源，合理组织计算机的工作流程。Windows 7 是由微软公司开发的，具有变革性的操作系统，其目的是使计算机的日常操作更加简便和快捷，为用户提供高效易用的工作环境。本模块主要介绍 Windows 7 的安装过程；结合具体实例详细介绍系统的基本操作方法、文件的管理和附件应用程序的使用，以及控制面板的应用和磁盘管理等。

任务一 Windows 7 操作系统安装

【学习目标】

(1) 掌握 U 盘启动盘的制作。

(2) 掌握 Windows 7 优盘启动安装。

【相关知识】

(1) Windows 操作系统：微软公司研制的图形化工作界面操作系统。该操作系统问世于 1985 年，先后推出过 Windows 1.03、Windows 2.0、Windows 3.1、Windows 95、Windows 98、Windows 2000、Windows 2003/XP、Windows vista/2008、Windows 7/2008R2、Windows 8/2012，目前最高版本是 Windows 10。

(2) 国产操作系统：中国本土软件公司开发的计算机操作系统。该操作系统分为国产桌面操作系统、国产服务器操作系统和国产移动终端操作系统等。近年来，国产操作系统的研发得到长足的发展，先后推出多款典型操作系统，如红旗操作系统、普华操作系统、中标麒麟操作系统等。

【任务说明】

当用户新购买的一台计算机需要安装操作系统，或者计算机以前的操作系统崩溃无法进入时，需要重新安装系统。如果计算机中有光驱，则可以利用系统安装光盘进行安装；如果计算机无光驱，则可以制作 U 盘启动盘并利用硬盘中的安装程序进行操作系统的安装。目前，使用 U 盘启动盘安装操作系统的方法更为普遍。

【任务实施】

操作系统是用户和计算机的一个交互界面，管理并控制着计算机的各种资源。没有操作系统，计算机就无法正常地发挥出它应有的功能。

一、系统安装前的准备工作

1. 主板 BIOS 设置

重新启动计算机后，立刻按下特殊键(常用 Delete 键)，就可以进入 BIOS 的设置界面，如图 2-1-1 所示。

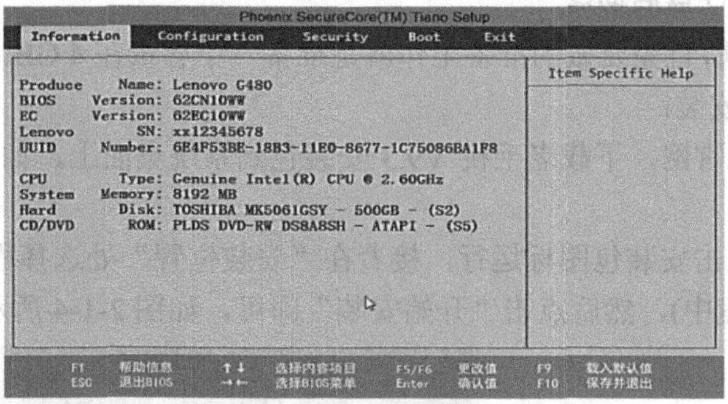

图 2-1-1　BIOS 的设置界面

2. 设置光盘或 U 盘为第一启动

利用键盘方向键移动光标，在 BIOS 设置界面中选择第四项 BOOT(或 STARTUP)，然后按 Enter 键进入副选菜单，选择光盘或 U 盘为第一启动，如图 2-1-2 所示。按 Esc 键来返回上级菜单，按 F10 键保留并退出 BIOS 设置。

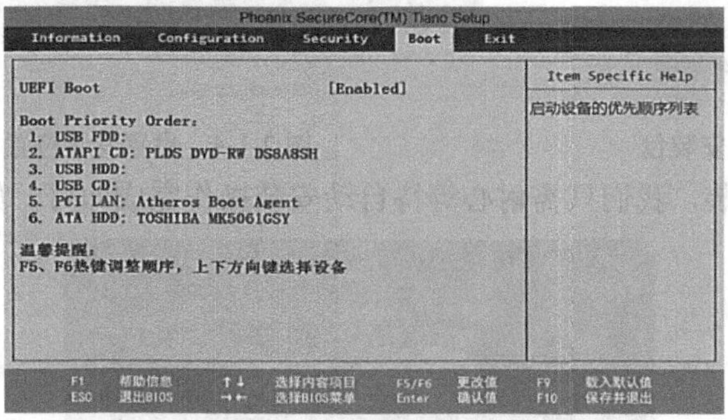

图 2-1-2　BOOT 功能设定

二、制作装机版 U 盘启动盘

在安装操作系统前，首先要制作装机版的 U 盘启动盘，这里选择使用老毛桃 V9.3 U 盘启动盘制作工具。

1. 老毛桃 U 盘启动盘介绍

老毛桃 U 盘启动盘是一款操作简便的一键式系统维护工具，当系统崩溃时，可用来修复系统，还可以备份数据、修改密码等。同时，也能通过 U 盘、移动硬盘等开启，使用范围广。

老毛桃 U 盘启动盘还具有以下功能特点：

(1) 简单易用，一盘两用。不需要任何技术基础，一键制作，自动完成制作，平时当 U 盘使用，需要的时候就是修复盘，完全不需要光驱和光盘，携带方便。

(2) 写入保护，防止病毒侵袭。U 盘是病毒传播的主要途径之一，U 启动采用写入保护技术，彻底切断病毒传播途径，高速传输，整个过程不到 10 分钟。

(3) 自由更换系统，方便快捷。自制引导盘和光驱无法更新系统，U 启动引导盘用户可以自由替换系统，支持 Ghost 与原版系统安装，自动安装，方便快捷。

2. 制作老毛桃 U 盘启动盘

在制作启动盘前，首先要做的准备工作就是准备一个容量在 4 GB 以上并能够正常使用的 U 盘。下面开始安装：

(1) 登录老毛桃官网，下载老毛桃 V9.3 安装包到系统桌面上，如图 2-1-3 所示为下载好的老毛桃安装包。

(2) 鼠标左键双击安装包图标运行，接着在“安装位置”处选择程序存放路径(建议默认设置安装到系统盘中)，然后点击“开始安装”即可，如图 2-1-4 所示。

图 2-1-3　老毛桃安装包

图 2-1-4　设置安装位置

(3) 进行程序安装，我们只需耐心等待自动安装操作完成即可，如图 2-1-5 所示。

图 2-1-5　老毛桃安装中

(4) 安装完成后，点击“立即体验”按钮，即可运行 U 盘启动盘制作程序，如图 2-1-6 所示。

图 2-1-6　老毛桃 U 盘启动盘制作工具安装完成

(5) 打开老毛桃 U 盘启动盘制作工具后，将 U 盘插入电脑 USB 接口，程序会自动扫描，只需在下拉列表中选择用于制作的 U 盘，然后点击“一键制作”按钮即可，如图 2-1-7 所示。

(6) 此时会弹出一个警告框，提示“警告：本操作将会删除 I:盘上的所有数据，且不可恢复”。在确认已经将重要数据做好备份的情况下，点击“确定”，如图 2-1-8 所示。

图 2-1-7　老毛桃安装界面

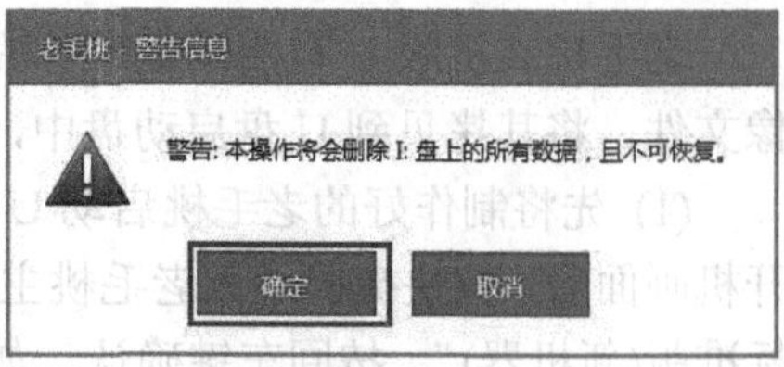

图 2-1-8　删除 U 盘数据警告

(7) 开始制作 U 盘启动盘，整个过程可能需要几分钟，在此期间切勿进行其他操作，如图 2-1-9 所示。

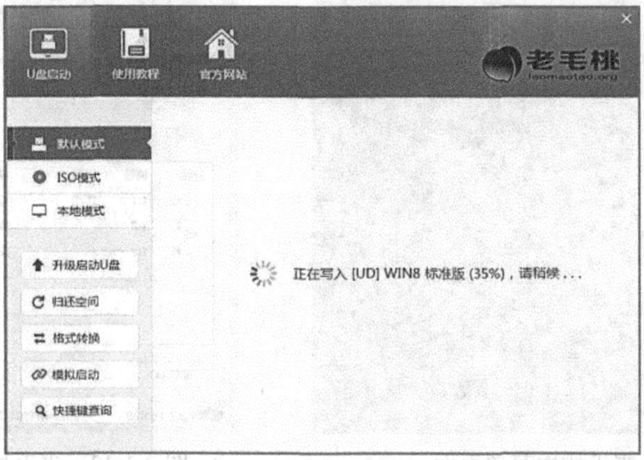

图 2-1-9　制作 U 盘启动盘

(8) U 盘启动盘制作完成后，会弹出一个窗口，提示“制作启动 U 盘成功。要用‘模拟启动’测试 U 盘的启动情况吗？”，点击“是”，如图 2-1-10 所示。

(9) 启动“电脑模拟器”后，就可以看到 U 盘启动盘在模拟环境下的正常启动界面了。按下键盘上的“Ctrl + Alt”组合键释放鼠标，最后可以点击右上角的关闭图标，退出模拟启动界面，如图 2-1-11 所示。

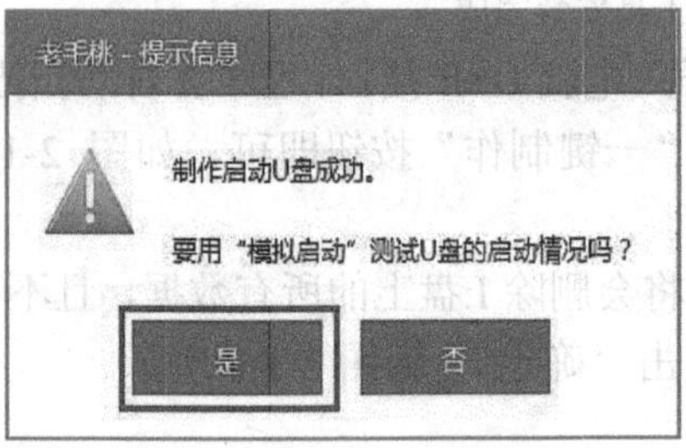

图 2-1-10　“模拟启动”提示信息

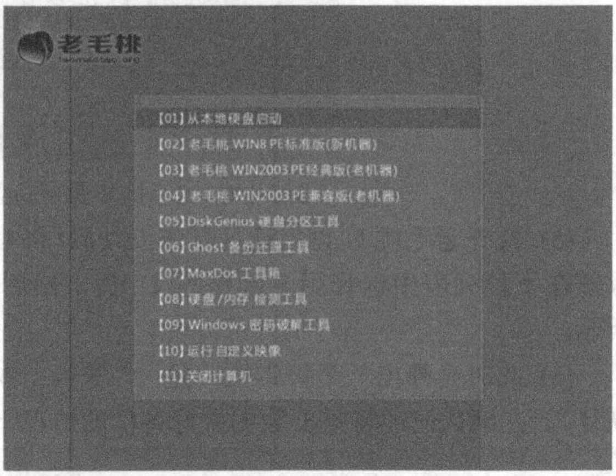

图 2-1-11　启动界面

通过以上的过程，老毛桃装机版 U 盘启动盘就制作好了。

三、安装操作系统

老毛桃装机版 U 盘启动盘制作完后，再从网上下载一个原版的 Windows 7 操作系统镜像文件，将其拷贝到 U 盘启动盘中，然后开始安装系统。

(1) 先将制作好的老毛桃启动 U 盘插入电脑 USB 插口，然后开启电脑，待屏幕上出现开机画面后，按快捷键进入老毛桃主菜单页面，接着移动光标选择“【02】老毛桃 WIN8 PE 标准版(新机器)”，按回车键确认，如图 2-1-12 所示。

(2) 登录 PE 系统后，双击鼠标左键打开桌面上的老毛桃 PE 装机工具，然后在工具主窗口中点击“浏览”按钮，如图 2-1-13 所示。

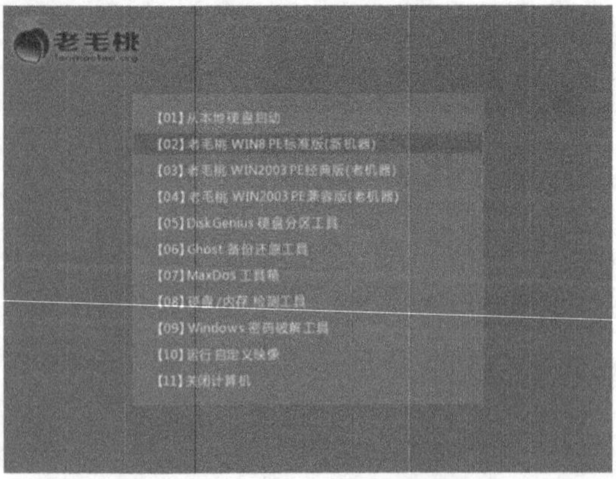

图 2-1-12　老毛桃主菜单页面

图 2-1-13　老毛桃 PE 装机工具界面

(3) 此时会弹出一个查找范围窗口，打开启动 U 盘，选中 win7.iso 系统镜像文件，点击“打开”按钮，如图 2-1-14 所示。

(4) 根据需要，先在映像文件路径下拉框中选择 Windows 7 系统的一个版本(这里以 Windows 7 家庭普通版为例)，接着在磁盘分区列表中选择 C 盘作为系统盘，然后点击“确定”按钮即可，如图 2-1-15 所示。

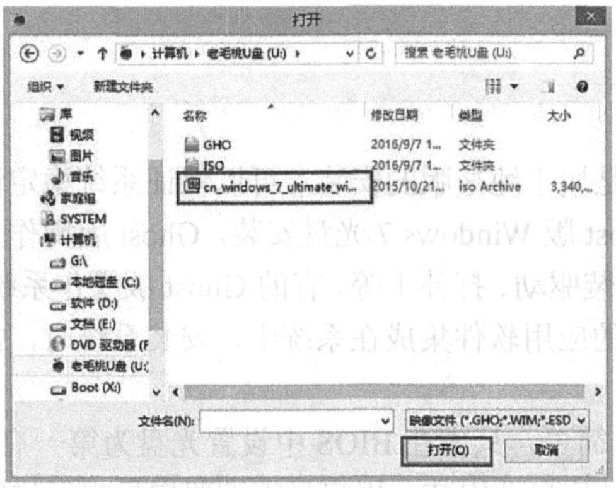

图 2-1-14 “打开”对话框

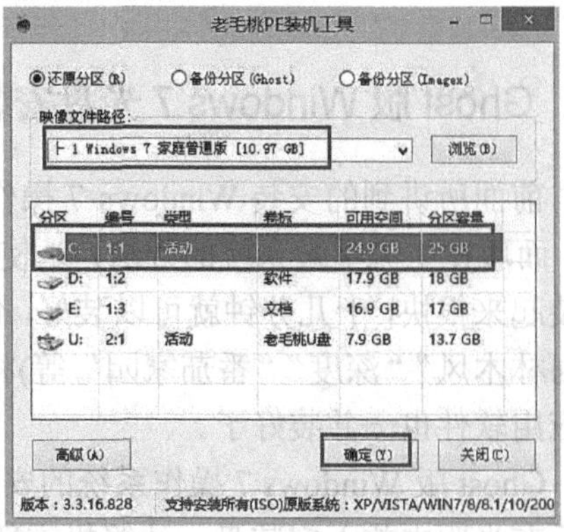

图 2-1-15 选择系统和系统盘

(5) 此时会弹出一个提示框，询问是否需执行还原操作，在这里建议默认设置，只需点击“确定”即可，如图 2-1-16 所示。

(6) 完成上述操作后，程序开始释放系统镜像文件。释放完成后，电脑会自动重启，继续余下的安装操作，我们只需耐心等待即可，如图 2-1-17 所示。

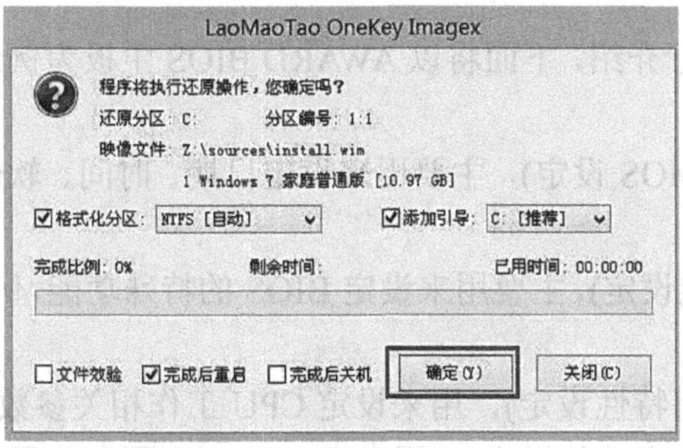

图 2-1-16 还原操作提示框

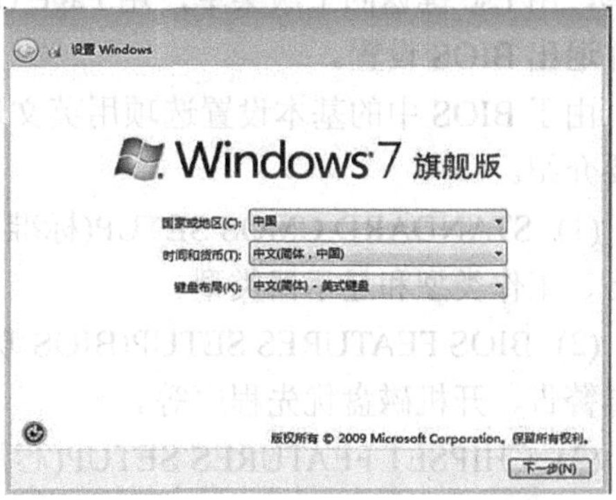

图 2-1-17 Windows 设置界面

【课堂练习】

目标：学习本任务后，学员能对计算机的磁盘进行分区和格式化，安装 Windows 7 操作系统，并安装各种驱动程序。

准备工作：Windows 7 安装程序和老毛桃安装包。

实验设置：一台计算机。

支撑资源：虚拟机安装软件。

实验方案：分组进行。

实验时间：2 学时。

实验内容：在虚拟机上安装操作系统。

操作要求：

(1) 在 BIOS 中设置 U 盘为第一启动，在虚拟机上完成操作系统的安装。

(2) 在系统安装的过程中，按照提示进行每一步的操作。

【知识扩展】

一、Ghost 版 Windows 7 光盘安装

前面所讲到的安装 Windows 7 操作系统是属于纯净版的安装，可以保证系统稳定性较高。而现在主流重装系统的方法，是使用 Ghost 版 Windows 7 光盘安装，Ghost 版操作系统安装起来很快，十几分钟就可以装好，包括安装驱动、打补丁等。有的 Ghost 版操作系统(如“雨林木风”“深度”“番茄家园”等)将常用的应用软件集成在系统中，安装系统时，常用的应用软件也一并装好了。

Ghost 版 Windows 7 操作系统的安装非常简单，只需在 BIOS 中设置光盘为第一启动，然后在光驱中放入安装盘。计算机重新启动之后自动安装，用户只需按照向导提示进行操作，就可以安装好操作系统。现在大多数电脑城或网吧都采用此方法来安装操作系统。

二、BIOS 基本设置选项

对 BIOS 进行设置时，用方向键移动光标选择设置界面上的选项，按 Enter 键进入副选菜单，用 Esc 键返回上级菜单，用 Page Up 和 Page Down 键来选择具体选项，用 F10 键保留并退出 BIOS 设置。

由于 BIOS 中的基本设置选项用英文进行介绍，下面将以 AWARD BIOS 主板为例进行简要介绍。

(1) STANDARD CMOS SETUP(标准 CMOS 设定)，主要用来设定日期、时间、软硬盘规格、工作类型和显示器类型。

(2) BIOS FEATURES SETUP(BIOS 功能设定)，主要用来设定 BIOS 的特殊功能，例如，病毒警告、开机磁盘优先程序等。

(3) CHIPSET FEATURES SETUP(芯片组特性设定)，用来设定 CPU 工作相关参数。

(4) POWER MANAGEMENT SETUP(省电功能设定)，用来设定 CPU、硬盘、显示器等设备的省电功能。

(5) PNP/PCI CONFIGURATION(即插即用设备与 PCI 组态设定)，用来设置 ISA 及其他即插即用设备的中断和其他参数。

(6) LOAD BIOS DEFAULTS(载入 BIOS 预设值)，此选项用来载入 BIOS 初始设置值。

(7) LOAD OPRIMUM SETTINGS(载入主板 BIOS 出厂设置)，是 BIOS 的最基本设置，用来确定故障范围。

(8) INTEGRATED PERIPHERALS(内建整合设备周边设定)，主板整合设备设定。

(9) SUPERVISOR PASSWORD(管理者密码)，计算机管理员设置进入 BIOS 修改设置密码。

(10) USER PASSWORD(用户密码)，设置开机密码。

(11) IDE HDD AUTO DETECTION(自动检测 IDE 硬盘类型)，用来自动检测硬盘容量、类型。

(12) SAVE & EXIT SETUP(保存并退出设置)，保存已经更改的设置并退出 BIOS 设置。

(13) EXIT WITHOUT SAVE(沿用原有设置并退出 BIOS 设置)，不保存已经修改的设置，并退出设置。

三、操作系统的功能

计算机系统中各种资源都有它们固有的特征，因此对它们的管理手段也有所不同。从资源管理角度分析，操作系统具有处理机管理、存储管理、设备管理、文件管理和作业管理等五大功能。

1. 处理机管理

处理机管理是指对处理器(CPU)资源的管理。处理机管理的任务就是解决如何把 CPU 合理、动态地分配给多道程序系统，从而使得多个处理任务同时运行而互不干扰，极大地发挥处理器的工作效率。

2. 存储管理

存储管理是指对主存储器资源的管理，就是要根据用户程序的要求为用户分配主存区域。当多个用户程序同时被装入主存储器后，要保证各用户的程序和数据互不干扰；当某个用户程序结束时，要及时收回它所占的主存区域，以便再装入其他程序，从而提高内存空间的利用率。

3. 设备管理

设备管理是指对所有外部设备的管理。它是操作系统中用户和外部设备之间的接口，主要负责分配、回收外部设备及控制外部设备的运行，采用通道技术、缓冲技术、中断技术和假脱机技术等充分而有效地提高外部设备的利用率。

4. 文件管理

文件管理是指对数据信息资源的管理。文件管理的主要任务是负责文件的存储、检索、共享、保护和安全等，为用户提供简便使用文件的方法。

5. 作业管理

完成一个独立任务的程序及其所需的数据组成一个作业。作业管理是对用户提交的诸多作业进行管理，包括作业的组织、控制和调度等，尽可能高效地利用整个系统的资源。

四、常见操作系统

常见的计算机操作系统有 Windows 系统、Mac OS 系统、Unix 系统和 Linux 系统等。

1. Windows 系统

Windows 操作系统是目前最流行的操作系统。它是 Microsoft 公司在 1985 年 11 月发布的第一代窗口式多任务系统，它使计算机开始进入了所谓的图形用户界面时代，这种界面方式为用户提供了很大的方便，把计算机的使用提高到了一个新的阶段，现在用得最多的是 Windows XP 和 Windows 7，最新版本为 Windows 10。

2. Mac OS 操作系统

Mac OS 操作系统是美国苹果计算机公司为它的 Macintosh 计算机设计的操作系统，该机型于 1984 年推出，率先采用了一些至今仍为人称道的技术，如 GUI 图形用户界面、多媒体应用、鼠标等，Macintosh 计算机在出版、印刷、影视制作和教育等领域有着广泛的应用，最近苹果公司又发布了目前最先进的个人计算机操作系统 Mac OS X 系列。

3. Unix 系统

Unix 系统是 1969 年在贝尔实验室诞生的，最初是在中小型计算机上运用。Unix 为用户提供了一个分时的系统，以控制计算机的活动和资源，并且提供了一个交互、灵活的操作界面。Unix 被设计成能够同时运行多进程、支持用户之间共享数据的操作系统。同时，Unix 支持模块化结构，只需安装需要的部分。Unix 具有技术成熟、可靠性高、网络功能强、数据库支持能力强和开放性好等特点。

4. Linux 系统

Linux 操作系统最初由芬兰人 Linus Torvalds 开发，其源程序在 Internet 网上公开发布，由此引发了全球电脑爱好者的开发热情，许多人下载该源程序并按自己的意愿完善某一方面的功能，再发回网上，Linux 也因此被雕琢成为一个全球最稳定的、最有发展前景的操作系统。Linux 是自由和开放源代码的软件，它继承了 Unix 系统的许多优秀特性，具有完全免费、兼容性好、多任务多用户、图形用户界面等特点。

五、Windows 操作系统发展历程

(1) Windows 是由微软在 1983 年 11 月宣布，并在两年后(1985 年 11 月)发行的。

(2) Windows 2.0 版本是在 1987 年 11 月正式在市场上推出的，该版本对使用者界面做了一些改进。2.0 版本还增强了键盘和鼠标界面，特别是加入了功能表和对话框。

(3) Windows 2.0 是在 1990 年 5 月 22 日发布的，它将 Win/286 和 Win/386 结合到同一种产品中。Windows 3.0 是第一个在家用和办公室市场上取得立足点的版本。

(4) Windows 3.1 版本是 1992 年 4 月发布的，跟 OS/2 一样，只能在保护模式下运行，并且要求至少配置了 1 MB 内存的 286 或 386 处理器的 PC。

(5) 在 1993 年 7 月发布的 Windows NT 是第一个支持 Intel 386、Intel 486 和 Pentium CPU 的 32 位保护模式的版本。同时，NT 还可以移植到非 Intel 平台上，并在几种使用 RISC 晶片的工作站上工作。

(6) Windows 95 是在 1995 年 8 月发布的。虽然缺少了 NT 中某些功能，诸如高安全性和对 RISC 机器的可携性等，但是 Windows 95 具有需要较少硬件资源的优点。

(7) Windows 98 在 1998 年 6 月发布，具有许多加强功能，包括执行效能的提高、更好的硬件支持和网络应用。

(8) Windows ME 是介于 Windows 98 SE 和 Windows 2000 之间的一个操作系统，其诞

生的目的是让那些无法达到 Windows 2000 硬件标准的电脑同样享受到与 Windows 2000 类似的功能，但事实上，这个版本的 Windows 问题非常多，既失去了 Windows 2000 的稳定性，又无法达到 Windows 98 的低配置要求，因此很快被大众遗弃。

(9) Windows 2000 的诞生是一件非常了不起的事情，2000 年 2 月 17 日发布的 Windows 2000 被誉为“迄今最稳定的操作系统”，其由 NT 发展而来，同时，从 Windows 2000 开始，Windows 9X 的内核被正式抛弃。

(10) 2001 年 10 月 25 日，微软首次展示了 Windows XP，同年发行了两个版本：Professional 和 Classic。从某种角度看，Windows XP 是最为易用的操作系统之一。

(11) 2006 年 11 月，具有跨时代意义的 Vista 系统发布，它引发了一场硬件革命，使 PC 正式进入双核、大(内存、硬盘)时代。不过，因为 Vista 的使用习惯与 Windows XP 有一定差异，软硬件的兼容问题导致它的普及率差强人意，但它华丽的界面和炫目的特效还是值得赞赏的。

(12) Windows 7 于 2009 年 10 月 22 日在美国发布，于 2009 年 10 月 23 日下午在中国正式发布。Windows 7 的设计主要围绕五个重点——针对笔记本电脑的特有设计；基于应用服务的设计；用户的个性化；视听娱乐的优化；用户易用性的新引擎。它是除了 Windows XP 外第二经典的 Windows 系统。

(13) 2012 年 10 月 26 日，Windows 8 在美国正式面市。Windows 8 支持来自 Intel、AMD 和 ARM 的芯片架构，被应用于个人电脑和平板电脑上，尤其是移动触控电子设备，如触屏手机、平板电脑等。该系统具有良好的续航能力，且启动速度更快、占用内存更少，并兼容 Windows 7 所支持的软件和硬件。

(14) 2015 年 7 月 29 日发布的 Windows 10 是微软最新的 Windows 版本，其大幅减少了开发阶段。Windows 10 有家庭版、专业版、企业版和教育版，分别面向不同用户和设备。

任务二 计算机管理

【学习目标】

操作系统安装好之后，需要对计算机进行一些必要或个性化的设置。控制面板就像一个控制中心，内容十分丰富，提供了很多系统设置程序。本节将介绍控制面板中最为常用的一些设置，通过学习，用户可以掌握一些基本方法和操作技巧，以提高 Windows 7 的使用水平。

【相关知识】

控制面板：一个功能强大的应用程序，提供自定义计算机的外观和功能的选项，其中包括显示属性、添加或删除程序、任务栏和开始菜单属性、用户账户、区域和语言选项及系统配置等。

磁盘碎片整理：将计算机中零碎分布的空间整理出来，使其成为一个大的空间，方便计算机对空间的管理与使用。

用户账户：定义了用户可以在 Windows 中执行的操作，即用户账户确定了分配给每个用户的特权。

【任务说明】

在控制面板中进行系统维护，可以进行以下设置：

(1) 个性化设置：主要设置人机交互界面的主题，包括设置桌面背景、屏幕保护程序、窗口颜色和声音等。

(2) 程序和功能设置：卸载或更改程序和打开或关闭 Windows 功能等。

(3) 任务栏和【开始】菜单设置：任务栏外观、通知区域和自定义开始菜单等。

(4) 用户账户设置：更改账户和创建新账户、更改用户账户控制设置、创建密码等。

(5) 网络和共享中心：主要设置 IP 地址、子网掩码、默认网关和首选 DNS 服务器等。

(6) 日期和时间属性设置：设置系统时间和日期等。

【任务实施】

控制面板是一个功能强大的应用程序，为用户提供了很多系统设置程序。启动“控制面板”的常用方式：单击【开始】菜单→“控制面板”命令，打开控制面板窗口，如图 2-2-1 所示。

图 2-2-1　“控制面板”窗口

一、个性化设置——显示属性

Windows 7 提供灵活的人机交互界面，用户可以方便地设置它的外观主题，包括改变桌面的背景，以及设置屏幕保护程序、窗口颜色和声音等。

1. “主题”个性化设置

在控制面板窗口中点击“外观和个性化”类下面的“更改主题”命令，或者在桌面空白处单击鼠标右键，弹出如图 2-2-2 所示的快捷菜单，选择“个性化”菜单项，弹出“个性化”窗口，如图 2-2-3 所示。

图 2-2-2 快捷菜单

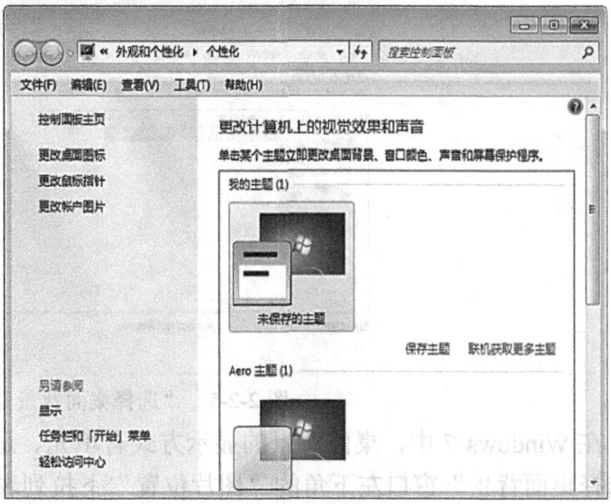

图 2-2-3 “个性化”窗口

此时可以看到 Windows 7 提供了包括“我的主题”和“Aero 主题”等多种个性化主题供用户选择，只要在某个主题上单击鼠标，即可选中该主题。例如，选择“Aero 主题”下的“Windows 7”选项，即可将该主题设置为 Windows 7 桌面主题，如图 2-2-4 所示。

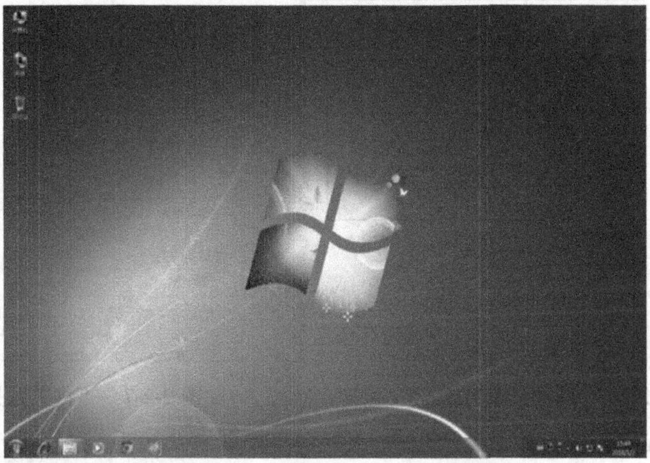

图 2-2-4 “Windows 7”桌面主题

2. 桌面背景设置

Windows 7 系统提供了很多个性化的桌面背景，包括图片、纯色或带有颜色框架的图片等，使用者可以根据自己的喜好选择这些图片，也可以自己制作个性化图片更改设置桌面背景。

1) 设置桌面图片

打开“更改计算机上的视觉效果和声音”窗口，选择“桌面背景”选项，弹出“选择桌面背景”窗口，如图 2-2-5 所示。

“图片位置”下拉列表中列出了“Windows 桌面背景”“图片库”“顶级照片”和“纯色”这四个系统默认的图片存放文件夹，用户可以在这些文件夹中选择系统自带的图片，也可以单击“浏览”按钮，在本地磁盘或网络中选择喜欢的图片。

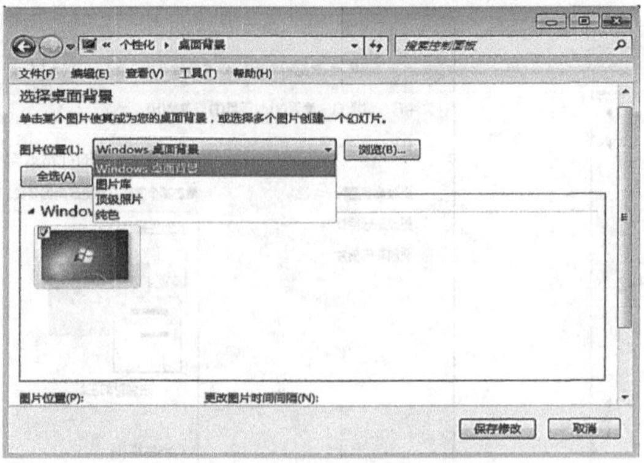

图 2-2-5　“选择桌面背景”窗口

在 Windows 7 中，桌面背景的显示方式有填充、适应、拉伸、平铺和居中等五种。在“选择桌面背景”窗口左下角的“图片位置”下拉列表中选择合适的选项，如图 2-2-6 所示。设置完毕后，点击“保存修改”按钮，返回“更改计算机上的视觉效果和声音”窗口，单击“保存主题”，弹出如图 2-2-7 所示的“将主题另存为”对话框，在“主题名称”文本框中输入主题名称，然后单击“保存”按钮即可。

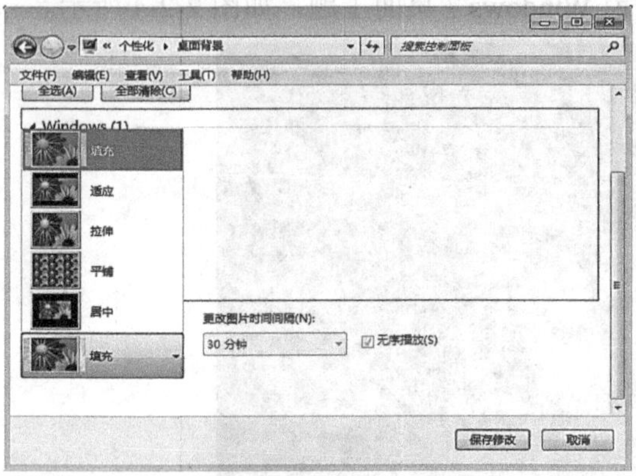

图 2-2-6　选择显示方式

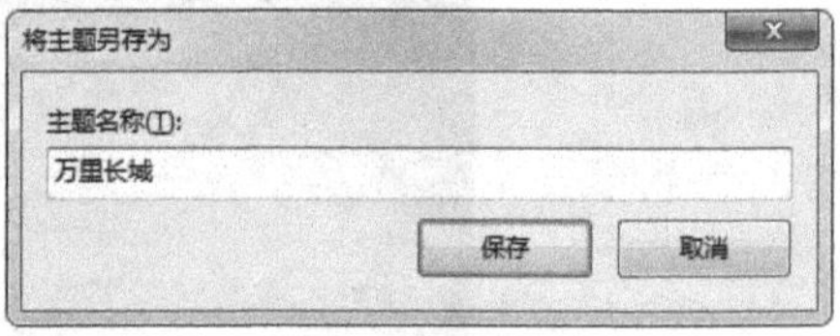

图 2-2-7　“将主题另存为”对话框

2) 个性化桌面图标

刚安装好的 Windows 7 操作系统，桌面上仅有回收站图标，为了显示常用的桌面图标，首先打开“更改计算机上的视觉效果和声音”窗口，然后在窗口的左侧窗格中选择“更改桌面图标”选项，弹出“桌面图标设置”对话框，如图 2-2-8 所示，勾选复选框“计算机”“用户的文件”和“网络”等，单击“确定”按钮，桌面就会出现这些系统图标。

同时，还可以选择需要操作的桌面图标，然后点击“更改图标”按钮，对桌面上的系统图标进行更改，打造个性化的桌面图标，设定好之后，单击“确定”按钮即可。

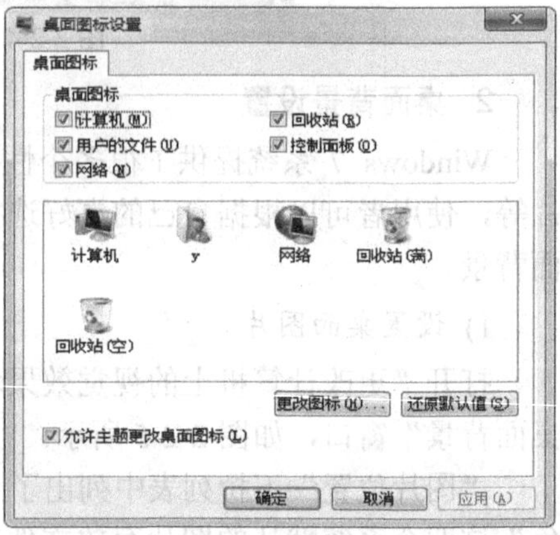

图 2-2-8　“桌面图标设置”对话框

3. 屏幕保护程序设置

在使用计算机时，如果计算机彩色屏幕的内容一直呈高亮度显示，间隔时间较长后可能会造成屏幕的损坏。因此，当用户在一定时间内不使用计算机时，屏幕保护程序将自动运行，可以使屏幕暂停显示或以动态画面显示，从而起到保护电脑屏幕、保护个人隐私、增强计算机安全性的作用，同时还可以减少电能消耗。

打开“更改计算机上的视觉效果和声音”窗口，在窗口的下方选择“屏幕保护程序”选项，打开“屏幕保护程序设置”对话框，在“屏幕保护程序”下拉列表框中选择“彩带”程序，等待时间设置为“1”分钟。单击“预览”按钮，可观看屏幕保护程序的效果，当移动鼠标或操作键盘时结束程序，设定好之后，单击“确定”按钮，如图 2-2-9 所示。

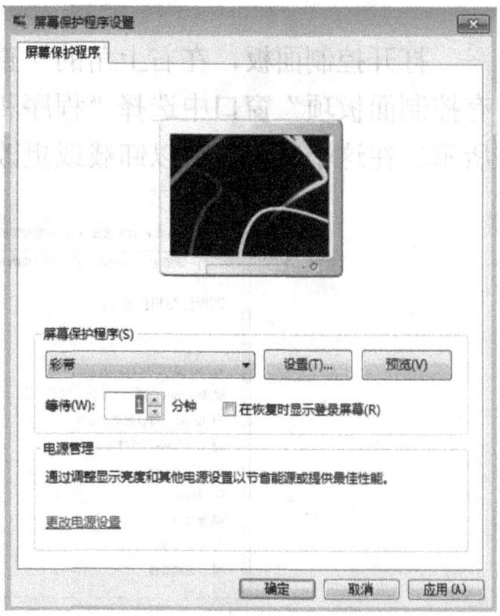

图 2-2-9 屏幕保护程序设置

4. 窗口颜色和外观设置

Windows 7 提供了一系列色彩方案，用户可以通过“窗口颜色”选项进行设置。打开“更改计算机上的视觉效果和声音”窗口，在窗口下方选择“窗口颜色”选项，打开“更改窗口边框、【开始】菜单和任务栏的颜色”窗口，如图 2-2-10 所示，在这里可以对窗口边框、【开始】菜单和任务栏的颜色进行调整。如果不满意，选择窗口下方的“高级外观设置”选项，打开“窗口颜色和外观”对话框，可以为桌面上的对象(如桌面、活动标题栏、活动窗口边框、滚动条、窗口、菜单等)调整颜色、字体大小等，如图 2-2-11 所示。

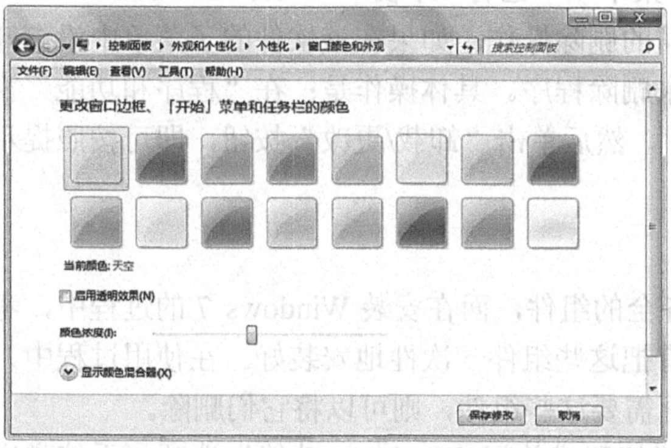

图 2-2-10 更改窗口边框、【开始】菜单和任务栏的颜色

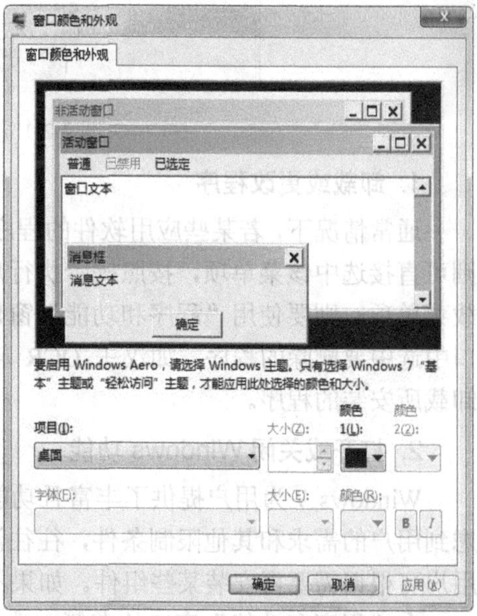

图 2-2-11 “窗口颜色和外观”对话框

二、程序和功能

打开控制面板，在右上角的“查看方式”处选择“小图标”，在图 2-2-12 所示的“所有控制面板项”窗口中选择“程序和功能”命令，打开“程序和功能”窗口，如图 2-2-13 所示。在这个窗口中可以卸载或更改各种应用程序，包括 Windows 组件。

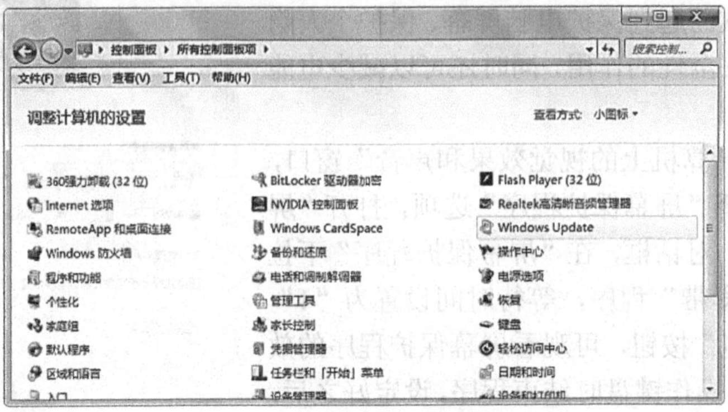

图 2-2-12　“所有控制面板项”窗口

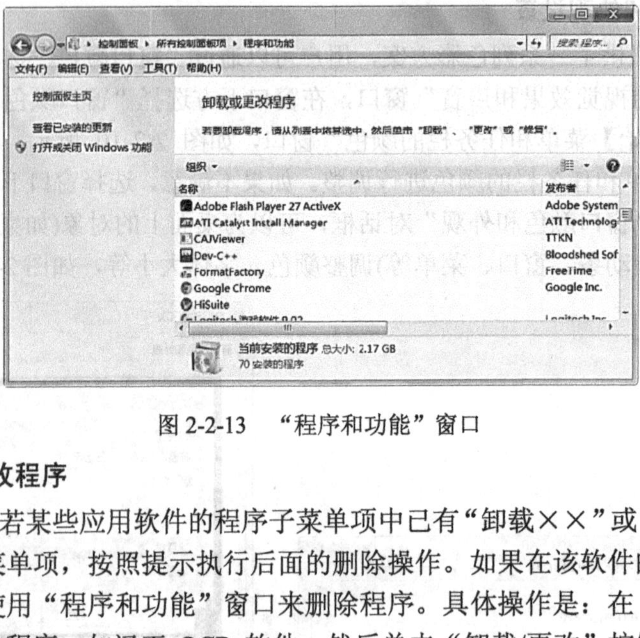

图 2-2-13　“程序和功能”窗口

1. 卸载或更改程序

通常情况下，若某些应用软件的程序子菜单项中已有“卸载××”或“Uninstall ××”，则可直接选中该菜单项，按照提示执行后面的删除操作。如果在该软件的子菜单中没有卸载菜单项，则要使用“程序和功能”窗口来删除程序。具体操作是：在“程序和功能”窗口中选中要删除的程序，如汉王 OCR 软件，然后单击“卸载/更改”按钮，即可按照提示卸载所安装的程序。

2. 打开或关闭 Windows 功能

Windows 7 为用户提供了丰富且功能齐全的组件，而在安装 Windows 7 的过程中，考虑到用户的需求和其他限制条件，往往没有把这些组件一次性地安装好。在使用过程中，用户可根据需要再安装某些组件。如果不再需要这些组件，则可以将它们删除。

在“程序和功能”窗口的左侧，选择“打开或关闭 Windows 功能”选项，系统弹出“Windows 功能”对话框，如图 2-2-14 所示。

在对话框中，复选框被选中的项目均是已安装的组件，如果需要安装或删除组件，只需要选中或取消对应的复选框，然后点击“确定”按钮即可，有时可能会出现如图 2-2-15 所示的重启提示对话框，说明只有重新启动系统后，组件才能安装或删除成功。

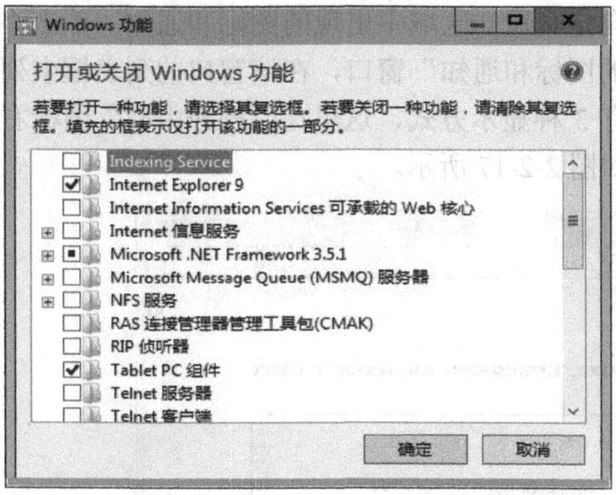

图 2-2-14　“Windows 功能”对话框

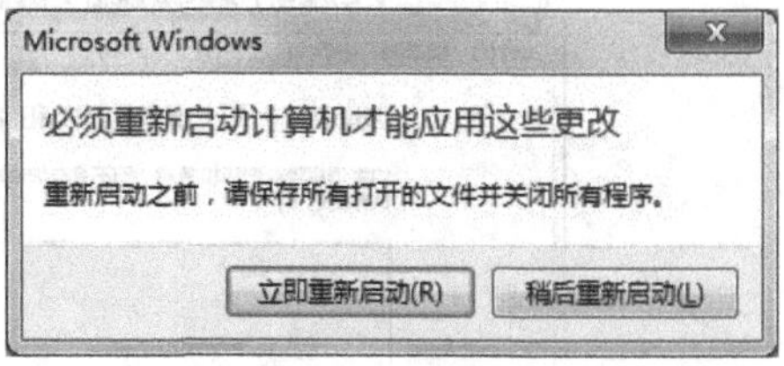

图 2-2-15　重启提示对话框

三、任务栏和【开始】菜单属性

在如图 2-2-12 所示的控制面板中选择“任务栏和【开始】菜单”选项，打开“任务栏和【开始】菜单属性”对话框；或者在任务栏空白处单击鼠标右键，在快捷菜单中选择“属性”命令并打开。

1. 在任务栏选项卡中设置任务栏外观

在“任务栏外观”选项中单击复选框，可设置锁定、自动隐藏任务栏，以及使用小图标；在“屏幕上的任务栏位置”下拉列表中有 4 个位置可选择：底部、左侧、右侧和顶部；在“任务栏按钮”下拉列表中有 3 种方式可选择：始终合并、隐藏标签；当任务栏被占满时合并；从不合并。如图 2-2-16 所示。

锁定任务栏：选中该项，表示任务栏被锁定，不能移动和改变大小。

自动隐藏任务栏：设置任务栏隐藏后，当鼠标移到任务栏处，隐藏的任务栏会弹出；当鼠标移开时，任务栏立刻隐藏。

改变任务栏大小：当任务栏未“锁定”时，移动鼠标指针到任务栏边缘处，指针变成垂直双向箭头形状，此时按住鼠标左键拖动，可调整任务栏的大小。取消任务栏“锁定”的方法是：在任务栏空白处单击鼠标右键，在快捷菜单中单击“锁定任务栏”命令，取消“√”符号即可。

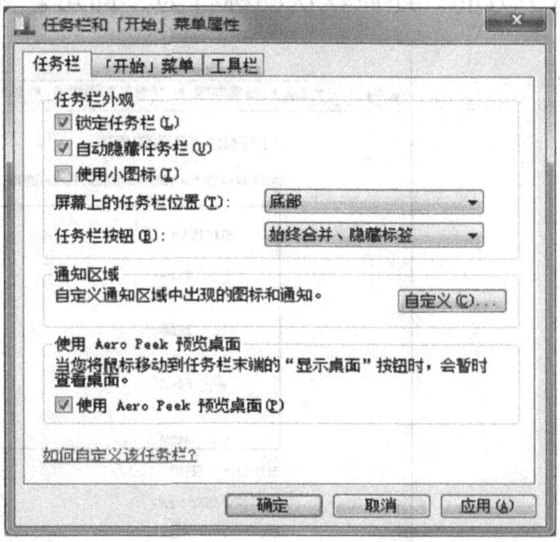

图 2-2-16　“任务栏和【开始】菜单属性”对话框

移动任务栏：当任务栏未“锁定”时，在任务栏空白处按住鼠标左键进行拖动，可移动任务栏的显示位置。

2．在任务栏选项卡中设置通知区域

在“通知区域图标”选项中，主要是自定义通知区域中出现的图标和通知。单击“自定义”按钮，打开“选择在任务栏上出现的图标和通知”窗口，在该窗口的列表框中列出了各个图标及其显示的方式，每个图标都有 3 种显示方式，这里在“操作中心”图标右侧的下拉列表中选择“仅显示通知”选项，如图 2-2-17 所示。

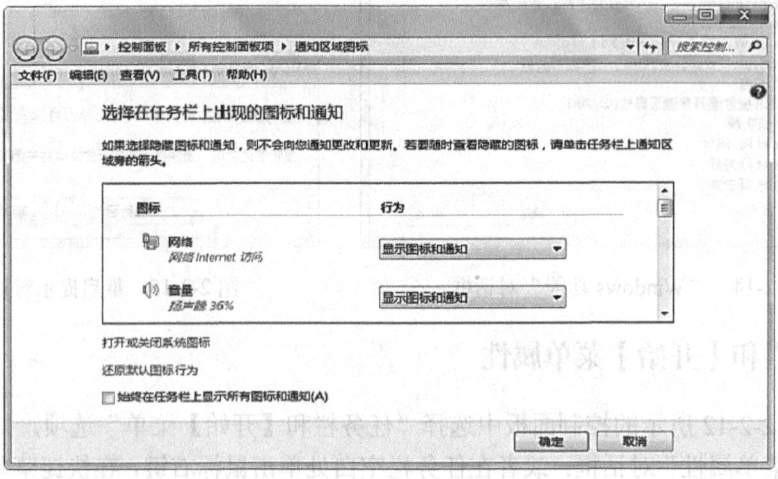

图 2-2-17　设置“通知区域图标”

“时钟”“音量”“网络”“电源”和“操作中心”等 5 个图标是系统图标，使用者可以根据需要将其打开或关闭。单击“选择在任务栏上出现的图标和通知”窗口下方的“打开或关闭系统图标”选项，弹出“打开或关闭系统图标”窗口，窗口中间的列表框中设置了 5 个系统图标的“行为”，例如，在“电源”图标右侧的下拉列表中选择“关闭”选项，即可将“电源”图标从“任务栏”的通知区域中删除并关闭通知；若想还原图标行为，单击窗口下方的“还原默认图标行为”即可。如图 2-2-18 所示。

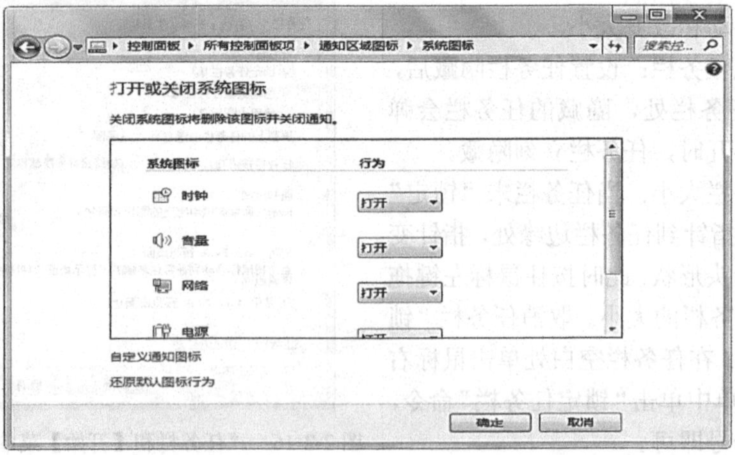

图 2-2-18　设置“系统图标”

3.【开始】菜单属性设置

与之前的操作系统不同，Windows 7 只有一种默认的【开始】菜单样式，不能更改，但用户可以对其属性进行相应的设置。

在“开始”按钮上单击鼠标右键，在弹出的快捷菜单中选择“属性”，打开“任务栏和【开始】菜单属性”对话框，切换到“【开始】菜单”选项卡，如图 2-2-19 所示。

“电源按钮操作”下拉列表中列出了 6 项按钮操作选项，用户可以选择其中的一项，更改【开始】菜单中的“关闭”选项按钮，例如，选择“锁定”选项。

单击“自定义”按钮，弹出“自定义【开始】菜单”对话框，如图 2-2-20 所示。

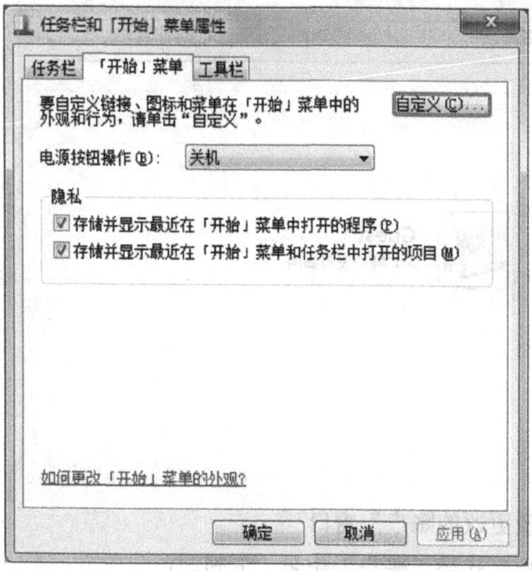

图 2-2-19 “任务栏和【开始】菜单属性”对话框

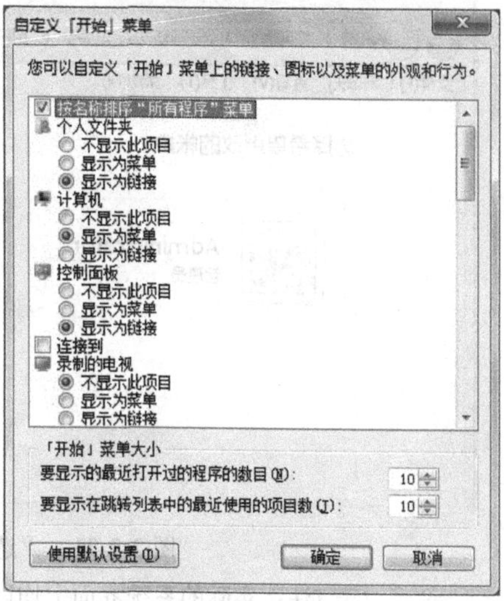

图 2-2-20 “自定义【开始】菜单”对话框

在“您可以自定义【开始】菜单上的链接、图标以及菜单的外观和行为”列表框中设置【开始】菜单中各个选项的属性，例如，选中“计算机”选项下方的“显示为菜单”单选按钮。

在“要显示的最近打开过的程序的数目”微调框中设置最近打开程序的数目，在“要显示在跳转列表中的最近使用的项目数”微调框中设置最近使用的项目数。设置完毕后，点击“确定”按钮即可。

四、用户账户设置

与 Windows XP、Windows Vista 系统类似，Windows 7 操作系统同样可以设置多个用户账户，不同的账户类型拥有不同的权限，它们之间相互独立，从而可达到多人使用同一台电脑而又互不影响的目的。

Windows 7 有 3 种类型的用户账户：管理员账户、标准用户账户和受限账户。管理员账户拥有对全系统的控制权，能改变系统设置，可以安装和删除程序，能访问计算机所有的文件，还拥有控制其他用户的权限。Windows 7 中至少要有一个计算机管理员账户。标准用户账户是受到一定限制的账户，在系统中可以创建多个此类账户，也可以改变其账户类型。该账户可以访问已经安装在计算机上的程序，可以设置自己账户的图片、密码等，但无权更改大多数计算机的设置。来宾账户是给那些在计算机上没有用户账户的人使用的，只是一个临时账户，主要用于远程登录的网上用户访问计算机系统。来宾账户仅有最低的权限，没有密码，无法对系统做任何修改，只能查看计算机中的资料。

1. 添加“我是一个兵”的新用户

(1) 打开“控制面板”窗口，在“用户账户和家庭安全”功能区中单击“添加或删除用户账户”选项，弹出“选择希望更改的账户”窗口，如图 2-2-21 所示。窗口中显示了所有存在的用户账户。

图 2-2-21　“选择希望更改的账户”窗口

(注：实际的系统界面上均以“帐户”代替“账户”作名，下同。)

(2) 单击窗口下方的“创建一个新账户”选项，弹出“命名账户并选择账户类型”窗口，如图 2-2-22 所示。在“该名称将显示在欢迎屏幕和【开始】菜单上”文本框中输入账户名称“我是一个兵”，选中“标准用户”单选按钮，然后单击“创建账户”按钮，完成新账户的建立。

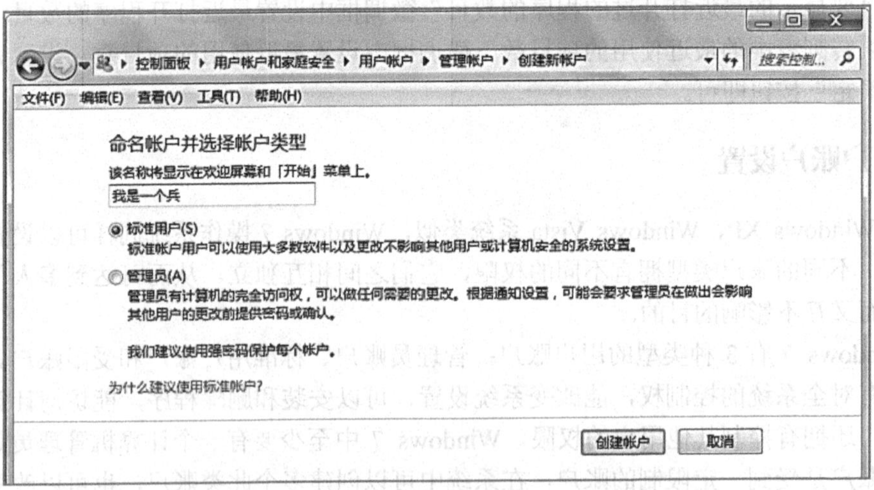

图 2-2-22　“命名账户并选择账户类型”窗口

(3)“选择希望更改的账户”窗口中出现了新创建的账户“我是一个兵”，单击该账户名，即可对账户信息进行设置和更改，如图 2-2-23 所示。

图 2-2-23　创建“我是一个兵”新账户

2. 为用户账户设置、更改和删除密码

新创建的用户账户没有设置密码保护，任何用户都可以登录使用。因此，用户可以通过设置或不定期更改用户账户的密码，更好地保护系统的安全。

(1) 在“选择希望更改的账户”窗口中单击“我是一个兵”账户，弹出“更改我是一个兵的账户”窗口，在此窗口中可以“更改账户名称”“创建密码”“更改图片”“设置家长控制”“更改账户类型”“删除账户”和“管理其他账户”，如图 2-2-24 所示。

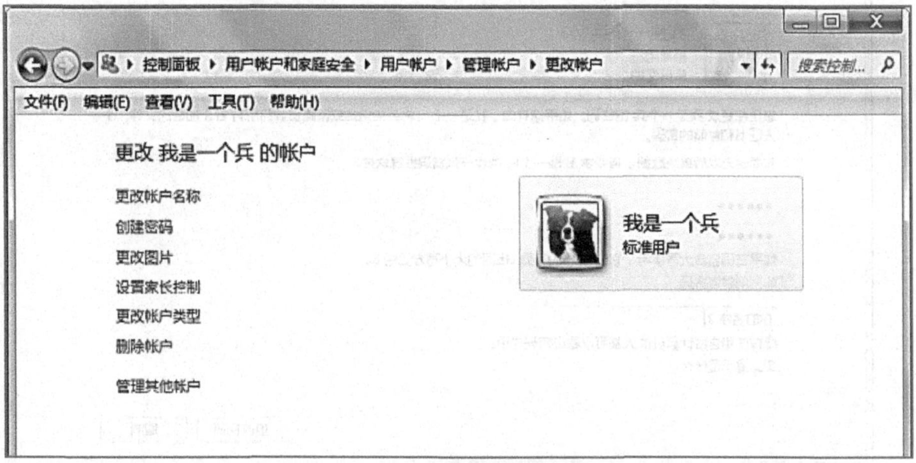

图 2-2-24　“更改我是一个兵的账户”窗口

(2) 单击“创建密码”选项，弹出“为我是一个兵的账户创建一个密码”窗口，在“新密码”和“确认新密码”文本框中输入要创建的密码，接着在“键入密码提示”文本框中输入密码提示，然后单击“创建密码”按钮，完成创建密码操作，如图 2-2-25 所示。

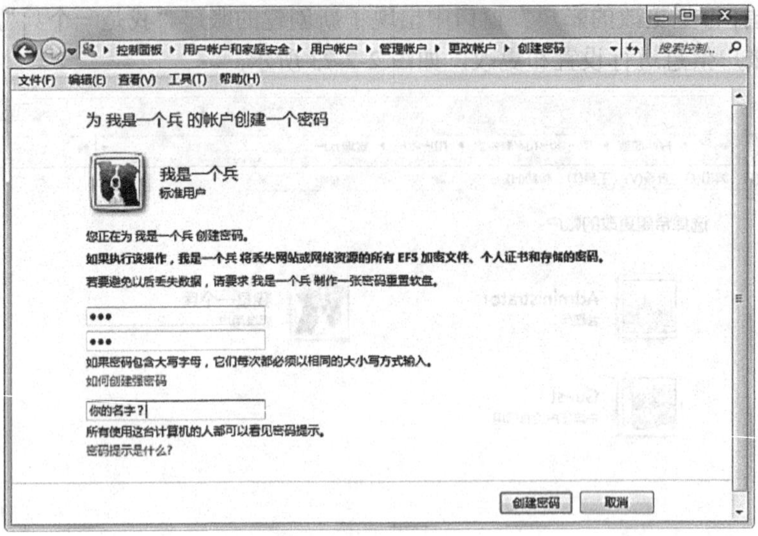

图 2-2-25　创建密码

(3) 如果用户觉得设置的密码过于简单，或者经长时间使用后担心泄露，还可以更改。打开“更改我是一个兵的账户”窗口，单击“更改密码”选项，弹出“更改我是一个兵的密码”窗口，首先在“新密码”和“确认密码”文本框中输入要创建的新密码，接着在“键入密码提示”文本框中输入密码提示，然后单击“更改密码”按钮，完成更改密码操作，如图 2-2-26 所示。

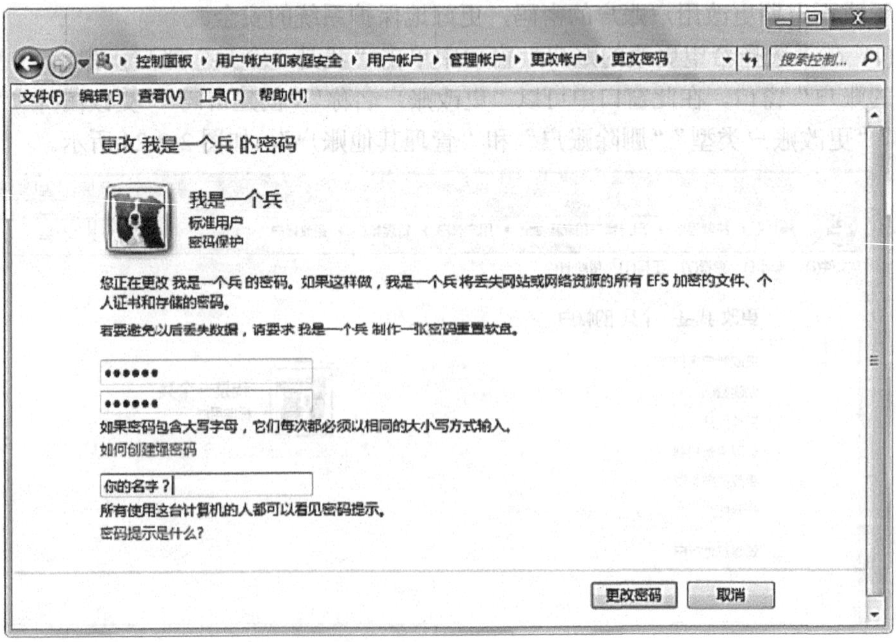

图 2-2-26　更改密码

(4) 设置了密码的用户账户在登录时需要输入密码，如果是个人电脑用户，可以取消设置的密码，在“更改我是一个兵的账户”窗口中单击“删除密码”选项，弹出“删除密码”窗口，直接单击“删除密码”按钮，就可以将“我是一个兵”账户的密码删除，如图 2-2-27 所示。

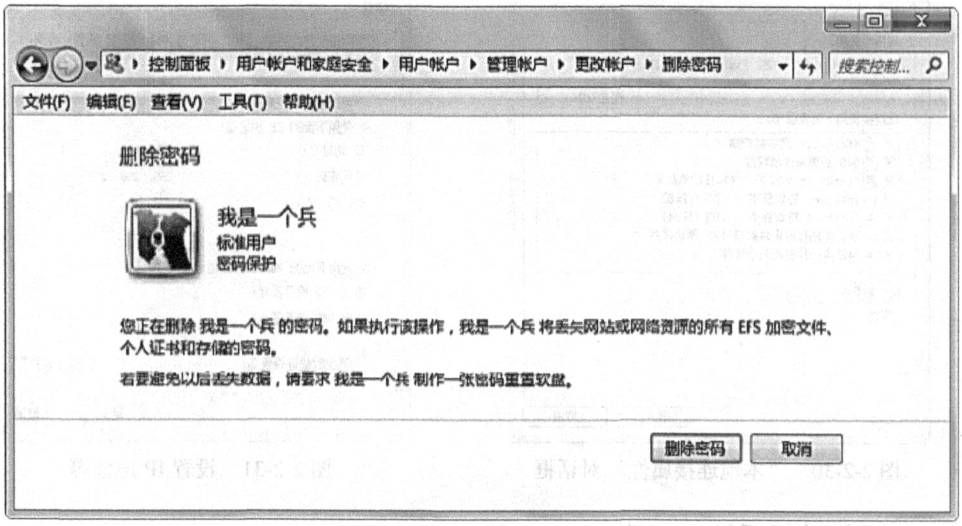

图 2-2-27 删除密码

五、网络连接

(1) 打开“控制面板”窗口，选择“网络和 Internet”功能区域下的“查看网络状态和任务”选项，打开“查看基本网络信息并设置连接”窗口，如图 2-2-28 所示。在“查看活动网络”区域单击“本地连接”选项，弹出“本地连接状态”对话框，如图 2-2-29 所示。

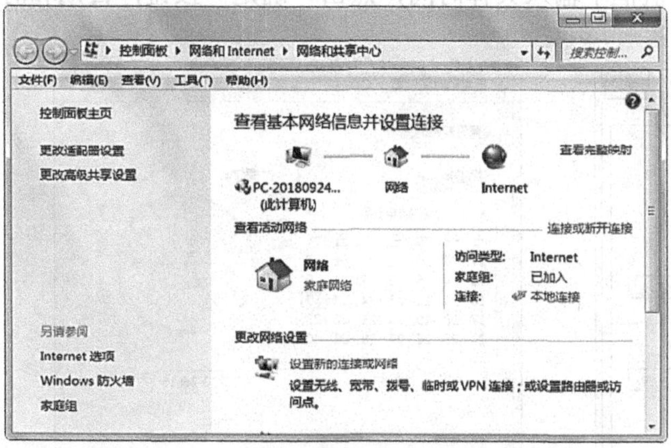

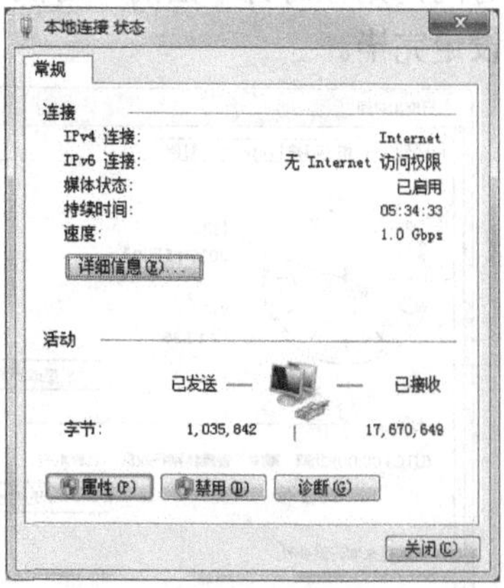

图 2-2-28 “查看基本网络信息并设置连接”窗口　　图 2-2-29 “本地连接状态”对话框

(2) 单击“本地连接状态”对话框中的“属性”按钮，弹出“本地连接属性”对话框，如图 2-2-30 所示，在“此连接使用下列项目”列表框中选择“Internet 协议版本 4(TCP/IPv4)”，然后单击列表框下方的“属性”按钮，弹出“Internet 协议版本 4(TCP/IPv4)属性”对话框，如图 2-2-31 所示。

(3) 在常规选项卡中设置 IP 地址、子网掩码、默认网关和首选 DNS 服务器等。当这些操作设置好之后，计算机就可以连上互联网了。

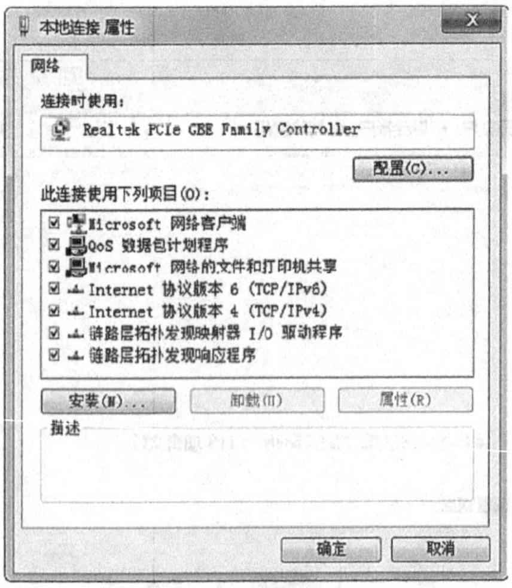

图 2-2-30　“本地连接属性”对话框

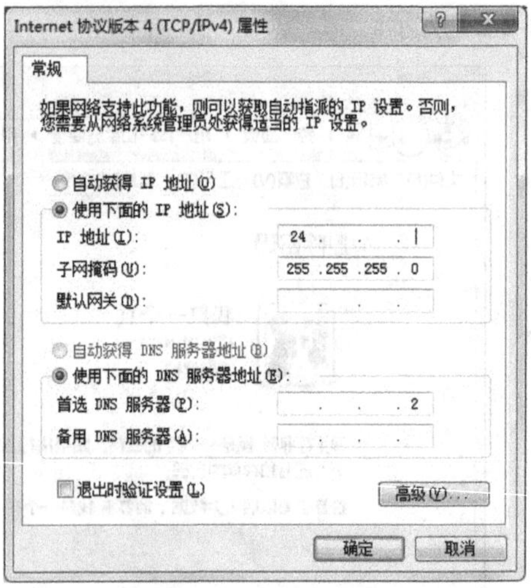

图 2-2-31　设置 IP 地址等

六、日期和时间属性

在如图 2-2-12 所示的控制面板中选择“日期和时间”选项，打开“日期和时间”对话框，如图 2-2-32 所示。

1. 设置日期和时间

点击“更改日期和时间”按钮，打开“日期和时间设置”对话框，如图 2-2-33 所示。在“日期”选项组中选择年份和月份，然后在日历上单击某一天，可设置日期；如果要设置时间，则在时钟下面的“时间”数值框中输入具体时间，点击“确定”按钮，日期和时间设定完毕。

图 2-2-32　“日期和时间”对话框

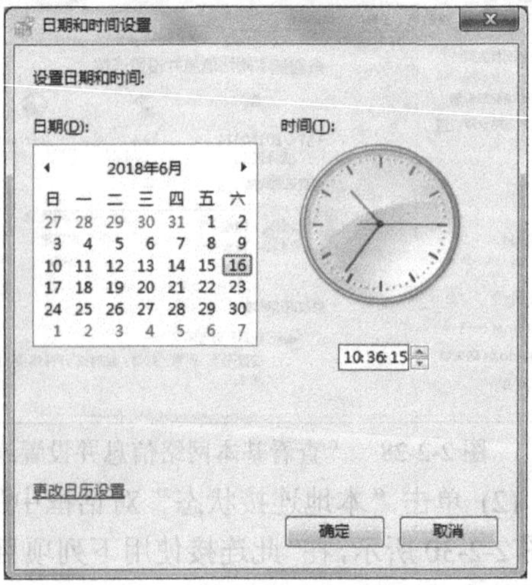

图 2-2-33　“日期和时间设置”对话框

2. 设置时区

在“日期和时间”对话框中点击“更改时区”按钮，打开“时区设置”对话框，如图 2-2-34

所示。在“时区”下拉列表框中选择所需的时区，点击“确定”按钮，时区设定完毕。

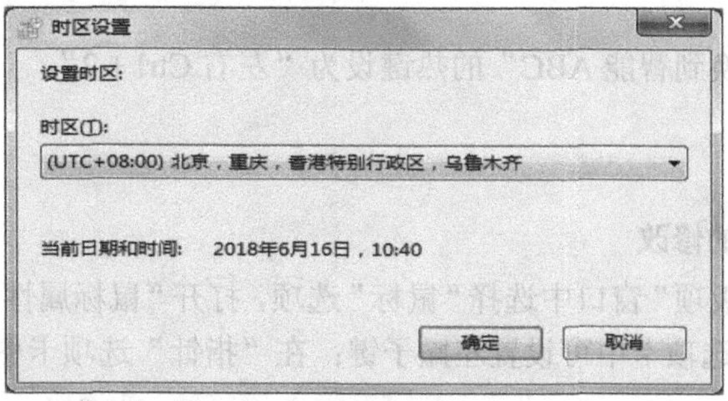

图 2-2-34　“时区设置”对话框

在“日期和时间”对话框的“Internet 时间”选项卡中，用户可以设置计算机时间与 Internet 上的时间服务器的时间保持同步，但必须是在计算机与 Internet 连接时才能进行。

【课堂练习】

目标：学习本任务后，学员能够在控制面板窗口中对计算机进行一些必要的或个性化的设置，提高自身使用 Windows 7 的水平。

准备工作：了解计算机的基本配置情况。

实验设置：一台计算机。

支撑资源：图片素材。

实验方案：分组进行。

实验时间：2 学时。

实验内容：计算机管理。

操作要求：

(1) 显示属性的设置。

练习 1：根据自己的喜好，将某张图片设置为墙纸。

练习 2：选择名为“三维文字”的屏幕保护程序，并将文字设为“节日快乐！”，背景颜色改为蓝色，“表层样式”设为“纹理”，“旋转样式”设为“自由式”，等待时间设为“1”分钟，然后观察实际效果。

练习 3：设置桌面图标水平间距为 40。

练习 4：将桌面图标改为大图标显示方式；设置为按 Web 页查看桌面时隐藏图标，动画显示窗口、菜单和列表拖动窗口式显示其内容。

(2) 【开始】菜单和任务栏属性设置。

练习 1：将任务栏设定为“自动隐藏”。

练习 2：将任务栏按钮设定为“从不合并”。

练习 3：删除【开始】菜单中显示的所有程序。

(3) 用户账户管理。

练习：添加用户账户“我是一个兵”，并设置账户密码。

(4) 输入法属性设置。

练习 1：将“输入法指示器”隐藏起来。

练习 2：删除中文输入法中的“中文(简体)—郑码”输入法，添加“中文简体双拼”输入法。

练习 3：将“切换到智能 ABC”的热键设为“左右 Ctrl + 2”。

【知识扩展】

1. 鼠标键属性的修改

在“所有控制面板项”窗口中选择“鼠标”选项，打开“鼠标属性”对话框，如图 2-2-35 所示。在“鼠标键”选项卡中可设置左撇子键；在“指针”选项卡中可设置指针形状等。

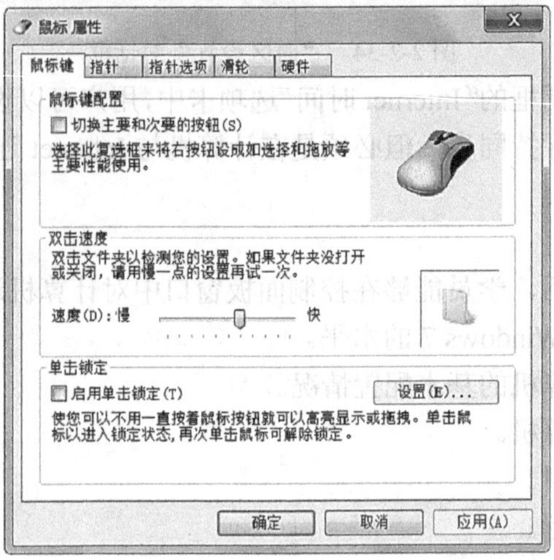

图 2-2-35　“鼠标属性”对话框

2. 添加和删除输入法

在“所有控制面板项”窗口中选择“区域和语言”选项，打开“区域和语言”对话框，选择“键盘和语言”选项卡，如图 2-2-36 所示。点击“更改键盘”按钮，打开“文本服务和输入语言”对话框，如图 2-2-37 所示。

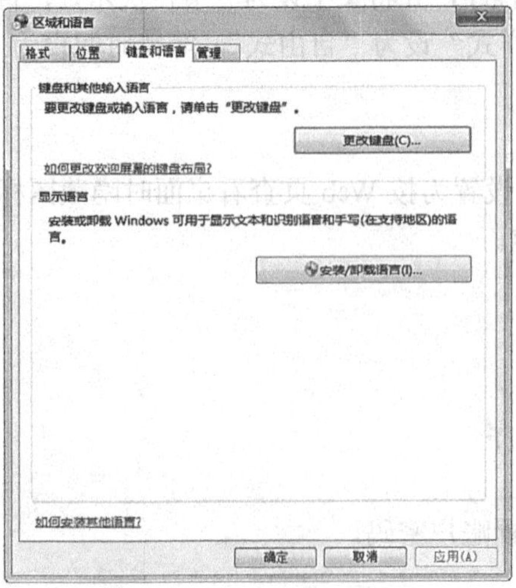

图 2-2-36　“区域和语言”对话框

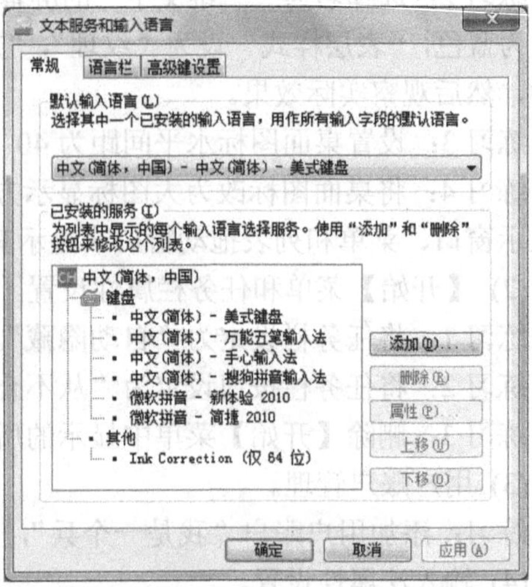

图 2-2-37　“文本服务和输入语言”对话框

在“已安装的服务”栏中选择输入法，如选择“中文(简体)—手心输入法”，然后点击“删除”按钮，即可删除输入法。

点击“添加”按钮，打开“添加输入语言”对话框，在列表中选择输入法，如选中“简体中文双拼”输入法前的复选框，如图 2-2-38 所示，点击“确定”按钮，即可添加输入法。

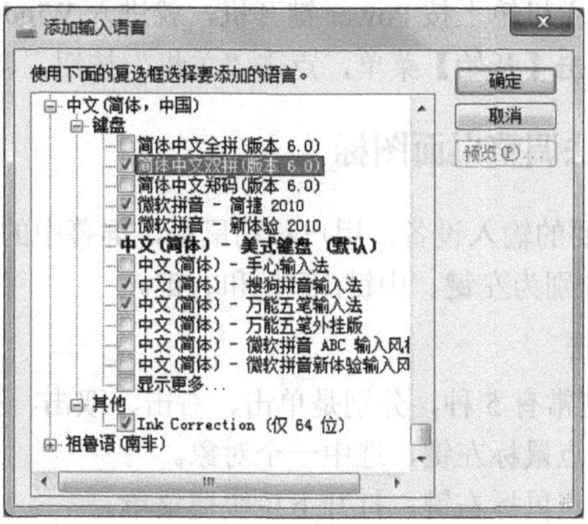

图 2-2-38　“添加输入语言”对话框

任务三　Windows 7 基本操作

【学习目标】

(1) 了解 Windows 7 的启动与退出。
(2) 掌握鼠标、键盘的使用方法与技巧。
(3) 掌握窗口、菜单、对话框的基本操作。
(4) 掌握应用程序的启动和关闭。

【相关知识】

库：资源管理器中的库文件夹，用来管理用户的常用文件，其不必区分这些文件在哪一个分区中。Windows 7 中默认有 4 个库，分别存放图片、视点、文档、音乐这 4 类文件。

虚拟内存：就是当物理内存不足的时候，把硬盘的一部分当作内存来使用。

【任务说明】

(1) Windows 7 的启动与退出。
(2) 用鼠标的操作方法调整桌面图标。
(3) 通过键盘快速地输入文字。
(4) 会查看系统属性。
(5) 会对图片进行整理。

【任务实施】

一、Windows 7 的启动与退出

(1) 启动计算机。在主机箱上按 Power 键开机，就进入 Windows 7 操作系统了。

(2) 退出计算机。单击【开始】菜单，点击“关机”按钮，即可关闭计算机。

二、用鼠标的操作方法调整桌面图标

鼠标是 Windows 重要的输入设备，用户移动鼠标，屏幕中的鼠标指针也会相应移动。鼠标上一般有 3 个键，分别为左键、中键(滚轮)和右键。

1. 鼠标常用操作方法

鼠标常用操作方法通常有 5 种，分别是单击、右击、双击、指向(定位)、拖动。

(1) 单击：用手指轻点鼠标左键，选中一个对象。

(2) 右击：用手指轻点鼠标右键，打开下拉快捷菜单。

(3) 双击：用手指在鼠标左键上快速连击两次，打开一个对象。

(4) 指向：通过鼠标的移动指示屏幕上的对象。因为屏幕上的光标随鼠标的移动而移动，光标所指对象即为当前要处理的对象。

(5) 拖动：按住鼠标左键不要松开，这时光标所指的对象随着鼠标的移动而被拖动。松开左键后，即可停止拖动对象。通常用拖动来移动屏幕上对象的位置。

鼠标形状及含义如表 2-3-1 所示，表中列出了默认方案中几种常见的鼠标形状及它们所代表的含义。

表 2-3-1　常见鼠标指针形状及含义

形　状	代表的含义
	鼠标指针的基本选择形状
	系统正在执行操作，要求用户等待
	选择帮助的对象
	编辑光标，此时单击鼠标，可以输入文本
	手写状态
	禁用标志，表示不能执行当前操作
	链接选择，此时单击鼠标，将出现进一步的信息
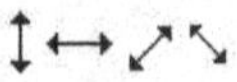	出现在窗口边框上，此时拖曳鼠标可改变窗口大小
	此时可用键盘上的方向键移动对象(窗口)

2. 调整桌面图标

用户可以使用鼠标的 5 种操作方法对桌面图标进行调整，使布局更合理、更适合自己。

三、使用键盘输入文字

1. 认识键盘上键位的排列

键盘按用途可分为主键盘区、功能键区、编辑键区、数字键区和状态指示区，如图 2-3-1 所示。

图 2-3-1　认识键盘布局

(1) 主键盘区是键盘操作的主要区域，共有 61 个键，包括 26 个英文字母、0～9 个数字和运算符号、标点符号、控制键等。

(2) 功能键区：F1～F12 功能键。在不同的软件中，各键的功能有所不同，一般在程序窗口中，按 F1 键可获取该程序的帮助信息；Esc 键用于取消已输入的命令或字符，在一些应用软件中可以起到退出的作用。

(3) 编辑键区：上、下、左、右键和特殊功能键。如表 2-3-2 所示。

表 2-3-2　编辑键区基本键位

键　位	功 能 说 明	键　位	功 能 说 明
↑	光标上移键	↓	光标下移键
←	光标左移键	→	光标右移键
Delete	删除光标右侧的字	Insert	在输入文本时进行插入和改写状态的切换
Home	光标移到屏幕左上角控制键	End	光标移到屏幕右下角控制键
Page Up	屏幕上移一屏控制键	Page Down	屏幕下移一屏控制键
Print Screen	复制当前屏幕到剪贴板键	Pause	暂停键

(4) 数字键区：由数字和符号组成的双字符键。

对于双字符键，使用“Num Lock”键进行转换，其状态可由“Num Lock”指示灯表示，灯亮为数字状态，灯灭为编辑状态，按住 Shift 键可进行操作。

2. 熟悉键位

主键盘区有 8 个基本键：左右手的食指、中指、无名指、小指依次放在 F、D、S、A 和 J、K、L、“；”8 个键位上，并以 F 与 J 键上的凸出横条标识为记号，大拇指轻放于空格键上。正确的指法控制区域如图 2-3-2 所示。

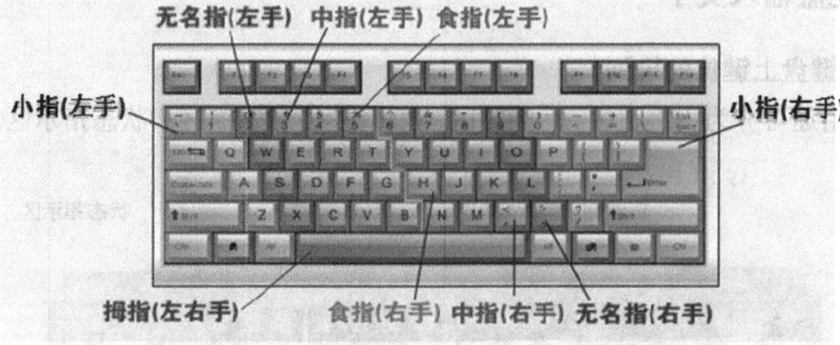

图 2-3-2　正确的指法控制区域

1) 掌握指法练习技巧

(1) 大小写输入方法：计算机启动后，默认的英文字母输入为小写字母。如果需要输入大写字母，可按住 Shift 键击打字母键，或者按下大写字母锁定键 Caps Lock(此时小键盘区对应的指示灯亮)，击打字母键可输入大写字母；再次按 Caps Lock(指示灯熄灭)，重新转入小写输入状态。若需按回车键 Enter，则用右手小指向右轻击。

(2) 上挡键输入方法：按下 Shift 键的同时击打所需的上挡字符键。例如感叹号(！)，其输入方法是先按下 Shift 键，再选择 1 键就可以了。

(3) 输入技巧：左右手指放在基本键上；击完键后手指应迅速返回原位；食指击键应注意角度；小指击键时力量要保持均匀；数字键采用跳跃式击键。

2) 输入法的选择

同时击打 Ctrl 键和空格键，可在英文和中文间进行切换；同时击打 Ctrl 键和 Shift 键，可在各种输入法间切换；同时击打 Shift 键和空格键，可在全角和半角间进行切换。

3. 输入文字

依次单击【开始】菜单→“程序”→“附件”→“记事本”命令，打开记事本程序，选择搜狗拼音输入法输入文字。搜狗拼音输入法状态条如图 2-3-3 所示。

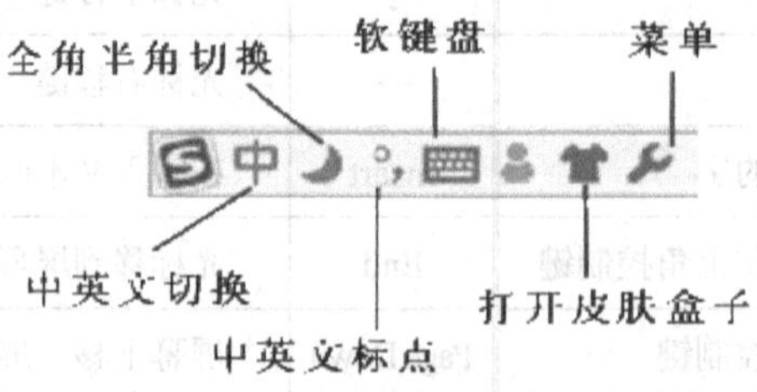

图 2-3-3　搜狗拼音输入法状态条

4. 搜狗拼音输入法妙用

大多数使用者以词组的形式进行输入，可以输入词组的全部拼音：zhongguo(中国)。也可以输入词组中每个字的声母：zhg(中国)。还可以输入词组中第一个字的全部拼音，输入后面字的声母：zhongg(中国)。词组中音节的划分符号是单引号(’)。例如：“档案”——dang’an(否则就成了“单干”“胆敢”)；“翻案”——fan’an(否则就成了“发难”)。

搜狗拼音输入法还有很多很好的妙用法，用户可以在使用中慢慢摸索。

四、查看系统信息

窗口是 Windows 7 最基本的操作界面，用户可在屏幕上打开多个窗口，但只有一个活动窗口。Windows 7 的系统属性关系到用户当前使用计算机的一些相关信息，如操作系统、CPU、内存容量及其他相关信息，还可以更改计算机名、硬件驱动程序等。下面将具体讲解查看系统信息的操作方法。

1. 打开“计算机”窗口

双击桌面图标“计算机”，打开“计算机”窗口，如图 2-3-4 所示。此窗口由标题栏、地址栏、搜索栏、菜单栏、工具栏、导航窗格、工作区、细节窗格和预览窗格等组成。

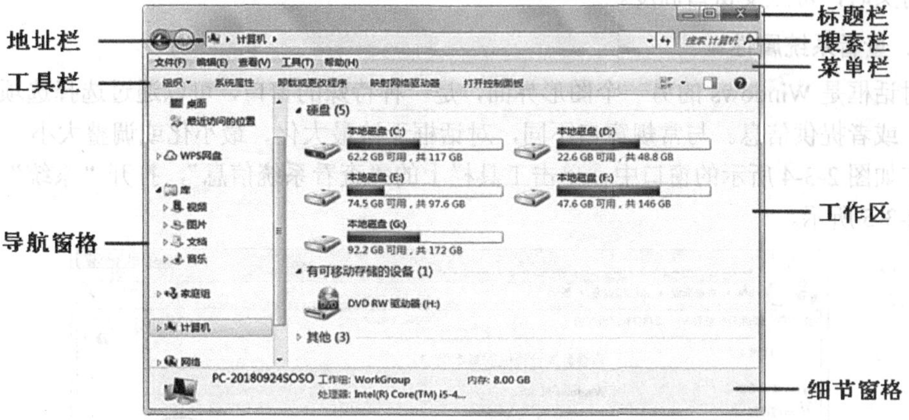

图 2-3-4 “计算机”窗口

标题栏：位于 Windows 7 的系统窗口的顶端。标题栏右侧显示窗口的“最小化”按钮、“最大化/还原”按钮和“关闭”按钮，单击这些按钮，可对窗口执行相应的操作。

地址栏：位于标题栏的下方，将系统当前的位置显示为以箭头分隔的一系列链接。可以单击“后退”按钮和“前进”按钮，导航至已经访问的位置。

搜索栏：窗口右上角的搜索框与【开始】菜单中的“搜索程序和文件”搜索框的使用方法和作用相同，都具有在电脑中搜索各类文件和程序的功能。

菜单栏：在 Windows 7 中，菜单栏在默认情况下处于隐藏状态。如果需要显示，则单击工具栏中的“组织”按钮，从打开的列表中选择“布局”→“菜单栏”选项即可。

工具栏：工具栏左侧按钮根据所在位置不同显示也不一样；右侧按钮固定，包括“更改您的视图”“显示预览窗格”和“获取帮助”三个常用按钮。

导航窗格：可以使用导航窗格(左窗格)来查找文件和文件夹，还可以在导航窗格中将项目直接移动或复制到目标位置。如果在已打开窗口的左侧没有看到导航窗格，则单击工具栏中的“组织”按钮，从打开的列表中选择“布局”→“导航窗格”选项，使其显示出来。

工作区：用于显示当前窗口的内容或执行某项操作后显示的内容，如图 2-3-4 所示为打开“计算机”窗口后，工作区显示的内容。

细节窗格：显示出文件大小、创建日期等文件的详细信息。其调用方法与导航窗格一致。

预览窗格：用于显示当前选择的文件内容，从而可预览文件的大致效果。

2. 调整窗口

当窗口不是处于最大化或最小化状态时，窗口的大小、位置和排列方式是可以进行调整的。

移动窗口：将鼠标指针移到标题栏处，按下鼠标左键进行拖动，就可以移动窗口到想要的位置。

改变窗口的宽度和高度：将鼠标指针移动到窗口的左右边框处，当指针变为双向箭头时，按下鼠标左键就可改变窗口宽度；将鼠标指针移动到窗口的上下边框处，时指针变为双向箭头时，可改变窗口高度。

3. 查看系统属性

对话框是 Windows 的另一个图形界面，是一种特殊的窗口，可以通过选择选项来执行任务，或者提供信息。与常规窗口不同，对话框无法最大化、最小化或调整大小。

在如图 2-3-4 所示的窗口中，单击工具栏上的“查看系统信息”，打开“系统”窗口，如图 2-3-5 所示。

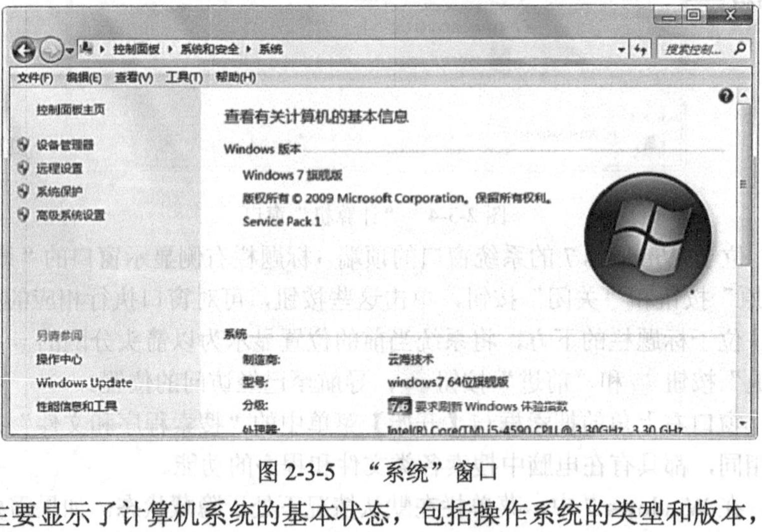

图 2-3-5　“系统”窗口

该窗口主要显示了计算机系统的基本状态，包括操作系统的类型和版本，计算机的处理器、内存大小，以及计算机名称、域和工作组等信息。

选择“系统”窗口右下角的“更改设置”选项，打开“系统属性”对话框，如图 2-3-6 所示。“系统属性”对话框有 5 个选项卡。选项卡的作用是当对话框中包含多种类型的选项时，系统将这些内容分类放置在不同的选项卡(页)上，并标有名字以示区别。单击任意一个选项卡，可打开相应的内容。

1)　“计算机名”选项卡

Windows 使用计算机名和网络 ID 信息在网络中标识这台计算机。该选项卡中显示了完整的计算机名和工作组名称，并且可以改变计算机名和网络属性(如图 2-3-6 所示)。

“计算机描述”是一个最常用的文本框，它可接收用户输入的计算机名等信息。单击“网络 ID”按钮，可以打开“网络标识向导”，为用户账户提供访问网络上的文件和资源的权限。

单击“更改”按钮，可以打开“计算机名称更改”对话框，从而可更改计算机名及其所在的域或工作组。

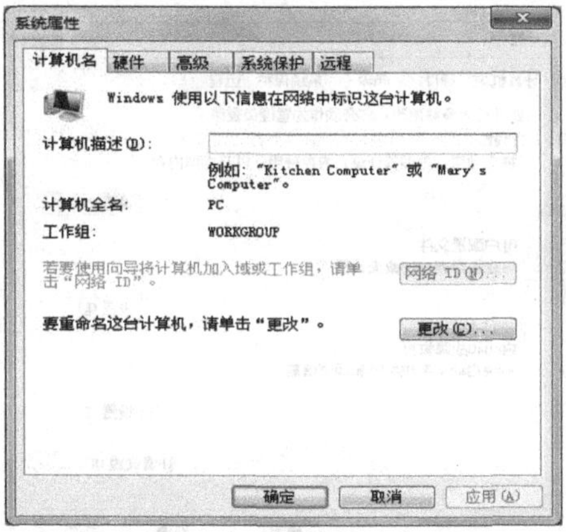

图 2-3-6 “系统属性”对话框

2) “硬件”选项卡

在“硬件”选项卡中可以查看计算机硬件的相关信息，包括两部分：“设备管理器”和“设备安装设置”，如图 2-3-7 所示。

“设备管理器”为用户提供计算机中所安装硬件的图形显示，可以检查硬件的状态并更新硬件设备的驱动程序。对计算机硬件有深入了解的高级用户也可以使用其诊断功能来解决设备冲突问题并更改资源设置，如图 2-3-8 所示。

“设备安装设置”主要是选择 Windows 是否下载设备的驱动程序软件及有关的这些设备的详细信息。

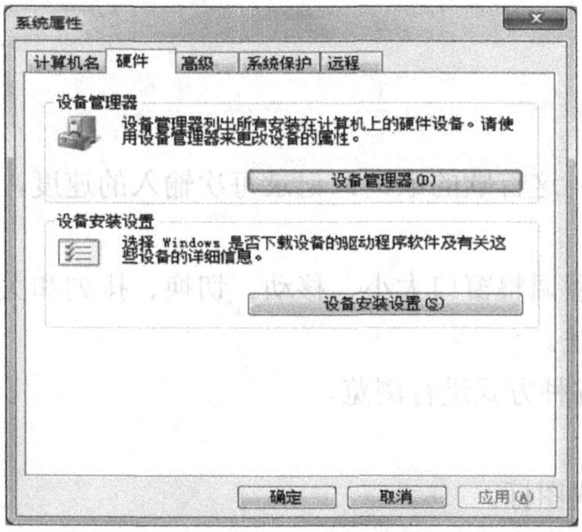

图 2-3-7 “硬件”选项卡—“系统属性”对话框

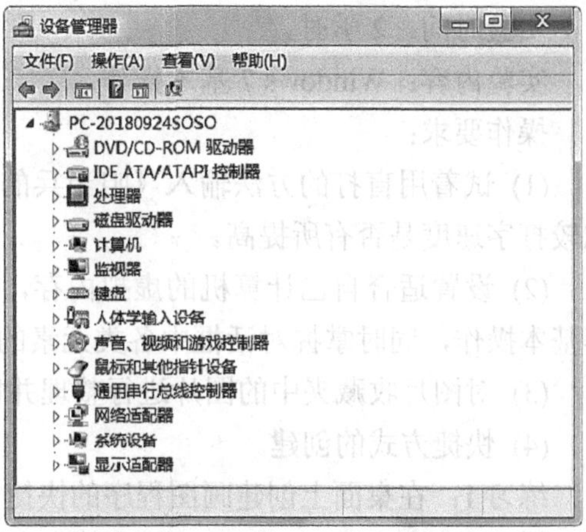

图 2-3-8 “设备管理器”窗口

3) “高级”选项卡

在“高级”选项卡中，当用户以管理员身份登录时，可对计算机进行性能、用户配置文件、启动和故障恢复等的改动，如图 2-3-9 所示。

在“性能”组单击“设置”按钮，在弹出的对话框中对计算机系统的视觉效果、处理器计划、内存使用和虚拟内存进行设置。在“用户配置文件”组点击“设置”按钮，在弹出的对话框中设置与登录有关的桌面。在“启动和故障恢复”组点击“设置”按钮，在弹出的对话框中对系统启动、系统失败和调试信息等相关内容进行设置。

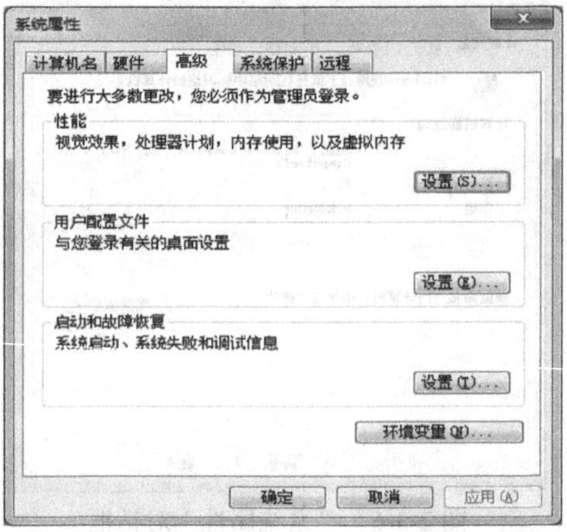

图 2-3-9　“高级”选项卡—“系统属性”对话框

【课堂练习】

目标：学习本任务后，学员能掌握鼠标、键盘的使用方法与技巧，能对 Windows 7 进行基本操作。

准备工作：素材图片。

实验设置：一台计算机。

实验方案：一人一组。

实验时间：2 学时。

实验内容：Windows 7 基本操作。

操作要求：

(1) 试着用盲打的方法输入《咱当兵的人》这首歌的歌词，记录每次输入的速度，并比较打字速度是否有所提高。

(2) 设置适合自己计算机的虚拟内存，掌握调整窗口大小、移动、切换、排列和关闭等基本操作，同时掌握对话框中各类元素的用法。

(3) 对图片收藏夹中的图片进行整理并以各种方式进行浏览。

(4) 快捷方式的创建。

练习 1：在桌面上创建画图程序的快捷方式图标。

练习 2：在 C:\My Documents 文件夹内设置 C 盘的快捷方式，并取名为“C 盘”。

练习 3：在桌面上创建 C:\Program Files 文件夹的快捷方式，并取名为“程序文件”。

【知识扩展】

Windows 7 中常用的快捷键如表 2-3-3 所示。

表 2-3-3 Windows 7键盘常用快捷键

常用组合键			
Delete	删除，放入回收站	Shift + Delete	永久性删除
Ctrl + N	新建	单击 + Shift	连续选择多个对象
Ctrl + W	关闭	单击 + Ctrl	不连续选择多个对象
Ctrl + O	“打开”文件对话框	Ctrl + A	全选
Ctrl + S	保存文件	Alt + F4	关闭当前应用程序
Ctrl + X	剪切	Alt + Tab	在窗口之间切换
Ctrl + C	复制	Alt + Enter	显示所选对象的属性
Ctrl + V	粘贴	Alt+空格键	打开当前窗口快捷菜单
Ctrl + Z	撤消	Ctrl + Alt + Delete	打开“Windows任务管理器”
Ctrl + P	打开“打印”对话框	Ctrl + Esc	打开【开始】菜单
Esc	取消当前任务		
功能键			
F1	显示帮助	F2	重新命名选定的文件
F5	刷新	F10	激活程序中的菜单栏
常用组合键			
F6	在窗口或桌面上循环切换屏幕元素	Shift + F10	显示所选项目的快捷菜单
Windows 键组合键			
Windows 键	打开【开始】菜单	Windows 键+F1	打开“帮助”窗口
Windows 键+E	打开“资源管理器”	Windows 键+M	最小化所有任务窗口
Windows 键+R	打开“运行”对话框	Windows 键+Tab	循环切换任务栏上的任务窗口
Windows 键+F	打开“查找计算机”窗口	Windows 键+Ctrl+F	打开查找计算机窗口
抓图组合键			
Print Screen	以图像方式复制当前屏幕到剪贴板	Alt + Print Screen	以图像方式复制当前活动程序窗口到剪贴板
输入法常用组合键			
Ctrl+ Shift	各种输入法之间切换	Ctrl + •	中英文标点之间切换
Ctrl+空格	英文与中文切换	Shift+空格	全角与半角切换
文档操作			
←	移动到文档的左边	→	移动到文档的右边
↑	向文档起始处滚动	Home	移动到文档的开头
↓	向文档结尾处滚动	End	移动到文档的结尾
Page Up	向文档起始处翻页	Page Down	向文档结尾处翻页

任务四 文 件 管 理

【学习目标】

(1) 掌握文件和文件夹的相关操作。
(2) 掌握文件和文件夹属性设置。
(3) 掌握文件和文件夹的安全设置。
(4) 掌握回收站的使用。

【相关知识】

(1) 文件：计算机系统数据组织的基本存储单位。
(2) 外存：存储大量文件的存储设备。
(3) 资源管理器：Windows 提供用于管理文件(夹)的应用程序，和“我的电脑”一样，通过对文件(夹)的管理来管理计算机中的所有资源。通过它们可以运行程序、打开文档、查看和改变系统设置、移动和复制文件、格式化磁盘等。总之，用户对计算机做的所有操作都可以通过它们来实现。

【任务说明】

文件是计算机系统中数据组织的基本存储单位，文件夹是文件的组织形式，需要掌握文件夹的共享设置，以及文件和文件夹的搜索方法。

【任务实施】

在计算机系统中，文本、图像和声音等信息都是以文件的形式存放着的。为了便于管理文件，可将文件组织到目录和子目录中。在 Windows 中，目录即文件夹，子目录即文件夹的文件夹(也叫子文件夹)。

一、认识文件和文件夹

在 Windows 7 操作系统中，文件是最小的数据组织单位。文件中可以存放文本、图像和数值数据等信息。而硬盘则是存储文件的大容量存储设备，其中可以存储很多的文件。同时，为了便于管理文件，还可以把文件组织到目录和子目录中去。目录被认为是文件夹，而子目录被认为是文件夹的文件夹(或子文件夹)。

1. 文件概述

文件是 Windows 存取磁盘信息的基本单位，一个文件是磁盘上存储信息的一个集合，可以是文字、图片、影片和一个应用程序等。每个文件都有自己独一无二的名称，Windows 7 正是通过文件的名字来对文件进行管理的。

在 Windows 7 中，文件夹和文件的名字长度最多可达 256 个字符。长文件名很容易表现文件或文件夹的内容，而且还可以转换为相应的 DOS 文件名。在 Windows 7 中，默认情况下系统自动按照类型显示和查找文件。有时为了方便查找和转换，也可以为文件指定后缀。

2. 文件的类型

文件名的一般形式是：主文件名.扩展名。主文件名一般由用户自己定义，扩展名则标示了文件的种类和属性。由于扩展名是无限制的，所以文件的类型自然也就是无限制的。文件的扩展名是 Windows 7 操作系统识别文件的重要方法，因而，了解常见的文件扩展名，对于学习和管理文件有很大的帮助。

一般情况下，文件可分为文本文件、压缩文件、图像和照片文件、音频和视频文件等。

1) 文本文件类型

文本文件是一种典型的顺序文件，其文件的逻辑结果又属于流式文件。文本文件类型如表 2-4-1 所示。

表 2-4-1　文本文件类型

文件扩展名	文 件 简 介
.txt	文本文件，用于存储无格式文字信息
.doc/.docx	Word 文件，使用 Microsoft Office Word 创建
.xls/.xlsx	Excel 电子表格文件，使用 Microsoft Office Excel 创建
.ppt/.pptx	PowerPoint 幻灯片文件，使用 Microsoft Office PowerPoint 创建
.pdf	PDF 全称 Portable Document Format，是一种电子文件格式

2) 压缩文件

压缩文件是指通过压缩算法将普通文件打包压缩之后生成的文件，它可以有效地节省存储空间。压缩文件类型如表 2-4-2 所示。

表 2-4-2　压缩文件类型

文件扩展名	文 件 简 介
.rar	通过 RAR 算法压缩的文件，目前使用较为广泛
.zip	使用 ZIP 算法压缩的文件，是历史比较悠久的压缩格式
.jar	用于 Java 程序打包的压缩文件
.cab	微软制定的压缩文件格式，用于各种软件压缩和发布

3) 图像和照片文件类型

图像文件可以由图像程序生成，或者通过扫描、数码相机拍照等方式生成。图像和照片文件类型如表 2-4-3 所示。

表 2-4-3　图像和照片文件类型

文件扩展名	文 件 简 介
.jpeg	广泛使用的压缩图像文件格式，显示文件颜色没有限制，效果好，体积小
.psd	著名的图像软件 PhotoShop 生成的文件，可保存各种 PhotoShop 中的专用属性，如图层、通道等信息，体积较大
.gif	用于互联网的压缩文件格式，只能显示 256 种颜色，不过可以显示多帧动画
.bmp	位图文件，不压缩的文件格式，显示文件颜色没有限制，效果好，唯一的缺点就是文件体积大
.png	PNG 格式文件能够提供长度比 GIF 格式文件小 30%的无损压缩图像文件，是网上比较受欢迎的图片格式之一

4) 音频文件类型

音频文件是通过录制和压缩而生成的声音文件。音频文件类型如表 2-4-4 所示。

表 2-4-4　音频文件类型

文件扩展名	文 件 简 介
.wav	波形声音文件，通常通过直接录制、采样生成，其体积比较大
.mp3	使用 MP3 格式压缩存储的声音文件，是使用最为广泛的声音文件格式
.wma	微软制定的声音文件格式，可被媒体播放机直接播放，体积小，便于传播
.ra	RealPlay 声音文件，广泛用于互联网声音播放

5) 视频文件类型

视频文件由专门的动画软件制作而成或通过拍摄方式生成。视频文件类型如表 2-4-5 所示。

表 2-4-5　视频文件类型

文件扩展名	文 件 简 介
.swf	Flash 视频文件，通过 Flash 软件制作并输出的视频文件，用于互联网传播
.avi	使用 MPG4 编码的视频文件，用于存储高质量视频文件
.wmv	微软制定的视频文件格式，可被媒体播放机直接播放，体积小，便于传播
.rm	RealPlayer 视频文件，广泛用于互联网视频播放

6) 其他常用文件类型

还有一些其他常用的文件类型，如表 2-4-6 所示。

表 2-4-6　其他常用文件类型

文件扩展名	文 件 简 介
exe	可执行文件，二进制信息，可以被计算机直接执行
ico	图标文件，固定大小和尺寸的图标图片
dll	动态链接库文件，被可执行程序调用，用于功能封装

不同的文件类型，其图标往往不同，查看方式也不同。因此，只有安装了相应的软件，才能查看相关文件的内容。

3. 文件夹

在 Windows 7 操作系统中，文件夹主要用来存放文件，是存放文件的容器。

1) 文件夹的存放原则

可以将程序、文件及快捷方式等各种文件存放到文件夹中。文件夹中还可以包含文件夹。为了能对各个文件进行有效的管理，方便文件的查找和统计，可以将一类文件集中地放置在一个文件夹内，这样就可以按照类别存储文件了。但是，同一个文件夹中不能存放相同名称的文件或文件夹。例如，文件夹中不能同时出现两个“a.doc”的文件，也不能同时出现两个“a”的文件夹。

通常情况下，每个文件夹都存放在一个磁盘空间里。文件夹路径则指出文件夹在磁盘中的位置，例如，“System32”文件夹的存放路径为“C:\Windows\System32”。

2) 文件夹的分类

根据文件夹的性质，可以将文件夹分为两类：

一是标准文件夹，用户平常所使用的用于存放文件和文件夹的容器就是标准文件夹。当打开标准文件夹时，它会以窗口的形式出现在屏幕上；关闭它时，它则会收缩为一个文件夹图示。用户还可以对文件夹中的对象进行剪切、复制和删除等操作。

二是特殊文件夹，是 Windows 系统所支持的另一种文件夹格式，其实质就是一种应用程序，例如“控制面板”“打印机”和“网络”等。特殊文件夹是不能用于存放文件和文件夹的，但是可以查看和管理其中的内容。

4. 文件和文件夹命名

在 Windows 98/2000/XP/7 中，文件和文件夹都有名字，系统都是根据它们的名字来存取的。一般情况下，文件的命名规则有以下几点：

(1) 文件和文件夹名称长度最多可达 256 个字符，1 个汉字相当于 2 个字符，最多有 128 个汉字。

(2) 文件、文件夹名中不能出现英文输入法中的这些字符：斜线(\、/)、竖线(|)、小于号(<)、大于号(>)、冒号(:)、引号(“、‘)、问号(?)、星号(*)。

(3) 文件和文件夹不区分大小写字母，如“abc”和“ABC”是同一个文件名。

(4) 通常一个文件有对应的扩展名(一般为 3 个字符)用来表示文件的类型。文件夹通常没有扩展名。

二、文件和文件夹的基本操作

熟悉文件和文件夹的基本操作，对于用户管理计算机中的程序和数据是非常重要的。常用的操作包括查看文件和文件夹属性、文件和文件夹的新建、创建快捷方式、复制和删除等。

1. 查看文件和文件夹的属性

查看文件和文件夹的属性，可以得到相关类型、大小和创建时间等信息。

1) 查看文件的属性

选择需要查看属性的“读书推荐.txt”文件，单击鼠标右键，在弹出的快捷菜单中选择“属性”命令，弹出“读书推荐.txt 属性”对话框，在“常规”选项卡下可以看到文件的基本信息，如图 2-4-1 所示；选择“安全”选项卡，在此可设置计算机每个用户的权限，如图 2-4-2 所示；选择“详细信息”选项卡，可以查看文件的详细信息，如图 2-4-3 所示；选择“以前的版本”选项卡，可以查看文件早期版本的相关信息，如图 2-4-4 所示。

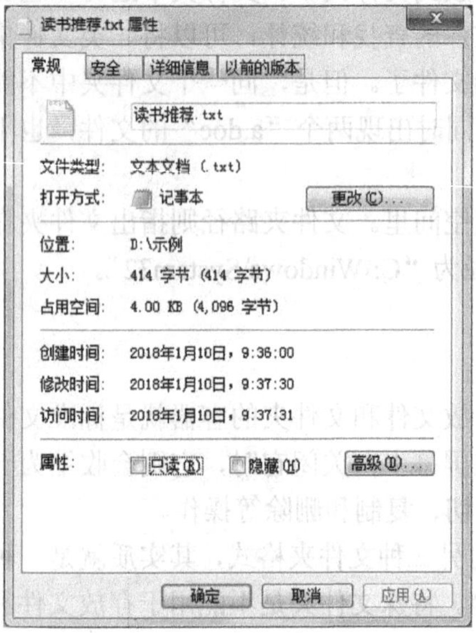

图 2-4-1　文件属性之常规选项卡

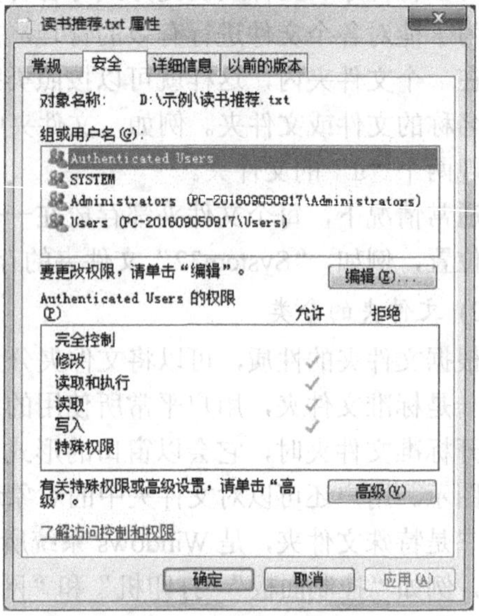

图 2-4-2　文件属性之安全选项卡

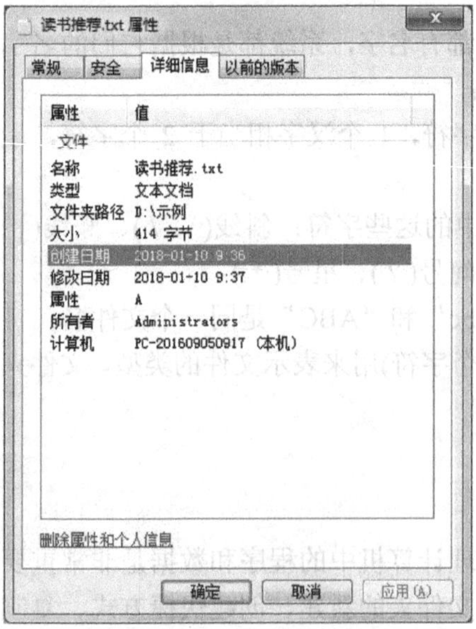

图 2-4-3　文件属性之详细信息选项卡

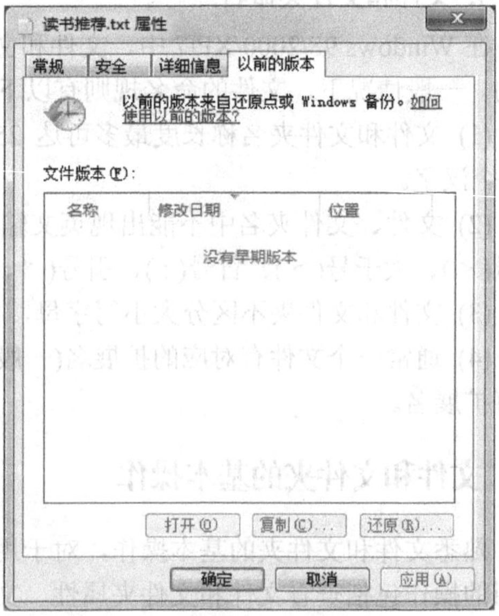

图 2-4-4　文件属性之以前的版本选项卡

2) 查看文件夹的属性

选择需要查看属性的“示例”文件夹并单击鼠标右键，在弹出的快捷菜单中选择“属性”命令，弹出“示例属性”对话框，在“常规”选项卡下可以看到文件夹的基本信息，如图 2-4-5 所示；选择“共享”选项卡，可实现文件夹在局域网中的共享，如图 2-4-6 所示；选择“安全”选项卡，可设置计算机每个用户对文件夹的权限。

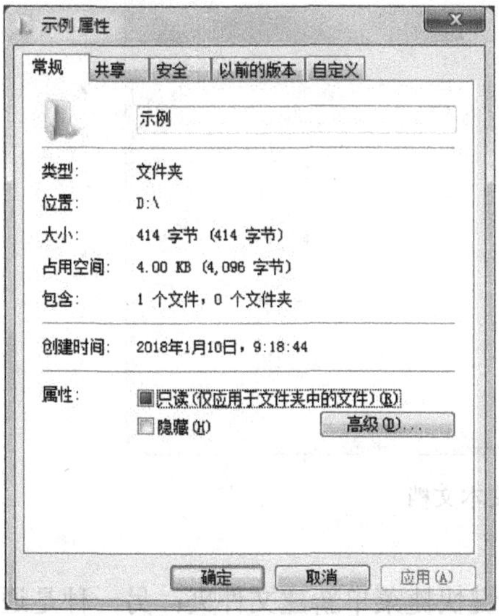

图 2-4-5　文件夹属性之常规选项卡

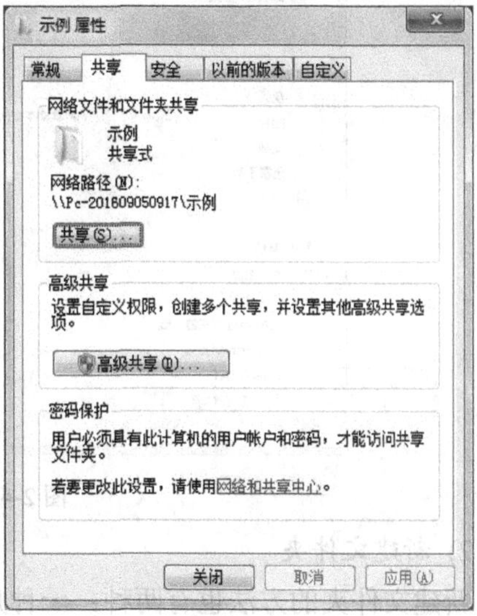

图 2-4-6　文件夹属性之共享选项卡

2. 新建文件和文件夹

1) 新建文件

新建文件的方法有两种：一种是通过右键快捷菜单新建文件；另一种是在应用程序中新建文件。这里介绍用右键快捷菜单新建文件。

打开“示例”文件夹，在窗口的空白处单击鼠标右键，在弹出的快捷菜单中选择“新建”，出现新建列表，如图 2-4-7 所示。在列表中选择需要新建的文件类型，例如，选择“文本文档”，在文件夹窗口中出现新建的一个名为“新建文本文档.txt”的文本文件，如图 2-4-8 所示。

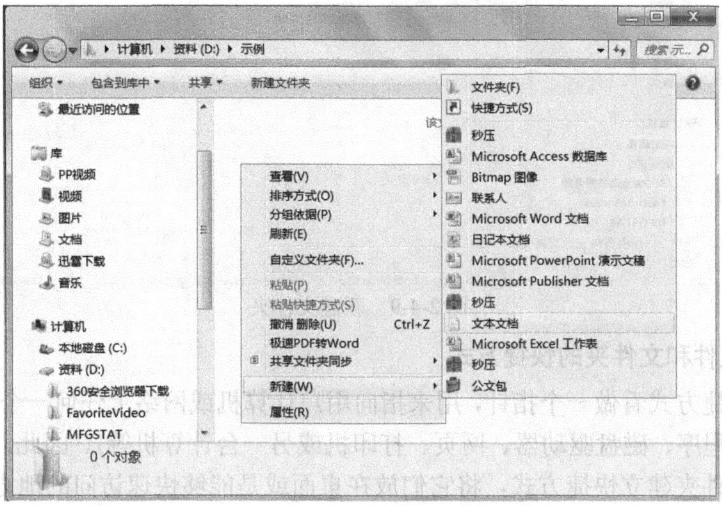

图 2-4-7　新建文件

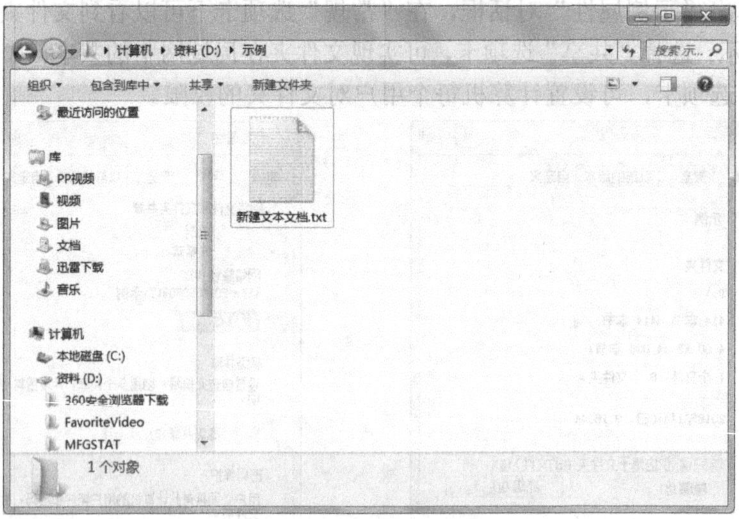

图 2-4-8　新建文本文档

2) *新建文件夹*

新建文件夹的方法也有两种：一种是通过右键快捷菜单新建文件夹；另一种是通过窗口“工具栏”上的“新建文件夹”按钮新建文件夹。

打开“示例”文件夹，在窗口的空白处点击鼠标右键，从弹出的快捷菜单中选择“新建”→“文件夹”选项。或者单击窗口“工具栏”上的“新建文件夹”，在窗口中新建一个名为“新建文件夹”的文件夹。在文件夹名称处于可编辑状态时输入“示例资料”，然后在窗口空白区域单击，即可完成“示例资料”文件夹的创建，如图 2-4-9 所示。

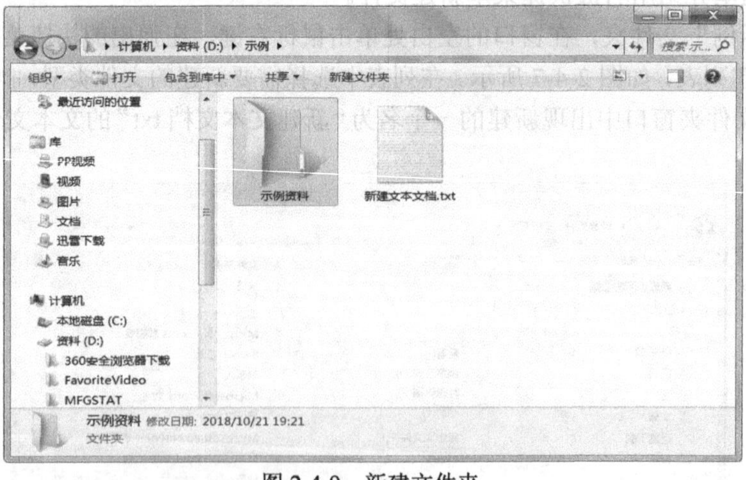

图 2-4-9　新建文件夹

3. 创建文件和文件夹的快捷方式

可以将快捷方式看做一个指针，用来指向用户计算机或网络上任何一个可链接程序(文件、文件夹、程序、磁盘驱动器、网页、打印机或另一台计算机等)。因此，用户可以为常用的文件和文件夹建立快捷方式，将它们放在桌面或是能够快速访问的地方，便于日常操作，从而免去进入一级一级的文件夹中寻找的麻烦。

1) 创建文件的快捷方式

打开“示例”文件夹，在“读书推荐”文件上单击鼠标右键，从弹出的快捷菜单中选择“创建快捷方式”，如图 2-4-10 所示。然后在窗口中创建一个名为“读书推荐.txt”的快捷方式，如图 2-4-11 所示，双击该快捷方式，同样可以打开“读书推荐”文件。

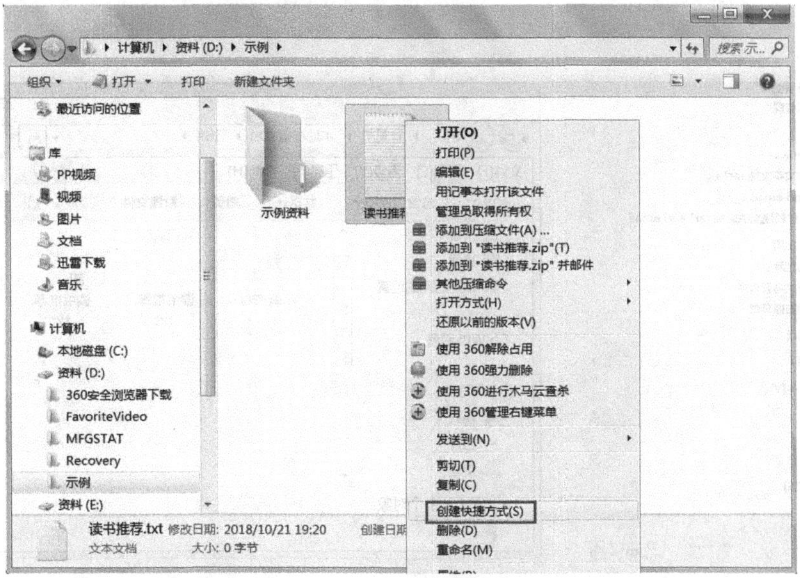

图 2-4-10　“创建快捷方式”菜单项

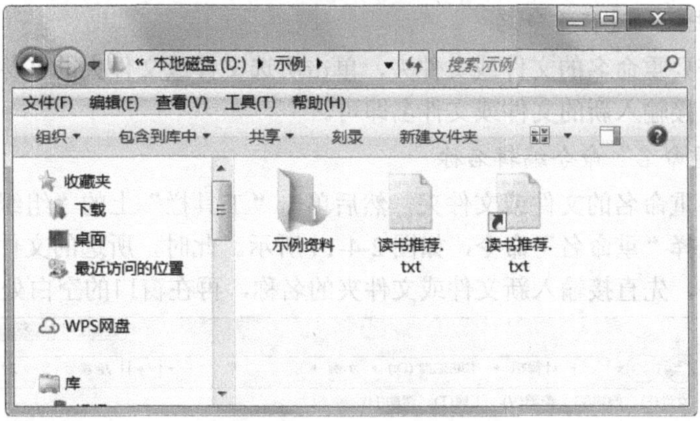

图 2-4-11　创建快捷方式

2) 创建文件夹的快捷方式

创建文件夹的快捷方式和创建文件的快捷方式相同。进入“示例”文件夹，在窗口中的“示例资料”文件夹上单击鼠标右键，从弹出的快捷菜单上选择“创建快捷方式”菜单项，此时窗口中就会创建一个名为“示例资料”的快捷方式。

用户还可以将快捷方式存放到桌面上，在文件或文件夹的右键快捷菜单中选择“发送到”，在弹出的列表中选择“桌面快捷方式”选项，就可以将快捷方式存放到桌面上了。

4. 重命名文件和文件夹

可以通过 3 种方法为文件或文件夹改名。

1) 单击右键弹出快捷菜单

在文件“新建文本文档.txt”上单击鼠标右键，在弹出的快捷菜单上选择“重命名”选项，如图 2-4-12 所示。此时文件名处于可编辑状态，直接输入新的文件名即可，这里输入“示例”，如图 2-4-13 所示。输入完毕后，在窗口空白区域单击或按下 Enter 键即可。

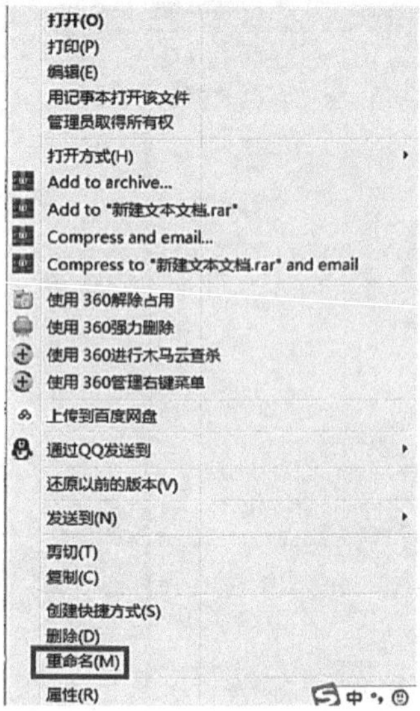

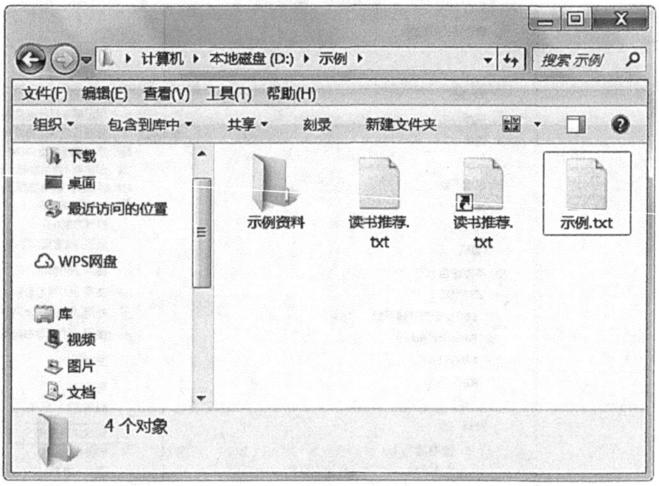

图 2-4-12　“重命名”菜单项　　　　图 2-4-13　重命名

2) 通过单击鼠标进行重命名

首先选中需要重命名的文件或文件夹，单击所选文件或文件夹的名称，使其处于可编辑状态，然后直接输入新的文件或文件名即可。

3) 通过“重命名”命令编辑名称

先选择需要重命名的文件或文件夹，然后单击“工具栏”上的“组织”按钮，从弹出的下拉列表中选择“重命名”命令，如图 2-4-14 所示。此时，所选的文件或文件夹的名称处于可编辑状态，先直接输入新文件或文件夹的名称，再在窗口的空白处单击即可。

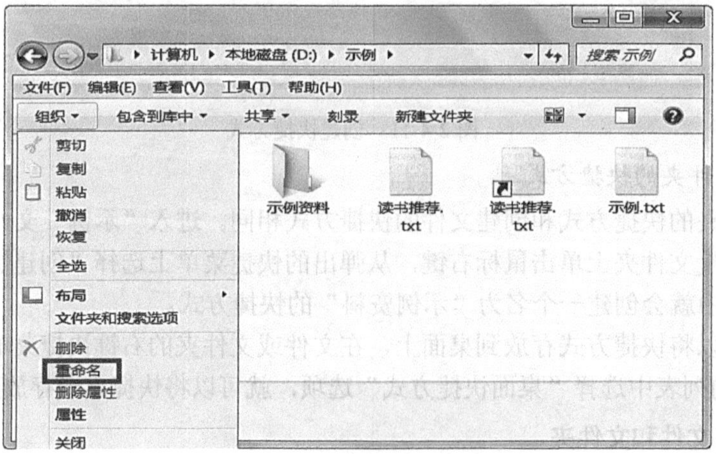

图 2-4-14　“组织”下拉列表

5. 复制和移动文件或文件夹

1) 复制文件或文件夹

选中要复制的文件“示例.txt”，单击鼠标右键，从弹出的快捷菜单中选择“复制”选项；或者单击“工具栏”→“组织”按钮，在下拉列表中选择“复制”命令。先打开目标文件夹“示例资料”，然后单击鼠标右键，从弹出的快捷菜单中选择“粘贴”菜单项；或者单击“工具栏”→“组织”按钮，再在下拉列表中选择“粘贴”命令，即可将“示例.txt”文件复制到此文件夹窗口中。

“复制”和“粘贴”命令还可以在“编辑”菜单下找到，同时还可以使用组合键进行操作，其中，“Ctrl + C”是复制文件，“Ctrl + V”是粘贴文件。

2) 移动文件或文件夹

选中要移动的文件或文件夹，然后单击鼠标右键，从弹出的快捷菜单中选择“剪切”选项，进入目标文件夹，单击鼠标右键，选择“粘贴”选项即可移动文件。

还可以单击“组织”按钮，在下拉列表中找到“剪切”命令，或者在“编辑”菜单中找。“剪切”命令的组合键是“Ctrl + X”。

6. 删除和恢复文件或文件夹

文件或文件夹的删除可以分为暂时删除(暂存到回收站里)和彻底删除(回收站不存储)两种。

1) 暂时删除文件或文件夹

删除文件需要执行删除命令，有 4 种方法：一是单击鼠标右键，在快捷菜单上选择“删除”选项；二是在“文件”菜单上选择“删除”命令；三是单击“组织”按钮，在下拉列表中选择“删除”命令；四是按下 Delete 键。

操作过程是：选中需要删除的文件或文件夹，执行“删除”命令，此时会弹出对话框，询问“确实要把此文件放入回收站吗？”，单击“是”按钮，即可将选中的文件或文件夹放入回收站中，如图 2-4-15 所示。

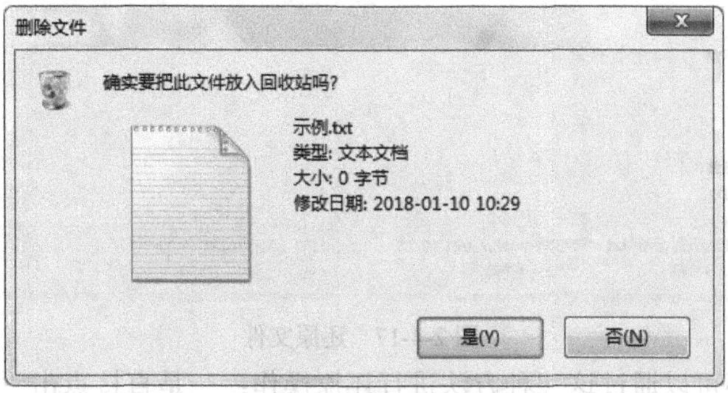

图 2-4-15　删除文件提示

2) 彻底删除文件或文件夹

文件或文件夹一旦被彻底删除，将不再存放于回收站中，而是被永久地删除。操作过程是：选中要删除的文件或文件夹，按住 Shift 键，然后执行删除命令，这时会弹出对话框，询问“确实要永久地删除此文件吗？”，单击“是”按钮，即可将选中的文件或文件夹彻底删除，如图 2-4-16 所示。

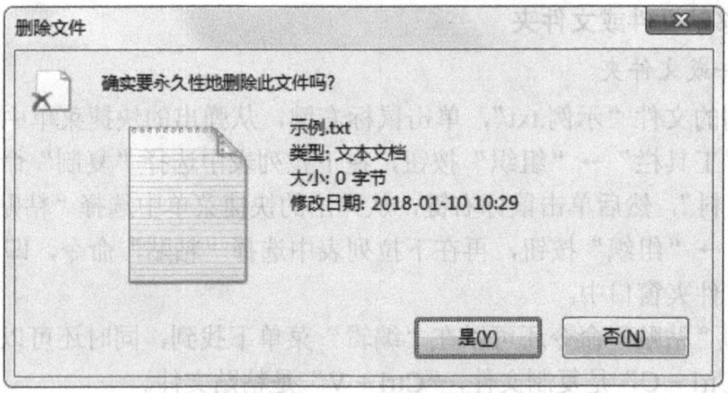

图 2-4-16　彻底删除文件提示

3) 恢复文件或文件夹

用户将一些文件或文件夹删除后，若发现又需要用到该文件，只要文件没有被彻底删除，就可以从回收站中将其恢复。

双击桌面上的“回收站”图框，弹出“回收站”窗口，窗口中列出了被删除的所有文件或文件夹。选中要恢复的文件或文件夹，这里选择“示例.txt”，单击鼠标右键，从弹出的快捷菜单中选择“还原”选项，如图 2-4-17 所示。此时被还原的文件就会重新回到原来被存放的位置。

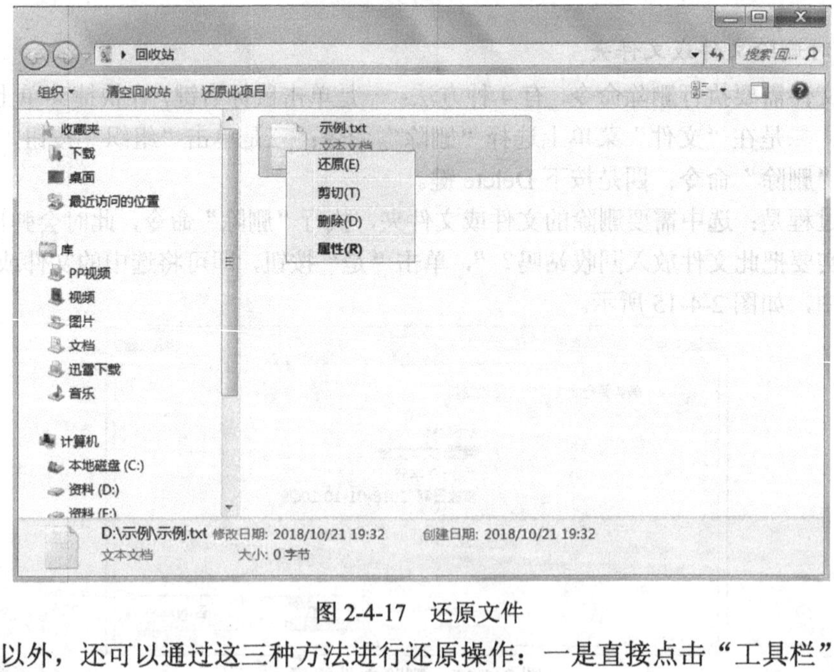

图 2-4-17　还原文件

除此以外，还可以通过这三种方法进行还原操作：一是直接点击“工具栏”的“还原此项目”按钮；二是选择“工具栏”→“组织”按钮下拉列表中的“还原”选项；三是点击“文件”菜单下的“还原”命令。

三、文件和文件夹的安全

有的时候，用户的计算机可能不只有用户本人在使用，为了防止他人在未经许可的情况下私自使用计算机，造成某些文件信息的泄密、丢失或损坏，而需要对计算机中文件及文件夹的安全进行设置。

1. 隐藏与显示文件和文件夹

对于一些重要的文件或文件夹，为避免让其他人看见，可以将其设置为隐藏属性，这样一来，其他人在使用计算机时就不会看见这些内容了。当用户想要查看这些文件或文件夹时，只要设置相应的文件选项，即可看到文件内容。

1) 隐藏文件和文件夹

用户如果想隐藏文件和文件夹，首先要将想要隐藏的文件或文件夹设置为隐藏属性，然后对文件夹选项进行相应的设置。

(1) 设置文件或文件夹的隐藏属性。选择需要隐藏的文件或文件夹，单击鼠标右键，从弹出的快捷菜单中选择“属性”选项，随即会弹出相应的“属性”对话框，这里用户要将“示例资料”文件夹隐藏，会打开“示例资料属性”对话框，选中“隐藏”复选框，如图 2-4-18 所示。单击“确定”按钮，弹出“确认属性更改”对话框，选中“将更改应用于此文件夹、子文件夹和文件”单选按钮，如图 2-4-19 所示，然后单击“确定”按钮，即可完成对所选文件夹的隐藏属性设置。

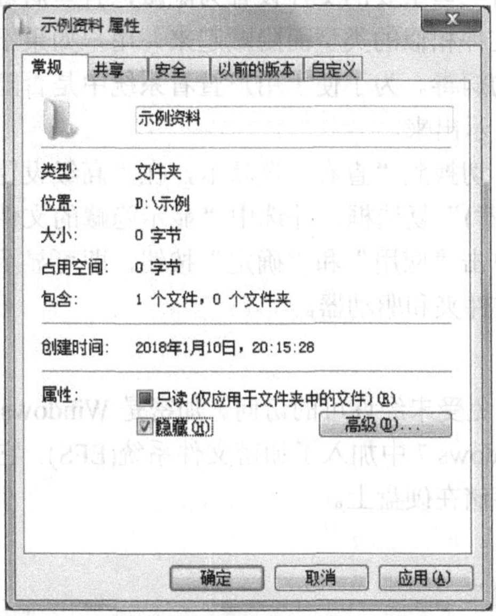

图 2-4-18　“示例资料属性”对话框

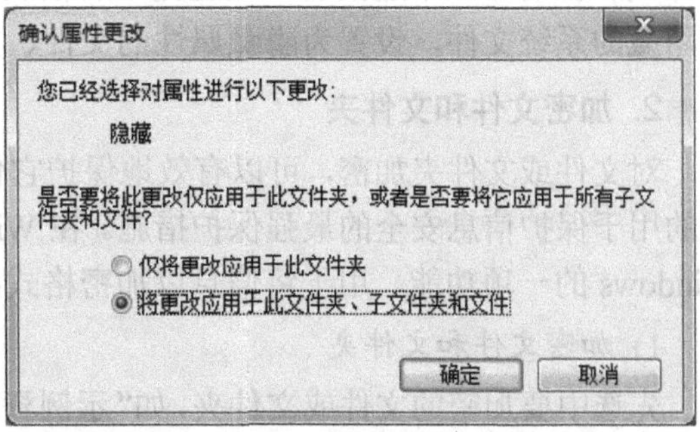

图 2-4-19　“确认属性更改”对话框

(2) 在文件夹选项中设置不显示隐藏文件。如果在文件夹选项中设置了显示隐藏文件，那么被隐藏的文件将会以半透明状态显示，此时文件夹还是可以被看到，没有被保护，所以要在文件夹选项中设置不显示隐藏的文件。

在文件夹窗口中单击“工具栏”上的“组织”按钮，在下拉列表中选择“文件夹和搜索选项”命令，如图 2-4-20 所示，弹出“文件夹选项”对话框，切换到“查看”选项卡，在“高级设置”列表中找到“隐藏文件和文件夹”，单击“不显示隐藏的文件”文件夹或驱动器”单选按钮，如图 2-4-21 所示。单击“确定”按钮，即可隐藏所有被设置为隐藏属性的文件、文件夹和驱动器，此时“示例资料”文件夹也会被隐藏起来。

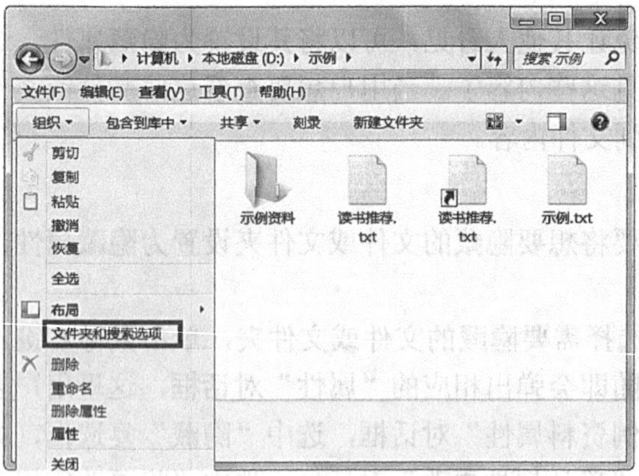

图 2-4-20　“组织”下拉列表

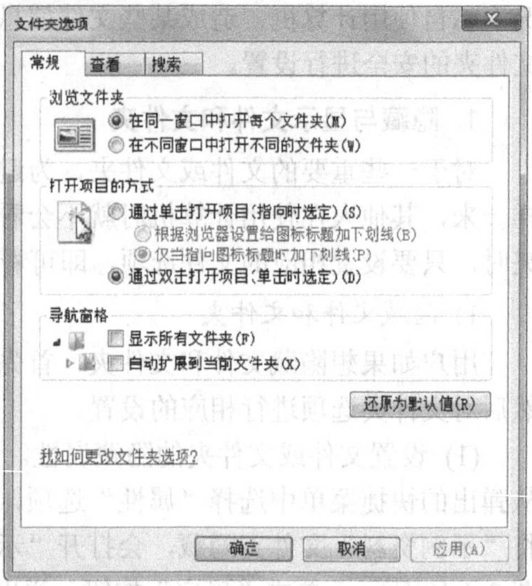

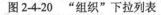

图 2-4-21　“文件夹选项”对话框

2) *显示所有隐藏的文件和文件夹*

默认情况下，为了保护系统文件，系统会将一些重要的文件设置为隐藏，有些病毒就是利用了这一功能，将自己的名称变成与系统文件相似的类型而隐藏起来，用户如果不显示这些隐藏的系统文件，就不会发现这些隐藏的病毒。为了便于用户查看系统中是否隐藏了病毒文件，需要将隐藏的所有文件及文件夹显示出来。

操作过程是：打开“文件夹选项”对话框，切换到“查看”选项卡，在“高级设置”列表框中撤选“隐藏受保护的操作系统文件(推荐)”复选框，并选中“显示隐藏的文件、文件夹和驱动器”单选按钮。设置完毕后依次单击“应用”和“确定”按钮，即可显示所有隐藏的系统文件，设置为隐藏属性的文件、文件夹和驱动器。

2. 加密文件和文件夹

对文件或文件夹加密，可以有效地保护它们免受未经许可的访问。加密是 Windows 提供的用于保护信息安全的最强保护措施。在 Windows 7 中加入了加密文件系统(EFS)，它是 Windows 的一项功能，用于将信息以加密格式存储在硬盘上。

1) *加密文件和文件夹*

先选中要加密的文件或文件夹，如“示例资料”文件夹，然后单击鼠标右键，从弹出的快捷菜单中选择“属性”选项，弹出“示例资料属性”对话框，切换到“常规”选项卡，单击“高级”按钮，弹出“高级属性”对话框，选中“压缩或加密属性”组合框中的“加密内容以便保护数据”复选框，如图 2-4-22 所示。

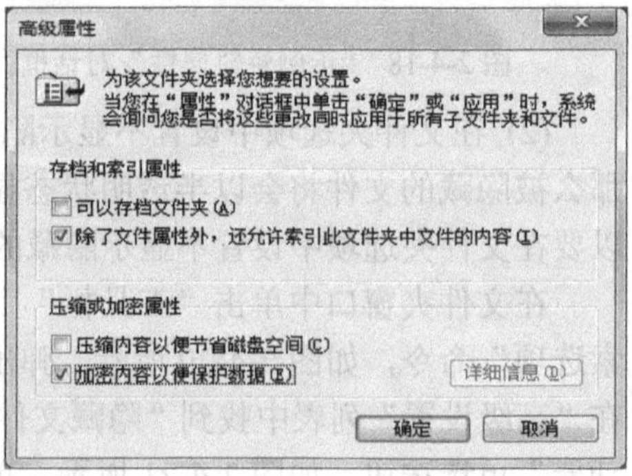

图 2-4-22　加密“高级属性”对话框

单击“确定”按钮，返回“示例资料属性”对话框。单击“应用”按钮，弹出“确认属性更改”对话框，选中“将更改应用于此文件夹、子文件夹和文件”单选按钮，如图 2-4-23 所示，单击“确定”按钮，再次返回“示例资料属性”对话框。

单击“确定”按钮，弹出“应用属性……”对话框，此时开始对所选的文件夹进行加密，如图 2-4-24 所示。“应用属性……”对话框自动关闭后，返回文件夹窗口中，可以看到被加密的文件夹的名称已经显示为绿色，表明文件夹已被成功加密。

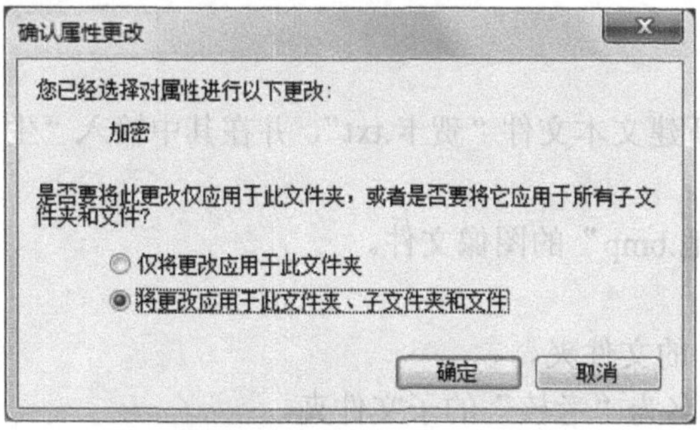

图 2-4-23 “确认属性更改”对话框

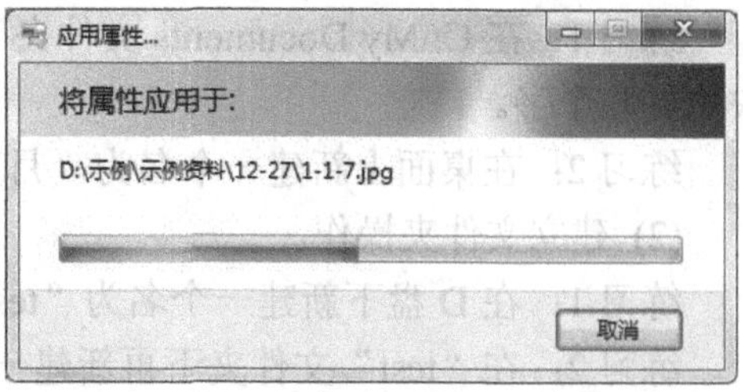

图 2-4-24 加密时“应用属性……”对话框

2) **解密文件和文件夹**

用户如果想恢复加密的文件或文件夹，则需要先找到要解密的文件或文件夹并选中，如“示例资料”文件夹，然后单击鼠标右键，在弹出的快捷菜单中选择“属性”选项，弹出“示例资料属性”对话框，在其中的“常规”选项卡中单击“高级”按钮，弹出“高级属性”对话框，在“压缩或加密属性”组合框中撤选“加密内容以便保护数据”复选框，如图 2-4-25 所示。

先单击“确定”按钮后，返回“示例资料属性”对话框，然后单击“应用”按钮，弹出“确认属性更改”对话框，选中“将更改应用于此文件夹、子文件夹和文件”单选按钮，单击“确定”按钮，再次返回“示例资料属性”对话框，单击“确定”按钮，弹出“应用属性……”对话框，此时开始对文件夹进行解密，如图 2-4-26 所示。

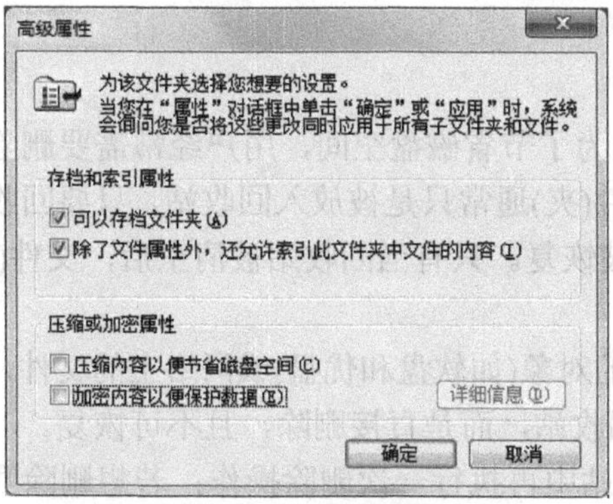

图 2-4-25 解密“高级属性”对话框

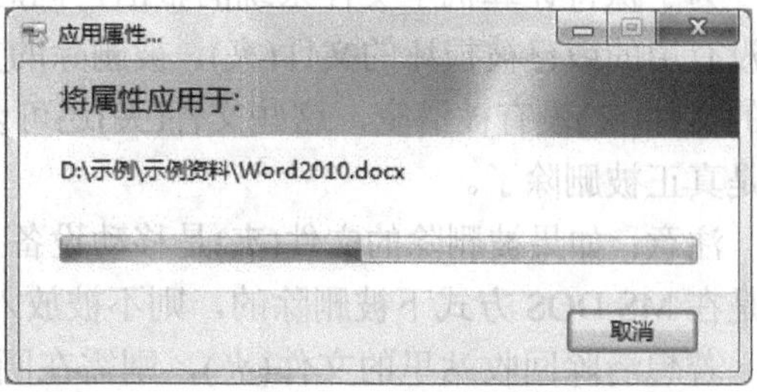

图 2-4-26 解密时“应用属性……”对话框

“应用属性……”对话框自动关闭后，所选文件夹即恢复为未加密状态。

【课堂练习】

目标：学员能够建立文件夹树形目录，并且能对文件和文件夹进行基本操作。

准备工作：文件和文件夹的基本知识。

实验设置：一台计算机。

实验方案：一人一组。

实验时间：1 学时。

实验内容：文件和文件夹的基本操作。

操作要求：

(1) 新建文档操作。

练习 1：在 C:\My Documents 文件夹下新建文本文件“贺卡.txt”，并在其中输入“生日快乐”几个字。

练习 2：在桌面上新建一个名为“月芽池.bmp”的图像文件。

(2) 建立文件夹操作。

练习 1：在 D 盘下新建一个名为“test”的文件夹。

练习 2：在“test”文件夹下再新建一个名为“考核”的子文件夹。

(3) 重命名操作。

练习 1：将 C:\My Documents 的文件夹名改为“我的文件夹”。

(4) 建立一个班级管理的树形目录管理图。

(5) 建立如下综合操作：

① 在 D 盘下创建“学习资料”文件夹。

② 将“学习资料”文件夹复制到 E 盘下，并重命名为“计算机基础学习资料”。

③ 删除 D 盘下的“学习资料”文件夹。

④ 先在“计算机基础学习资料”文件夹中创建名为“基础知识”的文本文档，然后隐藏此文本文档，并能看到隐藏文档。

⑤ 搜索 E 盘下的隐藏文件“基础知识”，并在桌面上创建此文档的快捷方式。

【知识扩展】

1. 回收站属性的设置

为了保持计算机中文件系统的整洁，同时也为了节省磁盘空间，用户经常需要删除一些没有用的或已被损坏的文件(夹)。被删除的文件(夹)通常只是被放入回收站，只要回收站中的文件(夹)没有被清空，这些文件(夹)还可以被恢复。只有当回收站被清空后，文件(夹)才是真正被删除了。

注意：如果被删除的文件(夹)是移动设备上的对象(如软盘和优盘)或网络上的文件，或者是在 MS DOS 方式下被删除的，则不被放入回收站，而是直接删除，且不可恢复。

若想清除回收站里的文件(夹)，则需在回收站中再执行一次删除操作；若想删除回收站中的全部内容，则需在打开的“回收站”窗口中选择“文件”菜单→“清空回收站”命令，或者右击“回收站”图标，在其快捷菜单中选择“清空回收站”命令。

彻底删除文件(夹)操作方法是：按住 Shift 键，再执行删除操作，此被删除文件(夹)不被移入回收站，而是被彻底删除，无法恢复；或者在“回收站属性”对话框(如图 2-4-27 所示)选择“不将文件移到回收站中。移除文件后立即将其删除”单选按钮。

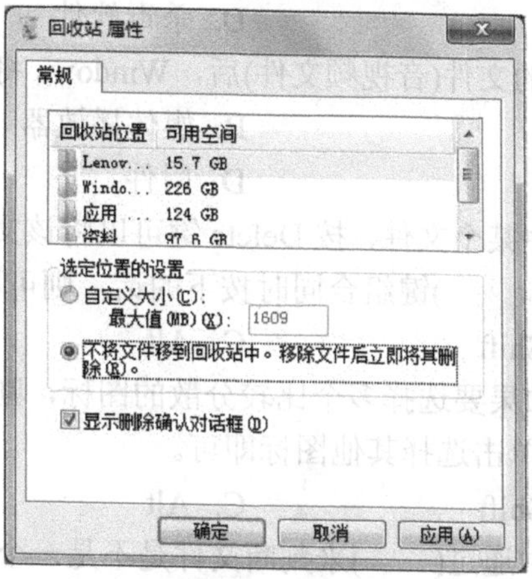

图 2-4-27 “回收站属性”对话框

用户还可以在“回收站属性”对话框中设置“执行删除操作时不弹出确认对话框”操作，即不选中“显示删除确认对话框”复选框。

2. 移动文件的操作

如果用户向可移动存储设备复制文件(夹)，则既可以使用复制粘贴命令，也可以使用“文件”菜单中的“发送到”命令。

先选定要移动的操作对象，再单击“文件”→“发送到”命令；或者单击鼠标右键，在快捷菜单中选择“发送到”命令，再选择目标位置，即可快速完成复制操作。例如，将某文件发送到U盘，其操作如图 2-4-28 所示。

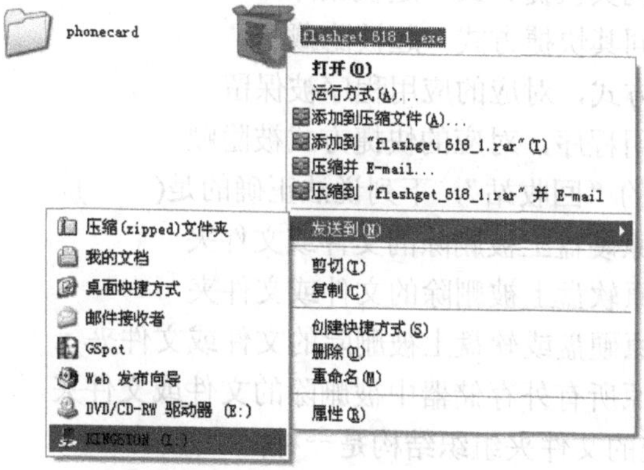

图 2-4-28 “发送到”菜单操作

习 题

一、选择题

1. 操作系统是一种(　　)。

A. 系统软件　　　　　　　　　　B. 应用软件

C. 工具软件　　D. 杀毒软件

2. 双击扩展名为 .avi 的文件(音视频文件)后，Windows 将打开(　　)窗口。

A. CD 播放器　　B. 媒体播放器

C. 声音-录像机　　D. 附件

3. 在资源管理器中选中某个文件，按 Delete 键可以将该文件删除，必要时还可以将其恢复，但如果将 Delete 键和(　　)键组合同时按下的话，则可以彻底地删除此文件。

A. Ctrl　　B. Shift　　C. Alt　　D. Alt + Ctrl

4. 选择桌面图标时，如果要选择多个比较分散的图标，则可先选择一个图标，然后按住(　　)键不放，并用鼠标单击选择其他图标即可。

A. Ctrl　　B. Shift　　C. Alt　　D. Esc

5. Windows 操作系统中通过(　　)来判断文件是不是一个可执行文件。

A. 文件的属性　　B. 文件的扩展名

C. 文件名　　D. 文件名及其扩展名

6. 在 Windows 环境中，要将某一部分信息(例如一段文字、一个图形)移动到别处，可以首先执行“编辑”菜单下的(　　)命令。

A. 复制　　B. 粘贴　　C. 剪切　　D. 选择性粘贴

7. 在 Windows 中，能弹出级联菜单的操作是(　　)。

A. 选择了带省略号的菜单项　　B. 选择了带向右黑色三角形箭头的菜单项

C. 选择了文字颜色变灰的菜单项　　D. 选择了左边带对号(√)的菜单项

8. 删除 Windows 中某个应用程序的快捷方式，意味着(　　)。

A. 该应用程序连同其快捷方式一起被删除

B. 该应用程序连同其快捷方式一起被隐藏

C. 只删除了快捷方式，对应的应用程序被保留

D. 只删除了该应用程序，对应的快捷方式被隐藏

9. 关于 Windows 的“回收站”，下列说法正确的是(　　)。

A. 只能存储并还原硬盘上被删除的文件或文件夹

B. 只能存储并还原软盘上被删除的文件或文件夹

C. 可以存储并还原硬盘或软盘上被删除的文件或文件夹

D. 可以存储并还原所有外存储器中被删除的文件或文件夹

10. Windows 系统的文件夹组织结构是一种(　　)。

A. 树形结构　　B. 网状结构

C. 表格结构　　D. 星形结构

二、填空题

1. 在 Windows 中，“粘贴”的快捷键是(　　　　)。

2. 在 Windows 中，按下(　　　　)键并拖动某一文件到一文件夹中，可完成对该程序项的复制操作。

3. 在 Windows 中，(　　　　)颜色的变化可以区分活动窗口和非活动窗口。

4. 在 Windows 资源管理器中，单击一个文件名后，按住(　　　　)键，再单击最后一个文件名，可以选择一组连续的文件。

5. 在 Windows 中切换不同的汉字输入法，应同时按下(　　　　)组合键。

6. 当要彻底删除某一个应用程序时，必须使用(　　　　)工具。

7. 在 Windows 中，关闭窗口的组合键是(　　　)。

8. 查找所有的 BMP 文件，应在搜索对话框中输入(　　　　)。

三、判断题

1. 用灰色字符显示的菜单命令表示相应的程序被破坏。(　　)
2. 每一个窗口都有工具栏，位于菜单栏的下面。(　　)
3. Windows 是一个多用户多任务的操作系统。(　　)
4. 用户可以在屏幕上移动窗口和改变窗口的大小。(　　)
5. 【开始】菜单包含了 Windows 的全部功能。(　　)

模块三　文字处理技术

在日常工作中，我们经常需要用计算机处理文字信息，如撰写通知、编辑文稿、编排论文等。要解决这类问题，目前最常用的就是Word文字处理软件。Word是微软公司的Office系列办公组件之一，它不仅能进行常规的文字编辑并编排出各式公文，而且能编排出图文混排的精美文档，还能方便地设计出各类表格。

任务一　初识文字处理软件

【学习目标】

(1) 了解文字处理软件。

(2) 熟悉Word 2010的工作界面。

(3) 掌握Word 2010的启动、退出，以及新建、保存、打开、关闭Word文档等操作。

【任务说明】

在正式学习文档编辑、排版等操作之前，需要了解文字处理软件的一些知识，了解Microsoft Word的主要功能，并熟悉Word 2010的基本界面，掌握其基本操作方法，为后面的文档编辑等复杂操作打好基础。

【任务实施】

一、文字处理软件

文字处理软件是办公软件的一种，主要用于对文字进行录入、编辑和排版的软件，比较复杂一点的文字处理软件甚至可以进行表格制作和简单的图像处理。文字处理软件的发展和文字处理的电子化，是信息社会发展的标志之一。现有的中文文字处理软件主要有微软公司的Word、金山公司的WPS、永中Office和以开源为准则的OpenOffice等。

1. Microsoft Word

Microsoft Word是微软公司的办公软件Microsoft Office的组件之一，是目前最流行的文字处理程序。作为Office套件的核心程序，Word的功能非常强大，可以进行日常的办公文档处理、排版、数据处理、表格制作，也可以做简单的网页，还可以通过其他软件直接发传真或邮件等，能满足普通人的绝大部分日常办公的需求。

2. WPS 文字

WPS Office 是由金山软件股份有限公司自主研发的一款办公软件套装，可以实现办公软件最常用的文字、表格、演示等多种功能。WPS 文字集编辑与打印为一体，具有丰富的全屏幕编辑功能，而且还提供了各种控制输出格式及打印功能，基本上能满足各界文字工作者编辑、打印各种文件的需要和要求。

3. 永中 Office

永中 Office 隶属于江苏永中软件股份有限公司，是一款功能强大的办公软件。该产品在一套标准的用户界面上集成了文字处理、电子表格和简报制作三大应用。基于创新的数据对象储藏库专利技术，有效解决了 Office 各应用之间的数据集成问题，构成了一套独具特色的集成办公软件。永中 Office 易学易用、功能完备，可充分满足广大用户对常规办公文档的制作要求，并且全面支持电子政务平台。

4. OpenOffice

OpenOffice 是一套跨平台的办公软件套件，它与各个主要的办公软件套件兼容。OpenOffice 是自由软件，任何人都可以免费下载、应用及推广它。

这几款文字处理软件都很强大，但从功能和兼容性角度来选择，我们在日常工作中通常选用 Microsoft Word 来进行文档处理。

二、Microsoft Word 的主要功能和特点

Word 的主要功能和特点可以概括为以下几点：

1. 所见即所得

用户用 Word 软件编排文档，使得打印效果在屏幕上一目了然。

2. 直观的操作界面

Word 软件界面友好，提供了丰富多彩的工具，利用鼠标就可以完成选择、排版等操作。

3. 多媒体混排

用 Word 软件可以编辑文字、图形、图像、声音、动画，还可以插入其他软件制作的信息，也可以用 Word 软件提供的绘图工具进行图形制作，编辑艺术字、数学公式。总之，Word 能够满足用户的各种文档处理需求。

4. 强大的制表功能

Word 软件提供了强大的制表功能，不仅可以自动制表，还可以手动制表。Word 提供表格线自动保护功能，表格中的数据可以自动计算，表格还可以进行各种修饰。在 Word 软件中，用户还可以直接插入电子表格。总之，用 Word 软件制作表格既轻松又美观，既快捷又方便。

5. 自动功能

Word 软件提供了拼写和语法检查功能，提高了英文文章编辑的正确性，如果发现语法错误或拼写错误，Word 软件还提供修正的建议。当用 Word 软件编辑好文档后，Word 可以帮助用户自动编写摘要，从而为用户节省大量时间。自动更正功能为用户输入同样的字符

提供了很好的帮助，用户可以自己定义字符的输入，当用户要输入同样的若干字符时，可以定义一个字母来代替，尤其在输入汉字时，该功能使用户的输入速度大大提高。

6. 模板与向导功能

Word 软件提供了数量众多且种类丰富的模板，使用户在编辑某一类文档时，能很快建立相应的格式，而且允许用户自己定义模板，为用户建立特殊需要的文档提供了高效而快捷的方法。

7. 丰富的帮助功能

Word 软件的帮助功能详细而丰富，能提供形象而方便的帮助，使用户遇到问题时能够找到解决的方法。

8. Web 工具

支持因特网(Internet)是当前计算机应用最广泛、最普及的一个方面，Word 软件提供了 Web 的支持，用户根据 Web 页向导，可以快捷而方便地制作出网页，还可以迅速地打开、查找或浏览包括 Web 页和 Web 文档在内的各种文档。

9. 超强兼容性

Word 软件可以支持多种格式的文档，也可以将 Word 编辑的文档以其他格式的文件存盘，这为 Word 软件和其他软件的信息交换提供了极大的方便。用 Word 可以编辑邮件、信封、备忘录、报告、网页等。

10. 强大的打印功能

Word 软件提供了打印预览功能，具有对打印机参数的强大的支持性和配置性。

三、Word 和 WPS 的区别

1. 软件名称和版权

(1) WPS (全名 Word Processing System，文字编辑系统)是中国金山软件公司出品的办公软件。其实在微软 Windows 系统出现以前，DOS 系统盛行的年代，WPS 就是中国最流行的文字处理软件。现在最新版本已经到 2019 了。当然，除了其为国产之外，WPS 最主要的特色是完全免费，下载就可以使用所有功能。

(2) Microsoft Office 是微软公司出品的一套基于 Windows 操作系统的办公软件。常用组件有 Word、Excel、Access、PowerPoint、Frontage 等。目前最新版本为 Office 2019。Microsoft Office 产品是国外的软件，是收费软件。

2. 从软件功能上

Microsoft Office 功能较强大，而 WPS 出品以来一直都是基于“模仿”微软 Office 功能架构，几乎所有 Office 的功能在 WPS Office 里面都是相同的操作，并且位置几乎是相同的，所以如果你会使用 Microsoft Office 的话，也完全会操作 WPS Office。

3. 操作使用习惯

WPS 是专门为中国人开发的软件，所以，一些设计更加符合中国人的使用习惯，其中，WPS 表格就自带了各种实用公式(如计算个人所得税、多条件求和等常用公式)。

4. 网络资源和文档模板

(1) WPS 可以直接登录云端备份存储数据，Office 则提供了付费的云端服务。

(2) WPS 软件提供了很多符合中国人使用习惯的在线模板，同时可以将模板一键分享到论坛、微博。无论是节假日还是热点事件，模板库都会“与时俱进”，随时更新。

5. 兼容性可移植性

现在 WPS 可以选择存储格式默认保存为.doc、.xls、.ppt 文件(微软 Microsoft Office 文件类型)可以支持打开 Office 的格式文件。

除此之外，WPS 还提供了 Linux 跨平台版本。

6. 产品多样性

Microsoft Office 常用组件有 Word、Excel、PowerPoint、Access，此外，还有 Frontage(网页制作)、Outlook(邮件收发)，Binder、Info Path(信息收集)、One Note(记事本)、Publisher(排版制作)、Vision(流程图)、Share Point 等组件。

WPS 目前只有 WPS 文字对应 Microsoft Office Word、WPS 表格对应 Microsoft Office Excel、WPS 演示文稿对应 Microsoft Office PowerPoint。

四、熟悉 Word 2010 工作界面

1. 启动 Word 2010

单击屏幕左下角的【开始】按钮，在弹出的菜单中选择“所有程序”，然后选择“Microsoft Office”→“Microsoft Word 2010”，启动该软件，如图 3-1-1 所示。启动 Word 软件后，系统自动新建一个临时文件名为“文档 1.docx”的 Word 文档。

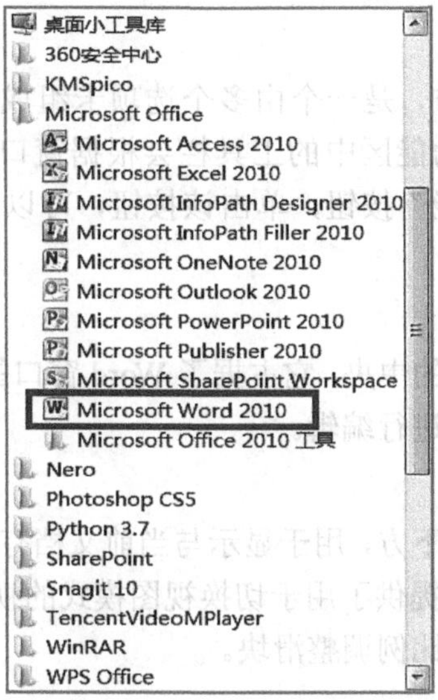

图 3-1-1　启动 Word 2010

2. Word 2010 界面组成

Word 2010 的工作界面如图 3-1-2 所示，主要由窗口控制图标、快速访问工具栏、标题栏、功能选项卡和功能区、文档编辑区、状态栏和视图栏组成。

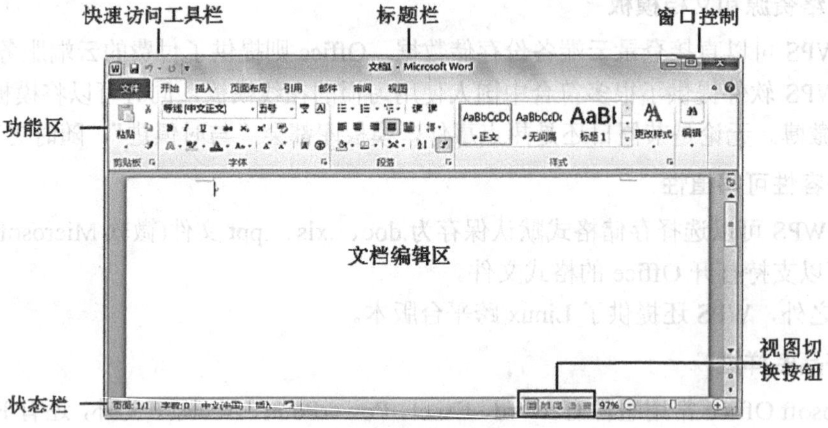

图 3-1-2　Word 文档窗口

1) 快速访问工具栏

快速访问工具栏用于放置一些在编辑文档时使用频率较高的命令按钮。默认情况下，该工具栏包含了“保存”、“撤消”和“重复”按钮。如需要在快速访问工具栏中添加其他按钮，可以单击其右侧的三角按钮，在展开的列表中选择所需选项即可。此外，通过该列表，我们还可以设置快速访问工具的显示位置。

2) 标题栏

标题栏位于 Word 2010 操作界面的最顶端，其中间显示了当前编辑的文档名称及程序名称，右侧是三个窗口控制按钮，分别单击它们，可以将 Word 2010 窗口最小化、最大化/还原和关闭。

3) 功能区

功能区位于标题栏的下方，是一个由多个选项卡组成的带形区域，每个功能选项卡都有与之对应的功能区，在功能区中的工具栏会根据窗口大小调整显示方式。此外，有些工具栏右下角有“扩展功能”按钮，单击该按钮，可以打开相关对话框进行更详细的设置。

4) 文档编辑区

文档编辑区在 Word 2010 的中央，它占据了 Word 窗口的大片区域，用户可以在该文档编辑区中对表格、文字和图形进行编辑。

5) 状态栏

状态栏位于操作界面的最下方，用于显示与当前文档有关的信息，如当前文档的页数、字数、语言类型等。此外，还提供了用于切换视图模式的视图按钮，以及用于调整视图显示比例的缩放级别按钮和显示比例调整滑块。

3. Word 2010 视图模式

Word 2010 提供了页面视图、阅读版式视图、Web 版式视图、大纲视图和草稿视图等五种视图模式。通过单击状态栏或“视图”选项卡“文档视图”组中的相应按钮，可切换视图模式，如图 3-1-3 所示。

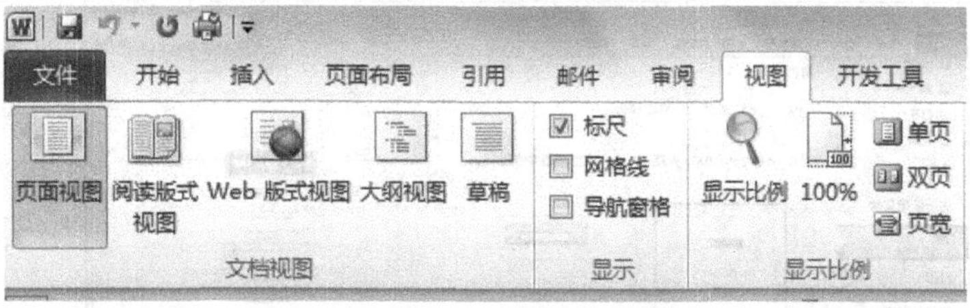

图 3-1-3　“视图”选项卡

“页面视图”是最常用的视图模式，它可以显示 Word 2010 文档的打印结果外观，主要包括页眉、页脚、图形对象、分栏设置、页面边距等元素，是最接近打印效果的视图；“阅读版式视图”以图书的分栏样式显示 Word 2010 文档，它主要是供用户阅读文档，所以“文件”按钮、功能区等窗口元素被隐藏了起来；“Web 版式视图”就是以网页的形式显示 Word 2010 文档，主要适用于发送电子邮件和创建网页；“大纲视图”主要用于 Word 2010 整体文档的设置和显示层级结构，并可以方便地折叠和展开各种层级的文档，广泛应用于长文档的快速浏览和设置；“草稿视图”隐藏了页面边距、分栏、页眉页脚和图片等元素，仅显示标题和正文，是最节省计算机系统硬件资源的视图方式。

五、新建和保存文档

1. 创建空白文档

点击“文件”菜单中的“新建”命令，在后台界面中点击“空白文档”→“创建”按钮即可，如图 3-1-4 所示。

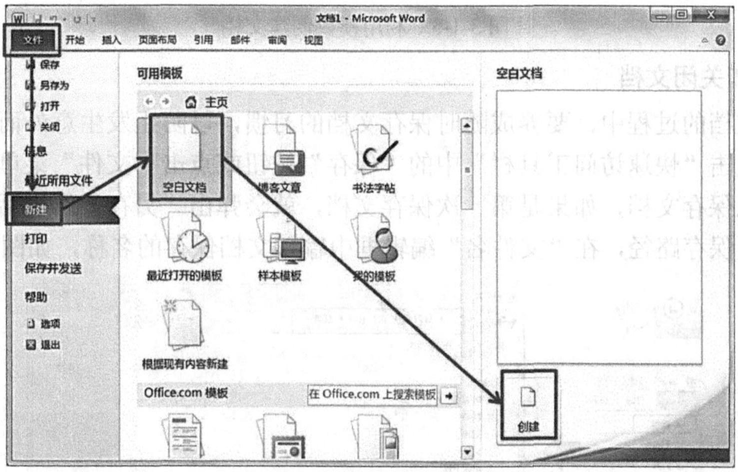

图 3-1-4　创建空白文档

2. 利用模板创建文档

点击“文件”菜单中的“新建”命令，在后台界面中点击“样本模板”，打开样本模板列表框，选择“黑领结简历”选项，点击右侧窗口中预览该模板的样式，选中“文档”单选按钮，单击“创建”按钮，新建一个名为“文档 1”的新文档，并自动套用所选择的“黑领结简历”模板模式，如图 3-1-5 所示。

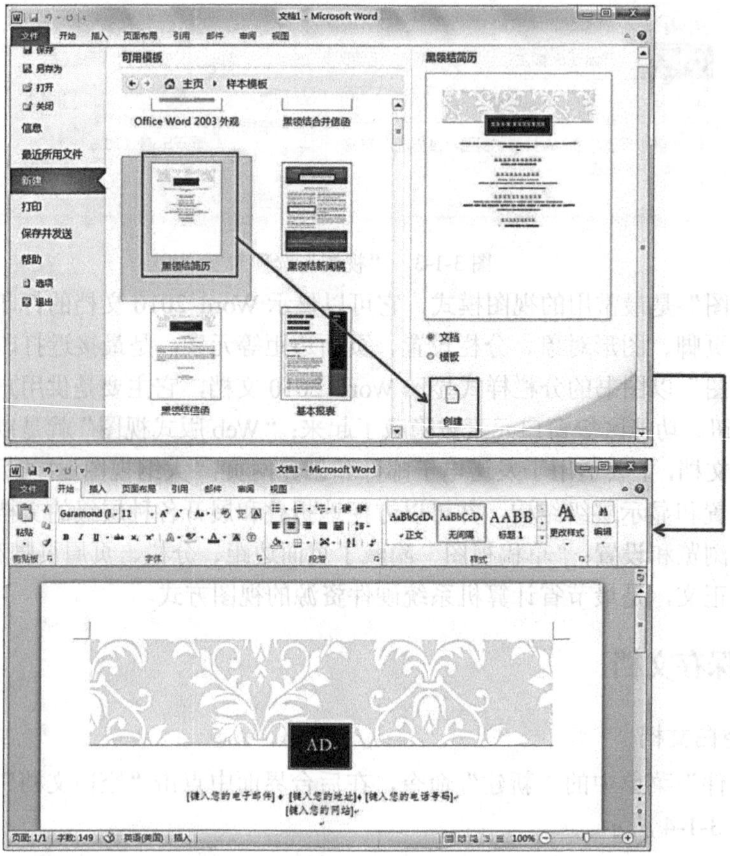

图 3-1-5　利用模板创建文档

3. 保存和关闭文档

在编辑文档的过程中，要养成随时保存文档的习惯，以防止发生意外而使正在编辑的内容丢失。点击“快速访问工具栏”中的“保存”按钮或点击“文件”菜单中的“保存”命令，就可以保存文档，如果是第一次保存文档，就会弹出“另存为”对话框，在“保存位置”处设置保存路径，在“文件名”编辑框中输入文档保存的名称，如图 3-1-6 所示。

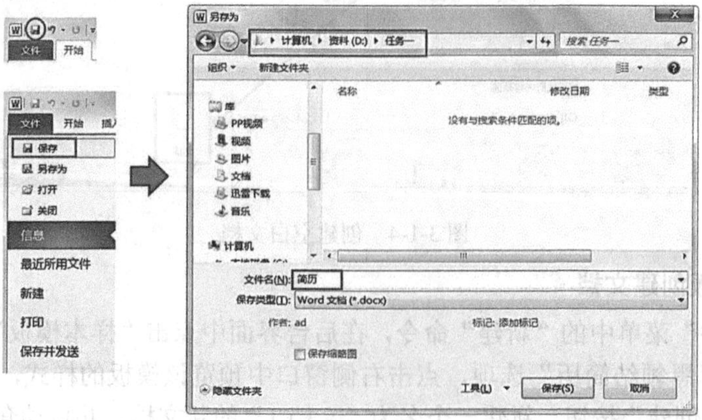

图 3-1-6　保存文档

对文档执行第二次保存操作时，不再会弹出“另存为”对话框；若希望将文档另存一份，则选择“文件”菜单下的“另存为”命令，在弹出的“另存为”对话框中重新设置保存位置和文件名即可。

用户在编辑完毕并保存文档后，还需要将其关闭。关闭当前编辑的文档，选择“文件”菜单下的“关闭”命令即可；如果关闭文档的同时又要退出 Microsoft Word 应用程序，则选择“文件”菜单下的“退出”命令，或者“Alt + F4”组合键。在关闭文档时，如果有未保存的内容，系统将弹出如图 3-1-7 所示的对话框，提醒用户保存文档。选择“保存”按钮，表示保存后关闭文档；选择“不保存”按钮，表示不保存并关闭文档；选择“取消”按钮，表示取消当前操作，返回 Word 2010 窗口。

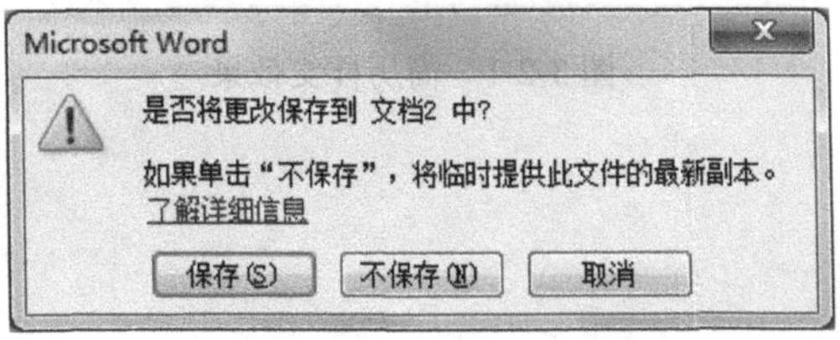

图 3-1-7　保存文档提示对话框

任务二　制作一份简历

【学习目标】

(1) 掌握利用模板创建文档的方法。
(2) 掌握 Word 文本及对象的编辑操作。
(3) 熟悉文本及对象的查找替换操作。
(4) 掌握“撤消”和“恢复”操作。

【相关知识】

Word 模板的使用：通过【开始】菜单，新建 Word 文档，使用本机上的模板快速完成一份 Word 文档。

查找、替换：可查找、替换一个字、一句话甚至一段内容。

“撤消”和“恢复”：撤消和恢复是相对应的，撤消是取消上一步的操作，而恢复是将撤消的操作再恢复回来。

【任务说明】

在实际应用中，对于各类 Word 文档，虽然其内容各不相同，但却有一定的规律可循。例如，可将 Word 文档分为备忘录、出版物、信函与传真等。为此，系统提供了若干模板以简化和加速用户的操作。本任务就是让大家学会使用模板创建 Word 文档，利用“样本模板”中的“黑领结简历”制作一份简历，任务的最终效果如图 3-2-1 所示。

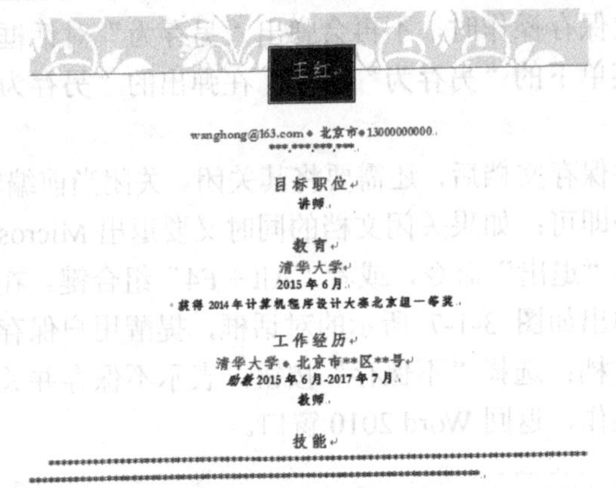

图 3-2-1　简历样文效果

【任务实施】

一、启动 Word

单击屏幕左下角的【开始】按钮，在弹出的菜单中选择“所有程序”，在其展开的下一级菜单中左键单击“Microsoft Word 2010”，即可启动该软件。

二、利用模板创建简历

模板是按照一定规范建立的文档，使用模板新建文档，可以快速创建具有一定格式和内容的文档，减轻用户的工作量。

使用模板创建“简历”文档的具体操作步骤如下：

(1) 打开“文件”菜单，选择“新建”命令，在后台界面中选择“可用模板”列表中的“样本模板”选项，在打开的样本模板列表框中选择“黑领结简历”选项，点击右侧窗口中预览该模板的样式，选中“文档”单选按钮，单击“创建”按钮，新建了一个名为“文档 1”的新文档，并自动套用所选择的“黑领结简历”模板的样式，如图 3-2-2 所示。

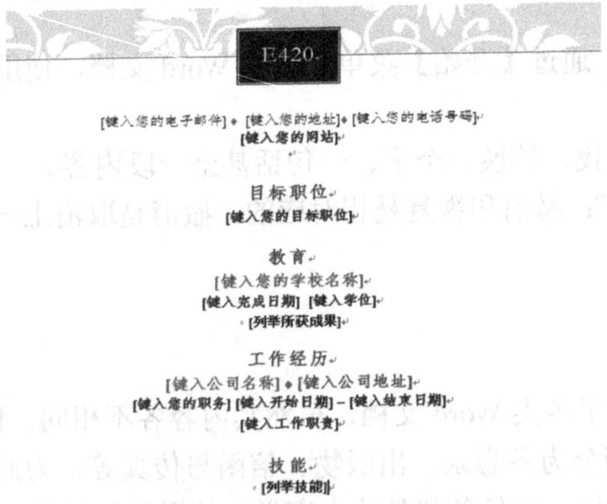

图 3-2-2　“黑领结简历”模板

(2) 进入如图 3-2-2 所示界面后，用户可以根据模板的提示输入简历内容，如图 3-2-3 所示。

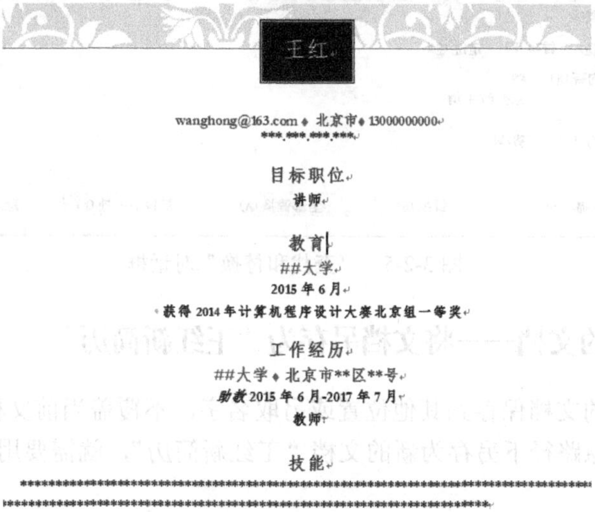

图 3-2-3 生成文档

三、文档的保存——文档保存为“王红简历”

单击“文件”菜单下的“保存”命令，打开“另存为”对话框，如图 3-2-4 所示，确定文档保存路径，然后在“文件名”组合框中输入文档名称“王红简历”，单击“保存”按钮保存文档。

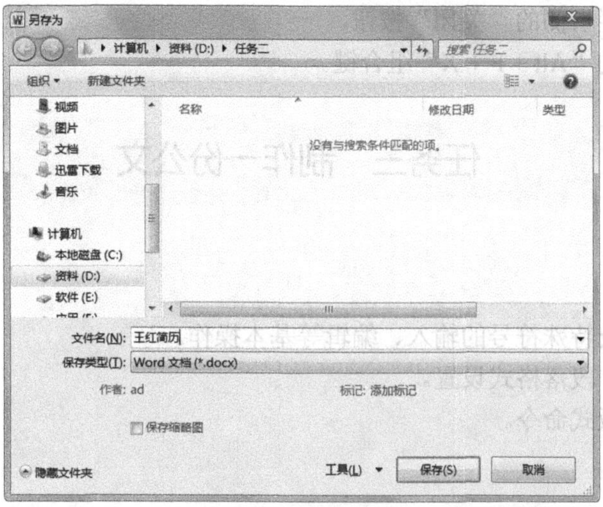

图 3-2-4 保存位置

四、查找和替换——在文档中查找“##”，并将其替换成“清华”

当用户要在文档中找出某个多处用到的词并对其进行替换或更正时，用 Word 提供的查找和替换功能较方便。本任务要求在文档中将“##”替换为“清华”，具体操作步骤如下：

在当前打开的“王红简历”文档中，单击“开始”选项卡功能区中的“编辑”组，选择“替换”按钮，在弹出的“查找和替换”对话框中输入需要替换的内容，如图 3-2-5 所示。

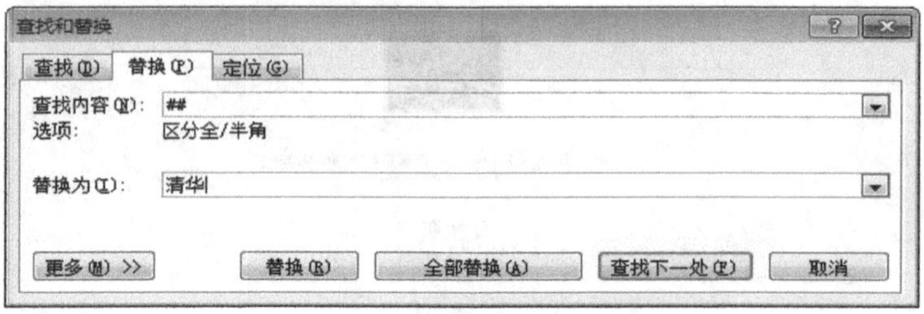

图 3-2-5　“查找和替换”对话框

五、另存修改后的文档——将文档另存为“王红新简历”

如果将修改后的文档保存到其他位置或另取名字，不覆盖当前文档，如本任务中要求将修改后的文档在原路径下另存为新的文档“王红新简历”，就需要用到“另存为”命令，具体操作如下：

单击“文件”菜单下“另存为”命令，打开“另存为”对话框，选择文档的保存路径为原路径，在“文件名”文本框中输入“王红新简历”，单击“保存”按钮即可。

六、退出 Word

退出 Word，主要有以下几种方法：

(1) 单击菜单“文件”→“退出”命令。

(2) 单击标题栏右侧的“关闭”按钮。

(3) 按键盘上的“Alt + F + X”组合键。

任务三　制作一份公文

【学习目标】

(1) 掌握文本及特殊符号的输入、编辑等基本操作。

(2) 掌握字体、段落格式设置。

(3) 掌握中文版式命令。

【相关知识】

文本输入：文本是文字、符号、特殊字符和图形等内容的总称。如果想要输入文本，首先要选择汉字输入法。一般安装好 Windows 操作系统后，系统都会自带一些基本的输入法，如微软拼音和智能 ABC 等比较通用的输入法，用户也可以自己安装如搜狗拼音输入法等其他输入法。

字符格式：Word 2010 提供了很多中英文字体，使用不同的字体，显示效果也不同，可以根据需要或习惯设置字体。

段间距：段落之间的距离，可以根据需要来调整。

行距：行和行之间的距离可以根据需要来设置。

对齐方式：用格式工具栏上的“对齐方式”按钮来实现段落对齐。

段落缩进：有首行缩进、左缩进、右缩进和悬挂缩进四种形式，标尺上有这几种缩进所对应的标记。

页面设置：主要包括修改页边距、设置纸张与版式、设置文档网格等。

中文版式：主要包括拼音指南、带圈字符、纵横混排、合并字符、双行合一等命令。

【任务说明】

办公室里经常需要编辑各类公文，而在 Word 中实现公文的编排又是办公人员所应具备的技能。下面我们将通过公文制作这一任务来学习 Word 文档处理的一些基本操作。

这份公文的效果如图 3-3-1 所示。

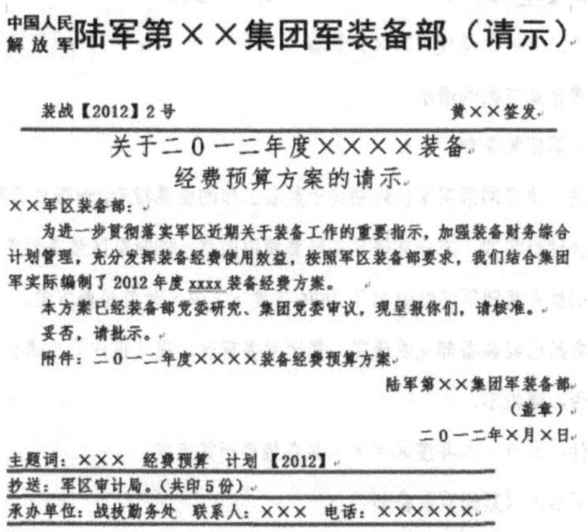
中国人民解放军陆军第××集团军装备部（请示）

装战【2012】2号　　黄××签发

关于二0一二年度××××装备
经费预算方案的请示

××军区装备部：

为进一步贯彻落实军区近期关于装备工作的重要指示，加强装备财务综合计划管理，充分发挥装备经费使用效益，按照军区装备部要求，我们结合集团军实际编制了 2012 年度 xxxx 装备经费方案。

本方案已经装备部党委研究、集团党委审议，现呈报你们，请核准。

妥否，请批示。

附件：二0一二年度××××装备经费预算方案

陆军第××集团军装备部
（盖章）
二0一二年×月×日

主题词：×××　经费预算　计划【2012】

抄送：军区审计局。（共印5份）

承办单位：战技勤务处　联系人：×××　电话：××××××

图 3-3-1　公文效果

【任务实施】

一、启动 Word

单击屏幕左下角的【开始】按钮，在弹出的菜单中选择“程序”，然后选择“Microsoft Word 2010”，启动该软件。单击“文件”菜单下的“新建”命令，按默认设置确定，即可建立一个空白文档。

二、切换输入法

在进行文件编辑之前，用户应选择适当的输入法。输入法的选择可通过使用键盘上的“Ctrl＋Shift”组合键来实现，也可用鼠标单击任务栏上的输入法图标进行选择，如图 3-3-2 所示。

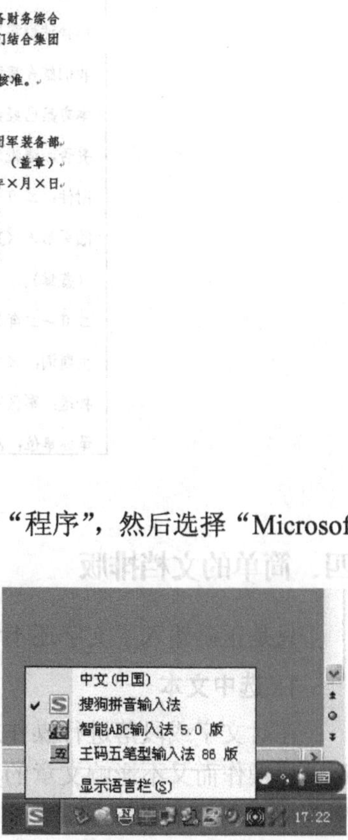

图 3-3-2　切换输入法

三、输入和修改文字

正文编辑区中有个一闪一闪的小竖线，那是光标，它所在的位置称为插入点，我们输入的文字将会出现在那里。选择好输入法之后，开始输入公文的内容：中国人民解放军陆军第××集团军装备部(请示)。此时，光标位于最后一个字的后面。

敲一下回车键，光标移到了下一行，敲回车键是为文章分段。在纸上分段很简单，只要另起一行，空两格开始写就行了；但在 Word 中，就必须敲一下回车键，告诉它该新起一段了。接着输入公文的正文，在需分段的地方再次按回车键。

如果有输错的文字，用鼠标在这个错别字前面单击，将光标定位到这个字的前面，按一下 Delete 键，或者在这个字后面单击，按一下 Backspace 键，错字就会被删掉，在光标处输入正确文字，这样就改完了。输入完文字的文档如图 3-3-3 所示。

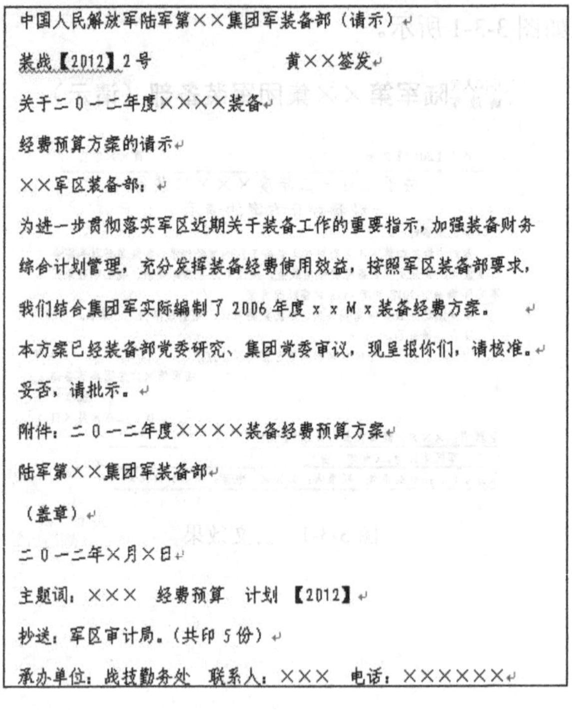
中国人民解放军陆军第××集团军装备部（请示）

装战【2012】2 号　　　　　　黄××签发

关于二０一二年度××××装备

经费预算方案的请示

××军区装备部：

为进一步贯彻落实军区近期关于装备工作的重要指示，加强装备财务

综合计划管理，充分发挥装备经费使用效益，按照军区装备部要求，

我们结合集团军实际编制了 2006 年度 x x M x 装备经费方案。

本方案已经装备部党委研究、集团党委审议，现呈报你们，请核准。

妥否，请批示。

附件：二０一二年度××××装备经费预算方案

陆军第××集团军装备部

（盖章）

二０一二年×月×日

主题词：×××　经费预算　计划　【2012】

抄送：军区审计局。（共印 5 份）

承办单位：战技勤务处　联系人：×××　电话：××××××

图 3-3-3　公文内容

四、简单的文档排版

只是正确输入了文字还不够，要让人一看就知道这是一份公文，还得进行简单的排版。

1. 选中文本

在对文字或段落进行操作之前，先要将其“选中”。选中是为了对一些特定的文字或段落进行操作而又不影响文章的其他部分。如果要选中第一行标题，就把鼠标箭头移到“中”字的前面，按下鼠标左键，向右拖动鼠标到“(请示)”的后面松开左键，这几个字就变成黑底白字了，表示处于选中状态。

2. 设置字号

将标题“中国人民解放军陆军第××集团军装备部(请示)”的字号设为“小一”。选中标题后，单击“开始”选项卡，在功能区中选择“字体”组中“字号”下拉列表框旁的下拉箭头，从里面选择“小一”，这几个字就变大了。

3. 设置字体

单击“字体”下拉列表框，弹出的下拉列表中列出了系统中所安装的字体，而且每种字体的字样也都一目了然。从列表中选择“黑体”，将标题文字设置为黑体字。如图3-3-4所示。

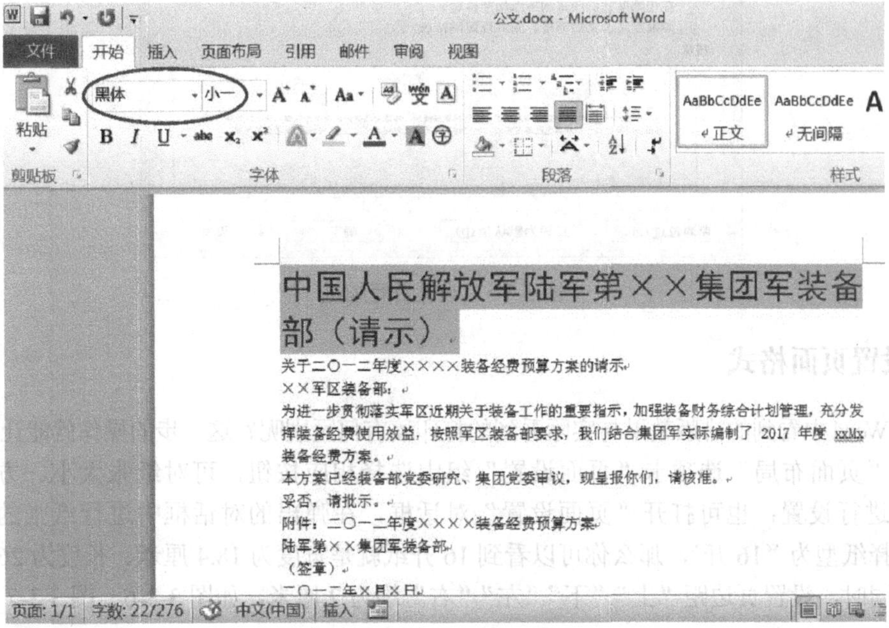

图3-3-4　设置字体、字号

同理，将“关于二〇一二年度××××装备经费预算方案的请示”的字号设为“小二”，字体设为“仿宋”，并将“经费预算方案的请示”转入下一行，其他内容字体大小设置为“小四”，字体设置为“仿宋”。

4. 设置段落对齐

选中标题，在“开始”选项卡中的“段落”组单击“居中”按钮，标题文字就居中对齐了。

同样，将光标分别定位在落款和日期所在行，单击工具栏上的“右对齐”按钮，使其右对齐。

5. 设置首行缩进

我们平时写文章都喜欢每段前空两格，现在我们就调整中间这些段落，即为首行缩进2字符。选中文档中部的正文段落，单击“开始”选项卡“段落”组右下角的扩展按钮，在弹出的“段落”对话框中单击“特殊格式”的下拉箭头按钮，选择“首行缩进”，将右侧的“磅值”设置为“2字符”即可，如图3-3-5所示。

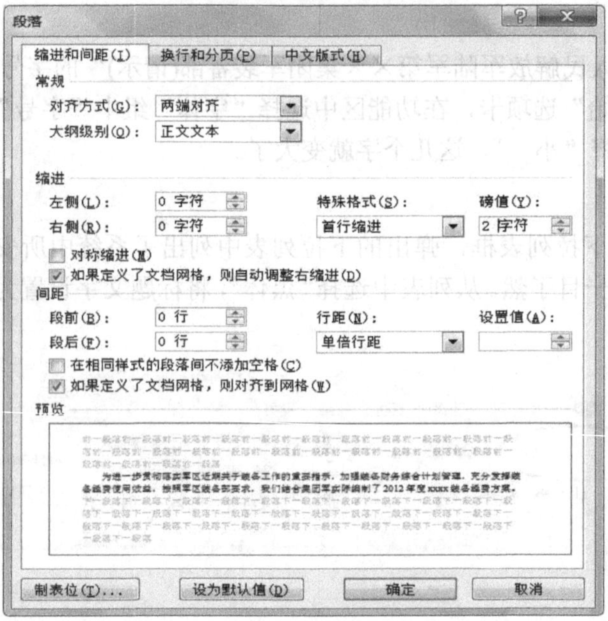

图 3-3-5　设置首行缩进

五、设置页面格式

在Word中看到的排版效果与实际看到的打印稿有何区别呢？这一步的操作就能让你明白。

在“页面布局”选项卡“页面设置”组中选择相应按钮，可对纸张大小、方向、页边距等进行设置；也可打开“页面设置”对话框，在弹出的对话框中进行纸张的选择，如果选择纸型为“16 开”，那么你可以看到 16 开纸就是宽度为 18.4 厘米、长度为 26 厘米的纸张；同时，设置页边距“上”“下”“左”“右”均为 2 厘米，如图 3-3-6、图 3-3-7 所示。

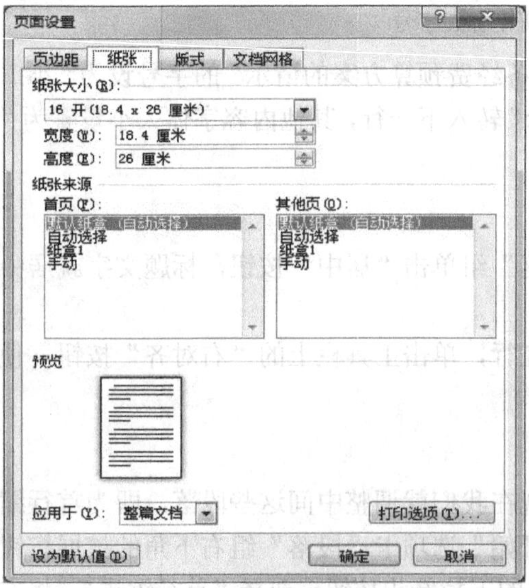

图 3-3-6　页面设置—纸张

图 3-3-7　页面设置—页边距

六、设置“双行合一”

选中标题“中国人民解放军”，选择“开始”选项卡功能区“段落”组“中文版式”按钮，在展开的下一级菜单中选择“双行合一”按钮，在弹出的对话框中出现“中国人民解放军”等文字，点击“确定”按钮。设置后效果如图 3-3-8 所示。

中国人民解放军陆军第××集团军装备部（请示）

图 3-3-8　设置“双行合一”后的效果

七、设置段间距

选中标题“中国人民解放军第……”，打开“开始”选项卡中“段落”组下的“段落”对话框，在弹出的“段落”对话框“缩进和间距”页面中设置“段后”为 2 行，如图 3-3-9 所示。

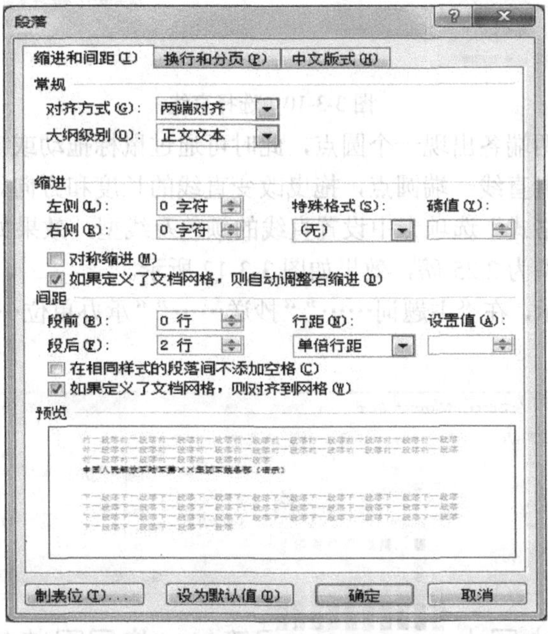

图 3-3-9　设置段间距

也可在“段落”组中选择“行和段落间距”按钮来调整文本行的行间距及段前、段后的间距量。

八、画线

仔细观察过样文就会发现，在样文中“装战【2012】2 号”一行的下方还有一条直线，这是键盘敲进去的吗？当然不是，Word 除了文字编辑功能外，还提供了简单的绘图功能，可以通过鼠标选取某个图形按钮，在文档中拖动画出，现在我们就来画一条简单的直线。

在“插入”选项卡的“插图”组中单击“形状”按钮，在展开的各种形状中单击“直线”，此时鼠标变成十字形，点中文档中某处，然后向右拖拉，就可画出一条直线，如图 3-3-10 所示。

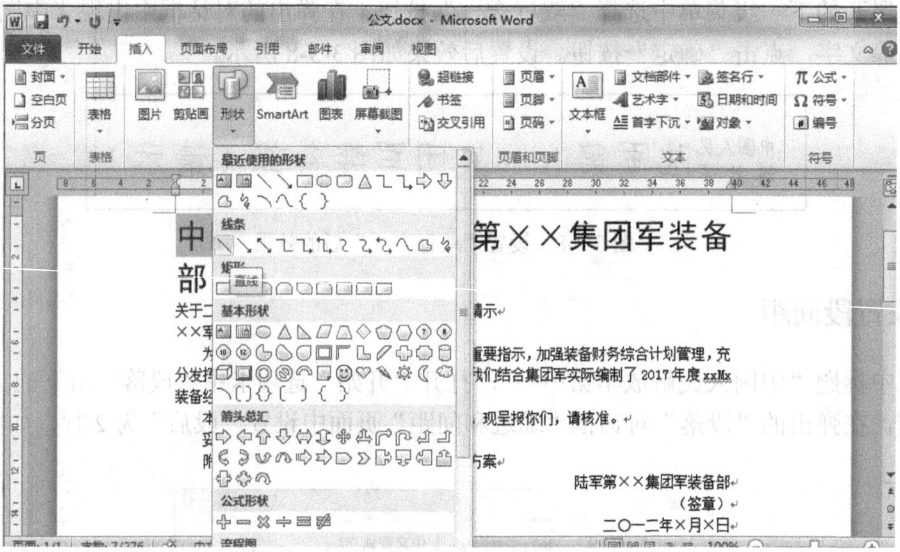

图 3-3-10　选择直线

选中直线，直线两端各出现一个圆点，此时可通过鼠标拖动或键盘方向键改变直线位置，也可通过鼠标控制直线一端圆点，拖曳改变直线的长度和方向。在选中直线时，还可在“绘图工具”的“格式”选项卡中设置直线的颜色及线型，效果如图 3-3-11 所示。设置直线颜色为红色，线型为 2.25 磅，效果如图 3-3-12 所示。

同样，如样文所示，在“主题词……”“抄送……”“承办单位……”下方均绘制直线，颜色及线型同上。

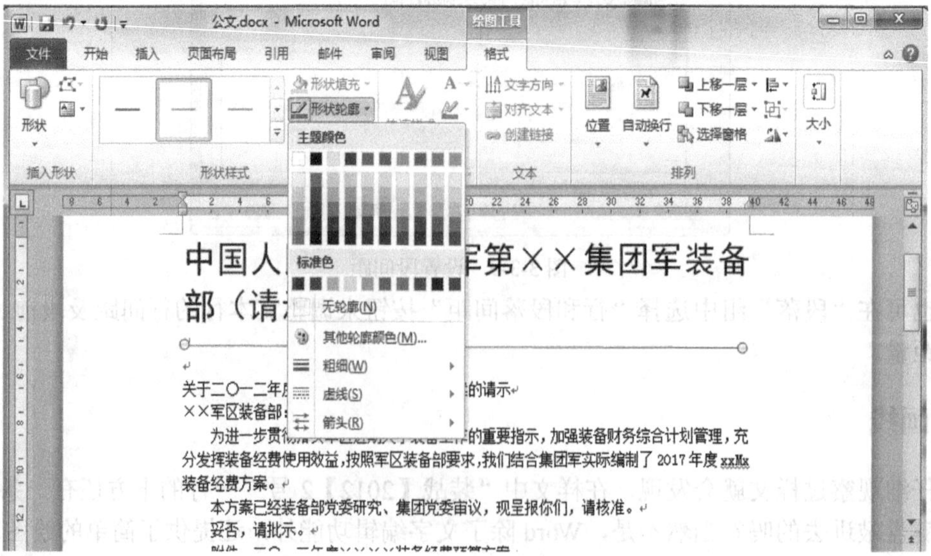

图 3-3-11　设置直线格式

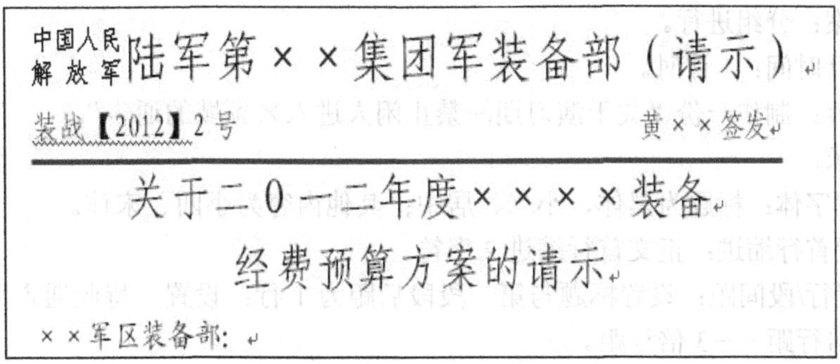
中国人民解放军陆军第××集团军装备部（请示）
装战【2012】2号 黄××签发
关于二0一二年度××××装备
经费预算方案的请示
××军区装备部：

图 3-3-12 直线及其格式效果图

九、存盘

最后一步是保存做好的公文。这一次要改变存盘的路径，方法是单击“文件”菜单下“另存为”命令，打开“另存为”对话框，在左侧的列表中选择 D 盘下的“任务三”文件夹，然后将文件名改为“公文”，单击“保存”即可。

如果 D 盘没有“任务三”文件夹怎么办呢？首先选择 D 盘，然后点击“另存为”对话框中的“新建文件夹”命令，新建一个文件夹再改名为“任务三”即可，如图 3-3-13 所示。

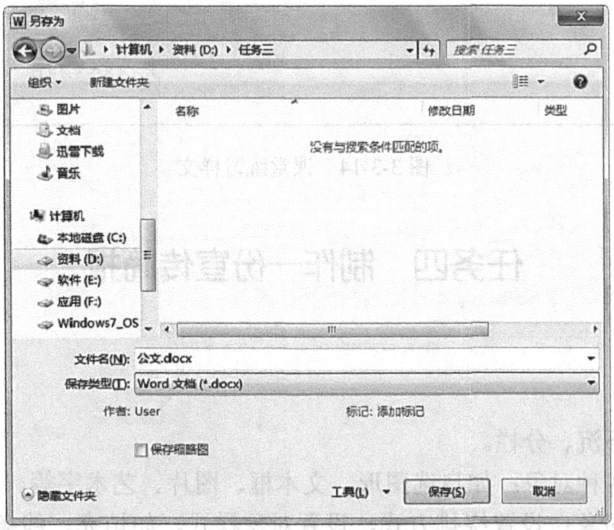

图 3-3-13 新建文件夹并存盘

【课堂练习】

目标：学习本任务后，学员应会对各种数据对象进行正确录入操作，并按照要求处理格式的设置，以提高办公效率。

准备工作：了解基本概念、基本操作、数据的录入等知识。

实验设置：安装好 Word 2010。

支撑资源：素材库的提供。

实验方案：分组进行。

实验估计时间：1 课时。

实验内容：制作一份“关于演习期间禁止闲人进入×领域的通告”。

操作要求：

(1) 设置字体：标题为黑体、小二、居中；其他内容为小四、宋体。

(2) 设置首行缩进：正文首行缩进 2 字符。

(3) 设置行/段间距：设置标题与第一段段后距为 1 行；设置“特此通告”以下 3 行，行间距为多倍行距——3 倍行距。

(4) 设置对齐：设置部门与时间的字样为右对齐。

样文设置效果如图 3-3-14 所示。

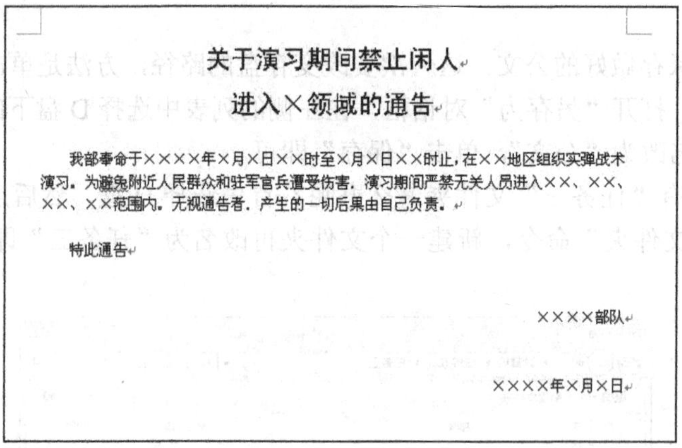

关于演习期间禁止闲人

进入×领域的通告

我部奉命于××××年×月×日××时至×月×日××时止，在××地区组织实弹战术演习。为避免附近人民群众和驻军官兵遭受伤害，演习期间严禁无关人员进入××、××、××、××范围内。无视通告者，产生的一切后果由自己负责。

特此通告

××××部队

××××年×月×日

图 3-3-14　课堂练习样文

任务四　制作一份宣传简报

【学习目标】

(1) 掌握首字下沉、分栏。

(2) 掌握插入各种对象：如自选图形、文本框、图片、艺术字等。

(3) 掌握编辑对象：设置绕排方式，设置对象样式，如填充、线条、阴影效果、三维效果等。

【相关知识】

插入图形：主要包括插入图片、艺术字、自选图形等。用户可以方便地在 Word 2010 文档中插入各种图片，例如，Word 2010 提供的剪贴画和图形文件(如 BMP、GIF、JPEG 等格式)。

在文档中插入图形之后，为了使图片与文本更加融合，需要设置图片的一些属性，这时可通过选择图片属性中的“设置图片格式”来完成。

【任务说明】

宣传简报在军队生活中起着上通下联、推动干部和学员工作和学习的作用。利用 Word 软件制作一份精美的宣传简报是十分便捷的。这份宣传简报的最终效果如图 3-4-1 所示。

宣传简报

XX 单位宣传部主办　　XX 年 XX 月 XX

某军区某集团军开展“千人百装”比武考核

XX 军区 XX 部队政治处干事 XX

掌勺的厨师、打针的护士、数钱的会计……这些后勤保障人员战场上能够经受住炮火的考验？近日，某军区某集团军组织开展后勤专业“千人百装”比武考核活动，检验后勤实战化保障能力，提升部队后勤综合保障水平，实践证明，他们真不赖！

笔者了解到该集团军针对后勤保障人员设置考核条件，突出信息化和专业知识的掌握运用，突出战时必需、平时必备的专业技能的“三个突出”的战场需求，采取普考与抽考、基本与专业等相结合的方式，对师旅至班排 7 个层级 20 类人员，7 个专业 34 个课目，以比武亮相代替考核评定的思路推进后勤建设全面发展。

比武场战鼓雷动、士气高昂，若不知道是后勤比武还真以为是逐鹿前线战场，只见选手个个顽强拼搏、奋勇争先，发扬了战必胜攻必克的英勇作风和斗志，以精湛的技能创造了所有比武课目优良率达 100%的记录。

图 3-4-1　“宣传简报”样文效果

【任务实施】

打开原文“任务四\宣传简报.docx”，在此文档中实现如下任务：

一、段落格式设置

操作要求：

(1) 简报头标题、正文标题、单位作者段后均设置 1 行，对齐方式均居中。

(2) 设置正文对齐方式为“两端对齐”，段落间距为段前、段后各 0.5 行。

(3) 行距设为固定值 23 磅。

(4) 各段首行缩进 2 字符。

二、字体设置

操作要求：

(1) 设置简报头标题“宣传简报”为居中，字体为华文行楷，字形加粗，字号为初号，字体颜色为红色，效果为阴影。

(2) 正文标题字体为黑体，字形加粗，字号为小二，字体颜色为黑色。

(3) 单位作者字体为楷体，字形常规，字号为四号，字体颜色为深红。

(4) 正文字体为楷体，字形常规，字号为四号，字体颜色为黑色。

三、首字下沉

操作要求：

设置正文首字位置为“下沉”，下沉行数为2，距正文2.85磅，其他设置为默认值。

操作步骤：

在“插入”选项卡“文本”组单击“首字下沉”命令，如图3-4-2所示，打开“首字下沉选项”对话框，如图3-4-3所示，设置“位置”为“下沉”，在“下沉行数”微调控件中选择“2”，在“距正文”微调控件中输入“2.85磅”，设置完成后，单击“确定”按钮，效果如图3-4-4所示。

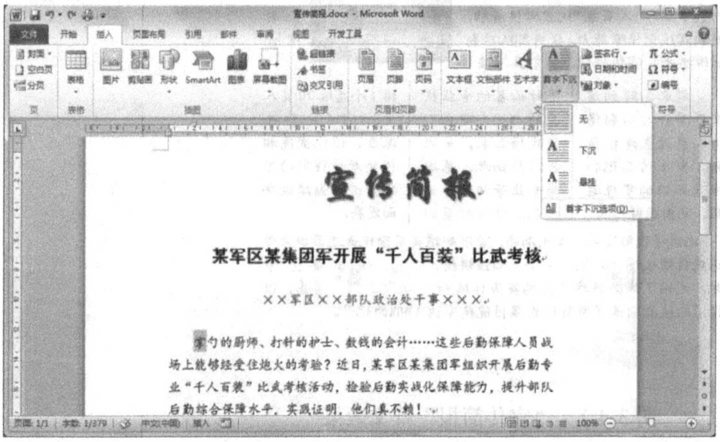

图3-4-2　“首字下沉”命令

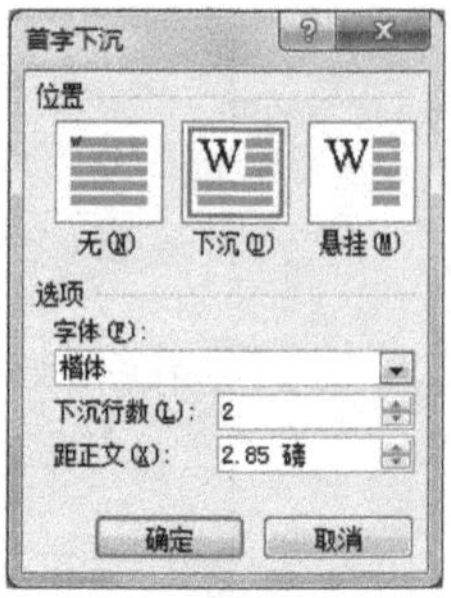

图3-4-3　“首字下沉”对话框

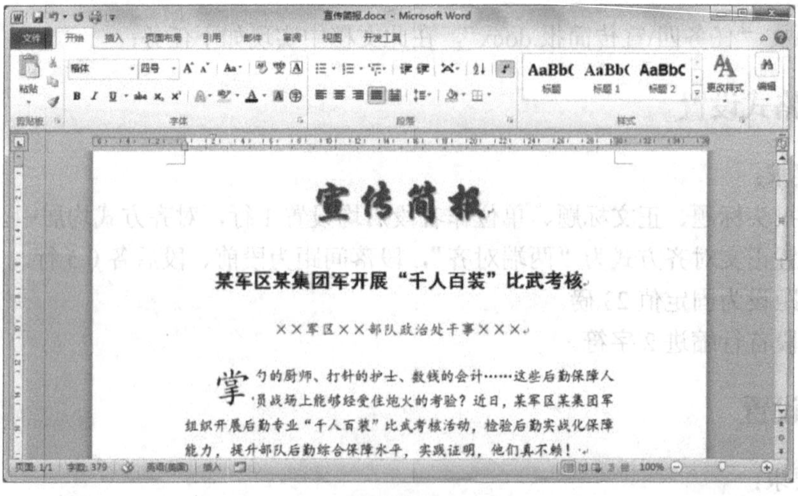

图3-4-4　“首字下沉”效果

四、分栏

操作要求：

为第二段文字分栏，要求栏数为三栏，每栏宽度为 11.83 字符，要求有分割线。其他设置默认。

操作步骤：

(1) 选中第二段文字，选择“页面布局”选项卡“页面设置”组中的“分栏”命令，在弹出的菜单中点击“更多分栏”命令，打开如图 3-4-5 所示的“分栏”对话框，按照操作要求进行分栏设置。

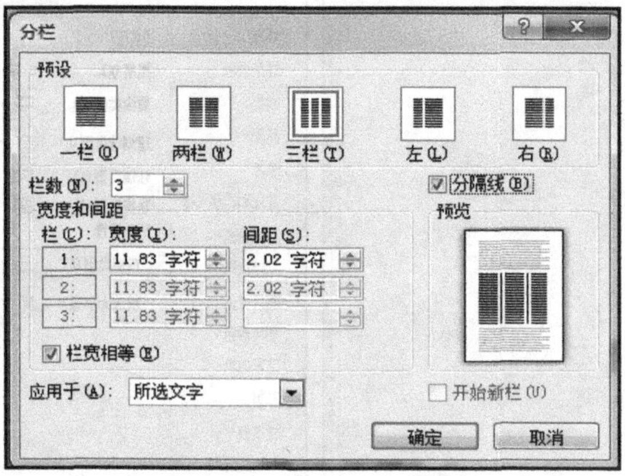

图 3-4-5 “分栏”对话框

(2) 单击“确定”按钮后，显示如图 3-4-6 所示的分栏效果。

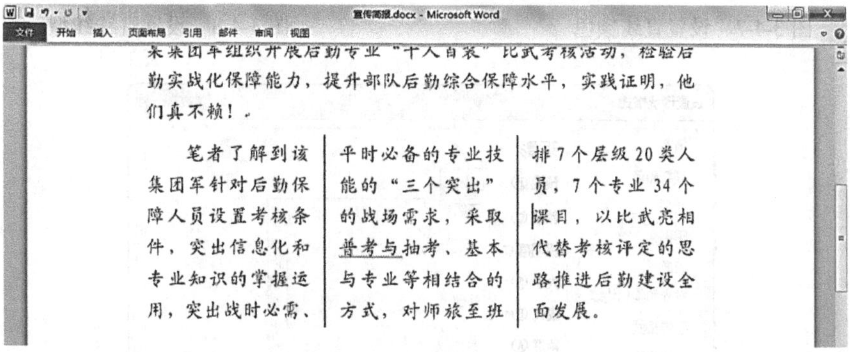

图 3-4-6 “分栏”效果

五、插入对象

1. 插入自选图形

1) 绘制直线

操作要求：

在简报头标题下画一条实线，线条颜色为深红，线条粗细为 3 磅，阴影样式为“外部：左上斜偏移”。

操作步骤：

(1) 在“插入”选项卡“插图”组中单击“形状”按钮，在打开的列表中选择“直线”按钮，将鼠标移动到简报头标题下方，这时光标呈十字形，拖曳鼠标，即可画出一条直线。

(2) 右键选中直线，在弹出的快捷菜单中选择“设置形状格式”命令，打开“设置形状格式”对话框，在左侧列表中选择“线条颜色”，在右侧点击“实线”单选按钮，选择“颜色”按钮，在列表中选择“标准色”中的“深红”，如图 3-4-7 所示；选择“线型”，宽度设置为“3 磅”，如图 3-4-8 所示；选择“阴影”，点击“预设”按钮，在列表中选择“外部”中的“左上斜偏移”，如图 3-4-9 所示。效果如图 3-4-10 所示。

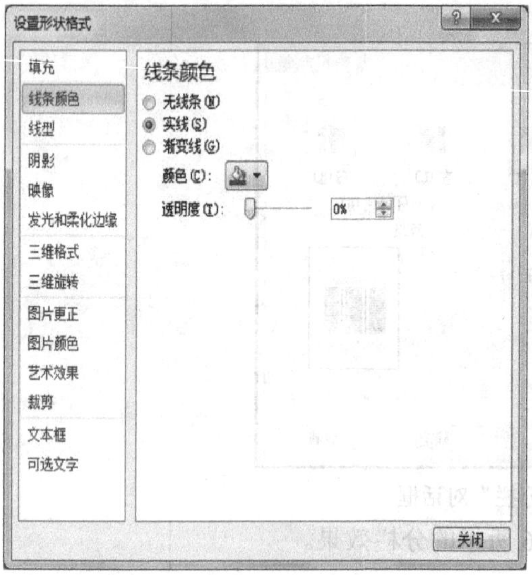

图 3-4-7　设置直线颜色

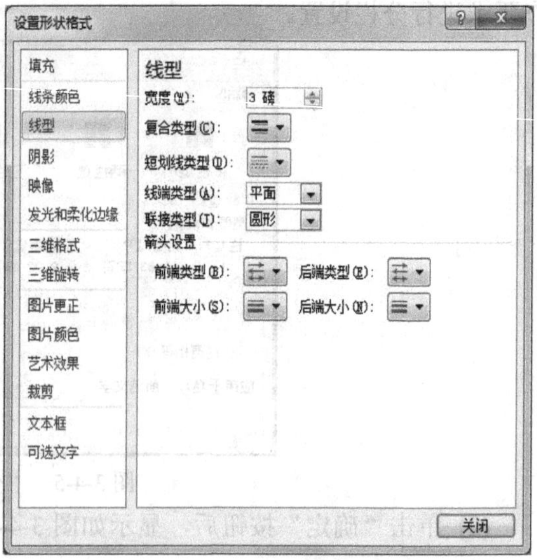

图 3-4-8　设置直线线型

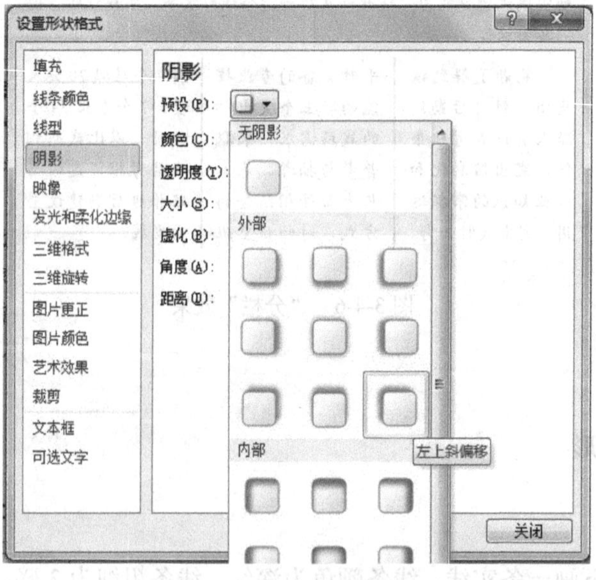

图 3-4-9　设置直线阴影样式

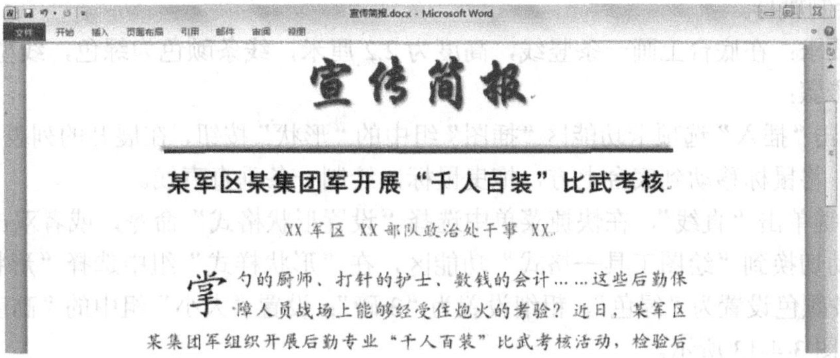

图 3-4-10　直线效果

2) 制作“旗台”

利用直线、矩形等形状绘制“旗台”，具体操作要求和操作步骤如下：

(1) 制作“底台”。

操作要求：画高度为 1.8 厘米、宽度为 3.6 厘米和高度为 1.5 厘米、宽度为 1.8 厘米的两个棱台。

操作步骤：

① 单击“插入”选项卡功能区“插图”组中的“形状”按钮，选择矩形类的“矩形”，然后将鼠标移动到绘图区域，拖曳鼠标，绘制一个矩形。

② 选中该矩形，在“绘图工具—格式”功能区“形状样式”组和“大小”组对图形颜色、尺寸等外观进行设置：单击“形状样式”组的“形状填充”，在打开的列表中选择“白色，背景 1，深色 25%”，在“形状轮廓”按钮的展开列表中选择“无轮廓”。在“形状效果”的“棱台”类中选择“角度”“三维旋转”的“平行”类中“离轴 1 上”；在“大小”组中设置矩形高度为“1.8 厘米”、宽度为“3.6 厘米”。效果如图 3-4-11 所示。

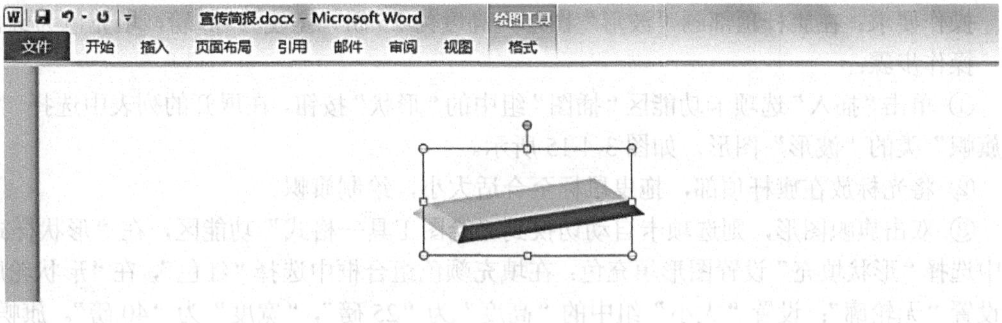

图 3-4-11　棱台效果图

③ 重复以上两步骤，再绘制另一个棱台，高度为“1.5 厘米”，宽度为“1.8 厘米”。

④ 移动两棱台，使之上下叠加，如图 3-4-12 所示。

图 3-4-12　两个矩形三维设置后的效果

(2) 绘制旗杆。

操作要求：在底台上画一条竖线，高度为 2.2 厘米，线条颜色为绿色，线型为 3 磅。

操作步骤：

① 单击“插入”选项卡功能区“插图”组中的“形状”按钮，在展开的列表中选择“直线”按钮，将鼠标移动到底台上方，拖曳鼠标，绘制一条垂直直线。

② 右键单击“直线”，在快捷菜单中选择“设置形状格式”命令，或者双击“直线”，选项卡自动切换到“绘图工具—格式”功能区，在“形状样式”组中选择“形状轮廓”命令，将线条颜色设置为“绿色”，粗细设置为“3 磅”；设置“大小”组中的“高度”为“2.2 厘米”，如图 3-4-13 所示。

③ “旗杆”最终效果如图 3-4-14 所示。

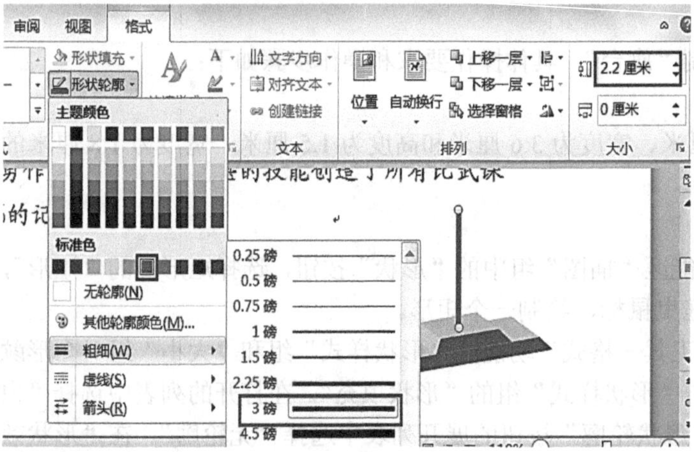

图 3-4-13　设置旗杆颜色、线型和高度

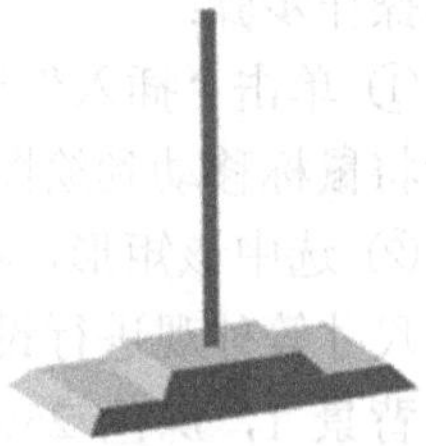

图 3-4-14　旗杆最终效果

(3) 绘制旗帜。

操作要求：在旗杆顶部画“波形”图形，高度为 25 磅，宽度为 40 磅，填充色为红色。

操作步骤：

① 单击“插入”选项卡功能区“插图”组中的“形状”按钮，在展开的列表中选择 “星与旗帜”类的“波形”图形，如图 3-4-15 所示。

② 将光标放在旗杆顶部，拖曳鼠标至合适大小，绘制旗帜。

③ 双击旗帜图形，则选项卡自动切换到“绘图工具—格式”功能区，在“形状样式”组中选择“形状填充”设置图形填充色：在填充颜色组合框中选择“红色”，在“形状轮廓”中设置“无轮廓”；设置“大小”组中的“高度”为“25 磅”，“宽度”为“40 磅”。旗帜最终效果如图 3-4-16 所示。

图 3-4-15　在“星与旗帜”图形中选择“波形”

图 3-4-16　旗帜最终效果

(4) 图形组合。

操作要求：将所有图形组合为一个图形。

操作步骤：框选或按住 Ctrl 键，连续选中旗台所有组成部分图形，使各部分图形都处于选中状态，切换到“绘图工具—格式”选项卡，选择“排列”组中的“组合”，在弹出的菜单中选择“组合”命令，如图 3-4-17 所示；多个图形便组合成为一个完整图形，如图 3-4-18 所示。

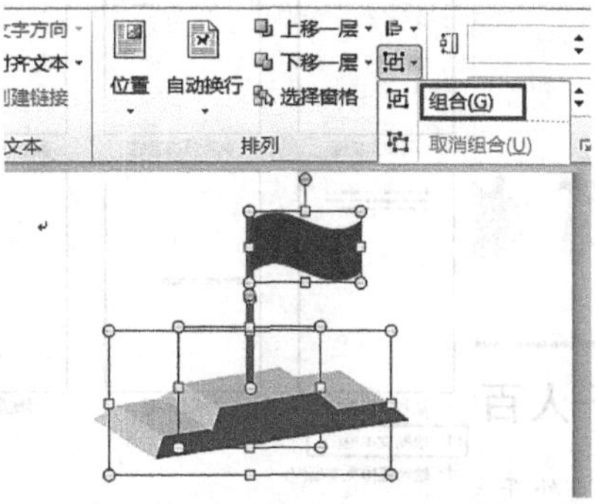

图 3-4-17　组合图形　　图 3-4-18　组合后效果

将组合后的旗台图形移动到文档下方的合适位置，会发现图形遮盖住了文字，所以需要设置图形的叠放次序。

(5) 叠放次序。

操作要求：设置旗台图形叠放次序为衬于文字下方。

操作步骤：双击旗台图形，切换到“绘图工具—格式”选项卡，选择“排列”组中的“下移一层”，在菜单中点击“衬于文字下方”命令，如图 3-4-19 所示，得到如图 3-4-20 所示的效果。

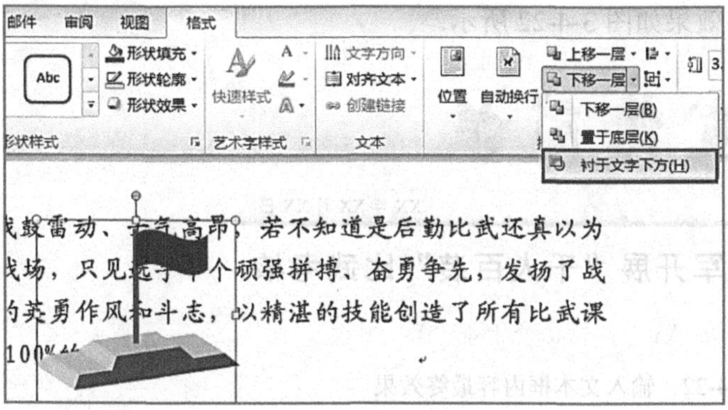

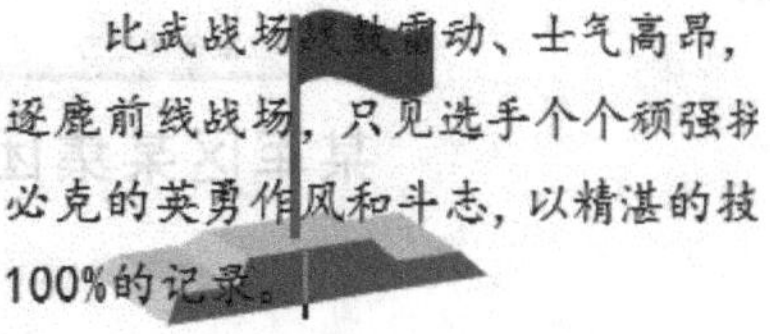

图 3-4-19　设置叠放次序　　图 3-4-20　叠放次序效果

2. 插入文本框

操作要求：在简报头部的线条上方左侧和右侧插入两个横排文本框，设置文字格式为：宋体、五号。

操作步骤：

(1) 单击“插入”选项卡“文本”组中的“文本框”按钮，在其展开的列表中选择“绘制文本框”命令，插入预设格式的文本框，如图 3-4-21 所示。

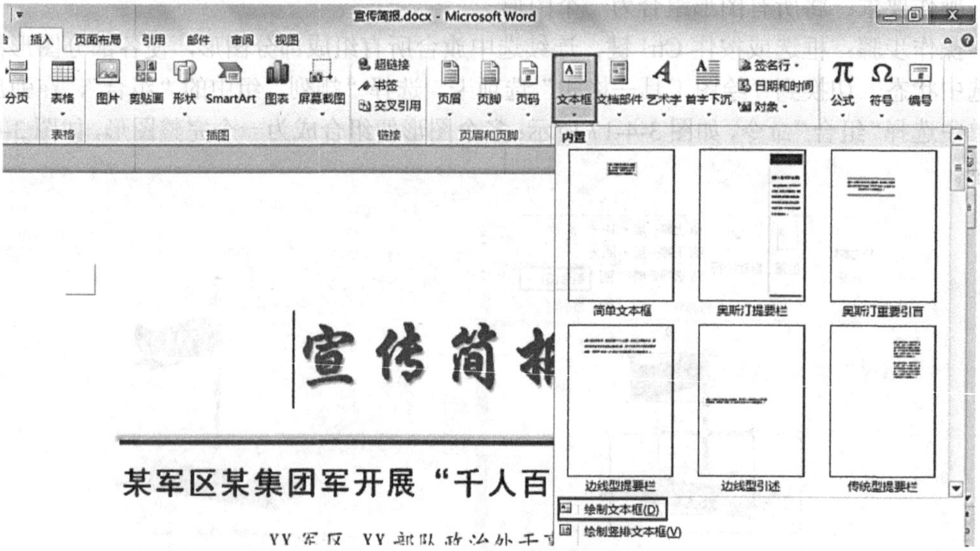

图 3-4-21 插入文本框命令

(2) 将鼠标移动到直线左上侧，当光标变成十字形，拖曳一个合适大小的文本框，在光标闪动处输入文字“××单位宣传部主办”，用同样的方法在直线右上侧插入文本框，输入“××年××月××日”。

(3) 选中两个文本框，在“开始”选项卡中设置字体为“宋体”，字号为“五号”。

(4) 如果插入的文本框有边框，有填充色，可以选中文本框，切换到“绘图工具—格式”，点击“形状样式”组中的“形状填充”按钮，在列表中选择“无填充颜色”；点击“形状轮廓”按钮，在列表中选择“无轮廓”。

(5) 输入文本框内容后，最终效果如图 3-4-22 所示。

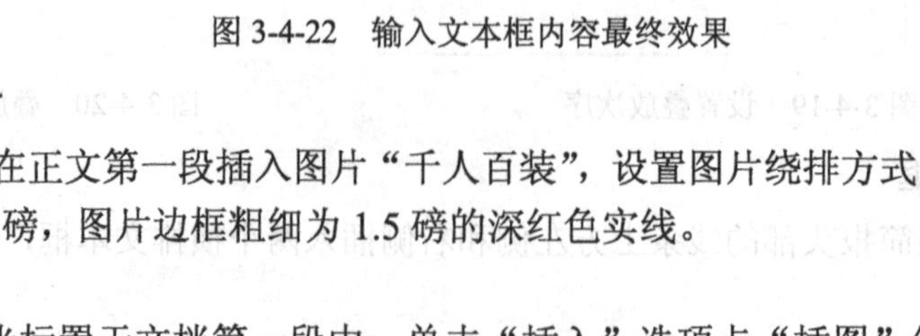

图 3-4-22 输入文本框内容最终效果

3. **插入图片**

操作要求：在正文第一段插入图片“千人百装”，设置图片绕排方式为四周型，图片大小为 95 磅×125 磅，图片边框粗细为 1.5 磅的深红色实线。

操作步骤：

(1) 将鼠标光标置于文档第一段中，单击“插入”选项卡“插图”组中的“图片”按钮，如图 3-4-23 所示。

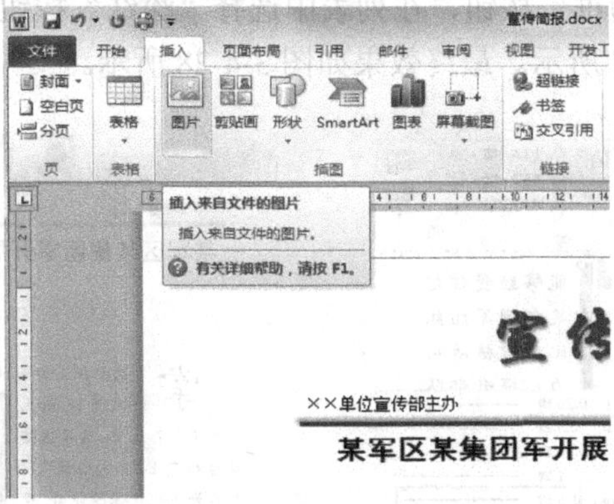

图 3-4-23　插入图片命令

(2) 在打开的“插入图片”对话框中，查找“任务四\千人百装.jpg”，点击“插入”按钮，如图 3-4-24 所示。

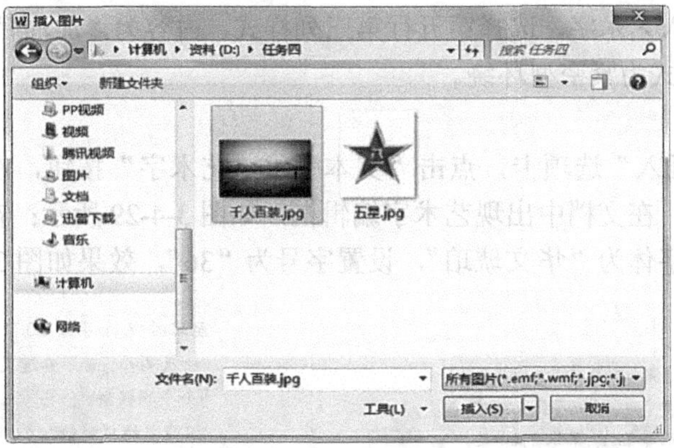

图 3-4-24　插入图片

(3) 双击图片，切换到“图片工具—格式”选项卡，点击“大小”组右下角的“扩展按钮”，打开“布局”对话框，选择“大小”选项卡，取消“锁定纵横比”后，将“高度”绝对值设为“95 磅”，“宽度”绝对值设为“125 磅”，如图 3-4-25 所示；选择“文字环绕”选项卡，选择环绕方式为“四周型”，如图 3-4-26 所示，点击“确定”按钮；选择“图

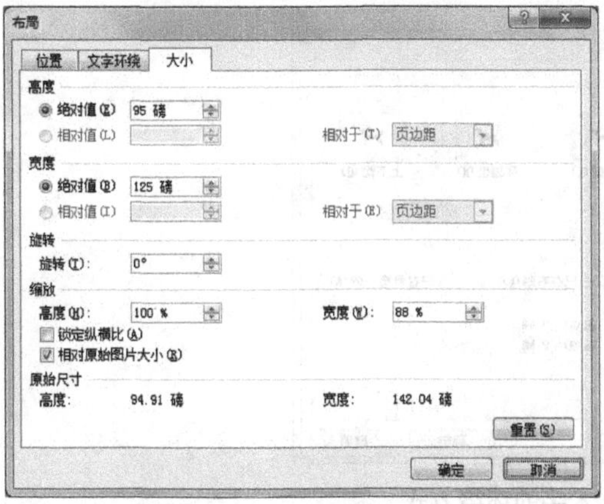

图 3-4-25　设置图片大小

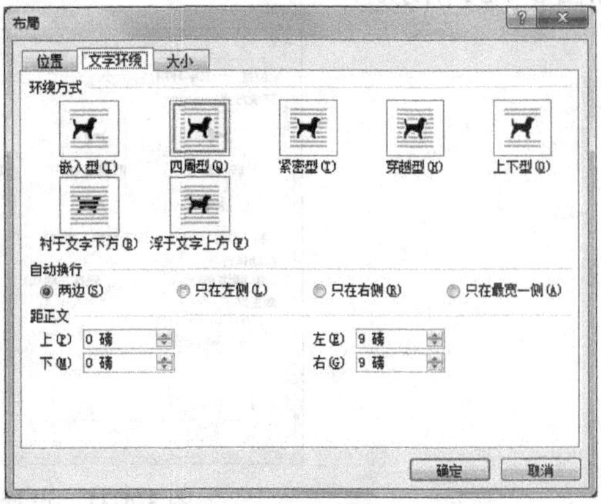

图 3-4-26　设置图片环绕方式

片样式”组中的“图片边框”按钮，在列表中选择“深红”按钮，并选择“粗细”列表中的“1.5 磅”，如图 3-4-27 所示。最终效果如图 3-4-28 所示。

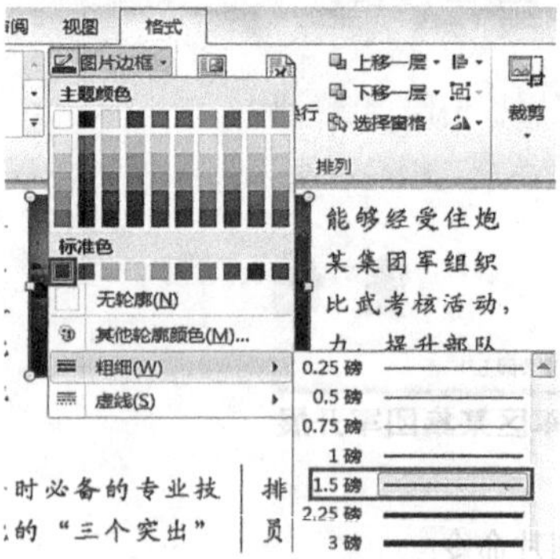

图 3-4-27　设置图片边框

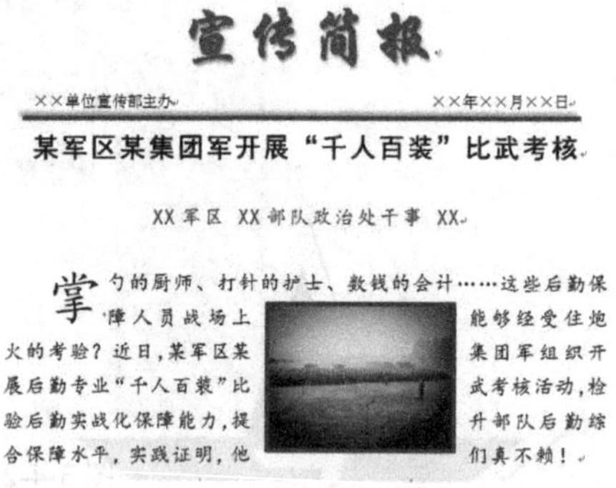

图 3-4-28　图片设置效果

4. 插入艺术字

操作要求：插入艺术字，选择第五行第三列样式，内容为“加油！”，字体为华文琥珀，字号为 36，环绕方式为紧密型环绕。

操作步骤：

(1) 切换到“插入”选项卡，点击“文本”组“艺术字”按钮，在展开的列表中选择第五行第三列样式，在文档中出现艺术字编辑框，如图 3-4-29 所示；在相应位置输入文字“加油！”，并设置字体为“华文琥珀”，设置字号为“36”，效果如图 3-4-30 所示。

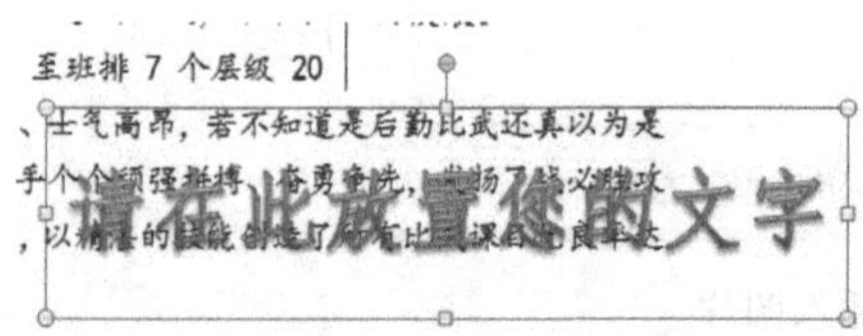

图 3-4-29　艺术字编辑框

图 3-4-30　插入艺术字

(2) 右键点击艺术字，在弹出的快捷菜单中选择“其他布局选项”命令，打开“布局”对话框，切换到“文字环绕”选项卡，选择环绕方式中的“紧密型”，点击“确定”按钮，如图 3-4-31 所示。

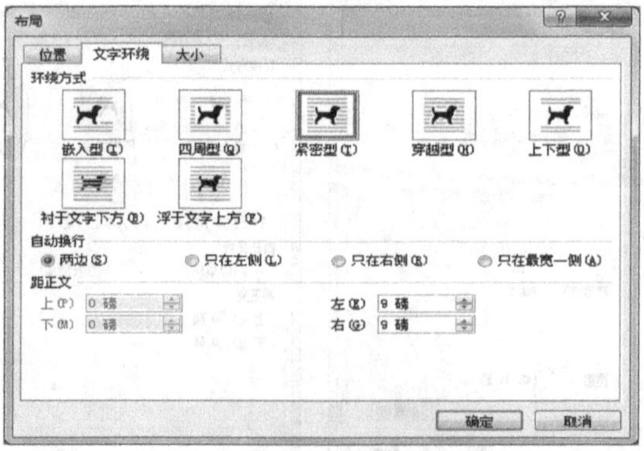

图 3-4-31　设置艺术字的环绕方式

(3) 将设置好的艺术字移动到文档中的合适位置，其最终效果如图 3-4-32 所示。

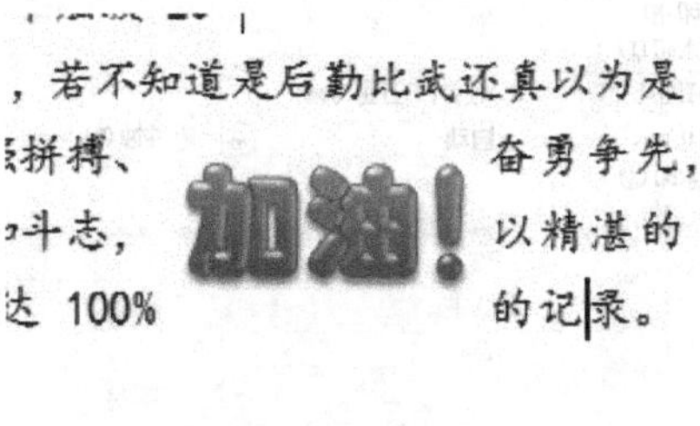

图 3-4-32　插入艺术字最终效果

六、背景水印

操作要求：文档背景设置图片水印“五星”。

操作步骤：

(1) 单击“页面布局”选项卡“页面背景”组中的“水印”按钮，展开水印列表，在该列表中选择“自定义水印”命令，打开如图 3-4-33 所示的“水印”对话框。

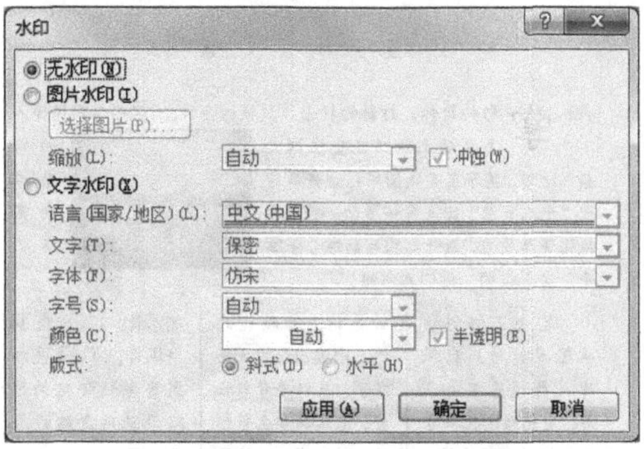

图 3-4-33　“水印”对话框

(2) 选中“图片水印”单选按钮，然后点击“选择图片”按钮，打开“插入图片”对话框，选择“任务四\五星.jpg”，然后单击“插入”按钮，如图 3-4-34 所示。这时，在“水印”对话框中显示了图片路径，如图 3-4-35 所示，点击“确定”按钮，水印设置完毕。

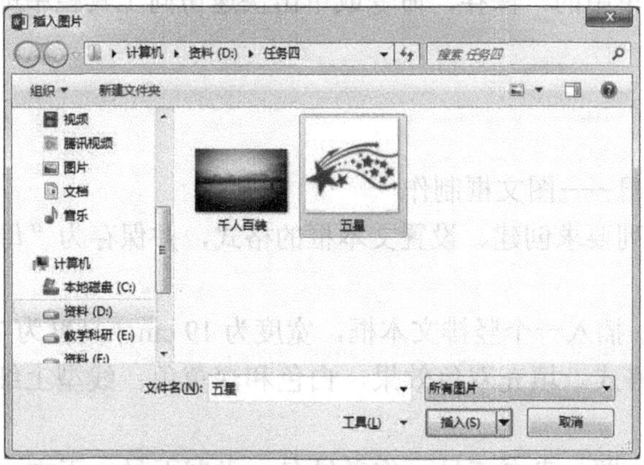

图 3-4-34　“插入图片”对话框

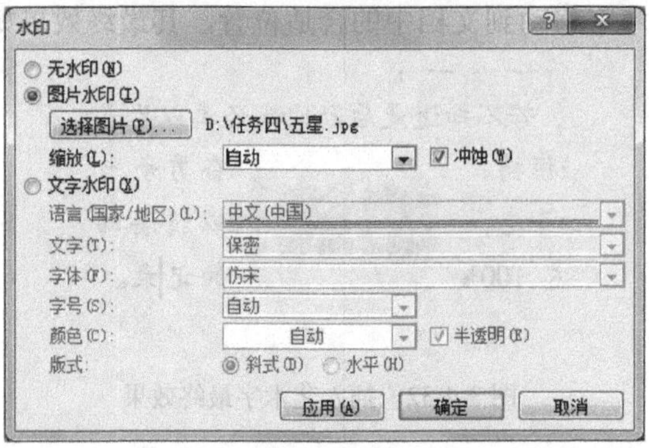

图 3-4-35　成功选择水印图片对话框

(3) 设置完成后，最终效果如图 3-4-36 所示。

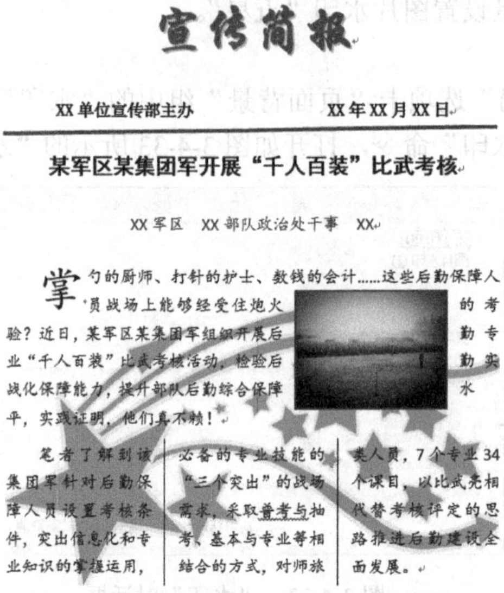

图 3-4-36　添加背景“水印”后的效果

七、保存文档

单击“文件”菜单中的“保存”命令或单击快速访问工具栏中的“保存”按钮，保存文档。

【课堂练习】

练习任务：母难日——图文框制作

新建文档，按下列要求创建、设置文本框的格式，并保存为“母难日.docx”。

操作要求：

(1) 创建文本框。插入一个竖排文本框，宽度为 19 cm，高度为 7 cm。

(2) 设置文本框格式。填充双色效果，白色和深黄色；线型上细下粗 4.5 磅，颜色深黄色。

(3) 文字修饰。标题：隶书三号。作者姓名：隶书五号。正文：方正姚体，小三号。

字体颜色：橄榄绿。

(4) 制作相框。先画一个椭圆(在样文所示位置)，填充效果为“图片”，并将图片“水平翻转”，图片路径：任务四\余光中.jpg；椭圆线型为 2.25 磅实线，颜色为橄榄绿。

(5) 叠放次序。将相框的叠放次序置于顶层。

(6) 三维效果。在文本框中添加自选图形“星与旗帜”→“十字星”，填充颜色为绿色，阴影效果：左上斜偏移，距离 20 磅。

(7) 图文组合。将相框和文本框组合为一个整体。

样文如图 3-4-37 所示。

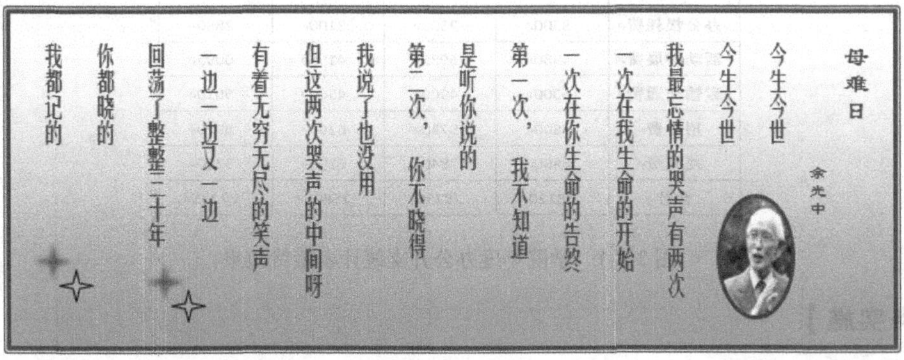

图 3-4-37　样文

任务五　制作一张统计表

【学习目标】

(1) 掌握创建表格的方法。

(2) 掌握编辑与调整表格、修饰表格的方法。

(3) 掌握 Word 的表格数据处理功能。

【相关知识】

Word 提供了较强的表格处理功能，可以方便地创建、修改表格，还可以对表格中的数据进行计算、排序等处理。Word 中的表格由若干行和若干列组成，行和列交叉的部分叫做单元格。单元格是表格的基本单位。表格在日常办公中使用极为广泛，是 Word 使用中应该掌握的基本操作。在创建好表格以后，下一步操作就是向表格中输入文本了。在表格中输入文本的方法和在文档中输入正文的方法一样，只要将插入点定位在要输入文本的单元格中，然后输入文本即可。在完成表格内容输入后，就可以通过表格属性对表格进行编辑、调整、修饰。在 Word 中，可以对表格中的数据进行计算，还可以进行排序等操作。要对表中数据进行操作，先要了解单元格的表示法。表格中的列依次用英文字母 A、B、C……表示，表格中的行依次用数字 1、2、3……表示。某个单元格则用其对应的列号和行号表示。

【任务说明】

某学院每年都有一定的开支统计，可以通过 Word 中的表格表示该年的年度支出，并利用图表更加详细地显示支出情况。利用 Word 软件制作学院年度办公开支统计表的最终效果如图 3-5-1 所示。

学院年度办公开支统计表				
	第一季度	第二季度	第三季度	第四季度
招聘费	2050	1800	1500	2100
办公损耗费	3500	2500	3100	2890
活动参展费	4980	5985	4155	6095
运输交通费	5300	4900	4560	5010
招待费	5800	5730	6290	5920
差旅费	6490	7840	6290	5280
合计	28120	28755	25895	27295

图 3-5-1　学院年度办公开支统计表最终效果

【任务实施】

一、插入并输入表格内容

1. 设置页面尺寸

新建文档，切换到“页面布局”选项卡，点击“页面设置”组的对话框启动器按钮。在打开的“页面设置”对话框中，将“纸张大小”设为“16 开”，将页边距设为 1.5，然后单击“确定”按钮，返回文档中。

2. 插入表格

切换到“插入”选项卡，单击“表格”下拉按钮中的“插入表格”命令，在打开的“插入表格”对话框中设置“列数”为 5，“行数”为 9，如图 3-5-2 所示，点击“确定”后，插入一个 5 列 9 行的表格，如图 3-5-3 所示。如果插入的表格列数≤10，行数≤8，则可以直接在“表格”下拉按钮中选择插入。

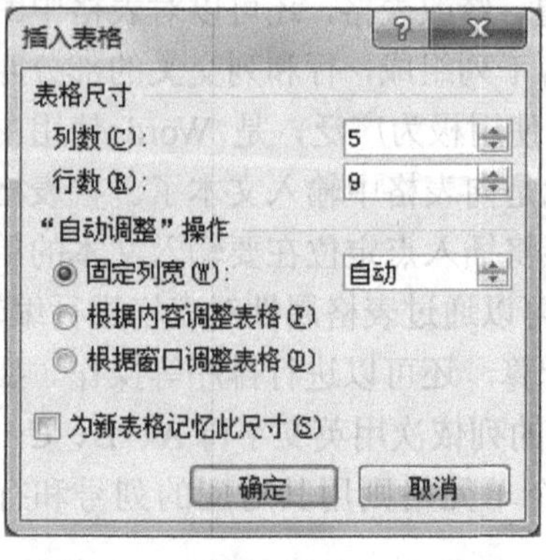

图 3-5-2　“插入表格”对话框

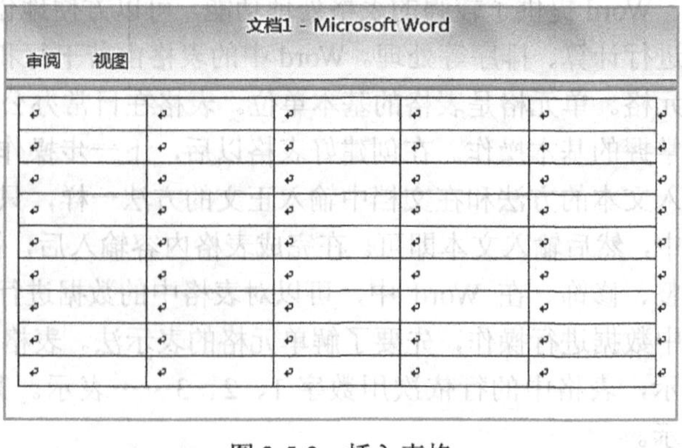

图 3-5-3　插入表格

3. 合并标题行

选中表格第一行，切换到“表格工具—布局”选项卡，单击“合并”组中的“合并单元格”命令，将表格第一行合并，如图 3-5-4 所示。

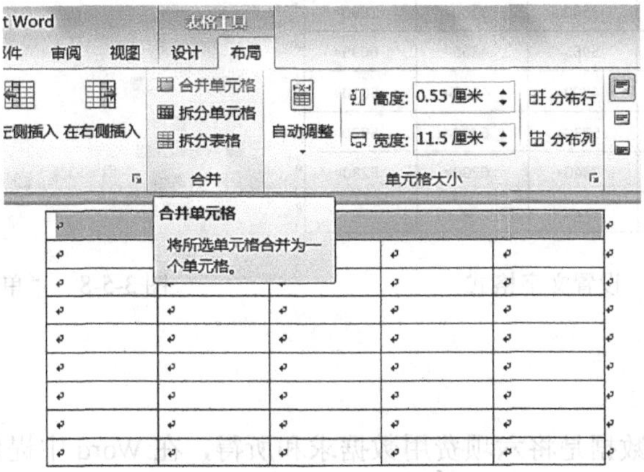

图 3-5-4 合并标题行

4. 输入表格内容

将光标定位至相应的单元格内，输入表格内容，如图 3-5-5 所示。

5. 设置标题行格式

将标题文本的字体设为“黑体”，将字号设为“四号”，并将其水平居中显示。选中第一行单元格，切换到“表格工具—设计”选项卡，单击“表格样式”组中的“底纹”按钮，在列表中选择“浅绿”，将单元格底纹颜色设为浅绿色，如图 3-5-6 所示。

学院年度办公开支统计表				
	第一季度	第二季度	第三季度	第四季度
招聘费	2050	1800	1500	2100
办公损耗费	3500	2500	3100	2890
活动参展费	4980	5985	4155	6095
运输交通费	5300	4900	4560	5010
招待费	5800	5730	6290	5920
差旅费	6490	7840	6290	5280
合计				

图 3-5-5 输入表格内容

学院年度办公开支统计表				
	第一季度	第二季度	第三季度	第四季度
招聘费	2050	1800	1500	2100
办公损耗费	3500	2500	3100	2890
活动参展费	4980	5985	4155	6095
运输交通费	5300	4900	4560	5010
招待费	5800	5730	6290	5920
差旅费	6490	7840	6290	5280
合计				

图 3-5-6 设置标题行格式

6. 设置表格文本格式

按照同样的操作，对表格文本内容的格式进行设置。文字全部居中，表头文字加粗，如图 3-5-7 所示。

7. 设置表格行高

选中表格，切换至“表格工具—布局”选项卡，单击“表格行高”微调按钮，调整好表格的行高，如图 3-5-8 所示。

学院年度办公开支统计表				
	第一季度	第二季度	第三季度	第四季度
招聘费	2050	1800	1500	2100
办公损耗费	3500	2500	3100	2890
活动参展费	4980	5985	4155	6095
运输交通费	5300	4900	4560	5010
招待费	5800	5730	6290	5920
差旅费	6490	7840	6290	5280
合计				

图 3-5-7　设置文字格式

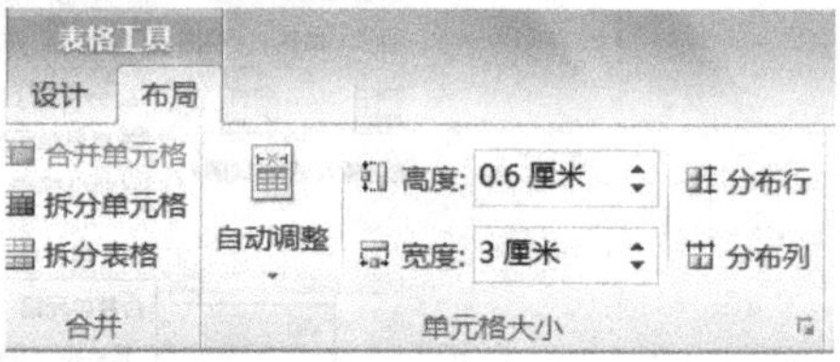

图 3-5-8　“单元格大小”组

二、计算合计值

表格“合计”行数据是将六项费用数据求和所得，在 Word 中提供了常用的计算功能，下面就利用计算功能计算出合计行数据。

计算第一季度的合计值，首先要将光标定位至运算结果单元格，这里将定位在第二列末尾单元格；切换到“表格工具—布局”选项卡，单击“数据”中的“公式”按钮，打开“公式”对话框，如图 3-5-9 所示。在“公式”文本框中，系统显示了默认的求和公式，这里保持默认公式不变，单击“确定”按钮。表格中显示出第一季度的合计值。按照这种方法，计算出其他季度的合计值，如图 3-5-10 所示。

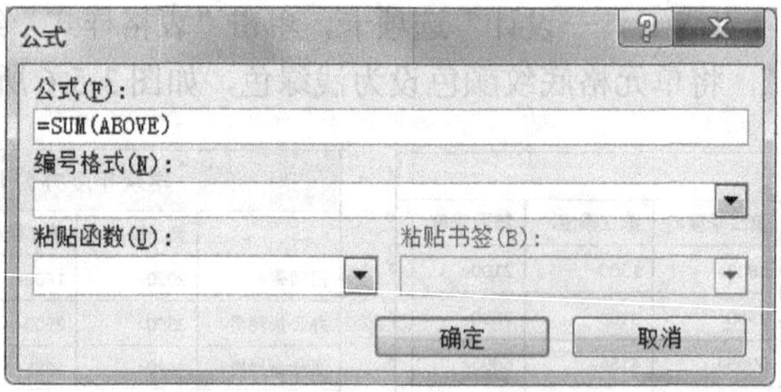

图 3-5-9　“公式”对话框

学院年度办公开支统计表				
	第一季度	第二季度	第三季度	第四季度
招聘费	2050	1800	1500	2100
办公损耗费	3500	2500	3100	2890
活动参展费	4980	5985	4155	6095
运输交通费	5300	4900	4560	5010
招待费	5800	5730	6290	5920
差旅费	6490	7840	6290	5280
合计	28120	28755	25895	27295

图 3-5-10　计算“合计”值

三、美化表格

1. 设置表格颜色

给表格中的表头部分设置浅蓝色底纹，操作过程是：选择第二行，切换到“表格工具”的“设计”选项卡，点击“表格样式”组中的“底纹”按钮，在列表中选择“浅蓝”，如图 3-5-11 所示。用同样的方法设置第一列的底纹，效果如图 3-5-12 所示。

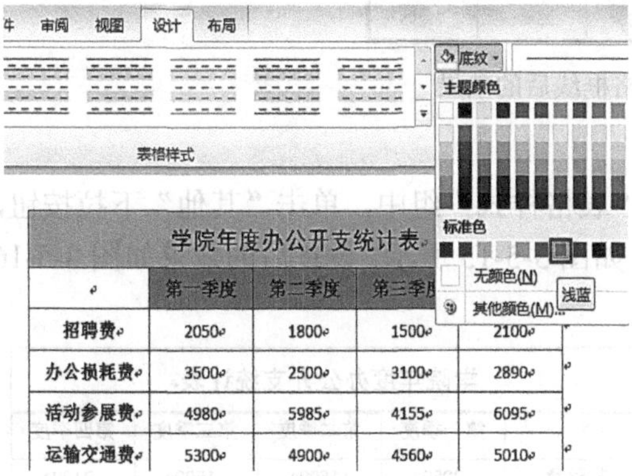

图 3-5-11 设置表头颜色

学院年度办公开支统计表				
	第一季度	第二季度	第三季度	第四季度
招聘费	2050	1800	1500	2100
办公损耗费	3500	2500	3100	2890
活动参展费	4980	5985	4155	6095
运输交通费	5300	4900	4560	5010
招待费	5800	5730	6290	5920
差旅费	6490	7840	6290	5280
合计	28120	28755	25895	27295

图 3-5-12 设置表格颜色后的效果

2. 设置表格框线

将表格的外框线设置为 2.25 磅的上粗下细线，内框线设置为 1 磅的虚线，操作过程是：选中表格，点击“表格工具—设计”选项卡“表格样式”组中的“边框”按钮，打开“边框和底纹”对话框，在“边框”选项卡中进行设置；在“样式”列表中选择“上粗下细线”，在宽度中选择“2.25 磅”，然后在“预览”处单击外框按钮，设置外框线；用同样的方式，选择“虚线”“1 磅”，然后在“预览”处单击内框按钮，设置内框线，如图 3-5-13 所示。单击“确定”按钮，即可查看设置好的表格线型样式，如图 3-5-14 所示。

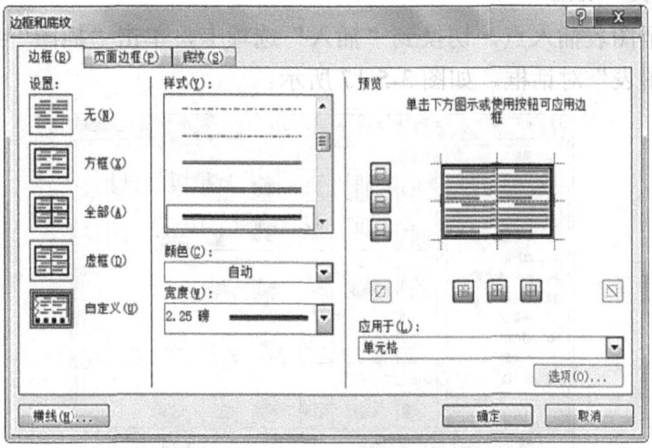

图 3-5-13 “边框和底纹”对话框

学院年度办公开支统计表				
	第一季度	第二季度	第三季度	第四季度
招聘费	2050	1800	1500	2100
办公损耗费	3500	2500	3100	2890
活动参展费	4980	5985	4155	6095
运输交通费	5300	4900	4560	5010
招待费	5800	5730	6290	5920
差旅费	6490	7840	6290	5280
合计	28120	28755	25895	27295

图 3-5-14　设置表格框线后的效果

3. 内置表格样式设置

全选表格，在“表格工具—设计”选项卡“表格样式”组中，单击“其他”下拉按钮，选择合适的表格样式。选择第三行第三列数据，如图 3-5-15 所示。设置后的效果如图 3-5-16 所示。

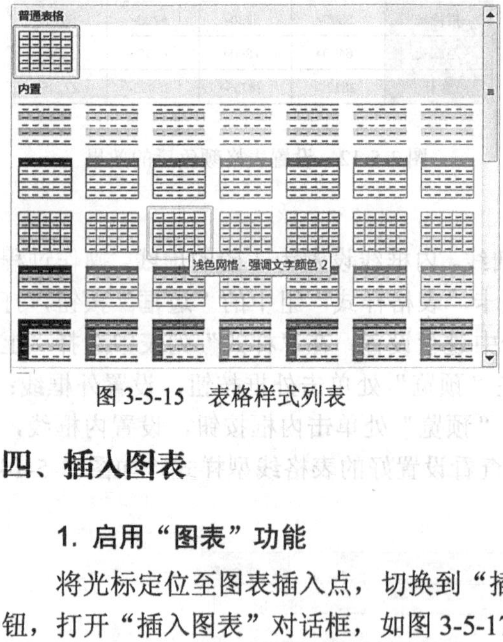

图 3-5-15　表格样式列表

学院年度办公开支统计表				
	第一季度	第二季度	第三季度	第四季度
招聘费	2050	1800	1500	2100
办公损耗费	3500	2500	3100	2890
活动参展费	4980	5985	4155	6095
运输交通费	5300	4900	4560	5010
招待费	5800	5730	6290	5920
差旅费	6490	7840	6290	5280
合计	28120	28755	25895	27295

图 3-5-16　设置表格样式后的效果

四、插入图表

1. 启用“图表”功能

将光标定位至图表插入点，切换到“插入”选项卡，单击“插图”组中的“图表”按钮，打开“插入图表”对话框，如图 3-5-17 所示。

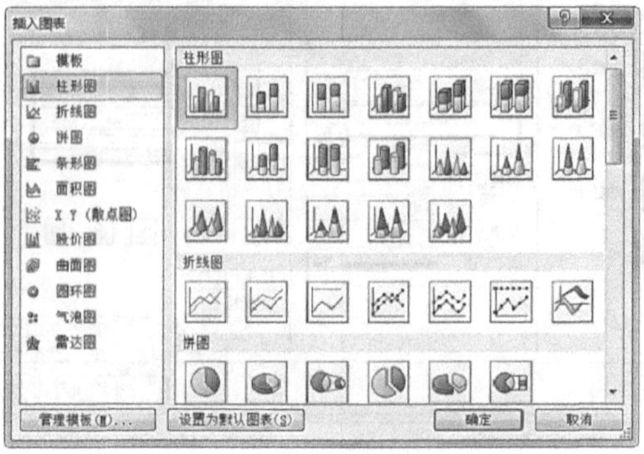

图 3-5-17　“插入图表”对话框

2. 选择图表类型

在“插入图表”对话框中选择好图表类型，这里选择默认的“簇状柱形图”图表，然后单击“确定”按钮。

3. 输入表格数据

在打开的Excel表中输入数据，如图3-5-18所示。

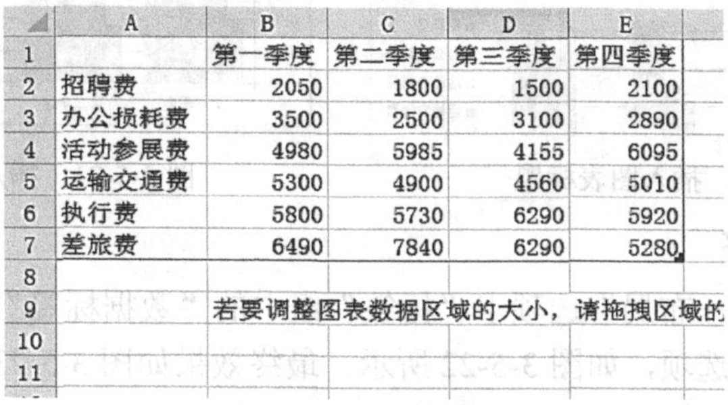

	A	B	C	D	E
1		第一季度	第二季度	第三季度	第四季度
2	招聘费	2050	1800	1500	2100
3	办公损耗费	3500	2500	3100	2890
4	活动参展费	4980	5985	4155	6095
5	运输交通费	5300	4900	4560	5010
6	执行费	5800	5730	6290	5920
7	差旅费	6490	7840	6290	5280
8					
9		若要调整图表数据区域的大小，请拖拽区域的			
10					
11					

图3-5-18 输入表格数据

4. 插入图表

输入完毕后，关闭Excel工作表，此时在Word文档中则可显示插入的图表效果，如图3-5-19所示。

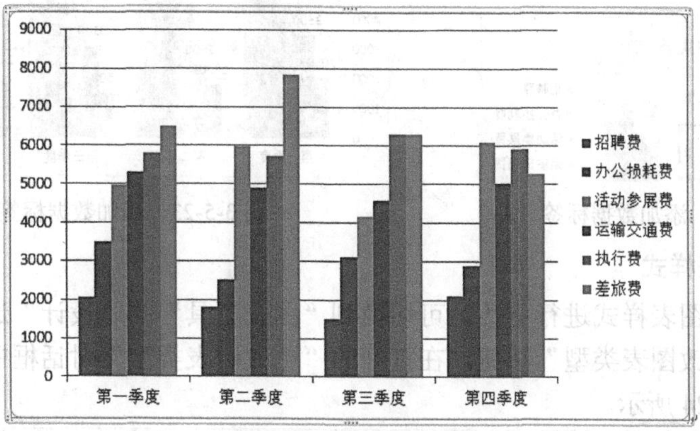

图3-5-19 插入图表

5. 调整图表大小

选中图表，将光标移至该图表四个控制点上，按住鼠标左键拖动该控制点至满意位置后放开鼠标，即可调整其大小。

五、修饰图表

1. 添加图表标题

切换到“图表工具—布局”选项卡，单击“标签”组中的“图表标题”按钮，在下拉列表中选择“图表上方”命令，如图3-5-20所示。在图表上方出现图表标题文本框，单击标题文本框，输入图表的标题文本，其后单击图表任意空白处，完成输入，如图3-5-21所示。

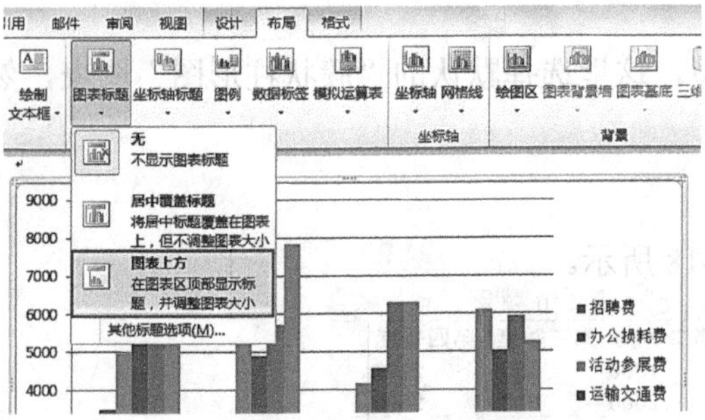

图 3-5-20　插入图表标题

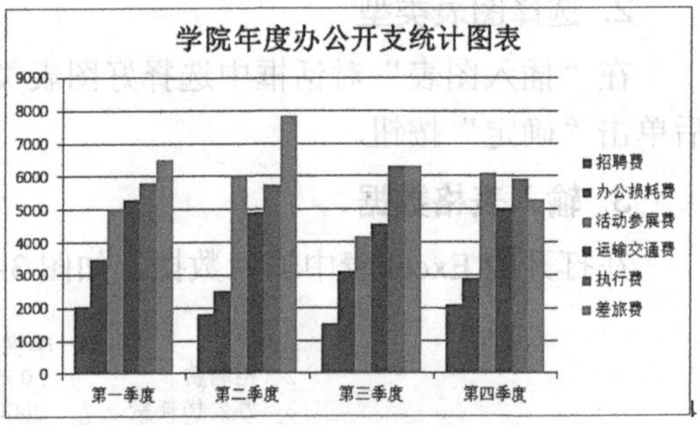

图 3-5-21　插入图表标题后的效果

2. 添加数据标签

单击“图表工具—布局”选项卡“标签”组中的“数据标签”按钮，在其下拉列表中选择“数据标签外”选项，如图 3-5-22 所示。最终效果如图 3-5-23 所示。

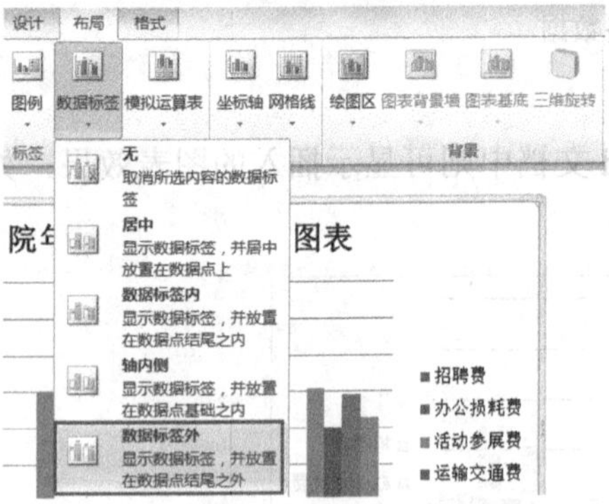

图 3-5-22　添加数据标签

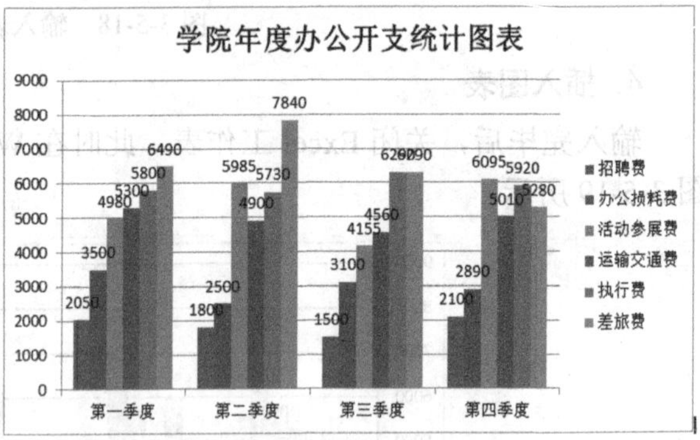

图 3-5-23　添加数据标签后的效果

3. 更改图表样式

若想对当前图表样式进行更改，可切换到“图表工具”的“设计”选项卡，单击“类型”组中的“更改图表类型”按钮，在打开的“更改图表类型”对话框中选择满意的图表类型，如图 3-5-24 所示。

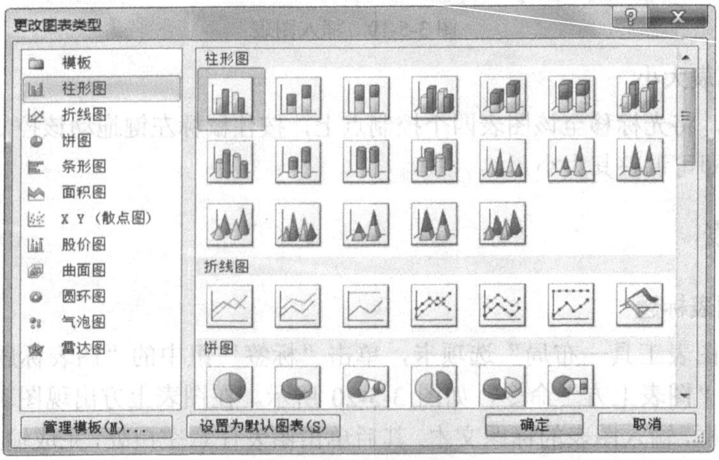

图 3-5-24　更改图表类型

【课堂练习】

练习任务：制作“毕业学员联合考核成绩统计表”。

打开 Word 文档，按下列要求创建、设置文本框的格式，并保存为毕业学员联合考核成绩统计表.docx。

操作要求：

(1) 自动插入表格：选择“插入”选项卡“表格”组中的“表格”按钮，在列表中选择插入如图 3-5-25 所示 6 行 6 列的表格。

图 3-5-25　空白表格

(2) 合并单元格：合并 A1 和 A2 单元格、D1 和 E1 单元格，如图 3-5-26 所示。

图 3-5-26　合并单元格

(3) 制作表头：利用“表格工具—设计”选项卡“绘图边框”组中的工具，绘制斜线表头，并设置行标题为“级别”，列标题为“队别”，字体大小为 5 号，如图 3-5-27 所示。

级别 队别					

图 3-5-27　绘制斜线表头

(4) 输入表的标题和表内容(注意输入特殊字符)，如图 3-5-28 所示。

XX 学院 XX 届毕业学员联合考核成绩统计

考核项目：5000 米跑

级别 队别	优秀	良好	及格		不及格
	≤19′	≤21′	21′01″—22′00″	22′01″—23′00″	>23′
六队	1人	19人	44人	66人	4人
七队	2人	22人	35人	74人	4人
八队	3人	49人	50人	19人	7人
总计					

图 3-5-28　输入表标题和内容

(5) 设置表格标题，四号、黑体、居中；设置单元格文字对齐方式为“居中”；将表格第一、二行第一列的标题字体设为加粗。

(6) 表格边框和底纹。表格外边框：全选表格，在表格边框和底纹属性框中选择“方框”，线型为“双线”，颜色“深蓝”，单击表格外边框按钮。表格内单元格边框：线型为“单线”，颜色“黑色”，单击表格内边框按钮。底纹：选中表格第一行，设置单元格底纹为“深青色”，字体颜色为“黄色”；选中表格第二行，设置单元格底纹为“青色”；选中表格第三、四、五行，设置单元格底纹为“浅绿”；选中表格第六行，设置单元格底纹为“浅黄”，如图 3-5-29 所示。

XX 学院 XX 届毕业学员联合考核成绩统计

考核项目：5000 米跑

级别 队别	优秀	良好	及格		不及格
	≤19′	≤21′	21′01″—22′00″	22′01″—23′00″	>23′
六队	1 人	19 人	44 人	66 人	4 人
七队	2 人	22 人	35 人	74 人	4 人
八队	3 人	49 人	50 人	19 人	7 人
总计					

图 3-5-29　编辑、修饰表格

(7) 插入公式：在表格 B6 到 F6 单元格中分别插入求和公式，如在 B6 单元格中插入公式“=sum(B3:B5)”。

(8) 保存表格。

【知识扩展】

文本和表格转换

1) 将文本转换成表格

在 Word 中，将需要转换成表格的文本用段落标记、逗号、制表符等隔开，其转换的具体操作步骤如下：

(1) 在文本中将要划分列的位置插入特定的分隔符并选定。

(2) 单击“插入”选项卡“表格”组中的“表格”按钮，在下拉菜单中选择“文本转换成表格”命令，弹出“将文字转换成表格”对话框，如图 3-5-30 所示。

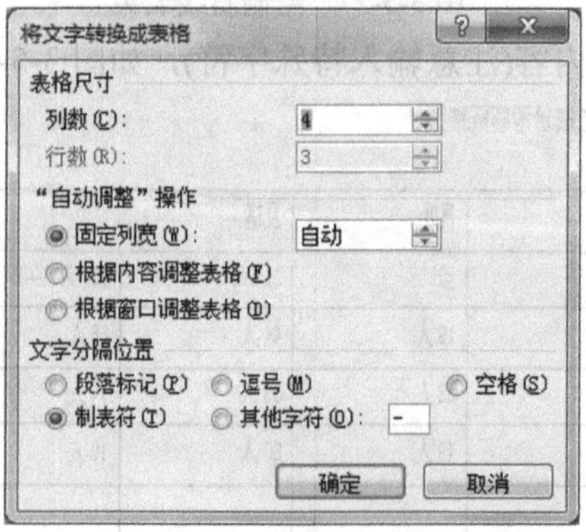

图 3-5-30　“将文字转换成表格”对话框

(3) 在“表格尺寸”区域中的“列数”微调框中输入转换后的列数，在“文字分隔位置”区域中选中所用的分隔符单选按钮。

(4) 单击“确定”按钮即可。

2) 将表格转换成文本

将表格转换成文本的具体操作步骤如下：

(1) 选定要转换为文本的表格。

(2) 选择“表格工具—布局”选项卡“数据”组中的“转换为文本”命令，弹出“表格转换成文本”对话框，如图 3-5-31 所示。

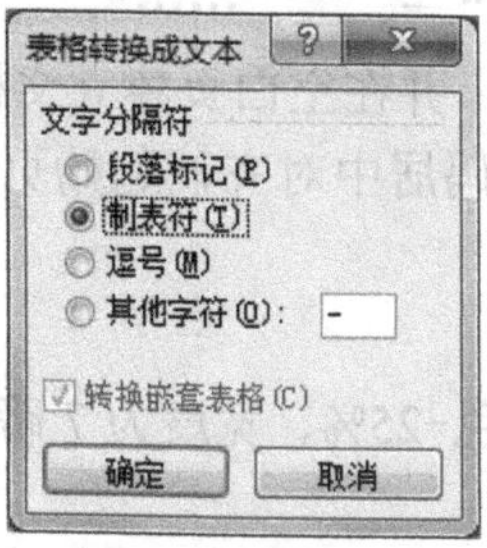

图 3-5-31 “表格转换成文本”对话框

(3) 在“文字分隔符”区域中选择所需要的字符，作为替代列表框的分隔符。

(4) 单击“确定”按钮即可。

任务六 制作一份教案

【学习目标】

(1) 掌握样式和格式。

(2) 学会使用项目符合和编号。

(3) 学会使用页面边框。

(4) 学会使用分页符、分节符。

(5) 掌握创建并更新目录。

(6) 掌握字数统计。

【相关知识】

样式：一组设置好的字符格式或段落格式。它规定了文档中标题和正文等各个文本元素的形式，可以直接将样式中的所有格式设置应用于一个段落或段落中选定的字符上，而不需要重新进行具体的设置。

项目符号和编号：在文本中添加项目符号，可以通过单击“开始”选项卡“段落”组中的“项目符号”按钮来执行操作。

页面设置：在完成文档编辑后，需要将其输出，在输出之前，必须对编辑好的文档页面进行编辑和格式化，再对文档的页面布局进行合理的设置，才不会影响输出效果。

【任务说明】

为了适应军队训练的发展和任职需要，部队需要培养一批“四会”教练员。教案的编写是“四会”教学法中不可缺少的一部分。在 Word 中，利用样式设置文本格式、插入和修改页码、目录样式等基本操作和技巧，可以快速完成教案、论文、书稿等长文档的格式设置。本任务制作了一堂课的教案，最终效果如图 3-6-1 所示。

任务的设计如下：

(1) 打开 Word 文档“教案”原文，利用样式和格式设置文档格式。

(2) 设置一级标题项目符号为“一、二、……”，二级标题项目符号为“(一)(二)……”。

(3) 在文档首页前插入空白页，并在空白页建立文档目录。

(4) 在页面底端插入页码，页码居中对齐，起始页码数字为“0”，并且首页不显示页码，页码格式为“-1-，-2-……”。

(5) 更新目录。

(6) 为整篇文档添加颜色为灰色-25%、宽度为 7 磅、艺术型为五角星的页面边框。

(7) 统计整篇文档的字数。

(8) 保存文档。

(9) 任务的最终效果如图 3-6-1 所示。

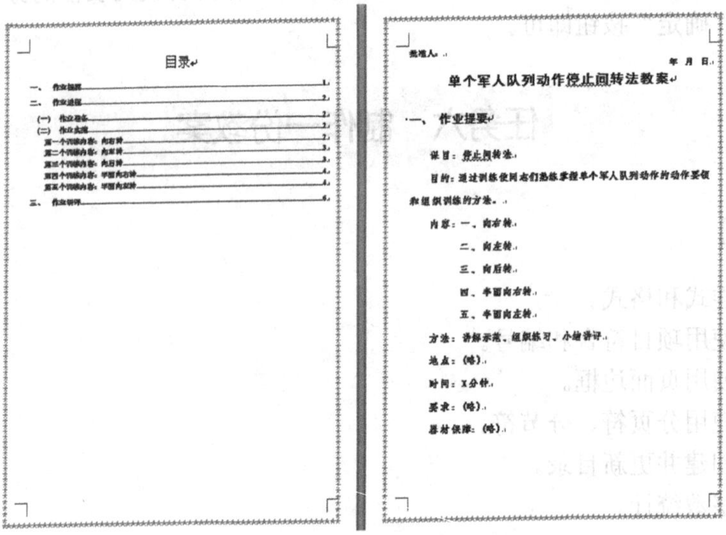

图 3-6-1　“教案”的样文效果

【任务实施】

打开原文档“任务六\教案.docx”，在此文档中进行以下操作。

一、样式和格式设置

操作要求：

(1) 设置文档标题“单个军人……教案”，字体为黑体，字号为小二，对齐方式为居中。

(2) 将“作业提要”“作业进程”“作业评价”设置为标题 1，要求字体为黑体，字号为三号。

(3) 将“作业准备”“作业实施”设置为标题 2，要求字体为黑体，字号为四号。

(4) 将“第一个训练任务：向右转”“第二个训练任务：向左转”……“第五个训练任务：半面向左转”设置为标题 3，要求字体为仿宋，字号为四号，首行缩进 2 字符。

(5) 将正文设置为字体仿宋，字号为四号，首行缩进 2 字符。

操作步骤：

(1) 选中标题行“单个军人……教案”，单击“开始”选项卡“样式”组中的“其他”按钮，在展开的样式库列表中选择“将所选内容保存为新快速样式”，如图 3-6-2 所示。按要求设置新标题样式为“黑体”字体，“小二”字号，“居中”对齐方式，如图 3-6-3 所示。

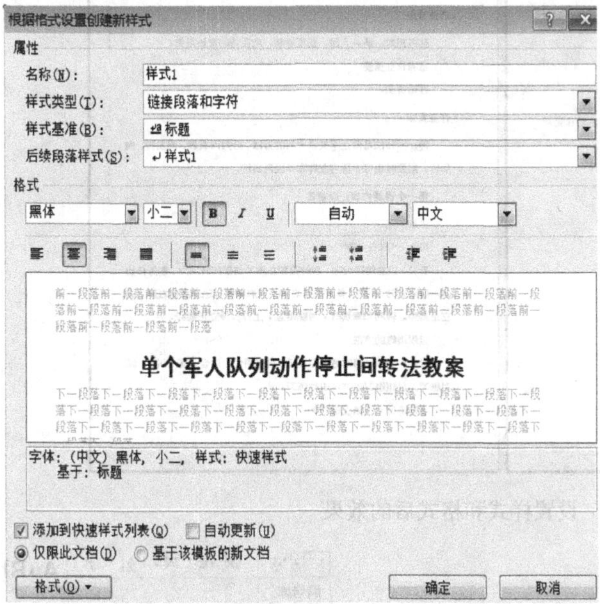

图 3-6-1　样式库列表

图 3-6-2　创建新样式

(2) 选中“作业提要”行，在“样式”中选择要应用的格式“标题 1”；在“字体”组“字体”列表中选择“黑体”字体，在“字号”列表中选择“三号”。

(3) 在“剪贴板”组中双击“格式刷”按钮，此时指针旁边就有一个刷子图案。依次单击“作业进程”一行、“作业评价”一行，这两行就成为“标题 1”的格式。再次单击“格式刷”按钮，就可释放格式刷工具。

(4) 选择“作业准备”一行，在“样式和格式”对话框中选择“标题 2”格式，按照操作要求设置“标题 2”格式，然后参照操作步骤(3)，利用格式刷设置“作业实施”的格式为“标题 2”的格式。当然也可同时选中“作业准备”“作业实施”行，然后单击“样式和格式”对话框中的“标题 2”，一起设置格式。

(5) 按照操作要求设置格式“标题 3”，重复前面几步的操作即可。

(6) 在“样式”组中单击“将所选内容保存为新快速样式”，如图 3-6-4 所示，选择修改，设置正文字体“仿宋”，字号“四号”，选择“格式”菜单中的“段落”，设置首行缩进“2 字符”，最终效果如图 3-6-5 所示。

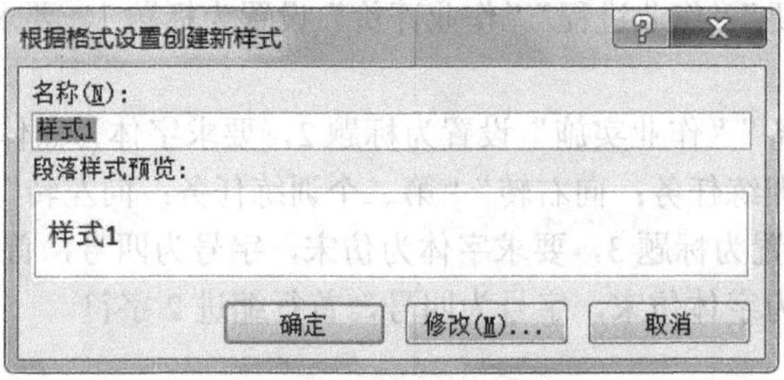

图 3-6-4　设置“标题”样式和格式对话框

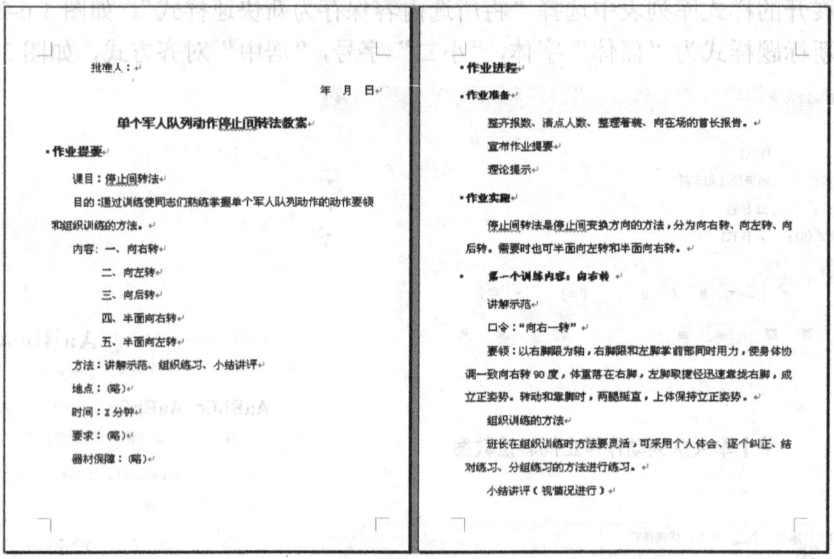

图 3-6-5　设置样式和格式后的效果

二、添加项目符号和编号

操作要求：

设置一级标题项目符号为“一、二、……”，二级标题项目符号为“(一)(二)……”。

操作步骤：

(1) 选中所有的一级标题；单击“开始”选项卡中的“段落”组“编号”按钮右边的下拉菜单，打开“编号”下拉菜单，如图 3-6-6 所示，在此对话框中的“编号”选项卡页面中，选择“一、二、三、……”编号样式，然后单击“确定”。

(2) 选择所有“标题 2”；同步骤(1)，在“段落”组的“编号”中，选择“(一)(二)(三)……”编号样式。设置后的效果如图 3-6-7 所示。

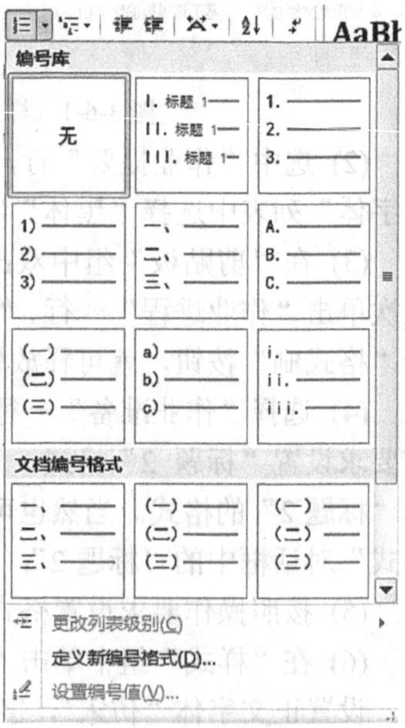

图 3-6-6　“编号”下拉菜单

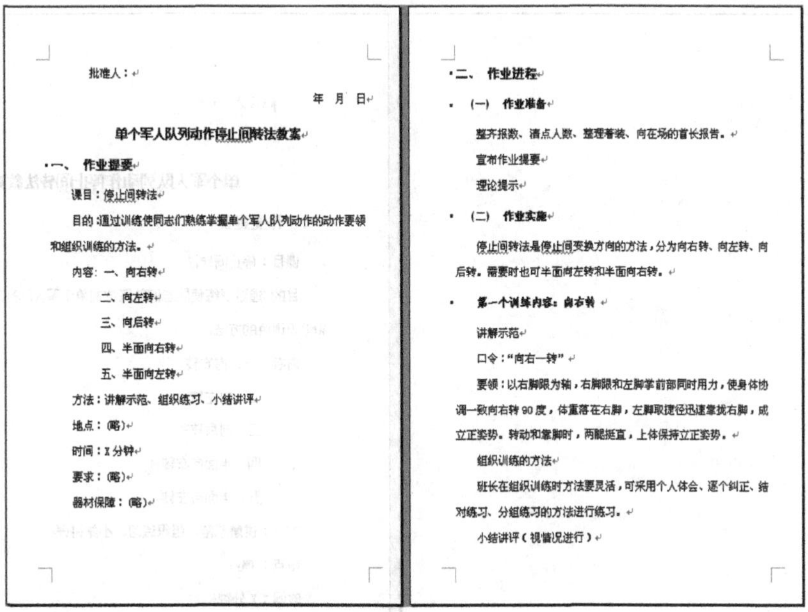
批准人：

年 月 日

单个军人队列动作停止间转法教案

一、 作业提要

课目：停止间转法

目的：通过训练使同志们熟练掌握单个军人队列动作的动作要领和组织训练的方法。

内容：一、向右转

二、向左转

三、向后转

四、半面向右转

五、半面向左转

方法：讲解示范、组织练习、小结讲评

地点：（略）

时间：X分钟

要求：（略）

器材保障：（略）

二、 作业进程

（一） 作业准备

整齐报数、清点人数、整理着装、向在场的首长报告。

宣布作业提要

理论提示

（二） 作业实施

停止间转法是停止间变换方向的方法，分为向右转、向左转、向后转。需要时也可半面向左转和半面向右转。

第一个训练内容：向右转

讲解示范

口令："向右—转"

要领：以右脚跟为轴，右脚跟和左脚掌前部同时用力，使身体协调一致向右转90度，体重落在右脚，左脚取捷径迅速靠拢右脚，成立正姿势。转动和靠脚时，两腿挺直，上体保持立正姿势。

组织训练的方法

班长在组织训练时方法要灵活，可采用个人体会、逐个纠正、结对练习、分组练习的方法进行练习。

小结讲评（视情况进行）

图 3-6-7 设置标题编号后的效果

三、插入分页符和分节符

操作要求：

(1) 在文档首页前插入分页符。

(2) 在“目录”页的末尾加入分节符。

操作步骤：

(1) 将光标置于文档首行前，切换到“页面布局”选项卡，单击“页面设置”组中的“分隔符”按钮，在弹出的列表中选择“分页符”命令，如图 3-6-8 所示，即可在首页前插入空白页，效果如图 3-6-9 所示。

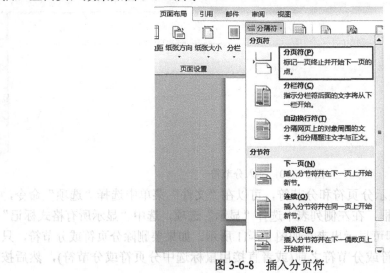

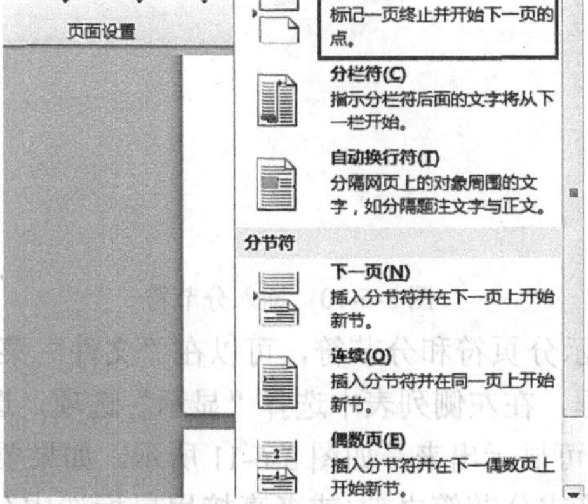

图 3-6-8 插入分页符

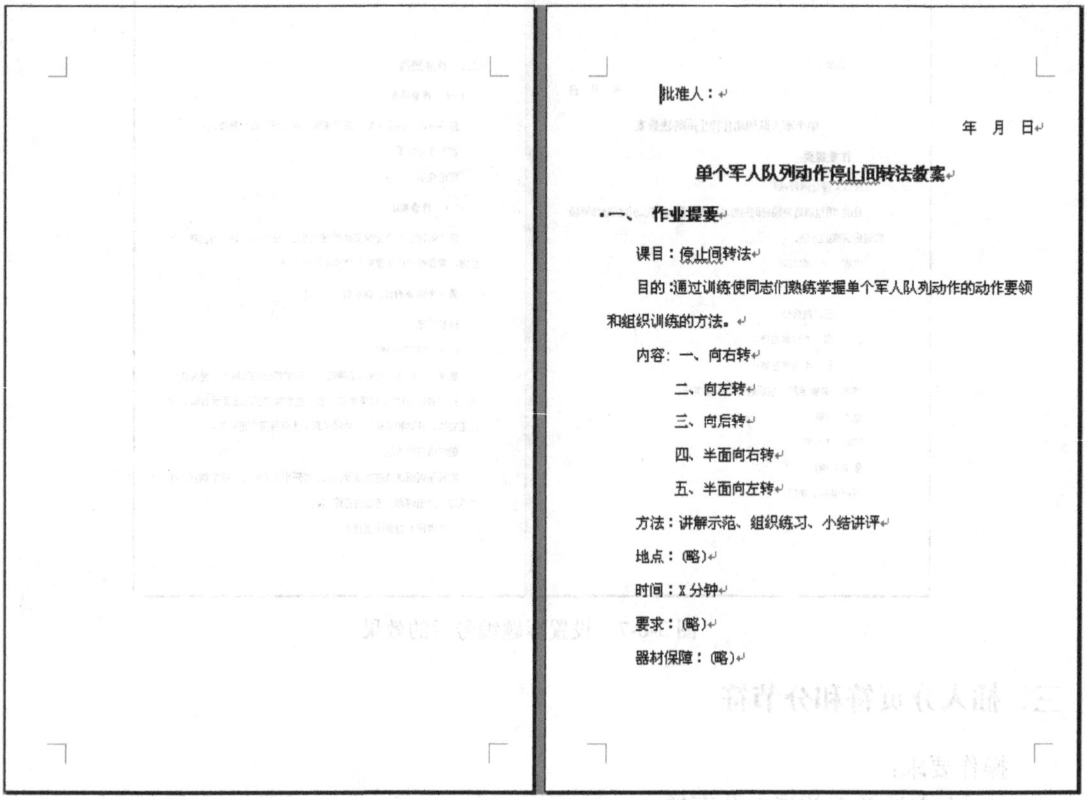

图 3-6-9 插入空白页效果

(2) 在空白页输入文字“目录”，将插入点定位于文字“目录”后，在“页面布局”选项卡“页面设置”组中单击“分隔符”按钮，在弹出的列表中选择“下一页”命令，就可自动将所有的正文移至下一页，同目录页分开，如图 3-6-10 所示。

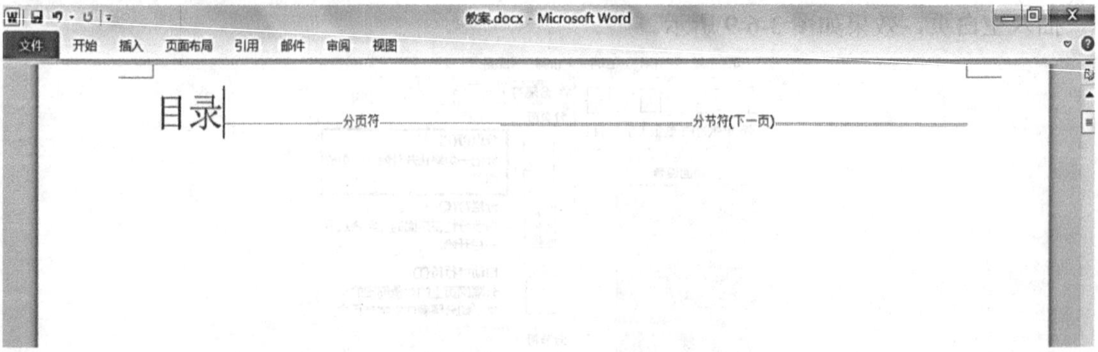

图 3-6-10 插入分节符

(3) 如果页面没有显示分页符和分节符，可以在“文件”菜单中选择“选项”命令，打开“Word 选项”对话框，在左侧列表中选择“显示”选项，选中“显示所有格式标记”复选框，单击“确定”即可显示出来，如图 3-6-11 所示。如果要删除分页符或分节符，只需将插入点定位在分页符或分节符之前(或者直接用鼠标选中分页符或分节符)，然后按 Delete 键即可。

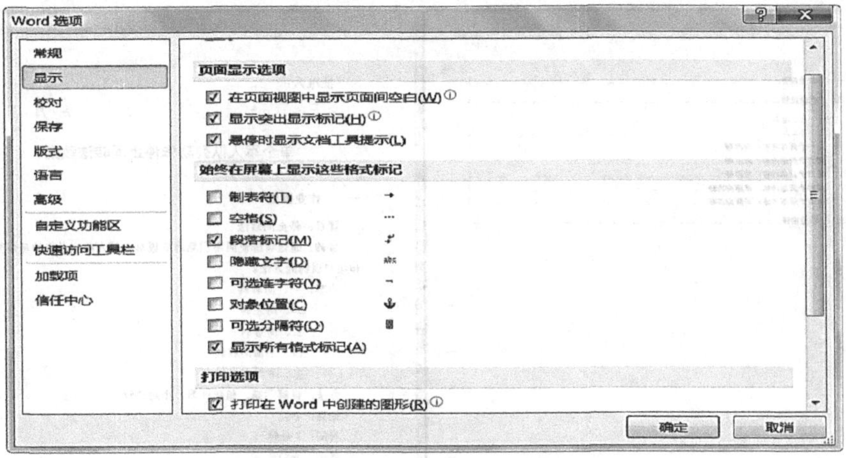

图 3-6-11　设置分页符和分节符的显示

四、创建目录

操作要求：

(1) 创建 3 级标题目录。

(2) 对目录和正文分别进行页面设置。

(3) 对目录进行更新。

操作步骤：

(1) 将光标定位在文本“目录”后，然后按回车键。

(2) 切换到“引用”选项卡，单击“目录”组中的“目录”按钮，在列表中选择“插入目录”命令，如图 3-6-12 所示。

(3) 打开“目录”对话框，选中“目录”选项卡，将“常规”中的“显示级别”调整为 3，选中“打印预览”区中的“显示页码”和“页码右对齐”复选框，单击“确定”按钮，如图 3-6-13 所示，即可在文档中插入 3 级标题的目录，如图 3-6-14 所示。插入目录后，只需按 Ctrl 键，再单击目录中的某个页码，就可以将插入点快速跳转到该页的标题处。

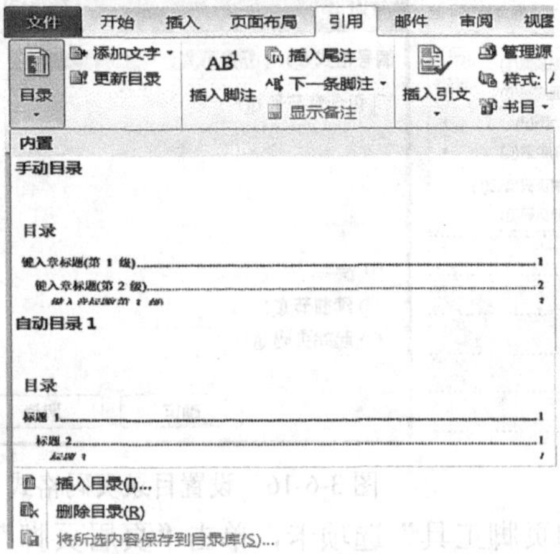

图 3-6-12　目录列表图

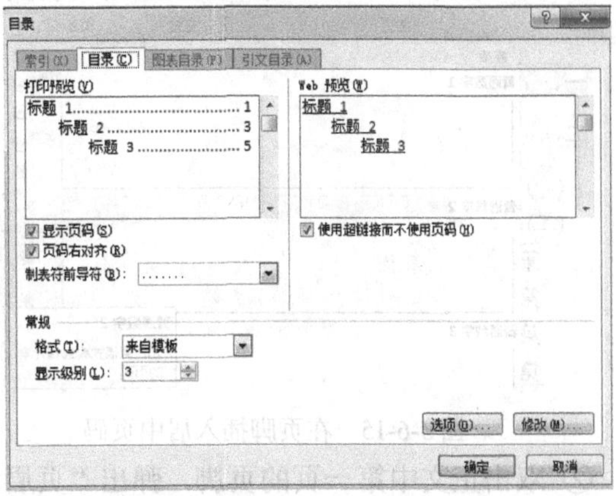

图 3-6-13“目录”对话框

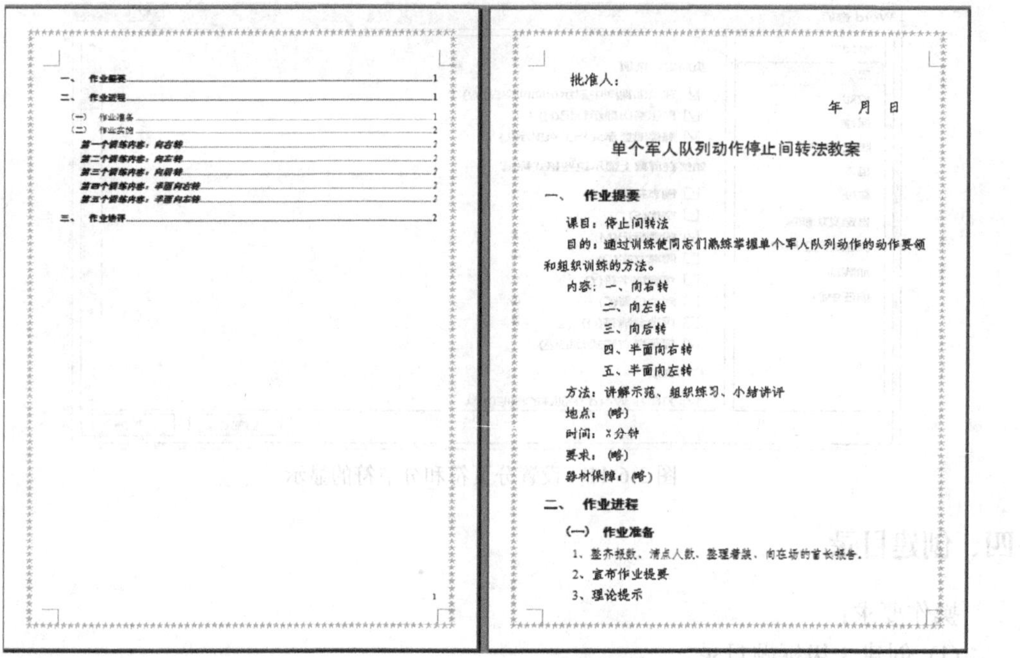

图 3-6-14　三级标题的目录

(4) 为了保证目录页码和正文页码有所区别，并且目录中正文的页码从第一页开始，可以进行如下操作：

① 将插入点置于目录节任意位置，切换到“插入”选项卡，单击“页眉页脚”组中的“页码”按钮，在菜单中选择“页面底端”列表中的“普通数字 2”，如图 3-6-15 所示。双击目录页中生成的页码，弹出“页眉和页脚工具—设计”选项卡，单击“页眉页脚”组中的“页码”按钮，在菜单中选择“设置页码格式”命令，打开“页码格式”对话框，如图 3-6-16 所示，设置编号格式为罗马数字格式，其他选项默认。

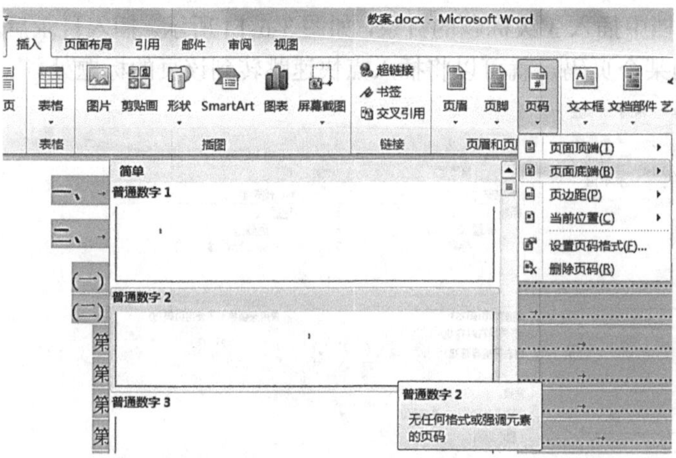

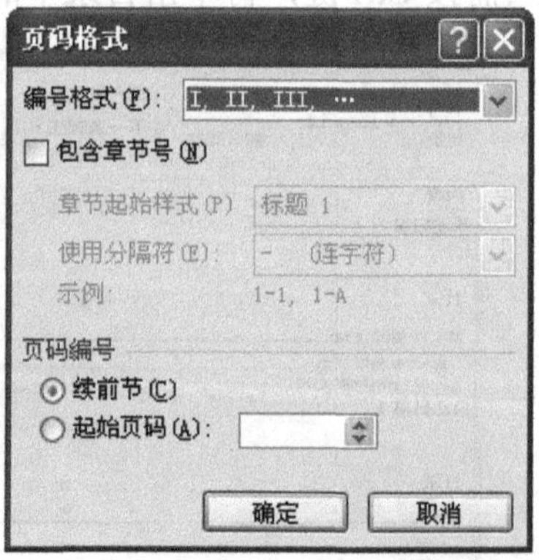

图 3-6-15　在页脚插入居中页码　　　　图 3-6-16　设置目录页码格式

② 双击正文中第一页的页脚，弹出“页眉和页脚工具”选项卡，单击“页眉页脚”组中的“页码”按钮，在菜单中选择“设置页码格式”命令，在打开的“页码格式”对话框

中设置编号格式为阿拉伯数字格式，并且将页码编号的“起始页码”设置为 1。

(5) 创建完目录后，可以像编辑普通文本一样进行字体、字号和段落设置，让目录更为美观。

(6) 如果对正文文档中的内容进行编辑和修改，标题和页码都可能发生变化，与原始目录中的页码不一致，此时需要更新目录，以保证目录页中页码的正确性。要更新目录，可以先选择整个目录，然后在目录任意位置单击鼠标右键，在弹出的菜单中选择“更新域”命令，打开“更新目录”对话框进行设置，如图 3-6-17 所示。如果只更新页码，而不想更新已直接应用于目录的格式，可以选中“只更新页码”单选按钮；如果在创建目录后，对文档又做了修改，可以选中“更新整个目录”单选按钮，将整个目录进行更新。

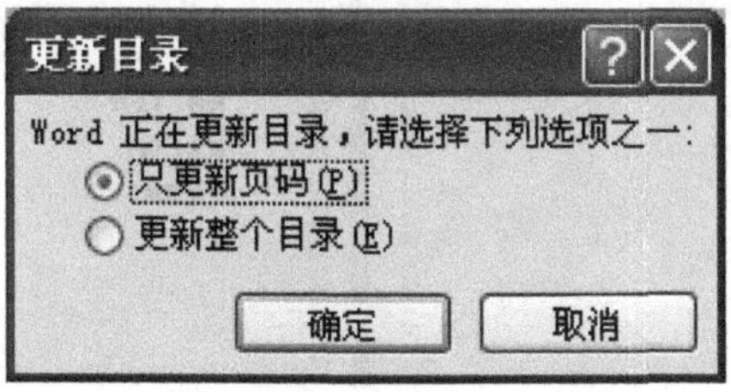

图 3-6-17 “更新目录”对话框

五、添加页面边框

为页面添加边框，可以美化页面。

操作要求：

为整篇文档添加颜色为灰色-25%、宽度为 7 磅，艺术型为五角星的页面边框。

操作步骤：

(1) 切换到“页面布局”选项卡，单击“页面背景”组中的“页面边框”命令，打开“边框和底纹”对话框，选择“页面边框”选项卡进行设置。设置边框图像艺术型为“五角星”，边框宽度为“7 磅”，边框颜色选择“灰度-25%”，如图 3-6-18 所示。

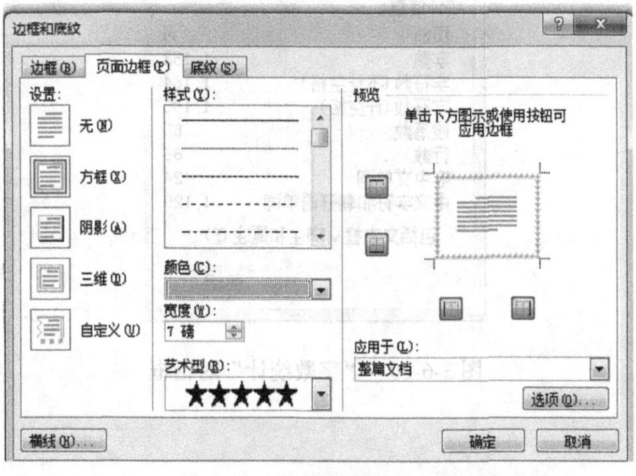

图 3-6-18 “边框和底纹”对话框

(2) 设置完成后，单击“确定”按钮，效果如图 3-6-19 所示。

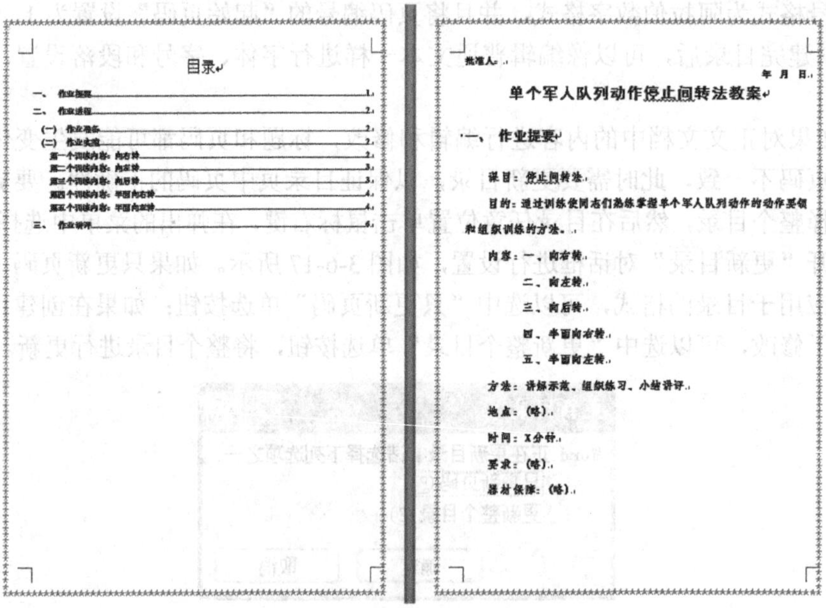

图 3-6-19　设置边框后的教案效果

六、统计字数

操作要求：

统计整篇文档字数。

操作步骤：

切换到“审阅”选项卡，单击“校对”组中的“字数统计”命令，在打开的“字数统计”对话框中显示了关于文档字数的统计信息，如图 3-6-20 所示。

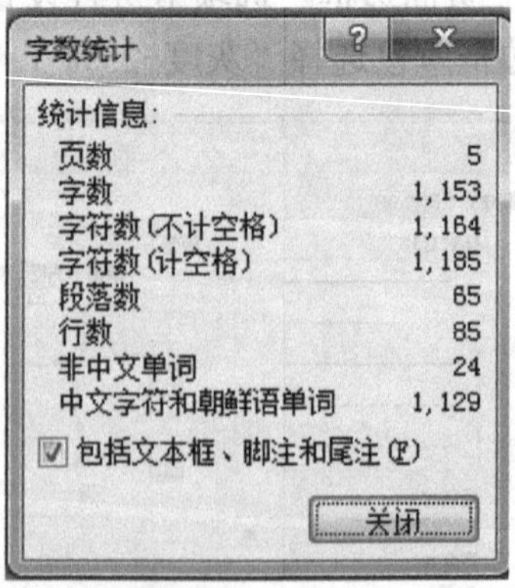

图 3-6-20　“字数统计”对话框

七、保存文档

文档设置完成后，单击“文件”菜单中的“保存”命令，或者单击“快速访问工具栏”中的保存按钮，保存修改后的文档。

【课堂练习】

实验内容：计算机基础教材目录生成。

样文如图 3-6-21 所示。

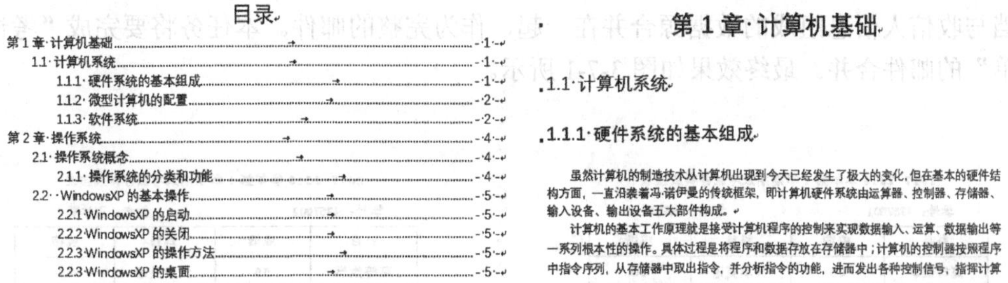

目录

第 1 章 计算机基础

1.1 计算机系统

1.1.1 硬件系统的基本组成

虽然计算机的制造技术从计算机出现到今天已经发生了极大的变化，但在基本的硬件结构方面，一直沿袭着冯·诺伊曼的传统框架，即计算机硬件系统由运算器、控制器、存储器、输入设备、输出设备五大部件构成。

计算机的基本工作原理就是接受计算机程序的控制来实现数据输入、运算、数据输出等一系列根本性的操作。具体过程是将程序和数据存放在存储器中；计算机的控制器按照程序中指令序列，从存储器中取出指令，并分析指令的功能，进而发出各种控制信号，指挥计算

图 3-6-21　目录生成样文

操作要求：

(1) 利用“样式”设置标题格式：

① 将“第 1 章……”“第 2 章……”2 行文字设置格式为标题 1，并居中对齐。

② 将各章中的各节，即“1.1……”“2.1……”和“2.2……”等 3 行文字设置格式为标题 2，并居中对齐。

③ 将各节中“1.1.1……”等 9 行文字格式设置为标题 3。

(2) 为文档插入页码，并设置其格式为“居中”“-1-”。

(3) 为文档插入一个 3 级标题的目录。

任务七　邮 件 合 并

【学习目标】

(1) 会选择数据源。

(2) 会创建主文档。

(3) 会合并文档。

【相关知识】

邮件合并：Word 的高级应用之一。在 Office 中，先建立两个文档：一个 Word 包括所有文件共有内容的主文档(比如未填写的信封等)和一个包括变化信息的数据源(填写了收件人、发件人、邮编等)，然后使用邮件合并功能在主文档中插入变化的信息，用户可以将合成后的文件保存为 Word 文档，可以打印出来，也可以以邮件形式发送出去。

主文档：在 Word 的邮件合并操作中，所含文本和图形对合并文档的每个版本都相同的文档。例如，套用信函中的寄信人地址和称呼。

数据源：数据来源，在邮件合并中是一个由变化信息构成的标准二维数表。

【任务说明】

邮件合并是 Word 的一项高级功能，能够在任何需要大量制作模板化文档的场合大显身手。用户可以借助邮件合并功能来批量处理电子邮件，如通知书、邀请函、明信片、准考证、成绩单、毕业证、考试桌签等，从而提高办公效率。邮件合并是将作为邮件发送的文档与收信人信息组成的数据源合并在一起，作为完整的邮件。本任务将要完成“考试成绩单”的邮件合并。最终效果如图 3-7-1 所示。

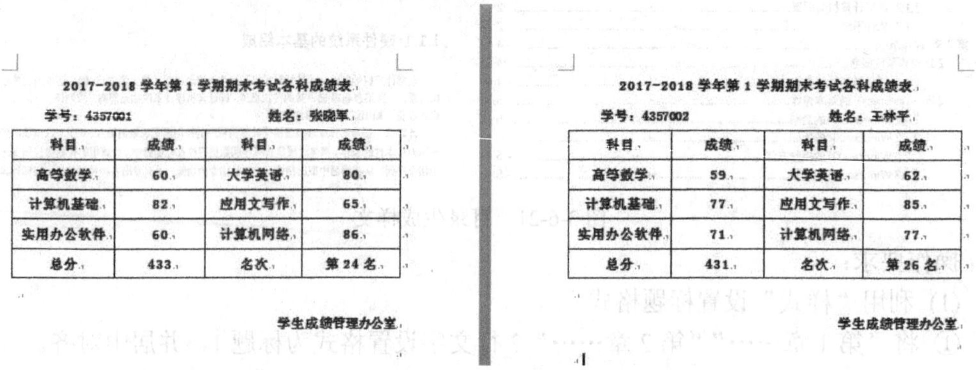

2017-2018 学年第 1 学期期末考试各科成绩表

学号：4357001　姓名：张晓军

科目	成绩	科目	成绩
高等数学	60	大学英语	80
计算机基础	82	应用文写作	65
实用办公软件	60	计算机网络	86
总分	433	名次	第 24 名

学生成绩管理办公室

2017-2018 学年第 1 学期期末考试各科成绩表

学号：4357002　姓名：王林平

科目	成绩	科目	成绩
高等数学	59	大学英语	62
计算机基础	77	应用文写作	85
实用办公软件	71	计算机网络	77
总分	431	名次	第 26 名

学生成绩管理办公室

图 3-7-1　考试成绩单邮件合并效果图

【任务实施】

打开“任务八\邮件合并”文件夹，在此文件夹中实现如下任务：

一、准备数据源

数据源可以是 Excel 工作表、Access 文件，还可以是 SQL Server 数据库。这里以 Excel 为例。

如图 3-7-2 所示是一个名为“成绩统计表”的 Excel 文件，工作表“考试成绩”中有 38 名学生的考试成绩，数据字段包括：学号、姓名、六门课成绩、总分、平均分和名次。我们的任务就是按照主文档样式打印出“考试成绩表”。

	A	B	C	D	E	F	G	H	I	J	K
1	学号	姓名	高等数学	大学英语	计算机基础	应用文写作	实用办公软件	计算机网络	总分	平均分	名次
2	4357001	张晓军	60	80	82	65	60	86	433	72.2	24
3	4357002	王林平	59	62	77	85	71	77	431	71.8	26
4	4357003	王涛	58	70	67	60	76	67	398	66.3	38
5	4357004	李刚	66	73	89	73	89	88	478	79.7	7
6	4357005	李小鹏	63	66	58	72	67	88	414	69.0	35
7	4357006	张荣贵	70	75	70	59	65	76	415	69.2	34
8	4357007	王安幕	65	63	74	69	73	81	425	70.8	28
9	4357008	周晓杜	91	75	76	72	78	88	480	80.0	6
10	4357009	白志翔	69	71	80	50	87	88	445	74.2	16
11	4357010	赵武鸣	56	69	79	70	72	77	423	70.5	29
12	4357011	洪波	63	64	61	73	66	86	413	68.8	36
13	4357012	沈家琛	67	76	55	67	88	84	437	72.8	20
14	4357013	刘宇	58	70	67	60	76	88	419	69.8	33
15	4357014	江涛	66	73	89	73	89	86	476	79.3	10
16	4357015	李明	63	66	58	72	67	86	412	68.7	37

图 3-7-2　数据源

二、创建主文档

主文档中包含了基本的文本内容，这些文本内容在所有输出文档中都是相同的。创建如图 3-7-3 所示的 Word 文档，保存为“成绩单主文档.docx”。

2017-2018 学年第 1 学期期末考试各科成绩表

学号：……………………姓名：

科目	成绩	科目	成绩
高等数学		大学英语	
计算机基础		应用文写作	
实用办公软件		计算机网络	
总分		名次	第名

学生成绩管理办公室

图 3-7-3　主文档

三、邮件合并

打开“成绩单主文档.docx”，切换到“邮件”选项卡，点击“开始邮件合并”组中的“开始邮件合并”按钮，在弹出菜单中选择“信函”，如图 3-7-4 所示。开始进行邮件合并。

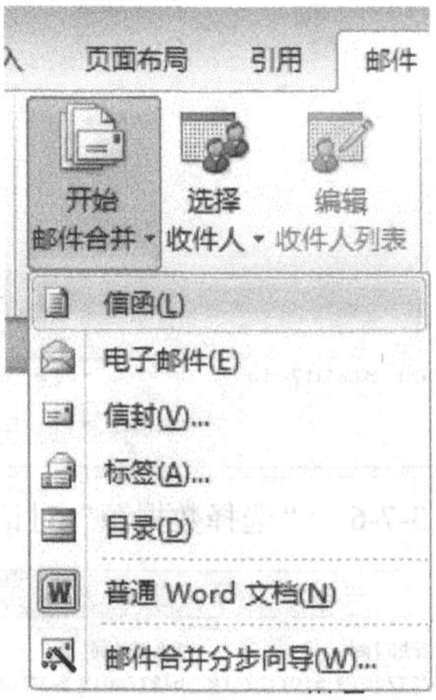

图 3-7-4　“开始邮件合并”菜单

1. 设置数据源

1) 选择收件人

点击“开始邮件合并”组中的“选择收件人”按钮，弹出如图 3-7-5 所示菜单。菜单中有三个选项，显示有三种设置数据源的途径。

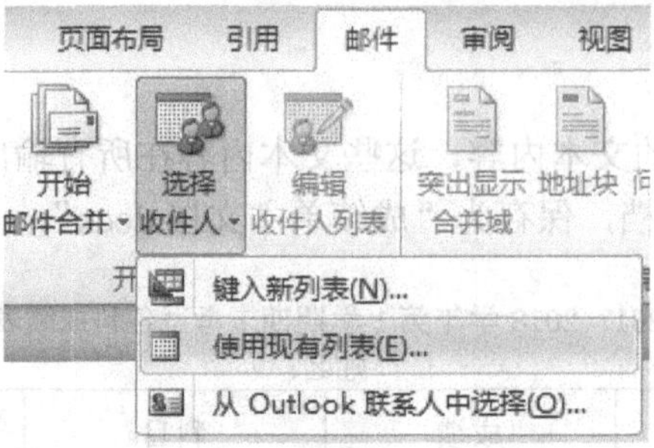

图 3-7-5　“选择收件人”菜单

(1) “键入新列表”选项：如果没有数据列表，需要新建的话，就选择这一项。

(2) “使用现有列表”选择：如果有数据列表，且数据表为 Excel 表、Access 文件或 SQL Server 数据库，就选择这一项。

(3) “从 Outlook 联系人中选择”选项：如果没有数据列表，但是计算机中装有 Outlook 并设置了联系人，可以选择这一选项。

这里，我们选择“使用现有列表”选项，弹出“选取数据源”对话框，如图 3-7-6 所示，选择准备好的数据源“成绩统计表.xlsx”，点击“确定”按钮；对话框关闭后，又弹出“选择表格”对话框，如图 3-7-7 所示，这里将列出数据源文件中包含的所有数据表，选择需要的数据表“考试成绩”，点击“确定”后，数据源选择完毕。

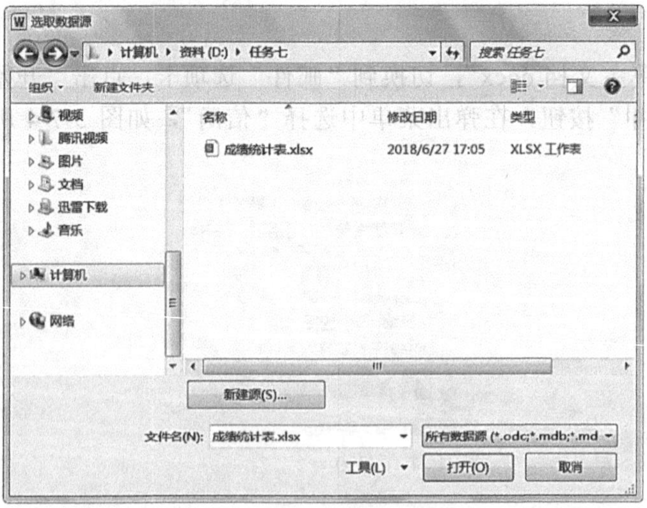

图 3-7-6　“选择数据源”对话框

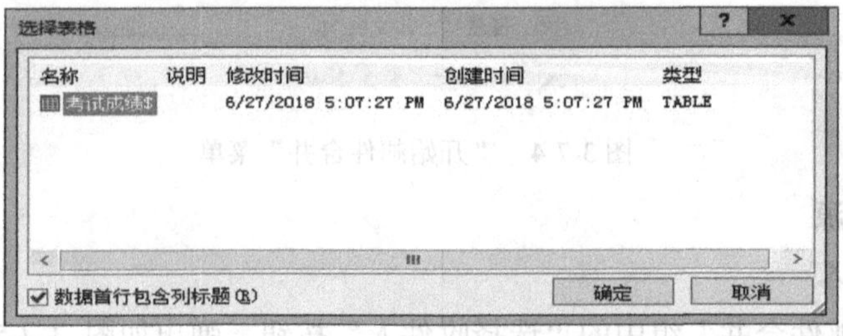

图 3-7-7　“选择表格”对话框

2) 编辑收件人列表

点击“开始邮件合并”组中的“编辑收件人列表”按钮，弹出如图 3-7-8 所示的“邮件合并收件人”对话框，在此对话框中，可以对收件人进行编辑，可以调整收件人列表。

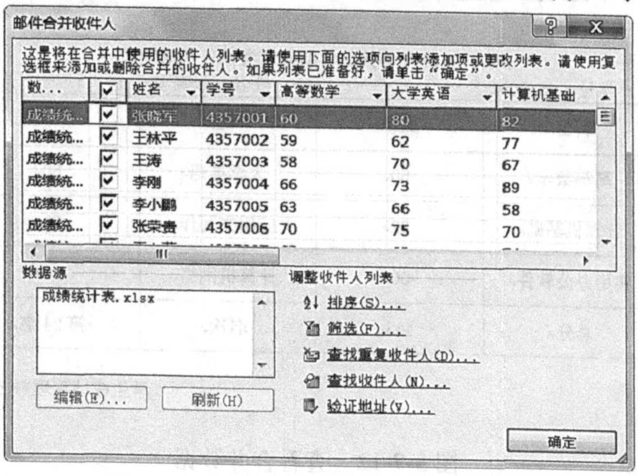

图 3-7-8　“邮件合并收件人”对话框

2. 插入合并域

将光标定位到主文档中的“学号:”后面，点击“编写和插入域”组中的“插入合并域”按钮，弹出如图 3-7-9 所示菜单。菜单中列出了数据源中的所有字段，这里选择对应的“学号”即可将学号数据插入主文档中，如图 3-7-10 所示。

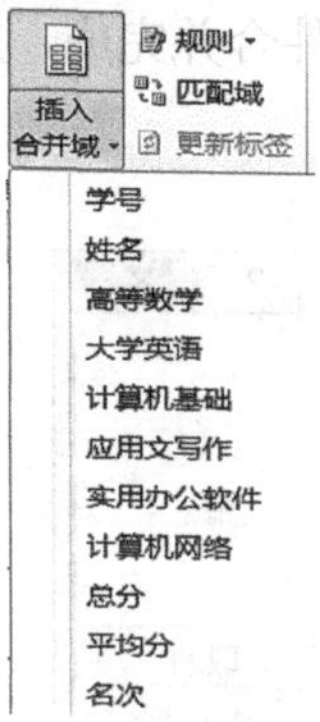

图 3-7-9　“插入合并域”菜单

2017-2018 学年第 1 学期期末考试各科成绩表

学号：«学号»　　　　　　姓名：

科目	成绩	科目	成绩
高等数学		大学英语	
计算机基础		应用文写作	
实用办公软件		计算机网络	
总分		名次	第名

学生成绩管理办公室

图 3-7-10　插入学号域后的效果

用同样的方法，将其他数据插入主文档相应的位置，得到如图 3-7-11 所示的效果。

2017-2018 学年第 1 学期期末考试各科成绩表

学号：«学号»　　　　　　姓名：«姓名»

科目	成绩	科目	成绩
高等数学	«高等数学»	大学英语	«大学英语»
计算机基础	«计算机基础»	应用文写作	«应用文写作»
实用办公软件	«实用办公软件»	计算机网络	«计算机网络»
总分	«总分»	名次	第«名次»名

学生成绩管理办公室

图 3-7-11　插入合并域后的效果

3. 查看合并数据

点击“预览结果”组中的“预览结果”按钮，即可查看合并之后的数据，如图 3-7-12 所示。在“预览结果”组中还有一些按钮和输入框可以查看上一记录、下一记录和指定的记录。

2017-2018 学年第 1 学期期末考试各科成绩表

学号：4357001　　　　　　　　　　姓名：张晓军

科目	成绩	科目	成绩
高等数学	60	大学英语	80
计算机基础	82	应用文写作	65
实用办公软件	60	计算机网络	86
总分	433	名次	第 24 名

学生成绩管理办公室

图 3-7-12　查看合并数据

4. 完成合并

点击“完成”组中的“完成并合并”按钮，弹出如图 3-7-13 所示菜单。菜单中有三个选项，如果需要直接打印，就选择“打印文档”选项；如果要发电子邮件，则选择“发送电子邮件”选项。这里，我们需要把这些合并信息输出到一个 Word 文档中，所以选择“编辑单个文档”选项，弹出如图 3-7-14 所示的“合并到新文档”对话框，选择合并的记录，我们需要所有学生的成绩单，就选择“全部”。点击“确定”后，邮件合并完成，点击“保存”，将文件命名为“考试成绩单”。其最终效果如图 3-7-15 所示。

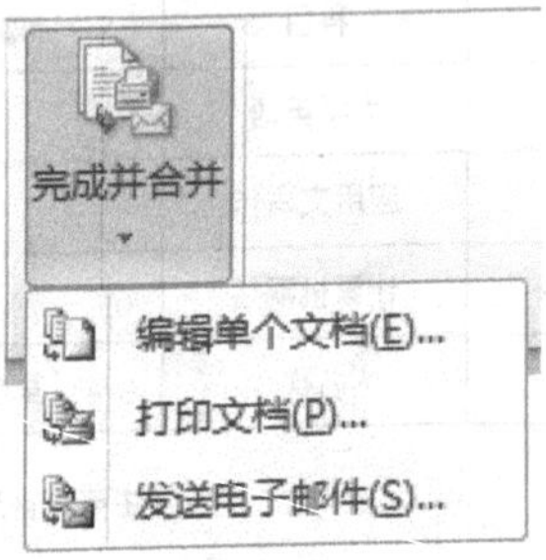

图 3-7-13　“完成并合并”菜单

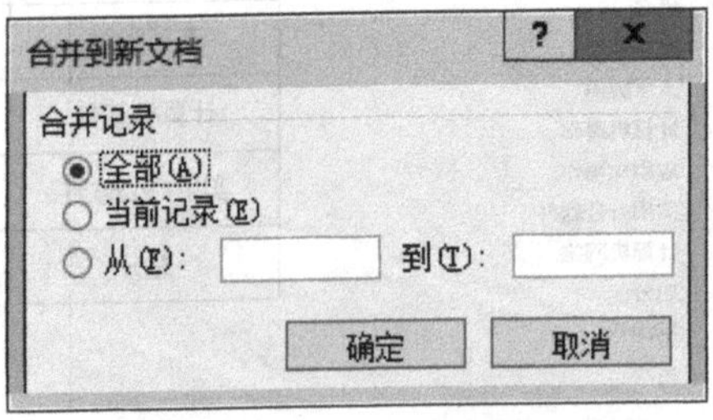

图 3-7-14　“合并到新文档”对话框

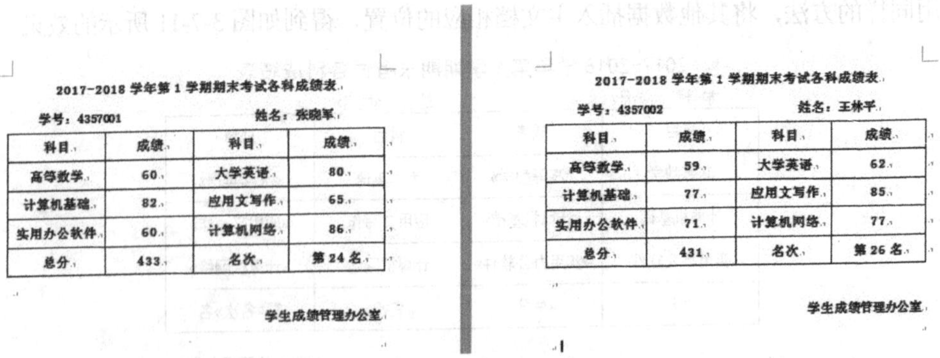

2017-2018 学年第 1 学期期末考试各科成绩表

学号：4357001　　　　　　姓名：张晓军

科目	成绩	科目	成绩
高等数学	60	大学英语	80
计算机基础	82	应用文写作	65
实用办公软件	60	计算机网络	86
总分	433	名次	第 24 名

学生成绩管理办公室

2017-2018 学年第 1 学期期末考试各科成绩表

学号：4357002　　　　　　姓名：王林平

科目	成绩	科目	成绩
高等数学	59	大学英语	62
计算机基础	77	应用文写作	85
实用办公软件	71	计算机网络	77
总分	431	名次	第 26 名

学生成绩管理办公室

图 3-7-15　邮件合并效果

【课堂练习】

练习内容：创建“准考证邮件合并.docx”，效果如图3-7-16所示。

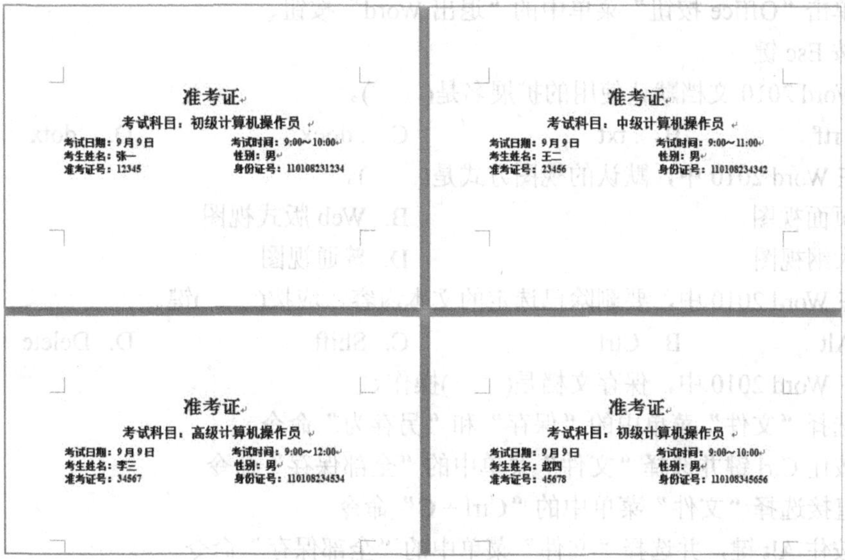

图3-7-16　准考证邮件合并

操作要求：

(1) 主文档：准考证主文档.docx。

(2) 数据源：准考证地址.docx。

习　题

一、选择题

1. 中文Word 2010是(　　)。

A. 文字编辑软件　　B. 系统软件

C. 硬件　　D. 操作系统

2. 中文Word 2010运行的环境是(　　)。

A. DOS　　B. Office　　C. WPS　　D. Windows

3. 新建Word文档的快捷键是(　　)。

A. Ctrl + N　　B. Ctrl + O　　C. Ctrl + C　　D. Ctrl + S

4. 想打开最近使用过的Word文档，以下不能打开指定文档的方法是(　　)。

A. 单击“Office按钮”菜单中的“打开”命令，在弹出的对话框中双击文件名

B. 直接使用组合键“Ctrl + O”，在弹出的对话框中双击文件名

C. 单击“Office按钮”菜单中的“最近使用的文档”中的文件名

D. 直接按字母键O

5. 以下不能够直接退出 Word 2010 的方法是(　　)。
A. 单击“标题栏”右侧的“关闭”按钮
B. 直接使用组合键“Alt + F4”
C. 单击“Office 按钮”菜单中的“退出 Word”按钮
D. 按 Esc 键
6. Word 2010 文档默认使用的扩展名是(　　)。
A. .rtf　　B. .txt　　C. .docx　　D. .dotx
7. 在 Word 2010 中，默认的视图方式是(　　)。
A. 页面视图　　B. Web 版式视图
C. 大纲视图　　D. 普通视图
8. 在 Word 2010 中，要删除已选定的文本内容，应按(　　)键。
A. Alt　　B. Ctrl　　C. Shift　　D. Delete
9. 在 Word 2010 中，保存文档是(　　)操作。
A. 选择“文件”菜单中的“保存”和“另存为”命令
B. 按住 Ctrl 键并选择“文件”菜单中的“全部保存”命令
C. 直接选择“文件”菜单中的“Ctrl + C”命令
D. 按住 Alt 键，并选择“文件”菜单中的“全部保存”命令
10. 如果用户想保存一个正在编辑的文档，但希望以不同文件名存储，可用(　　)命令。
A. 保存　　B. 另存为　　C. 比较　　D. 限制编辑
11. 下面对 Word 编辑功能的描述中，(　　)是错误的。
A. Word 可以开启多个文档编辑窗口
B. Word 可以插入多种格式的系统日期、时间到插入点位置
C. Word 可以插入多种类型的图形文件
D. 使用“编辑”菜单中的“复制”命令，可将已选中的对象拷贝到插入点位置
12. 在使用 Word 2010 进行文字编辑时，下面叙述中(　　)是错误的。
A. Word 可将正编辑的文档另存为一个纯文本(.txt)文件
B. 使用“文件”菜单中的“打开”，可以打开一个已存在的 Word 文档
C. 打印预览时，打印机必须是已经开启的
D. Word 允许同时打开多个文档
13. 在 Word 中，如果要在文档中层叠图形对象，应执行(　　)操作。
A. “绘图”工具栏中的“叠放次序”命令
B. “绘图”工具栏中的“绘图”菜单的“叠放次序”命令
C. “图片”工具栏中的“叠放次序”命令
D. “格式”工具栏中的“叠放次序”命令
14. 能显示页眉和页脚的方式是(　　)。
A. 普通视图　　B. 页面视图
C. 大纲视图　　D. 全屏幕视图
15. 在 Word 中，如果要使图片周围环绕文字，应选择(　　)操作。
A. “绘图”工具栏“文字环绕”列表中的“四周环绕”

B.“图片”工具栏“文字环绕”列表中的“四周环绕”

C.“常用”工具栏“文字环绕”列表中的“四周环绕”

D.“格式”工具栏“文字环绕”列表中的“四周环绕”

16. 将插入点定位于句子“飞流直下三千尺”中的“直”与“下”之间，按一下Delete键，则该句子(　　)。

A. 变为“飞流下三千尺”　　B. 变为“飞流直三千尺”

C. 整句被删除　　D. 不变

17. 在Word 2010中，为表格添加边框，应执行(　　)操作。

A. “页面布局”功能区中的“页面边框”对话框中的“边框”标签项

B. “表格”菜单中的“边框和底纹”对话框中的“边框”标签项

C. “工具”菜单中的“边框和底纹”对话框中的“边框”标签项

D. 插入菜单中的“边框和底纹”对话框中的“边框”标签项

18. 要删除单元格，正确的是(　　)。

A. 选中要删除的单元格，按Delete键

B. 选中要删除的单元格，按“剪切”按钮

C. 选中要删除的单元格，使用“Shift + Delete”

D. 选中要删除的单元格，使用右键的“删除单元格”

19. Word 2010的页边距可以通过(　　)设置。

A. “页面”视图下的“标尺”

B. “格式”菜单下的段落

C. “文件”菜单下的“打印”选项里的“页面设置”

D. “工具”菜单下的“选项”

20. Word 2010在编辑一个文档完毕后，要想知道它打印后的结果，可使用(　　)功能。

A. 打印预览　　B. 模拟打印

C. 提前打印　　D. 屏幕打印

21. 在Word中，若要删除表格中的某单元格所在行，则应选择“删除单元格”对话框中的(　　)。

A. 右侧单元格左移　　B. 下方单元格上移

C. 整行删除　　D. 整列删除

22. 下面有关Word 2010表格功能的说法不正确的是(　　)。

A. 可以通过表格工具将表格转换成文本

B. 表格的单元格中可以插入表格

C. 表格中可以插入图片

D. 不能设置表格的边框线

23. 在Word中，如果在输入的文字或标点下面出现红色波浪线，表示(　　)，可用“审阅”功能区中的“拼写和语法”来检查。

A. 拼写和语法错误　　B. 句法错误　　C. 系统错误　　D. 其他错误

24. 在Word 2010中，与“打印预览”显示效果基本相同的视图方式是(　　)。

A. 普通视图　　B. 大纲视图　　C. 页面视图　　D. 主控文档视图

25. 在 Word 2010 编辑状态下，利用(　　)可快速、直接调整文档的左右边界。

A. 功能区　　B. 工具栏　　C. 菜单　　D. 标尺

26. 如果希望在 Word 2010 窗口中显示标尺，应勾选“视图”选项卡(　　)组中的“标尺”选项。

A. 显示/隐藏　　B. 窗口　　C. 文档视图　　D. 显示比列

27. 在 Word 2010 中对已经输入的文档设置首字下沉，需要使用的组是(　　)。

A. 校对　　B. 文本　　C. 页面设置　　D. 段落

28. 在 Word 2010 中，执行命令有多种方法，其中激活“快捷菜单”的方法是(　　)。

A. 单击鼠标左键　　B. 单击鼠标右键

C. 双击鼠标左键　　D. 双击鼠标右键

29. Word 2010 中的“替换”操作在(　　)选项卡中。

A. 开始　　B. 页面布局　　C. 插入　　D. 视图

30. 在 Word 2010 的编辑状态下，单击“剪切”命令按钮后(　　)。

A. 被选定的内容将被移动到剪贴板上　　B. 被选择的内容将被移动到插入点

C. 剪贴板中的内容将被复制到插入点　　D. 剪贴板中的内容将被移动到插入点

二、判断题

1. Word 中的样式是由多个格式排版命令组合而成的集合，Word 允许用户创建自己的样式。(　　)

2. Word 的“自动更正”功能只可以替换文字，不可以替换图像。(　　)

3. 在 Word 中，“格式刷”可以复制艺术文字式样。(　　)

4. 在 Word 中隐藏的文字，屏幕中仍然可以显示，但打印时不输出。(　　)

5. 使用 Word 可以制作 www 网页。(　　)

6. 在用 Word 编辑文本时，若要删除文本区中某段文本的内容，可选取该段文本，再按 Delete 键。(　　)

7. 在 Word 表格中，当改变了某个单元格中值的时候，计算结果也会随之改变。(　　)

8. 在 Word 中，文本框可随键入内容的增加而自动扩展其大小。(　　)

9. 在 Word 中，要选中几块不连续的文字区域，可以在选中第一块的基础上结合 Ctrl 键来完成。(　　)

10. Word 中，为了将光标快速定位于文档开头处，可用“Ctrl + Page Up”键。(　　)

11. 如果要调整文档中某一页的页边距，第一步就是选中这一页的文本。(　　)

12. 图文框总能随其连接段落的移动而移动。(　　)

13. 在文档中需调整已输入的公式内容，可按“公式编辑器”按钮，即可进入公式编辑器进行调整。(　　)

14. Word 表格中的数据也是可以进行排序的。(　　)

15. “Shift + Enter”是人工产生一个分行符。(　　)

模块四　数据处理技术

表格在人们的日常生活中经常被使用，例如学生考试成绩表和企业的人事报表、生产报表、财务报表等，所有这些表格都可以用数据处理软件来实现。使用数据处理软件不仅可以创建和处理各种精美的电子表格，而且可以通过公式和函数的使用，快速地对表格中的大量数据进行计算、统计、排序、筛选、汇总等操作，还能够将结果以图表的形式显示出来。因此，数据处理软件被广泛应用于财务、行政、金融、经济、统计和审计等众多领域中。

任务一　初识数据处理软件

首先给出常用数据处理软件，然后以 Microsoft Office 套件中的电子表格处理软件 Microsoft Excel 2010 为例，重点介绍数据处理软件 Microsoft Excel 的功能和特点，为后续内容的学习奠定基础。

【学习目标】

(1) 了解常见的数据处理软件。

(2) 熟悉典型数据处理软件 Microsoft Excel 软件的基本功能和特点。

(3) 掌握 Excel 2010 的启动和退出，熟悉 Excel 2010 窗口的组成。

【相关知识】

(1) 数据：对事实、概念或指令的一种表达形式，可由人工或自动化装置进行处理。数据的形式可以是数字、文字、图形或声音等。数据经过解释并被赋予一定的意义之后，便成为信息。

(2) 数据处理：对数据的采集、存储、检索、加工、变换和传输。

【任务说明】

在军队日常工作中，我们经常会接触到各种数据处理软件，特别是电子表格处理软件，那么，数据处理软件有哪些？常用的 Microsoft Office 2010 套件中的电子表格处理软件 Microsoft Excel 具有哪些功能？Excel 2010 是怎样启动和关闭的？Excel 2010 窗口是由哪些要素构成的？

【任务实施】

一、数据处理软件

在日常工作中，我们经常会利用各种软件来处理手头的数据。常用的数据处理软件有SAS、SPSS、MATLAB、Microsoft Excel、WPS 表格等，这些数据处理软件功能强大，可满足我们对日常数据处理的基本需求。

1. SAS(统计分析软件)

SAS(Statistical Analysis System，统计分析系统软件)是由美国 North Carolina 州立大学开发的统计分析软件，是一个模块化、集成化的大型应用软件系统。它由数十个专用模块构成，功能包括数据访问、数据存储及管理、应用开发、图形处理、数据分析、报告编制、运筹学方法、计量经济学与预测等等。

SAS 系统分为四大部分：SAS 数据库部分、SAS 分析核心、SAS 开发呈现工具、SAS 对分布处理模式支持及其数据仓库设计。其主要完成以数据为中心的四大任务：数据访问、数据管理、数据呈现和数据分析。

2. SPSS(统计产品与服务解决方案软件)

SPSS(Statistical Product and Service Solutions，统计产品与服务解决方案软件)是世界上最早的统计分析软件，由美国斯坦福大学三位研究生研究开发，同时成立 SPSS 公司。2009 年，SPSS 公司被 IBM 公司收购，同时，软件更名为 IBM SPSS。

SPSS 是一个组合式软件包，集数据录入、整理、分析功能于一身。SPSS 基本功能包括数据管理、统计分析、图表分析、输出管理等，同时也有专门的绘图系统，可以根据数据绘制各种图形，同时还可以直接读取 Excel 及 DBF 数据文件，目前在社会科学、自然科学等领域发挥着重要作用。

3. MATLAB

MATLAB 是美国 Math Works 公司出品的商业数学软件，用于算法开发、数据可视化、数据分析及数值计算的高级计算语言和交互环境，主要包括 MATLAB 和 Simulink 两大部分。

MATLAB 将数值分析、矩阵计算、数据可视化及非线性动态系统建模和仿真等诸多功能集成于一个视窗环境中，主要应用于工程计算、控制设计、信号处理与通信、图像处理、信号检测、金融建模设计与分析等领域。

4. Microsoft Excel

Microsoft Excel 是微软公司的办公软件 Microsoft office 的重要组件之一，可以进行各种数据的处理、统计分析和辅助决策操作，广泛地应用于管理、统计财经、金融等众多领域。

5. WPS 表格

WPS Office 是由金山软件股份有限公司自主研发的一款办公软件，可以实现日常办公中最常用的文字、表格、演示等多种功能。WPS 电子表格是 WPS Office 三个重要组件之一，其功能类似于微软公司的 Microsoft Excel。WPS Office 的功能和组件与 Microsoft Office 相比要简单得多，但普及度不如 Microsoft Office 高。

上述几款数据处理软件功能都很强大，可满足科技工作和日常工作的诸多需求，但是 SAS、SPSS、MATLAB 这几款软件应用领域较为专业，并且要求使用者具有一定的计算机编程知识，了解大量的内部函数和命令。因此，在日常工作中应用最为广泛的是 Microsoft Excel 软件，不仅可以进行简单的数据管理和运算，而且可以进行较为复杂的数据处理。

二、Microsoft Excel 的功能及特点

Microsoft Excel 电子表格是 Office 系列办公软件之一，能够对日常生活和工作中的各种电子表格进行数据处理，通过友好的人机界面，方便易学的智能化操作方式，使用户轻松拥有实用、美观、个性十足的实时表格，是日常工作和生活的得力助手。目前，Excel 在图形用户界面、表格处理、数据分析、图表制作和网络信息共享等方面具有更突出的特色。

1. 基本功能

1) 表格处理

采用表格管理数据，所有的数据、信息都以二维表格(工作表)形式管理，单元格中数据间关系一目了然，从而使得数据的处理和管理更直观，更方便，更易于理解。对于日常工作中常用的表格处理操作，例如：增加行、删除列、合并单元格、表格转置等，在 Excel 中均只需简单地通过工具按钮即可完成。此外，Excel 还提供了数据和公式的自动填充、表格格式的自动套用，以及自动求和、自动计算，记忆式输入、选择列表、自动更正、拼写检查、审核、排序和筛选等众多功能，帮助用户快速高效地建立、编辑、编排和管理各种表格。

2) 数据分析

Excel 具有一般电子表格软件所不具备的强大的数据处理和数据分析功能，提供包括财务、逻辑、文本、日期和时间、查找与引用、数学和三角函数、统计、工程、多维数据集、信息和兼容性等几百个内置函数，可以满足许多领域的数据处理与分析要求。如果内置函数不能满足需要，还可以使用 Excel 内置的 Visual Basic for Application(也称作 VBA)建立自定义函数。

Excel 除具有一般数据库软件所提供的数据排序、筛选、查询、统计汇总等数据处理功能以外，还提供了许多数据分析与辅助决策工具。例如：数据透视表、模拟运算表、假设检验、方差分析、移动平均、指数平滑、回归分析、规划求解、多方案管理分析等工具。利用这些工具，用户可以完成复杂的求解过程，得到相应的分析结果和求解报告。

3) 图表制作

图表是提交数据处理结果的最佳形式，可以直观地显示出数据的众多特征，例如数据的最大值、最小值、发展变化趋势、集中程度和离散程度等。Excel 具有很强的图表处理功能，可以方便地将工作表中的有关数据制作成专业化的图表。Excel 提供的图表类型有条形图、柱形图、折线图、散点图、股价图及多种复合图表和三维图表，用户可以根据需要选择最有效的图表来展现数据。

如果 Excel 提供的标准图表类型不能满足需要，用户还可以自定义图表类型，并可以对图表的标题、数值、坐标和图例等各项目分别进行编辑，从而获得最佳的外观效果。Excel 还能够自动建立数据与图表的联系，当数据增加或删除时，图表可以随数据变化而动态实时更新。

4) 宏操作

为了更好地发挥 Excel 的强大功能，提高使用 Excel 的工作效率，Excel 还提供了宏的功能和内置的 VBA，用户可以使用它们创建自定义函数和自定义命令，特别是 Excel 提供的宏记录器，可以将用户的一系列操作记录下来，自动转换成由相应 VBA 语句组成的宏命令，当以后用户需要执行这些操作时，直接运行这些宏即可。

对于需要经常使用的宏，用户还可以将有关的宏与特定的自定义菜单命令或工具按钮关联，以后只要选择相应的菜单命令或是单击相应的工具按钮，即可完成相应的宏操作。水平更高的用户还可以利用 Excel 提供的 VBA，在 Excel 的基础上开发完整的应用软件系统。

2. 主要特点

Microsoft Excel 电子表格软件工作于 Windows 平台，具有 Windows 环境软件的所有优点。Excel 的图形用户界面是标准的 Windows 窗口形式，有控制菜单、选项卡、最大化/最小化按钮、标题栏、功能区等内容，方便用户操作。Microsoft Excel 的特点主要体现在：

(1) 功能更加全面：几乎可以处理各种数据。

(2) 操作更加方便：菜单、选项卡、窗口、对话框、功能区。

(3) 数据处理函数更加丰富。

(4) 图表绘制功能更加全面：能自动创建各种统计图表。

(5) 自动化功能更加完善：自动更正、自动排序、自动筛选等。

(6) 运算更加快速准确。

(7) 数据交换更加方便。

三、Excel 2010 的启动与退出

1. 启动 Excel

方法一：点击屏幕左下角的“开始”按钮，在弹出的菜单中选择“所有程序”，选择“Microsoft Office→Microsoft Office Excel 2010”命令，即可启动 Excel 2010 应用程序。

方法二：鼠标左键双击快捷方式来启动 Excel 2010。

2. Excel 2010 工作界面

启动 Excel 应用程序后，系统将自动建立一个文件名为“工作簿 1”的临时 Excel 工作簿文件，并自动打开第一个工作表“Sheet1”，工作界面如图 4-1-1 所示。

Excel 2010 工作界面主要由标题栏、选项卡、功能区、名称栏、编辑栏、工作区、工作表标签和状态栏组成。

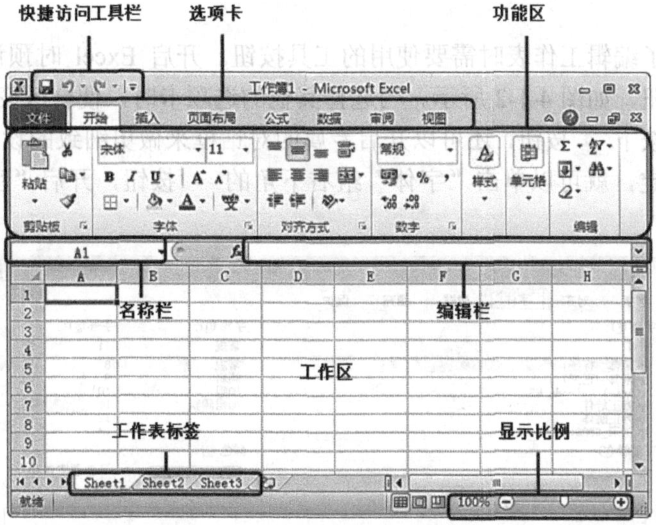

图 4-1-1　Excel 2010 工作界面

1) 标题栏

标题栏位于 Excel 工作窗口的最上端。标题栏左端依次显示应用程序的控制图标、快速访问工具栏；标题栏中间显示当前文档名、应用程序名；标题栏右端是窗口的控制按钮，包括“最小化”按钮、“最大化/还原”按钮和“关闭”按钮。用户可以通过点击控制图标、拖动标题栏或点击控制按钮，完成改变 Excel 工作窗口的位置、大小及退出 Excel 应用程序等操作；通过点击快速访问工具栏上的“工具”按钮，可以快速完成工作。

2) 选项卡

Excel 中所有的功能操作分为一个菜单和七大选项卡，包括文件菜单、开始、插入、页面布局、公式、数据及审阅和视图选项卡。各选项卡中收录相关的功能群组，方便使用者切换、选用。例如，“开始”选项卡中就是基本的操作功能，点击“开始”就切换到该选项中，看到包含剪贴板、字体、对齐方式、数字、样式、单元格和编辑等七个组，如图 4-1-2 所示。

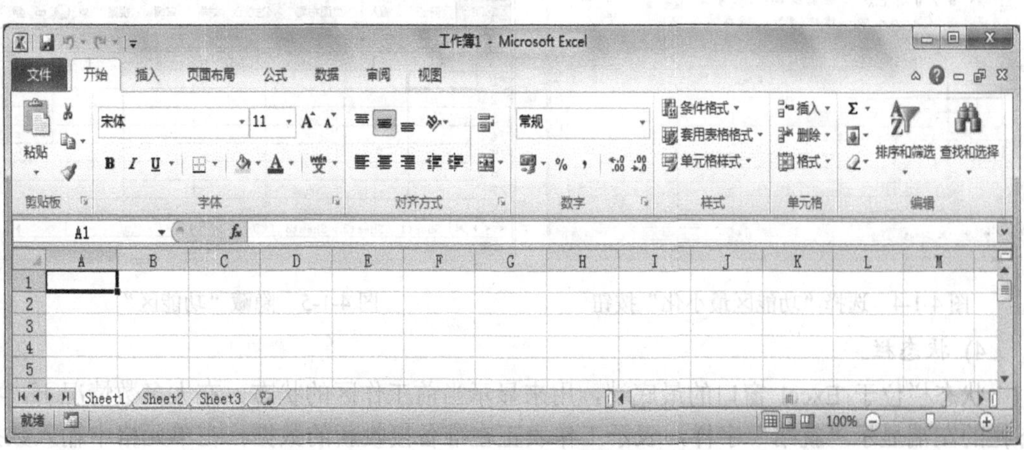

图 4-1-2　“开始”选项卡

3) 功能区

功能区放置了编辑工作表时需要使用的工具按钮。开启 Excel 时预设显示“开始”选项卡下的工具按钮，如图 4-1-2 所示。当选择其他的选项卡时，便会改变显示的按钮。

在功能区中按下 按钮，还可以开启专属的对话框来做更细致的设定。例如，我们想要美化字体的设定，就可以单击“字体”组右下角的 按钮，开启“字体”对话框，如图 4-1-3 所示。

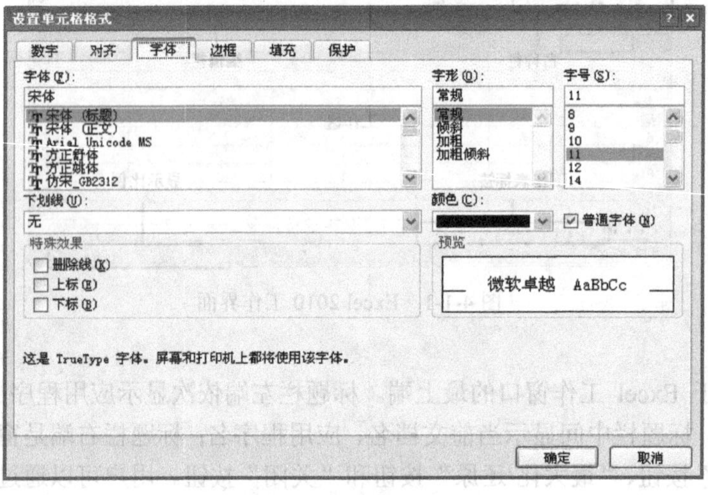

图 4-1-3 “字体”对话框

如果觉得功能区占用太大的版面位置，可以选择“功能区最小化”按钮将功能区隐藏起来，如图 4-1-4、4-1-5 所示。将功能区隐藏起来后，若要再次使用功能区，只要单击任一个选项卡即可开启；当鼠标移到其他地方再按一下左键时，功能区又会自动隐藏。

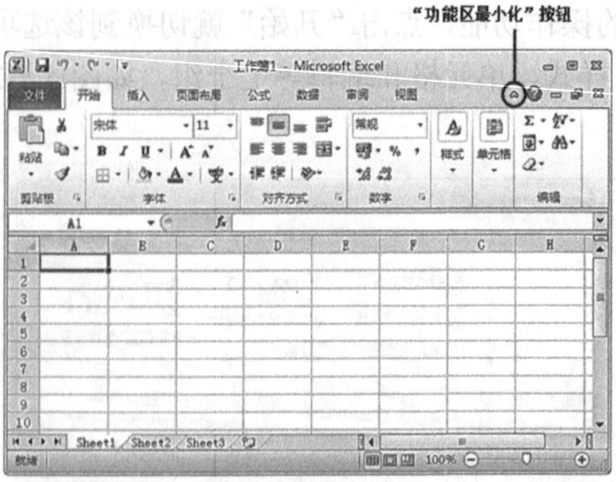

图 4-1-4 选择“功能区最小化”按钮

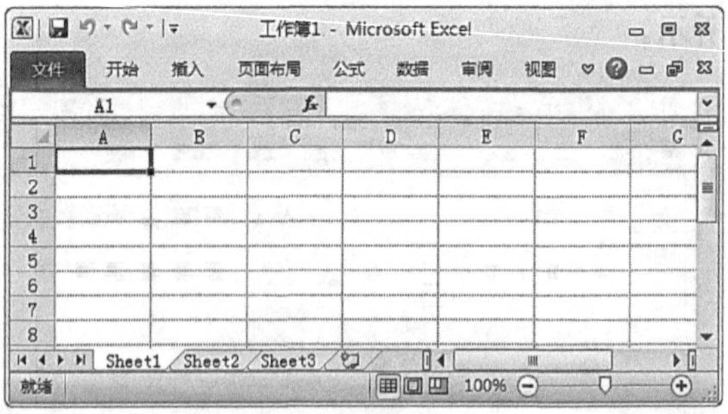

图 4-1-5 隐藏“功能区”

4) 状态栏

状态栏位于 Excel 窗口的最底端，用来显示当前工作区的状态。在大多数情况下，状态栏的左端显示“就绪”字样，表示工作表正在准备接收新的数据；在单元格中输入数据时，则显示“输入”字样。状态栏的右端是三个视图按钮和显示比例，视图按钮分别是：

普通、页面布局和分页浏览。

5) 其他重要部件

(1) 快速访问工具栏。快速访问工具栏，顾名思义，就是将常用的工具摆放于此，帮助快速完成工作。预设的快速访问工具栏只有3个常用工具，分别是“保存”“撤消”及“恢复”，如果想将自己常用的工具也加入此区，可按下▾进行设定，如图4-1-6所示。

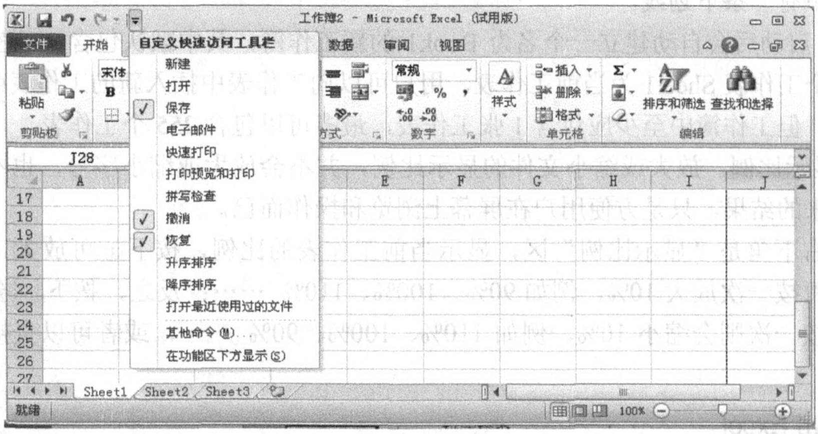

图 4-1-6　设置快速访问工具栏

(2) 工作区和单元格。

工作区是窗口中有浅色表格线的大片空白区域，是用户输入数据、创建表格的地方。

单元格是组成工作表的最小单位。一张 Excel 工作表由 1048576 行、16384 列组成，每一行和每一列都有确定的标号：行号用数字 1、2、3、……、1048576 表示；列号用英文字母 A、B、……、Z、AA、AB、……、ZZ、AAA、AAB、……、XFD 表示。每一个行列交叉处即为一个单元格，该单元格的列号和行号构成了该单元格的名称，如 A5，表示第 A 列第 5 行的单元格。

(3) 活动单元格。在每个工作表中只有一个单元格是当前正在操作的单元格，称为活动单元格，也称当前单元格。活动单元格的边框为加粗的黑色边框，相应的行号与列号反色显示。

(4) 单元格区域。在 Excel 中，区域是指连续的单元格，一般习惯上用“左上角单元格:右下角单元格”表示。如“A3:E7”表示左上起于 A3，右下止于 E7 的 25 个单元格，如图 4-1-7 所示。但也可以用其他对角的两个单元格来描述单元格区域，如图中的单元格区域也可以表示为“E7:A3”“A7:E3”“E3:A7”。

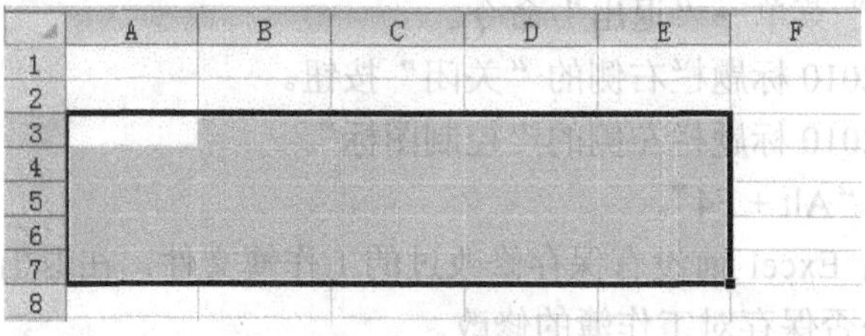

图 4-1-7　单元格区域

(5) 名称框。名称框位于功能区的下方，用来显示工作表中当前活动单元格的名称。

(6) 编辑栏。编辑栏位于名称框的右侧，用于显示活动单元格中的内容。在编辑栏中可以输入数据、公式和函数，并且可以改变插入点位置，便于对输入内容进行修改。

(7) 工作表标签。工作表标签栏位于工作区的左下方，显示了该工作簿中所有工作表的名称，一个工作表对应一个标签。单击某个工作表标签，可以在工作区中显示对应的工作表，显示在工作区中的工作表称为当前工作表，当前工作表的标签将反色显示，且工作表的名称下有一条下划线。

Excel 启动后会自动建立一个名为 Book1 的新工作簿，其中默认包含 3 个空白的工作表，第一个工作表 Sheet1 为当前工作表。用户可以向工作表中插入新的工作表或删除已有的工作表，但工作簿中至少应包含 1 张工作表，最多可以包含 255 个工作表。

(8) 显示比例。放大或缩小文件的显示比例，并不会放大或缩小字号，也不会影响文件打印出来的结果，只是方便用户在屏幕上浏览和操作而已。

窗口右下角是“显示比例”区，显示当前工作表的比例，按下⊕可放大工作表的显示比例，每按一次放大 10%，例如 90%、100%、110% ……；反之，按下⊖会缩小显示比例，每按一次则会缩小 10%，例如 110%、100%、90% ……，或者可以直接拖曳中间的滑动杆。

3. 退出 Excel

当编辑完一个工作簿文件后，需要将其关闭并退出 Excel 应用程序。常用操作包括：关闭工作簿和退出 Excel。关闭工作簿是指关闭当前所打开的工作簿文件，而不会退出 Excel 应用程序，用户此时可以进行其他工作簿文件的编辑工作。而退出 Excel 将会关闭当前打开的所有工作簿文件，并退出 Excel 应用程序。

关闭工作簿的具体步骤：

(1) 选择“文件”菜单的“关闭”命令，即可关闭当前所打开的工作簿文件。如果该工作簿在编辑之后没有保存，系统将弹出如图 4-1-8 所示的信息提示框。

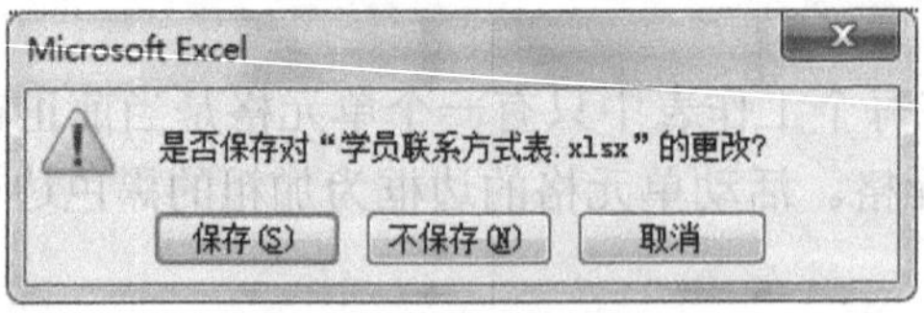

图 4-1-8 信息提示框

(2) 单击“保存”按钮，保存工作簿；单击“不保存”按钮，则不保存对工作簿所做的任何修改而直接关闭；单击“取消”按钮，则返回到编辑状态。

退出 Excel 的方法：

(1) 选择“文件”菜单→“退出”命令。

(2) 单击 Excel 2010 标题栏右侧的“关闭”按钮。

(3) 双击 Excel 2010 标题栏左侧的“控制图标”。

(4) 使用快捷键“Alt + F4”。

用户如果在退出 Excel 前没有保存修改过的工作簿文件，在退出时，系统将弹出一个提示框，提示用户是否保存对工作簿的修改。

任务二　制作学员联系方式表

在熟悉 Microsoft Excel 2010 界面要素组成及相互关系基础上，以“学员联系方式表”的制作为例，运用 Excel 2010 电子表格处理软件，介绍工作簿文件的创建和工作表的各种操作。

【学习目标】

(1) 理解工作簿、工作表、单元格、单元格区域的关系，掌握工作簿文件的创建、打开、保存、保护、关闭等基本操作。

(2) 掌握工作表中行、列、单元格的选定、复制与移动、插入与删除等操作，掌握表格中行高与列宽的设置方法。

【相关知识】

工作簿：Excel 是以工作簿为单位来处理和存储数据的，工作簿文件是 Excel 存储在磁盘上的最小独立单位，它由多个工作表组成。在 Excel 中，数据和图表都是以工作表的形式存储在工作簿文件中的。一个 Excel 工作簿又称为一个 Excel 文件，扩展名为.xlsx。

工作表：单元格的集合，是 Excel 进行一次完整作业的基本单位，通常称为电子表格。若干个工作表构成一个工作簿。在使用工作簿文件时，只有一个工作表处于活动状态。

工作簿与工作表的关系：如同账本与账页的关系一样。可以把一个工作簿看成是一个账本(由多张账页组成)，而每一个工作表就像是其中的一个账页，用于保存一个具体的表格。打开账本就可以很方便地查看其中的每一个账页，并能对某一个账页进行管理。

【任务说明】

本任务通过“根据现有内容新建”方法快速创建一份有内容的电子表格，然后在其基础上进行修改，制作一份符合实际需求的学员联系方式表，最终效果如图 4-2-1 所示。

**区队学员联系方式表

更新日期：2017-12-27

姓名	性别	出生日期	手机	宿舍编号	电子邮件	QQ号	邮编	通信地址
张小军	男	1995/5/1	13012345110	3-111	zhangxj@xty.mtn	37654321	710001	陕西省西安市雁塔区长安中路1号
王林瓶	男	1995/2/28	13012345111	3-111	wanglp@xty.mtn	37654322	710001	陕西省西安市雁塔区长安中路2号
王　海	男	1995/1/1	13012345112	3-113	wangh@xty.mtn	37654323	710001	陕西省西安市雁塔区长安中路3号
李　刚	男	1994/11/12	13012345113	3-114	lig@xty.mtn	37654324	710001	陕西省西安市雁塔区长安中路4号
李　丽	女	1996/6/7	13012345114	2-232	lil@xty.mtn	37654325	710001	陕西省西安市雁塔区长安中路5号
赵海军	男	1995/11/11	13012345115	3-117	zhaohj@xty.mtn	37654326	710001	陕西省西安市雁塔区长安中路6号
李　景	女	1995/5/20	13012345116	2-233	lij@xty.mtn	37654327	710001	陕西省西安市雁塔区长安中路7号
张　璐	女	1996/3/24	13012345117	2-233	zhangl@xty.mtn	37654328	710001	陕西省西安市雁塔区长安中路8号
王小鹏	男	1994/12/21	13012345118	2-114	wangxp@xty.mtn	37654329	710001	陕西省西安市雁塔区长安中路9号
郝　伟	男	1996/9/9	13012345119	2-119	haow@xty.mtn	37654330	710001	陕西省西安市雁塔区长安中路10号

图 4-2-1　“学员联系方式表”样例

【任务实施】

一、启动 Excel

点击屏幕左下角的“开始”按钮，在弹出的菜单中选择“所有程序”，选择“Microsoft Office→Microsoft Office Excel 2010”命令，启动 Excel 2010 应用程序，如图 4-2-2 所示。

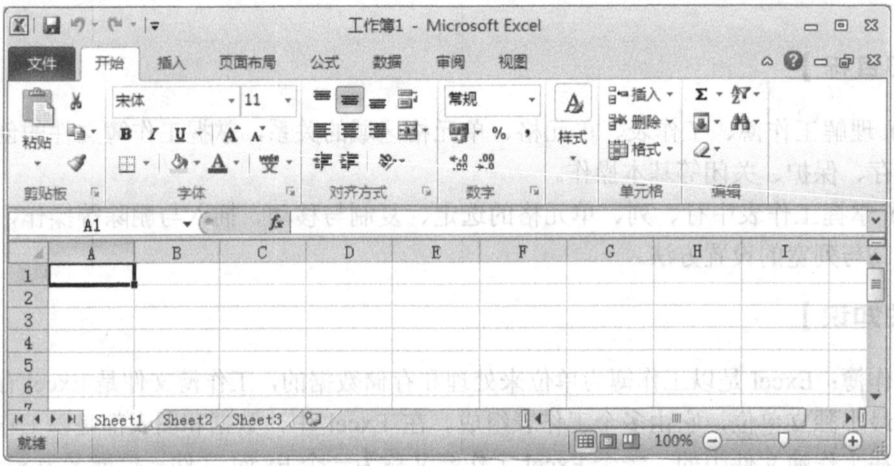

图 4-2-2　Excel 2010 的界面

二、新建工作簿文件

Excel 2010 有三种创建新工作簿文件的方法：新建空白工作簿、使用模板新建工作簿和根据现有内容新建工作簿。

1. 新建空白工作簿

创建空白工作簿的具体操作步骤如下：

(1) 选择“文件”菜单中的“新建”选项，打开如图 4-2-3 所示的窗口。

(2) 在该窗口中的“可用模板”选区中选择“空白工作簿”，然后点击窗口右下方的“创建”按钮，即可创建一个空白的工作簿文件，如图 4-2-4 所示。

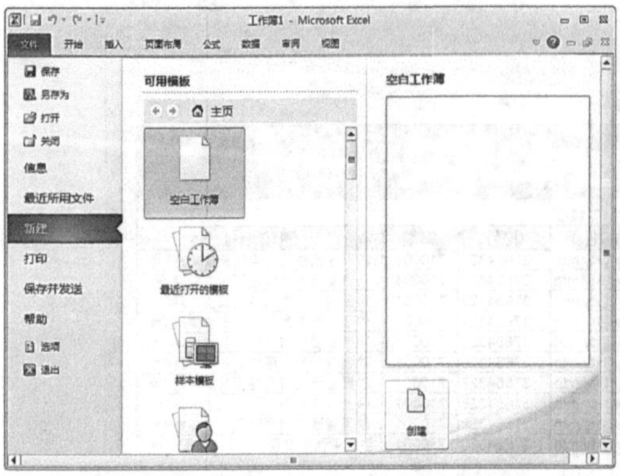

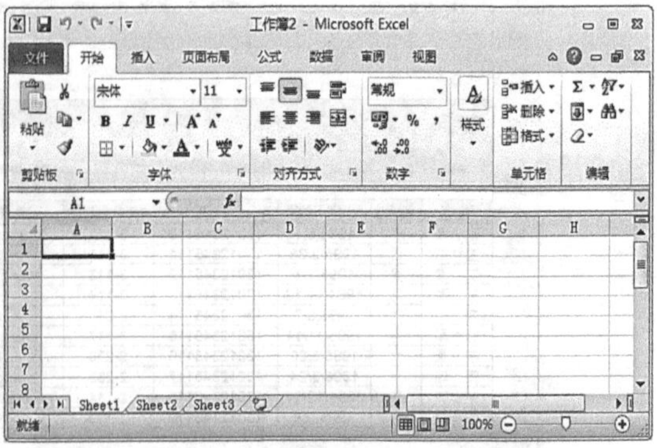

图 4-2-3　Backstage 窗口　　　　图 4-2-4　新建的“空白工作簿”

可以看到，系统会将创建的临时工作簿自动命名为“工作簿 1”“工作簿 2”“工作簿 3”……，并且每个工作簿文件中已经建立了三张空白工作表，分别被命名为“Sheet1”“Sheet2”“Sheet3”，默认打开“Sheet1”工作表。

2. 使用模板新建工作簿

Excel 2010 提供了一些模板文件，利用模板文件可以创建一个具有特定格式的新工作簿。安装 Excel 时，系统自带了一些“样本模板”，除此以外，还可以通过网络搜索相关的“Office.com 模板”。

使用“样本模板”新建工作簿的具体操作步骤如下：

(1) 选择“文件”菜单中的“新建”选项，在打开的窗口中选择“可用模板”选区中的“样本模板”命令，如图 4-2-5 所示。

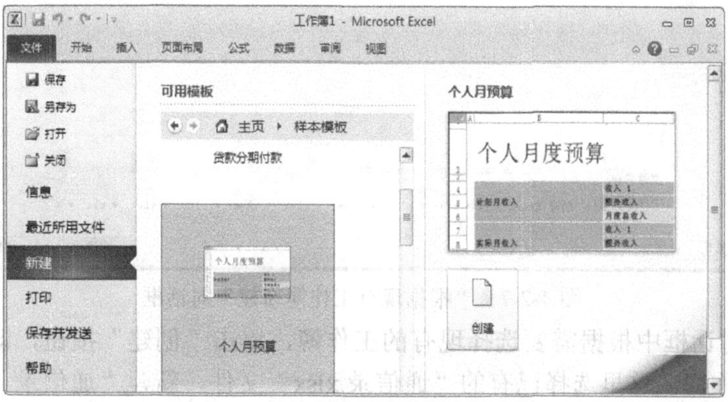

图 4-2-5 “样本模板”选择窗口

(2) 在“样本模板”选择窗口中选择自己需要的相关模板，然后点击窗口右边的“创建”按钮，即可新建一个带有特定格式的新的工作簿。图 4-2-6 就是一个新建的“个人月预算”工作簿。

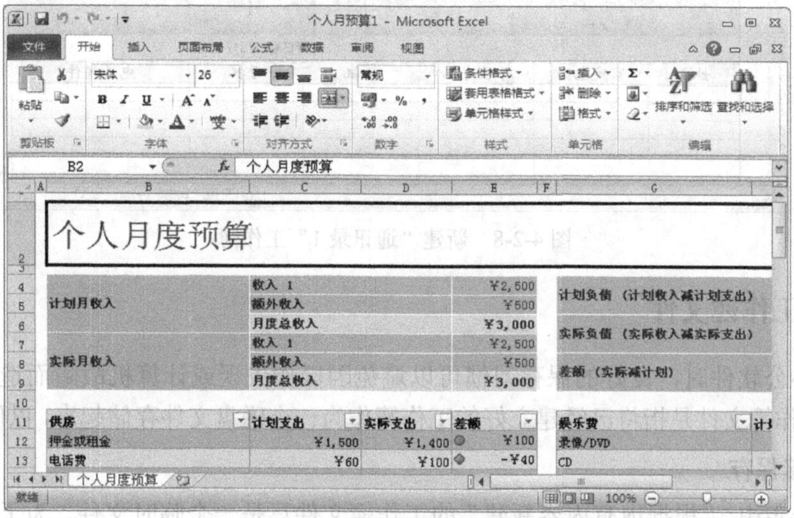

图 4-2-6 新建的“个人月预算”工作簿

3. 根据现有内容新建工作簿

根据现有内容新建工作簿的具体操作步骤如下：

(1) 选择“文件”菜单的“新建”选项，在打开的窗口中选择“可用模板”选区中的“根据现有内容新建”命令，弹出“根据现有工作簿新建”对话框，如图 4-2-7 所示。

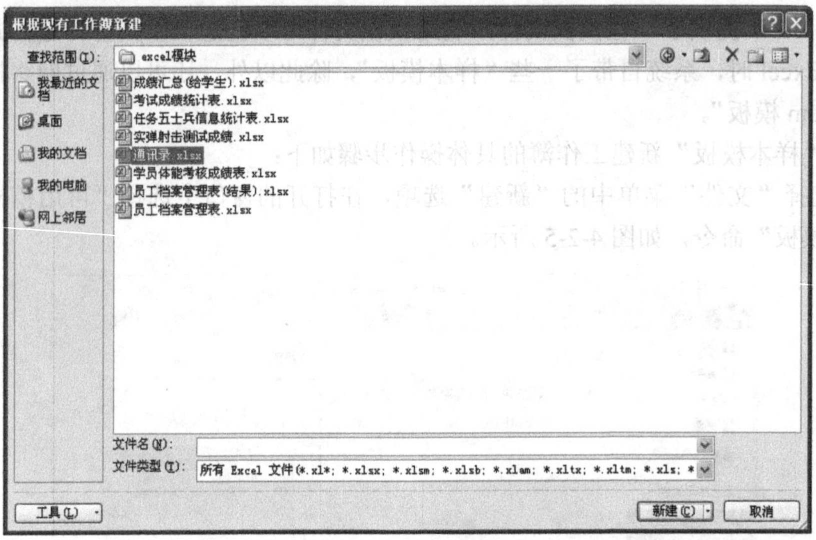

图 4-2-7　“根据现有工作簿新建”对话框

(2) 在该对话框中根据需要选择现有的工作簿，单击“创建”按钮，即可根据现有的工作簿新建工作簿。这里选择已有的“通信录.xlsx”文件，新建“通信录 1”工作簿，如图 4-2-8 所示。

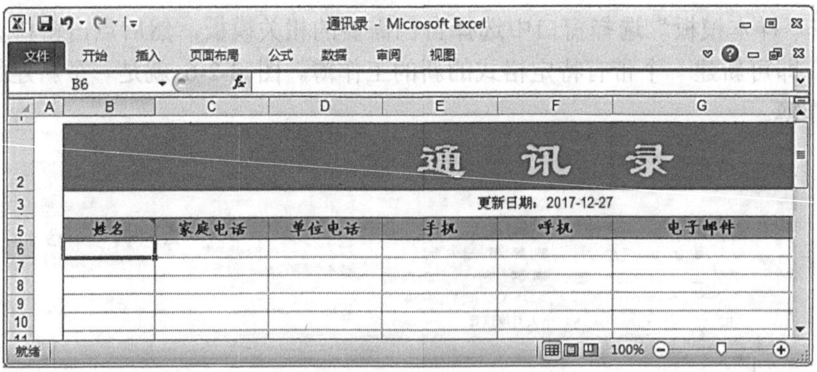

图 4-2-8　新建“通讯录 1”工作簿

三、保存工作簿文件

使用办公软件时，良好的保存习惯可以避免因操作失误或计算机故障而造成的数据丢失。保存工作簿文件是指将已经建立好的工作簿作为一个磁盘文件存储起来，以便以后使用。

1. 直接保存

在上一步中，“根据现有内容新建”的工作簿文件只是一个临时文件，为了将其保存到磁盘上方便以后使用，应当对新建的临时文件进行保存，直接保存的具体操作步骤如下：

(1) 选择“快速访问工具栏”的“保存”按钮，或者“文件”菜单中的“保存”命令，弹出“另存为”对话框，如图 4-2-9 所示。

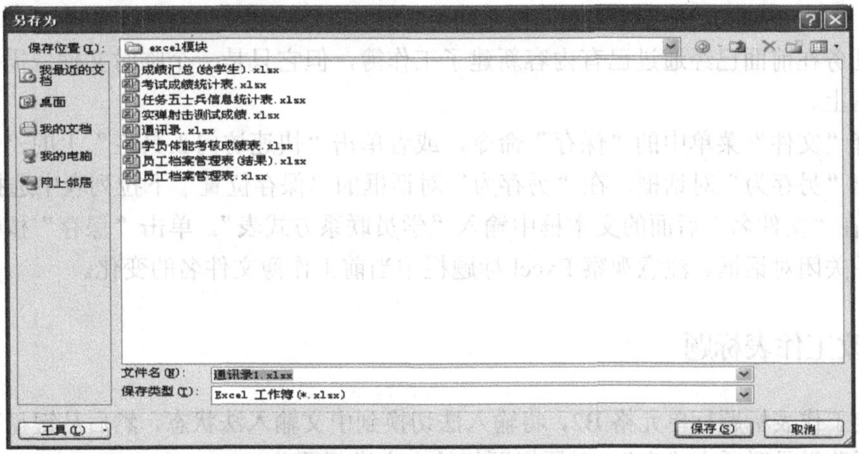

图 4-2-9　“另存为”对话框

(2) 在该对话框的左侧选择工作簿的保存位置；在“文件名”编辑框中输入要保存的工作簿的名称，Excel 2010 工作簿文件的扩展名为 .xlsx。

(3) 设置完成后，单击“保存”按钮，完成工作簿的保存工作。

注意：如果当前打开的并非临时工作簿文件，则选择“保存”命令后会直接覆盖磁盘上原有的文件；若要更改已打开工作簿的文件名或存储位置等内容，可选择“另存为”命令进行保存。

2. 自动保存

自动保存指的是系统在每隔一定的时间后自动保存一次工作簿，设置自动保存工作簿的具体操作如下：

(1) 选择“文件”菜单中的“选项”命令，弹出“Excel 选项”对话框，选择“保存”选项，如图 4-2-10 所示。

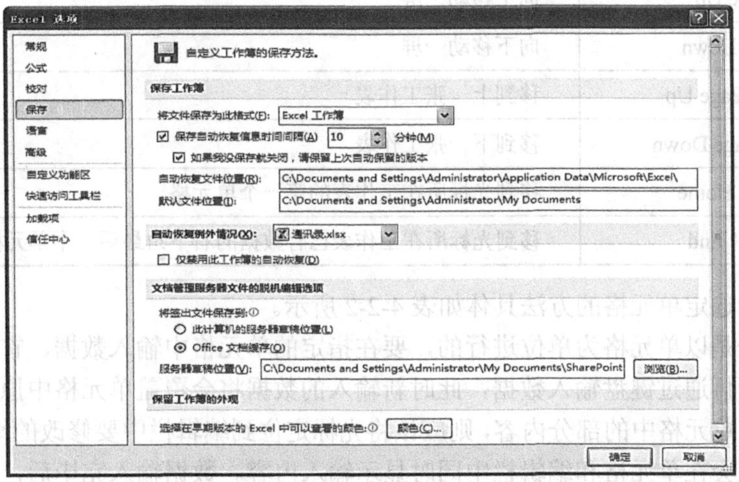

图 4-2-10　“Excel 选项”对话框

(2) 在该对话框的“保存工作簿”区域，选中☑ 保存自动恢复信息时间间隔(A)复选框，并在其右侧的 10 分钟(M)微调框中输入或调整自动保存文件的间隔时间。

(3) 设置完成后，单击“确定”按钮即可。

本任务在前面已经通过已有内容新建了工作簿，但它只是一个临时文件，需要将其保存到磁盘上。

选择“文件”菜单中的“保存”命令，或者单击“快速访问工具栏”上的“保存”按钮，弹出“另存为”对话框。在“另存为”对话框的“保存位置”下拉列表中选择“E:\任务二”；在“文件名”后面的文本框中输入“学员联系方式表”。单击“保存”按钮，保存工作簿并关闭对话框。注意观察 Excel 标题栏中当前工作簿文件名的变化。

四、修改工作表标题

选定工作表标题行单元格 B2，将输入法切换到中文输入法状态，然后从键盘直接输入“××区队学员联系方式表”，对原标题行的内容进行覆盖。

选定单元格：在对单元格进行编辑和修改之前必须首先完成的操作，用户可以使用键盘或鼠标来选定单元格。使用键盘选定单元格的方法如表 4-2-1 所示。

表 4-2-1　键盘选定单元格的方法

按　键	单元格移动的方向
←、→、↑、↓	向左、右、上、下移动一个单元格
Home	移到光标所在行的第一个单元格
Ctrl + ←	向左移到光标所在行的行首
Ctrl + →	向右移到光标所在行的行尾
Ctrl + ↑	向上移到光标所在列的列首
Ctrl + ↓	向下移到光标所在列的列尾
Page Up	向上移动一屏
Page Down	向下移动一屏
Ctrl + Page Up	移到上一张工作表
Ctrl + Page Down	移到下一张工作表
Ctrl + Home	移到光标所在工作表的第一个单元格
Ctrl + End	移到光标所在工作表已有数据的右下角最后一个单元格

使用鼠标选定单元格的方法具体如表 4-2-2 所示。

输入数据是以单元格为单位进行的，要在指定的单元格中输入数据，首先需要选定该单元格，然后再通过键盘输入数据，此时新输入的数据将会覆盖单元格中原有的数据，如果只想修改该单元格中的部分内容，则应该将光标定位到编辑栏中要修改的地方进行编辑。输入数据时，会在单元格和编辑栏中同时显示输入内容。数据输入完毕后，可以按回车键或“Tab”键确认输入，也可按 Esc 键或编辑栏上的“取消”按钮取消当前输入。

表 4-2-2 鼠标选定单元格的方法

选择内容	具体操作
单个单元格	单击相应的单元格
某个单元格区域	单击选定该区域的第一个单元格，然后拖动鼠标直至选定最后一个单元格
工作表中所有单元格	单击行号和列号交界处的“全选”按钮
不相邻的单元格或单元格区域	先选定第一个单元格或单元格区域，然后按住 Ctrl 键，再选定其他的单元格或单元格区域
较大的单元格区域	单击该区域的第一个单元格，然后按住 Shift 键，再单击该区域中第一个单元格所在对角线上的最后一个单元格
整行	单击行号
整列	单击列号
相邻的行或列	在行号或列号中拖动鼠标，或者先选定第一行或第一列，然后按住 Shift 键，再选定其他的行或列
不相邻的行或列	先选定第一行或第一列，然后按住 Ctrl 键，再选定其他的行或列
取消选定单元格	单击工作表中任意一个单元格

注意：选定单元格区域后，工作表的“名称框”中只显示最后一次被选中的连续区域中第一个被选中的单元格名称。

1. 输入文本

单元格中的文本包括任何字母、数字和键盘符号的组合。默认情况下，输入的文本型数据在单元格内左对齐，数值型数据右对齐。当输入邮政编码、电话号码等全部由数字组成的字符串时，应先输入一个“ ' ”(单引号)后，再输入字符串，以确定是文本型数据而非数值型数据。

在单元格中输入文本时，如果需要换行输入，可插入“硬回车”，方法是按下“Alt + Enter”组合键。

2. 输入数值

在 Excel 工作表中，数值型数据是使用最多也是最为复杂的数据类型。默认情况下，单元格中最多可显示 11 位数字，如果超出此范围，则自动改为以科学计数法显示，且数值在单元格内右对齐。当单元格内显示一串“#”符号时，则表示列宽不够显示此数字，可适当调整列宽以正确显示。

在 Excel 中，不同类型的数字有不同的输入方法：

输入正数：直接输入，前面不必加“+”号。

输入负数：必须在数字前加“-”号，或者给数字加上圆括号。

输入真分数：应先输入“0”和空格，再输入分数。

输入假分数：应在整数部分和分数部分之间加一个空格，以便与日期类型区分开。

3. 输入日期和时间

在单元格中输入 Excel 能够识别的日期和时间时，单元格格式自动从“常规”数字格式转换为“日期和时间”格式，输入的数据在单元格内右对齐，否则按文本处理，且数据在单元格内左对齐。

输入日期和时间数据时，应该遵循以下规则：

输入日期：日期有多种格式，可用“/”或“-”分隔，也可用年、月、日格式。按“Ctrl + ;”组合键，可输入当前日期；按“Ctrl + Shift + ;”组合键，可输入当前的系统时间。

输入时间：小时、分、秒之间用“:”分隔。系统默认输入的时间是 24 小时制，如果使用 12 小时制，则需要在输入的时间后输入一个空格，再输入“am”或“pm”，也可以输入“a”或“p”来表示上午和下午。

五、删除批注

通过“通讯录”模板创建的“××区队学员联系方式表”中“姓名”单元格的右上方有一个红色的三角，说明该单元格已经添加了批注。

将鼠标移动到该单元格上方，会显示出批注的内容，如图 4-2-11 所示。

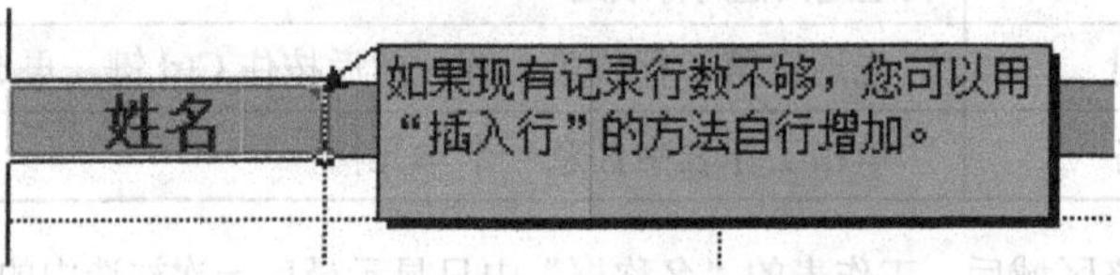

图 4-2-11　“姓名”单元格的批注

选中“姓名”单元格，单击“审阅”选项卡→“批注”按钮组中的“删除”按钮，即可实现批注的删除。

六、插入/删除列/行

通过“根据现有内容”生成的工作表并不能满足本任务的要求，如图 4-2-12 所示，需要在工作表中插入两列，并删除多余的空白行。

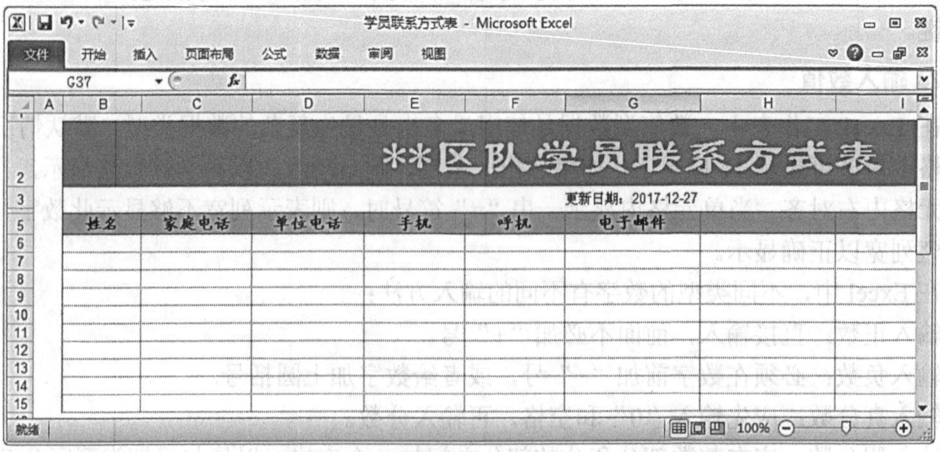

图 4-2-12　插入列和删除行后的任务效果

1. 插入列

点击“地址”所在列的列标 H 选定该列，或者选定 H 列中的某个单元格。

切换到“开始”选择卡，选择“单元格”组→“插入”按钮→“插入工作表列”命令，即可完成在“地址”列前插入一个新列。

重复一次“单元格”组→“插入”按钮→“插入工作表列”命令操作，实现在“地址”列之前插入第二个新列。

2. 删除行

将鼠标移动到第16行的行号上，当指针图标变为向右的实心箭头时，按下鼠标左键，向下拖动到第35行的行号上，完成第16行到35行的选定。

切换“开始”选择卡，选择“单元格”组→“删除”按钮→“删除工作表行”命令，实现行的删除(工作表的结构如图4-2-12所示)。

七、修改表头信息

(1) 选定C5单元格，将其中的内容“家庭电话”修改为“性别”。

(2) 选定D5单元格，将其中的内容“单位电话”修改为“出生日期”。

(3) 选定F5单元格，将其中的内容“呼机”修改为“宿舍编号”。

(4) 选定H5单元格，输入“QQ号”。

(5) 选定I5单元格，输入“邮编”。

(6) 选定J5单元格，并在编辑栏中本单元格内容“地址”前点击鼠标左键，将插入点定位到原有内容之前，用键盘输入“通信”，修改单元格内容为“通信地址”。

完成后的工作表效果如图4-2-13所示。

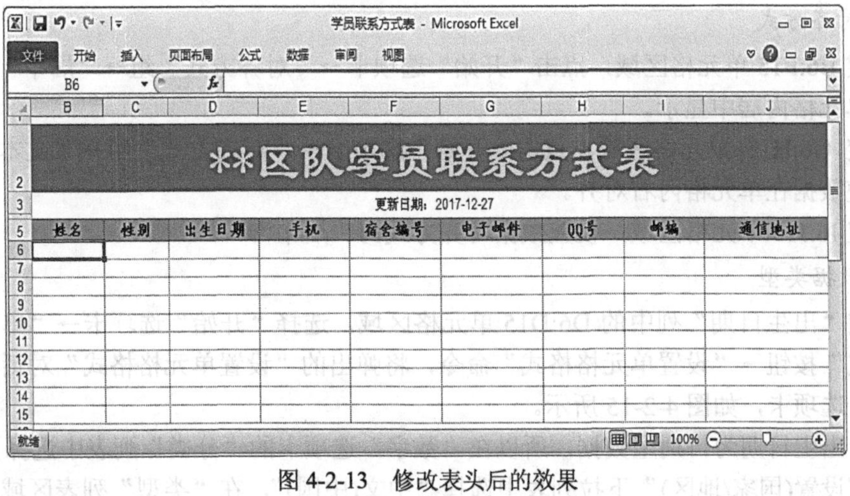

图4-2-13　修改表头后的效果

八、调整列宽

将鼠标指针移动到C列和D列的列标之间，当指针变化为向左右扩展的箭头形状时，按下鼠标左键并向左移动，当C列的宽度恰好能够显示“性别”文本内容时，松开鼠标左键，实现对C列宽度的调整。

使用相同方法，将“联系方式表”中其他各列的宽度调整为与样例中各列的宽度大体一致。完成后，工作表的效果如图4-2-14所示。

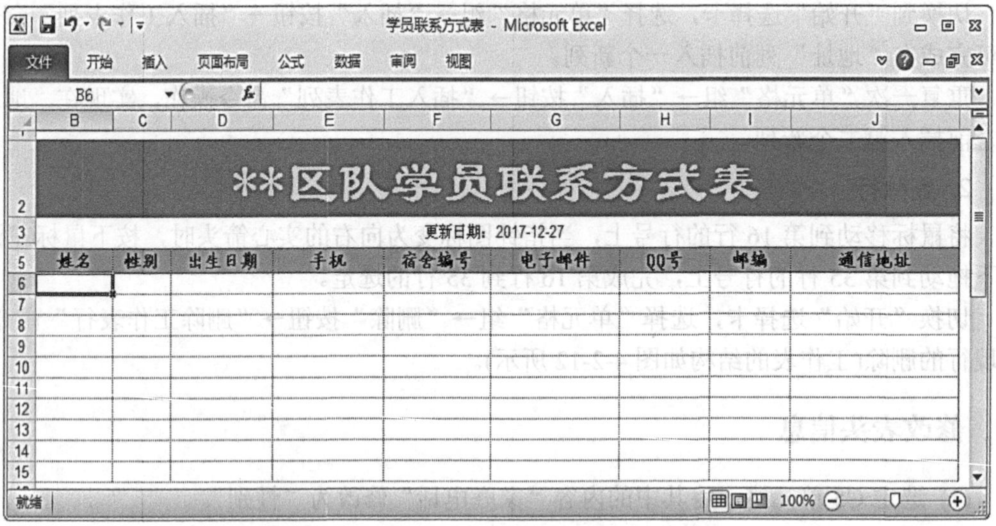

图 4-2-14　调整列宽后的效果

九、设置单元格格式并输入数据

1. 设置单元格格式

为了使工作表中的信息能够正确、美观地显示出来，在输入数据之前，需要对单元格中的文本对齐方式和数据类型进行设置。

1) *对齐方式*

选定 B6:F15 单元格区域，点击“开始”选项卡→“对齐方式”组→“居中”按钮，使数据在单元格内居中显示。

选定 G6:H15 单元格区域，点击“开始”选项卡→“对齐方式”组→“文本右对齐”按钮，使数据在单元格内右对齐。

选定 I6:J15 单元格区域，设置数据对齐方式为“居中”。

2) *数据类型*

选定“出生日期”列中的 D6:D15 单元格区域，选择“开始”选项卡→“单元格”组→“格式”按钮→“设置单元格格式”命令，将弹出的“设置单元格格式”对话框切换到“数字”选项卡，如图 4-2-15 所示。

由于出生日期为日期型数据，所以在“数字”选项卡的“分类”列表中选择“日期”，在“区域设置(国家/地区)”下拉列表中选择“中文(中国)”，在“类型”列表区域中选择第一种日期显示形式“*2001-3-14”。最后单击“确定”按钮，关闭对话框并完成设置。

选定“E6:E15，H6:I15”单元格区域，在选定区域上单击鼠标右键，在弹出的快捷菜单中选择“设置单元格格式”命令，同样打开“单元格格式”对话框，在“数字”选项卡的“分类”列表中选择“文本”，将该单元格中数据的格式设置为文本类型。

注意：若单元格中的文本仅由数字组成，比如电话号码、邮政编码、身份证号等，在输入数据之前应先输入一个单引号“'”，或者在输入数据之前，设置单元格中数据的格式为“文本类型”。

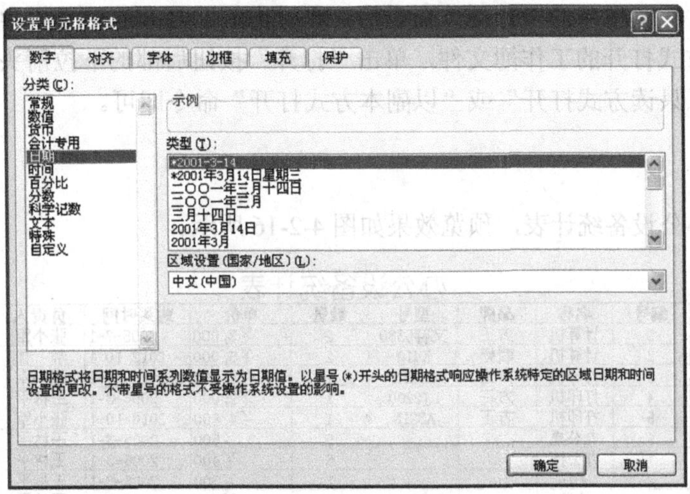

图 4-2-15　“设置单元格格式”对话框

2. 输入数据

按照样例的内容，依次输入各个学生的联系信息，得到如图 4-2-1 所示的工作簿文件。

十、保存退出

单击“保存”按钮，保存工作簿，然后选择“文件”菜单中的“关闭”命令，关闭当前工作簿文件。

十一、打开工作簿文件

对于已经保存在磁盘上的工作簿文件，如果要对其进行修改或编辑，首先需要将其打开再执行修改或编辑操作。打开 Excel 工作簿的方法有很多种，这里主要介绍最典型的两种打开方法。

1. 直接打开工作簿

直接打开工作簿的具体操作步骤如下：

(1) 选择“文件”菜单中的“打开”命令，将会弹出“打开”对话框。

(2) 在对话框上方的下拉列表中选择工作簿所在的位置，在列表框中选中想要打开的工作簿文件。

(3) 单击“打开”按钮，即可打开该工作簿文件。

最为直接的工作簿文件打开方式：双击鼠标，点击需要打开的工作簿文件图标。

2. 以只读方式或副本方式打开工作簿

为了保证在打开已有工作簿文件后，所做的修改不会被保存到原文件中，可以以只读方式打开文件。

如果要打开一个工作簿文件并对其进行修改，但又想保留原来的内容，可以采用以副本方式打开文件。

以只读方式或副本方式打开工作簿的方法如下：

选择“文件”菜单中的“打开”命令后，在弹出的“打开”对话框中选择需要打开其副本或以只读方式打开的工作簿文件，单击“打开”按钮后部的下拉箭头，在弹出的下拉菜单中选择“以只读方式打开”或“以副本方式打开”命令即可。

【课堂练习】

制作一份办公设备统计表，预览效果如图 4-2-16 所示。

办公设备统计表

编号	名称	品牌	型号	数量	单价	购买时间	负责人
1	计算机	方正	文祥E330	2	¥3,000	2005-7-1	张小军
2	计算机	联想	K410	2	¥5,000	2012-10-1	郝　伟
3	打印机	方正	A321N	1	¥4,800	2010-10-1	张小军
4	打印机	方正	LJ2200	1	¥2,000	2006-3-1	王林平
5	打印机	方正	A321N	1	¥4,800	2010-10-1	张小军
6	办公桌			6	¥500	2006-3-1	王林平
7	办公椅			5	¥400	2006-3-1	王林平
8	茶几			1	¥300	2006-3-1	王林平
9	沙发			2	¥800	2006-3-1	王林平

图 4-2-16　“办公设备统计表”样例

操作要求：

(1) 新建一个空白工作簿并修改第一个工作表的标签为“办公设备统计表”。

(2) 合并 B1:I1 单元格区域，输入标题“办公设备统计表”，并设置字体为幼圆，字号为 20 磅，字形加粗。

(3) 根据样例输入统计表中各列的标题，字形加粗。

(4) 根据样例中的内容判断单元格中数据的类型，根据数据类型的不同设置单元格格式并输入数据。

(5) 为表格设置内边框和外边框。

(6) 工作簿保存为“E:\办公设备统计表.xlsx”。

【知识扩展】

一、单元格批注

在 Excel 中，批注相当于对单元格添加的注释，通常是以文字的形式对表格中的部分内容进行说明。有关批注的操作主要有以下几种：

1. 添加批注

首先选定要添加批注的单元格，然后点击“审阅”选项卡→“批注”组→“新建批注”按钮，或者单击鼠标右键，在弹出的快捷菜单中选择“插入批注”命令，在出现的文本框中编辑想要显示的文字，最后在文本框外任意位置点击鼠标或点击两次 Esc 键，即可完成批注的添加。

2. 编辑批注

编辑批注时，首先选定具有批注的单元格，然后点击“审阅”选项卡→“批注”组→“编辑批注”按钮，就可以打开批注编辑文本框，对其中的文本进行编辑即可；用户也可以在具有批注的单元格上单击鼠标右键，在弹出的快捷菜单中选择“编辑批注”命令。

3. 删除批注

删除批注时，首先选定具有批注的单元格，然后点击“审阅”选项卡→“批注”组→“删除”按钮，即可完成批注的删除；用户也可以在具有批注的单元格上单击鼠标右键，在弹出的快捷菜单中选择“删除批注”命令。

二、窗口视图设置

根据表格制作的不同要求，有时需要显示或隐藏 Excel 窗口环境下的不同内容，如网格线、工作表标签、行号列标等。切换到“视图”选项卡，在“显示”组中可以设置“网格线”“编辑栏”和“标题”的显示与否，如图 4-2-17 所示。

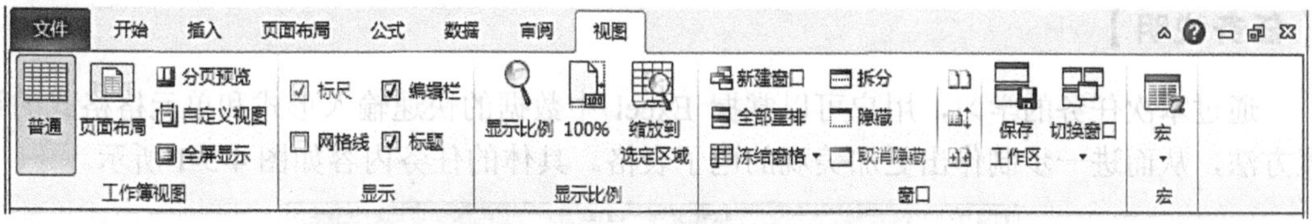

图 4-2-17 “视图”选项卡—“显示”组

选择“文件”菜单下的“选项”命令，打开“Excel 选项”对话框，选择“高级”选项，在“此工作薄的显示选项”和“此工作表的显示选项”区域里对“水平滚动条”“垂直滚动条”“工作表标签”和“行和列标题”等项目的显示进行设置，如图 4-2-18 所示。

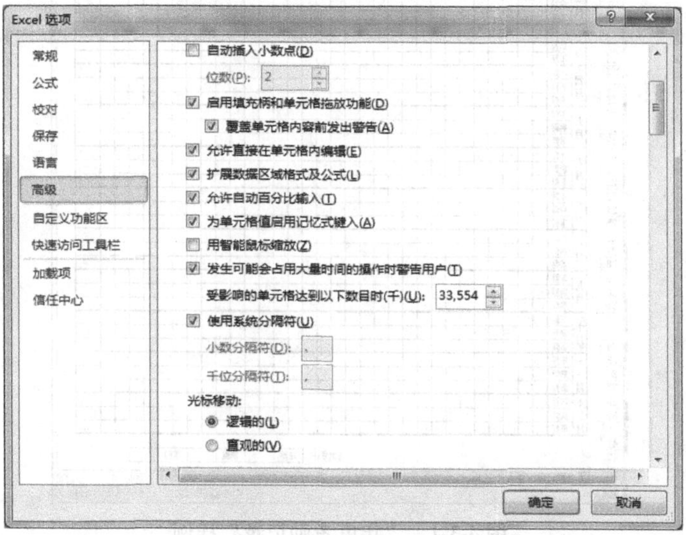

图 4-2-18 “Excel 选项”对话框—“高级”选项

任务三 制作年度考勤记录表

【学习目标】

(1) 掌握工作表的切换、重命名、插入与删除、复制与移动、隐藏与恢复等基本操作。

(2) 掌握数据和格式的填充操作。

(3) 掌握单元格格式的设置。

【相关知识】

Excel 2010 为用户提供了一种自动填充功能，可以自动填充相同的数据和格式，或者按照某种序列填充。使用填充功能最常用的办法是拖动“填充柄”。“填充柄”是指选定单元格时右下角的小方块。当选定行或列时，鼠标变为实心十字形状，此时按住鼠标左键拖动填充柄就可以实现填充。

注意：自动填充时，选中的单元格中即使已经有数据，也会被新的填充数据覆盖掉。

【任务说明】

通过本次任务的学习，用户可以掌握 Excel 中数据的快速输入形式和单元格格式的设置方法，从而进一步制作出更加美观的电子表格。具体的任务内容如图 4-3-1 所示。

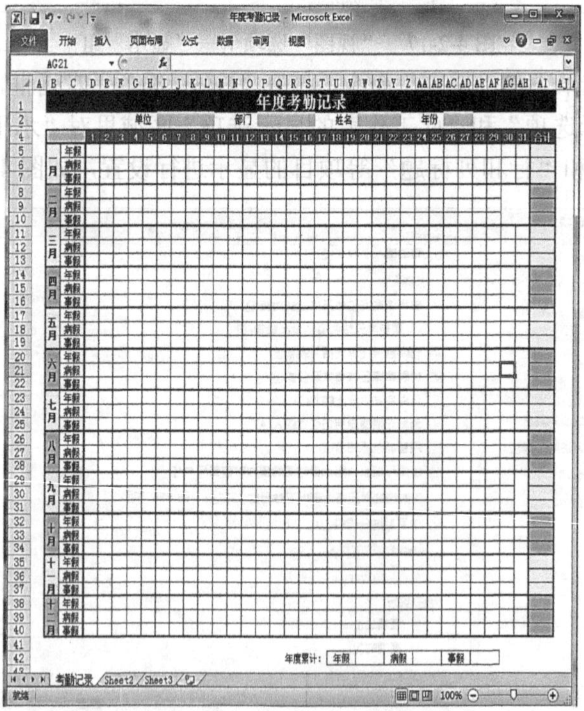

图 4-3-1　“年度考勤记录”样例

【任务实施】

一、新建空白工作簿文件

首先启动 Excel 2010，然后选择“文件”菜单中的“保存”命令，将弹出“另存为”对话框，如图 4-3-2 所示，在对话框“保存位置”区域设置路径为“D:\Excel 任务三”，在“文件名”右边的文本框中输入工作簿名称“考勤记录表”，最后点击“保存”命令，关闭对话框，实现将系统自动新建的“工作簿 1”工作簿保存为“考勤记录表”工作簿。

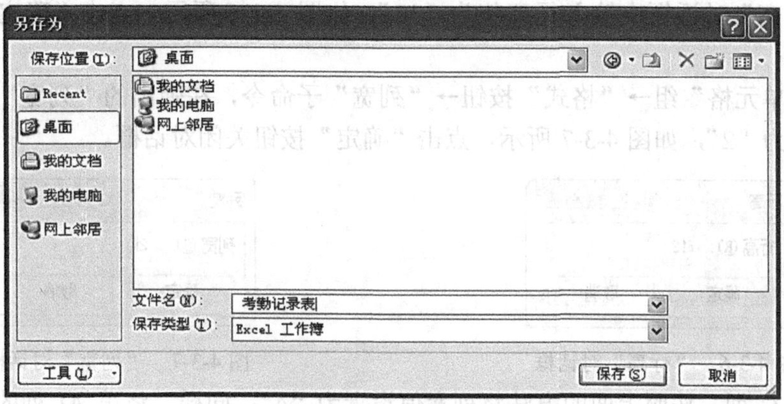

图 4-3-2　“另存为”对话框

双击“考勤记录表”工作簿中第一张工作表的标签“Sheet1”，从键盘输入新的工作表名“考勤记录”，并点击回车键确认输入，如图 4-3-3 所示。

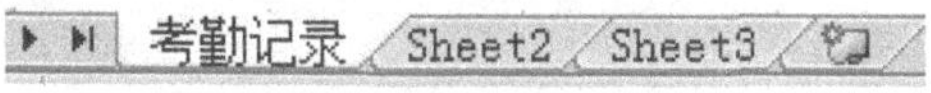

图 4-3-3　工作表标签

切换到“页面布局”选项卡，点击“页面设置”组右下角的“对话框启动器”，打开“页面设置”对话框，在“页面”选项卡中选中方向区域中“横向”单选按钮，将页面方向设置为“横向”，如图 4-3-4 所示；切换到“页边距”选项卡，将页面的上边距设置为“1.5”，下边距设置为“1”，左右边距都设置为“1.9”，页眉和页脚都设置为“0.8”，居中方式设置为“水平”，如图 4-3-5 所示。点击“确定”按钮关闭对话框。

图 4-3-4　“页面设置”之“页面”

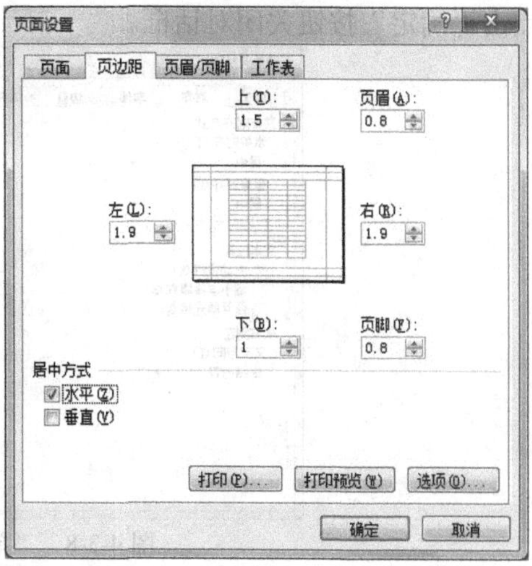

图 4-3-5　“页面设置”之“页边距”

二、设置行高和列宽

点击工作区左上角外的“全选”按钮，选定“考勤记录表”中的所有单元格。

切换到“开始”选项卡，执行“单元格”组→“格式”按钮→“行高”子命令，在弹出的“行高”对话框中输入行高值为“12”，如图 4-3-6 所示，点击“确定”按钮关闭对话框。

执行“单元格”组→“格式”按钮→“列宽”子命令，在弹出的“列宽”对话框中，输入行高值为“2”，如图 4-3-7 所示，点击“确定”按钮关闭对话框。

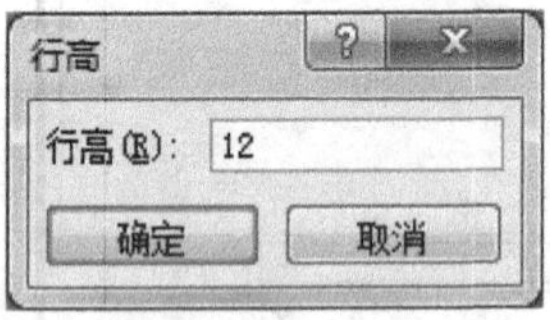

图 4-3-6　“行高”对话框

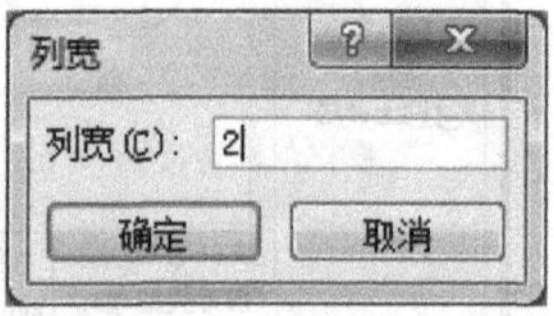

图 4-3-7　“列宽”对话框

选中第 C 列，按照上面的方法将列宽值设置为“4”；同样，将第 AI 列的列宽值也设置为“4”。

选中第 1 行，按照上面的方法将行高值设置为“20”。

选定第 3 行，按照上面的方法将行高值设置为“4”。

三、单元格的合并

1. 使用命令合并单元格

选定单元格区域 B1:AI1，执行“单元格”组→“格式”按钮→“设置单元格格式”子命令，弹出“设置单元格格式”对话框，点击“对齐”选项卡，切换到单元格对齐格式设置页面，如图 4-3-8 所示，在“文本对齐方式”区域中，将水平对齐和垂直对齐均选择为“居中”，在“文本控制”区域中，点击“合并单元格”复选框，使其处于选中状态，最后点击“确定”按钮关闭对话框。

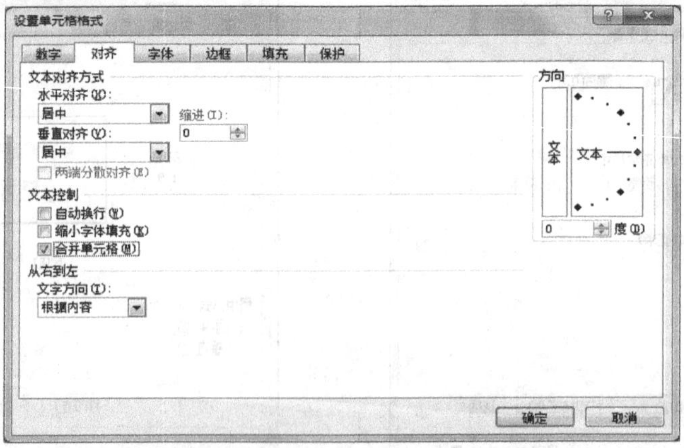

图 4-3-8　“单元格格式”—“对齐”

选定 G2:H2 单元格区域，按照上面的方法合并单元格，并将文本水平对齐方式设置为“靠右(缩进)”，缩进值为“0”。使用相同的方法分别合并 N2:O2、U2:V2、AA2:AB2 单元格区域(注意：在执行完 G2:H2 的设置后，可以先选定 M2:N2 单元格区域的情况下，选择“开始”选项卡→“剪贴板”组→“格式刷”命令按钮或点击“Ctrl + Y”组合键，快速实现重复的格式设置)。

选定 I2:L2 单元格区域，使用“设置单元格格式”对话框合并单元格区域，并将文本水平对齐方式设置为“靠左(缩进)”，缩进值为“0”。使用“Ctrl + Y”组合键，快速合并 P2:S2、W2:Y2、AC2:AD2 单元格区域。

2. 合并后居中

选定 B4:C4 单元格区域，点击“开始”选项卡→“对齐方式”组→“合并后居中”按钮，快速完成单元格合并，并将文本的水平对齐方式设置为“居中”。

使用“合并后居中”按钮，快速合并以下单元格区域：

第 B 列中的：B5:B7、B8:B10、B11:B13、B14:B16、B17:B19、B20:B22、B23:B25、B26:B28、B29:B31、B32:B34、B35:B37、B38:B40。

第 AH 列中的：AH8:AH10、AH14:AH16、AH20:AH22、AH29:AH31、AH35:AH37。

第 42 行中的：R42:T42、U42:V42、W42:X42、Y42:Z42、AA42:AB42、AC42:AD42、AE42:AF42。

四、数据的输入与填充

选定 B1 单元格，首先从键盘输入“年度考勤记录”，然后点击编辑栏中的“输入”按钮，确认输入。在选定 B1 单元格的基础上，选择“开始”选项卡→“单元格”组→“格式”按钮→“设置单元格格式”子命令，打开“设置单元格格式”对话框：切换到“字体”选项卡，设置字体为“华文中宋”，字形“加粗”，字号为“16”磅，字体颜色为“白色”，如图 4-3-9 所示；切换到“填充”选项卡，设置背景色为第一行第二列的黑色，如图 4-3-10 所示。最后点击“确定”按钮，完成设置并关闭对话框。

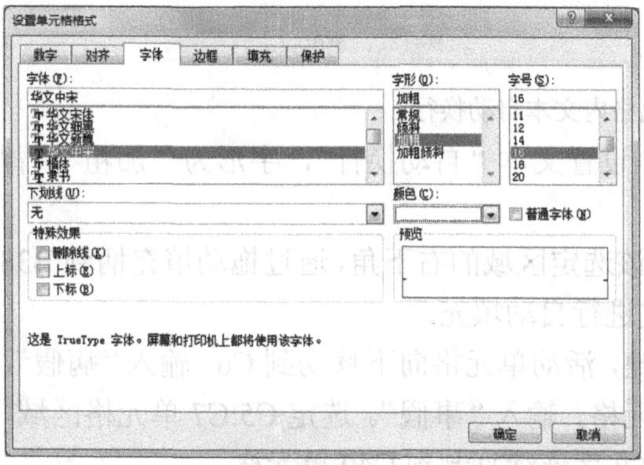

图 4-3-9 “设置单元格格式”—“字体”

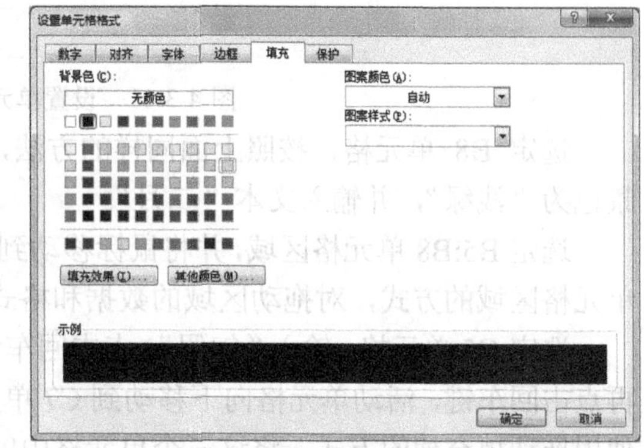

图 4-3-10 “设置单元格格式”—“填充”

选定 B2:AI42 单元格区域，打开“开始”选项卡→“字体”组中的“字号”列表，将该单元格区域中文本的字号大小设置为“9”磅，点击“对齐方式”组中的“居中”按钮，将文本水平对齐方式设置为居中。

选定 G2 单元格，输入“单位”；选定 N2 单元格，输入“部门”；选定 U2 单元格，输入“姓名”；选定 AA2 单元格，输入“年份”。

选定 I2 单元格，点击“字体”组中的“填充颜色”按钮右边的下拉按钮，展开填充颜色选择列表，将鼠标移动到选择区域中第三行第五列的“蓝色，淡色 60%”图标按钮之上，在确认颜色名称后，单击该颜色按钮，为 I2 单元格设置“淡蓝色”填充色。按照同样的方法，为 P2、W2、AC2 设置相同颜色的填充。

选定 B4 单元格，设置填充颜色为“白色，深色 25%”。

选定 D4 单元格，输入数字“1”，并将单元格的填充颜色设置为“深蓝”，字形加粗，字体颜色设为“白色”。将鼠标移动到 D4 单元格的右下角，当鼠标指针变为实心的十字形状时，按下鼠标左键，并同时按下键盘上的 Ctrl 键，然后拖动鼠标指针至 AI4，松开鼠标左键后释放 Ctrl 键。可以看到，Excel 在自动按照递增数列的形式进行连续单元格中数据填充的同时，也可以进行外观格式的填充。

选定 AI4 单元格，输入“合计”，直接覆盖原有内容。

选定 B5 单元格，打开“设置单元格格式”对话框，在“对齐”选项卡的“文本控制”区域选中“自动换行”选项，如图 4-3-11 所示。在“字体”选项卡中设置字形为“加粗”，在“填充”选项卡中设置背景色为“浅黄”，单击“确定”按钮完成设置。最后向 B5 单元格输入文本“一月”。

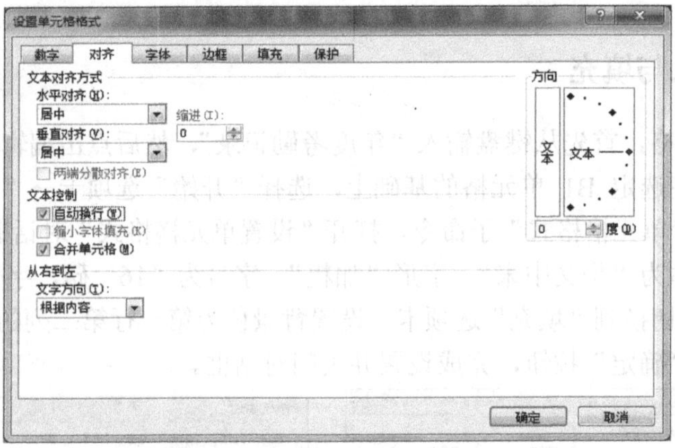

图 4-3-11　设置单元格内文本自动换行

选定 B8 单元格，按照上面同样的方法，设置文本“自动换行”，字形为“加粗”，背景色为“浅绿”，并输入文本“二月”。

选定 B5:B8 单元格区域，并将鼠标移动到该选定区域的右下角，通过拖动填充柄到 B38 单元格区域的方式，对拖动区域的数据和格式进行自动填充。

选定 C5 单元格，输入“年假”，点击回车键，活动单元格向下移动到 C6，输入“病假”，再点击回车键，活动单元格向下移动到 C7 单元格，输入“事假”。选定 C5:C7 单元格区域，使用拖动填充柄的方式，将这三个单元格中的文字连续复制到 C40 单元格。

选定 AI5:AI7 单元格区域，设置单元格填充色为“浅黄”，选定 AI8:AI10 单元格区域，设置单元格填充为“浅绿”色。选定 AI5:AI10 单元格区域，通过拖动填充柄的方式，自动填充单元格格式到 AI40 单元格。

在 R42 单元格中输入“年度累计：”，在 U42 单元格中输入“年假”，在 Y42 单元格中输入“病假”，在 AC42 单元格中输入“事假”。

五、设置边框

选定 B4:AI40 单元格区域，打开“设置单元格格式”对话框，切换到“边框”选项卡，如图 4-3-12 所示。首先在线条列表中选中第一列最后一行的细实线，然后打开颜色列表，选择“深蓝”色，最后点击预置区域的“内部”按钮，将选定单元格区域的内部线条设置为以上选定的样式；在线条区域中重新选中第二列第五行较粗的实线，点击预置区域的“外边框”按钮，对选定单元格区域的外部框线进行设置。在对话框中可以看到边框设置的总体效果。最后，点击“确定”按钮完成边框设置。

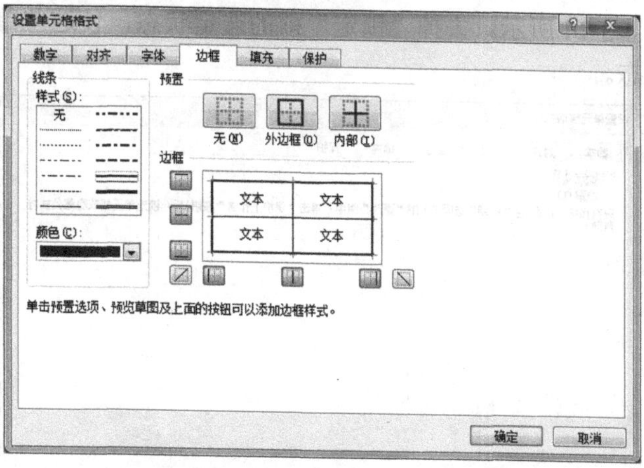

图 4-3-12　“单元格格式”—“边框”

点击“开始”选项卡→“字体”组→“边框”命令按钮右侧的下拉按钮，展开边框列表，首先在“线条颜色”列表中选择“深蓝”色，然后在“线型”列表中选择第九项较粗的实线，最后选择“绘图边框”命令，鼠标变为“画笔”图标，从 B5 单元格拖动画笔图标到 C40 单元格，为 B5:C40 单元格区域添加外边框线条。以相同的方式，依次为 AI4:AI40、B5:AI7、B11:AI13、B17:AI19、B23:AI25、B29:AI31、B35:AI37 单元格区域设置相同的外边框线条。

最后，为 U42:AE42 添加边框，内边框和外边框的线条均为蓝色的细实线。

任务的效果如图 4-3-13 所示。

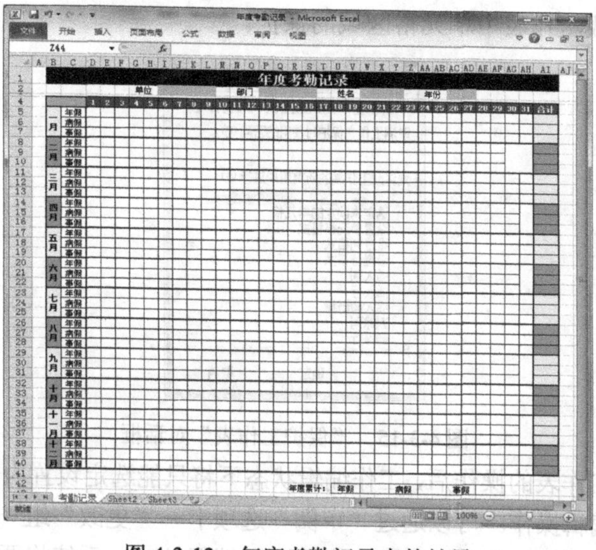

图 4-3-13　年度考勤记录表的效果

六、保护工作表

保护工作表，指的是保护工作表中部分单元格中的信息，以防止用户选中该单元格并修改其中的信息。

选定I2、P2、W2、AC2四个单元格，打开“设置单元格格式”对话框，并切换到“保护”选项卡，如图4-3-14所示。去掉“锁定”前的选定状态，使这些单元格在保护工作表后，处于非保护状态。

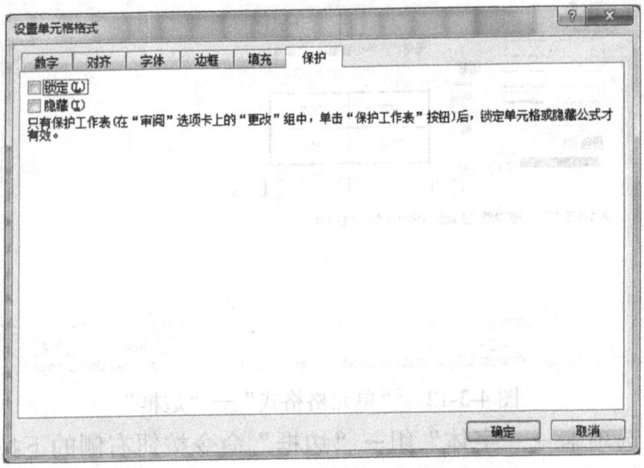

图4-3-14　“设置单元格格式”—“保护”

同样，选定工作表中D5:AH40单元格区域，使用上面的方法去掉该区域的“锁定”。

选定AG8、AH14、AH20、AH29、AH35五个单元格，使用相同的方法为单元格加上“锁定”。

切换到“审阅”选项卡，点击“更改”组→“保护工作表”按钮，弹出“保护工作表”对话框，如图4-3-15所示。在“保护工作表”对话框中选中“保护工作表及锁定的单元格内容”，并选中“允许此工作表的所有用户进行”列表中的“选定未锁定的单元格”，单击“确定”按钮，完成工作表中单元格区域的保护。

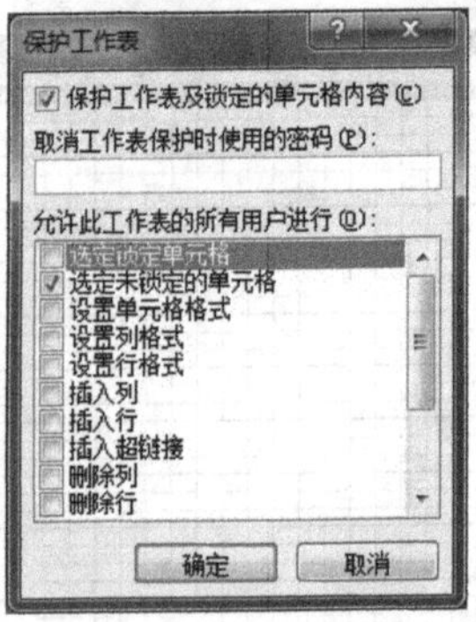

图4-3-15　“保护工作表”对话框

完成上面保护工作表的操作后，工作编辑状态下将只能选定设置为非“锁定”的单元格，而无法进行其他的编辑操作。可以通过“审阅”选项卡→“更改”组→“撤消工作表保护”按钮取消保护，如果保护工作表时设置了密码，取消保护时，系统将要求用户输入密码。

七、工作表的视图选项设置

选择“文件”菜单中的“选项”命令，打开“Excel 选项”对话框，在左侧窗格中选择“高级”，在右侧窗格中的“此工作簿的显示选项”中去掉“显示水平滚动条”和“显示垂直滚动条”的选中状态，如图 4-3-16 所示，单击“确定”按钮，关闭对话框。切换到“视图”选项卡，去掉“显示”组中的“网格线”和“标题”的选中状态，当前工作的视图如图 4-3-17 所示。

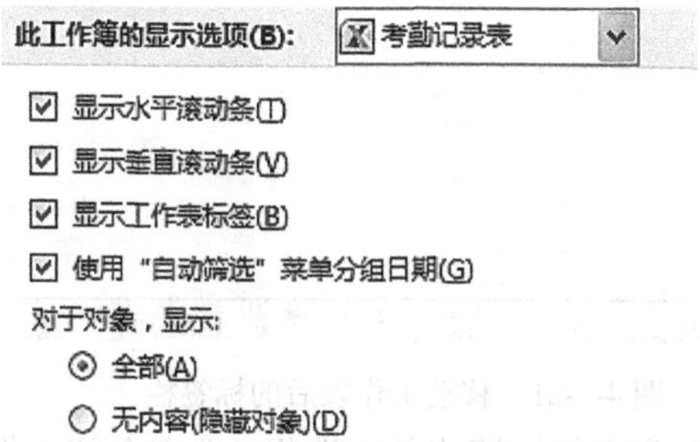

图 4-3-16　“Excel 选项”对话框—“高级”

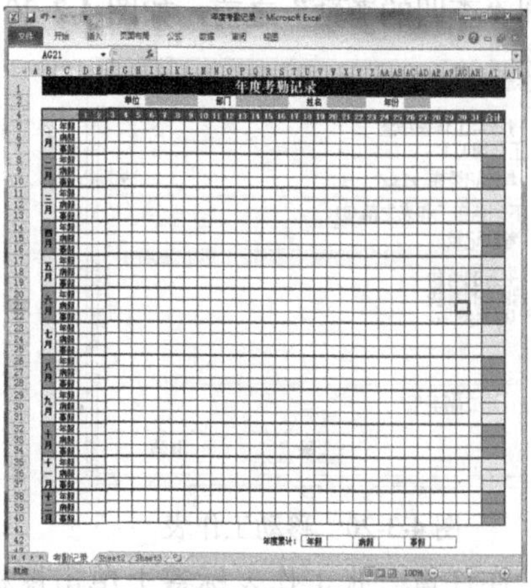

图 4-3-17　任务三的效果

八、复制、移动、删除、隐藏工作表

在工作表标签位置选中第二个工作表 Sheet2，选择“编辑”菜单中的“删除工作表”命令，删除 Sheet2；在 Sheet3 工作表标签上单击鼠标右键，在弹出的快捷菜单中选择“删除”，删除 Sheet3。

选择“考勤记录”工作表标签，点击鼠标右键，在弹出的菜单中选择“移动或复制”命令，打开“移动或复制工作表”对话框。在“工作簿”为当前工作簿名称的情况下，在“下列选定工作表之前”列表中选择“(移至最后)”，勾选“建立副本”复选框，如图 4-3-18 所示，单击“确定”按钮，即可完成在已有工作表的末尾插入一份同样内容的工作表“考勤记录(2)”。修改新工作表的标签为“李四的考勤”。

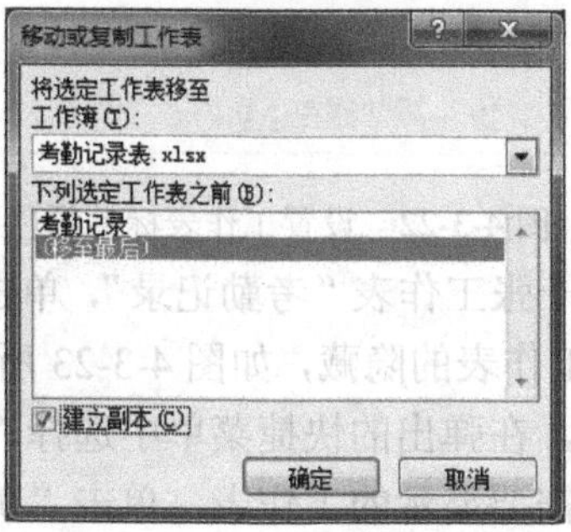

图 4-3-18　复制工作表

使用相同的方式，再复制两份“考勤记录”表，并修改标签名为“王五的考勤”和“张三的考勤”，如图 4-3-19 所示。

图 4-3-19　复制工作表后的标签栏

在工作表“张三的考勤”标签上单击鼠标右键，在弹出的快捷菜单中选择“移动或复制工作表”命令，再次打开“移动或复制工作表”对话框，在当前工作簿中，将“张三的考勤”移动到“李四的考勤”之前，如图 4-3-20 所示。最终工作簿中工作表的顺序如图 4-3-21 所示。

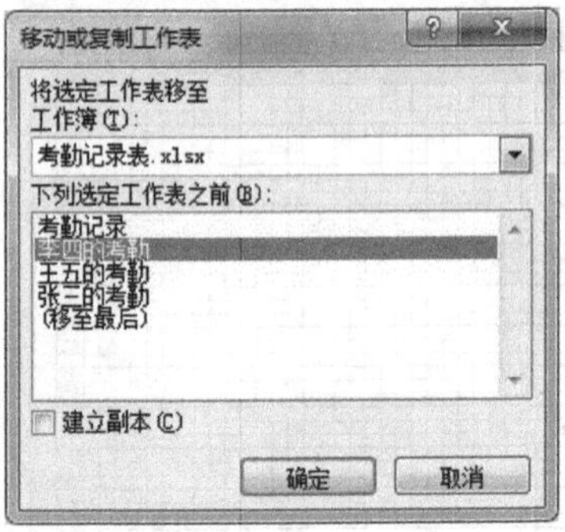

图 4-3-20　移动工作表

图 4-3-21　移动工作表后的标签栏

在任意一张工作表标签上单击鼠标右键，在弹出的快捷菜单中选择“选定全部工作表”命令，选定全部工作表；再在工作表标签上单击鼠标右键，在弹出的快捷菜单中选择“工作表标签颜色”命令，弹出颜色列表，如图 4-3-22 所示，在颜色列表中选择“标准色”中的“黄色”，完成工作标签颜色的设置。

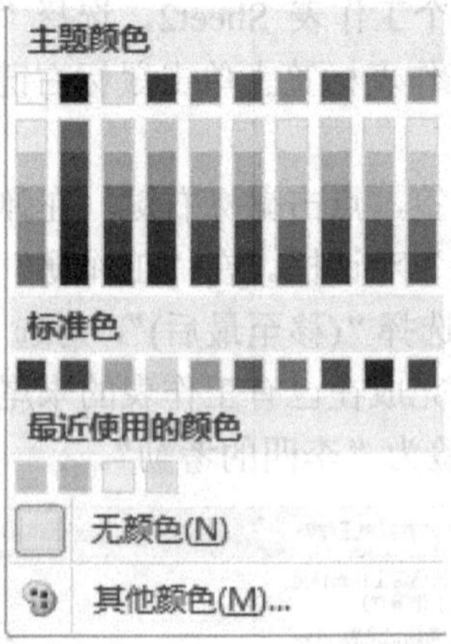

图 4-3-22　设置工作表标签颜色

在工作表标签区域选定第一张工作表“考勤记录”，单击鼠标右键，在弹出的快捷菜单中选择“隐藏”命令，实现对工作表的隐藏，如图 4-3-23 所示。若要重新显示“考勤记录”表，在标签栏处单击鼠标右键，在弹出的快捷菜单中选择“取消隐藏”命令，然后在弹出的“取消隐藏”对话框中选择需要显示的工作表，单击“确定”按钮，即可完成隐藏工作表的显示，如图 4-3-24 所示。

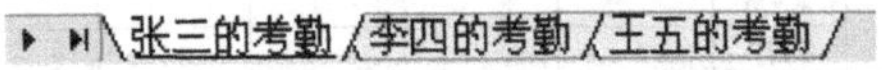

图 4-3-23　隐藏工作表后的标签栏

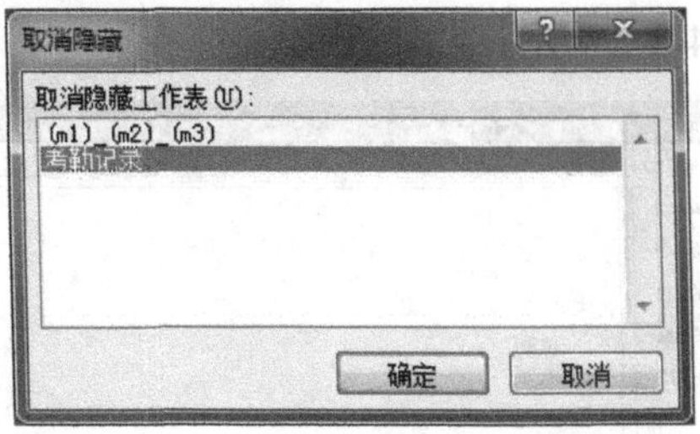

图 4-3-24　“取消隐藏”工作表对话框

九、保存

将工作簿保存到“D:\Excel 任务三\年度考勤记录表.xlsx”。

【课堂练习】

制作一份课程表，效果如图 4-3-25 所示。

课程表

星期 / 时间		星期一	星期二	星期三	星期四	星期五
上午	第一节					
	第二节					
	第三节					
	第四节					
下午	第五节					
	第六节					
	第七节					
	第八节					

图 4-3-25　“课程表”效果

操作要求：

(1) 设置标题行字号为 20 磅，字体为华文琥珀。

(2) 使用“设置单元格格式”对话框的“边框”选项卡，为课程表左上角的单元格添加一条斜线，并输入相关文字，实现斜线表头的样式。

(3) 为表格设置内边框和外边框。

(4) 设置视图选项，达到与样例相同的效果。

(5) 工作簿保存为“D:\课程表.xlsx”。

【知识扩展】

一、设置工作表背景

为了使工作表更加美观，可以使用图片作为工作表的背景。

设置工作表背景的操作为：切换到“页面布局”选项卡，选择“页面设置”组中的“背景”按钮，将会弹出“工作表背景”对话框，如图 4-3-26 所示。在对话框中选择需要作为工作表背景的图片文件，点击“插入”按钮，即可完成工作表背景的设置，如

图 4-3-27 所示。

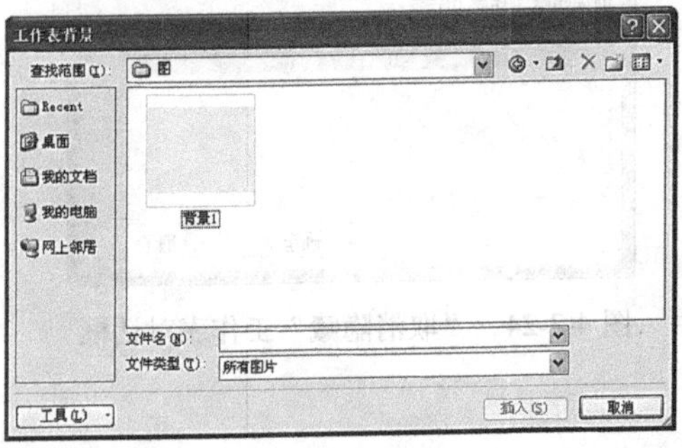

图 4-3-26 “工作表背景”对话框

图 4-3-27 添加背景后的工作表

若要删除工作表背景，可以使用“页面布局”选项卡→“页面设置”组→“删除背景”按钮。

注意：使用图片作为工作背景，图片将会自动平铺到整张工作表。

二、使用命令进行填充

在连续的单元格中输入一系列有规律的内容，可以使用序列填充的方式快速完成操作。

如图 4-3-28 所示，A1:A15 单元格区域中完成了一个等比数列的输入，若使用序列填充的方式进行输入，一般的过程是：首先，在 A1 单元格中输入数值“2”，然后通过拖动鼠标的方式选中 A1:A15 单元格区域；其次，选择“开始”选项卡→“编辑”组→“填充”按钮→“序列”子命令，打开“序列”对话框，如图 4-3-29 所示，在对话框中的“类型”区域中选中“等比序列”，“步长值”设置为“2”；最后，单击“确定”按钮，即可快速实现等比数列的填充。

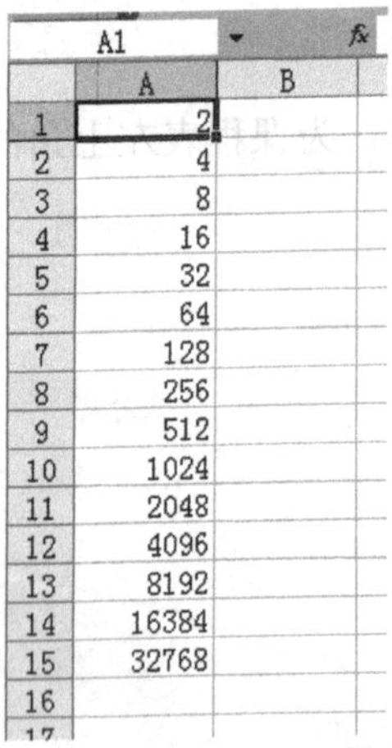
A1
A
B
1 2
2 4
3 8
4 16
5 32
6 64
7 128
8 256
9 512
10 1024
11 2048
12 4096
13 8192
14 16384
15 32768
16

图 4-3-28 步长值为 2 的等比数列

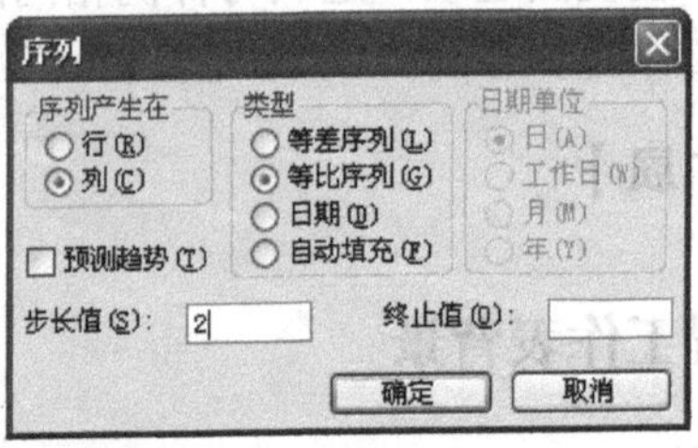

图 4-3-29 “序列”对话框

使用“序列”对话框，可以完成连续单元格区域中规律变化数值的快速填充，对于步长值为“1”的等差数列，也可以在按下 Ctrl 键的同时，通过拖动填充柄的方法实现。

三、自定义序列

使用智能填充的方式，可以实现快速的数据录入，但智能填充的信息是以 Excel 中的自定义序列为基础的。用户可选择“文件”菜单中的“选项”命令，打开“Excel 选项”对话框，在左侧窗格中选择“高级”，在右侧窗格的“常规”栏中点击“编辑自定义列表”按钮，打开自定义序列对话框，就可以看到系统已有的自定义序列，如图 4-3-30 所示。

若要定义一个新的填充序列，用户可以在“输入序列”区域中输入新序列的内容，如图 4-3-31 所示，输入了一个唐诗的序列。输入新序列时，要求序列中的每一项应单独占据一行。序列输入完成后，点击右边的“添加”按钮，即可将新输入的序列添加到自定义序列当中。

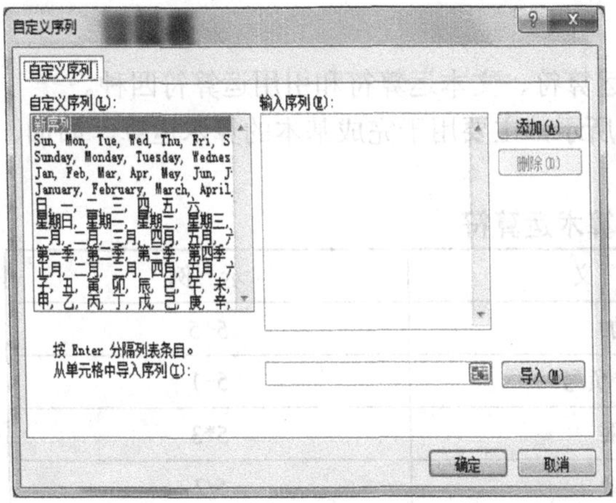

图 4-3-30 “选项”对话框—“自定义序列”

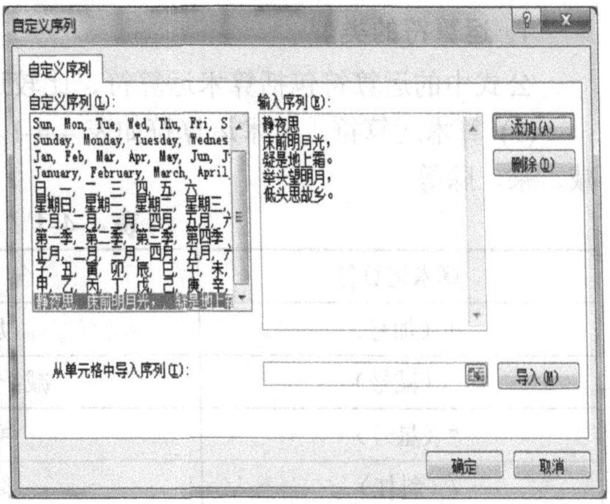

图 4-3-31 添加自定义序列

在工作表的某个单元格输入“静夜思”，然后拖动该单元格的填充柄，系统就会自动使用刚才定义的序列进行智能填充，如图 4-3-32 所示。

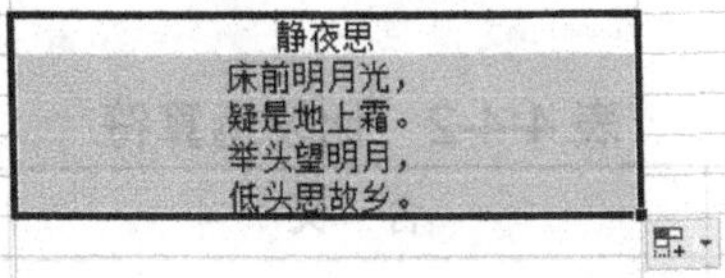

图 4-3-32 使用自定义序列填充

任务四 制作考试成绩统计表

【学习目标】

(1) 理解 Excel 中单元格的引用方法。

(2) 掌握 Excel 中的常用数据类型及其相关的运算、运算符、运算符的优先级等基本知识。

(3) 掌握 Excel 中公式的编辑和使用。

(4) 掌握 Excel 中常用函数的功能、名称、参数的意义和使用方法。

【相关知识】

Excel 中的公式由等号开头，由等号、数值、单元格引用、函数、运算符等元素组成。利用它可以从已有的数据中获得一个新的数据，当公式中相应单元格的数据发生变化时，由公式生成的值也将随之改变。公式是电子表格的核心，Excel 提供了方便的环境来创建复杂的公式。

Excel 中的函数其实是一些预定义的公式，它们使用参数作为特定数值，按特定的顺序或结构进行计算。用户可以直接使用函数对某个区域内的数值进行一系列运算，如对单元格区域进行求和、计算平均值、计数和运算文本数据等等。

1. 运算符的类型

公式中的运算符包括算术运算符、比较运算符、文本运算符和引用运算符四种。

(1) 算术运算符。算术运算符如表 4-4-1 所示，主要用于完成基本的算术运算，如加、减、乘、除等。

表 4-4-1　算术运算符

算术运算符	含　义	示　例
+（加号）	加	5+5
-（减号）	减；负号	5-1
*（星号）	乘	5*3
/（斜杠）	除	5/2
%（百分号）	百分比	50%
^（脱字符）	乘幂	5^2

(2) 比较运算符。比较运算符如表 4-4-2 所示，可以比较两个数值并产生逻辑 TRUE 或 FALSE。

表 4-4-2　比较运算符

比较运算符	含　义	示　例
=	等于	A1=A2
>	大于	A1>A2
<	小于	A1<A2
>=	大于或等于	A1>=A2
<=	小于或等于	A1<=A2
<>	不等于	A1<>A2

(3) 文本运算符。文本运算符“&”可以将两个文本值连接起来产生一个连续的文本值，例如，“中国”&“人民解放军”的运算结果为“中国人民解放军”。

(4) 引用运算符。引用运算符如表 4-4-3 所示，可以将单元格区域进行合并运算。

表 4-4-3　引用运算符

引用运算符	含　义	示　例
：(冒号)	区域运算符，产生对包括在两个引用之间的所有单元格的引用	(A1:A2)
，(逗号)	联合运算符，将多个引用合并为一个引用	(AVERAGE(A1:A2，B2:B3))
(空格)	交叉运算符，产生对两个引用共有的单元格的引用	(A1:A2，B2:B3)

2. 运算顺序

如果一个公式中的参数太多，就要考虑到运算的先后顺序，如果公式中包含相同优先级的运算符，Excel 则从左到右进行运算。如果要修改运算顺序，则要把公式中需要首先计算的总值括在圆括号内。例如，公式“=(B2+B3)*D4”就是先计算加法，再计算乘法。运算符的优先级如表 4-4-4 所示。

表 4-4-4　运算符的优先级

运 算 符	说　明
：(冒号)(单个空格)，(逗号)	引用运算符
–	负号
%	百分号
* 或 /	乘和除
+ 和 –	加和减
&	连接两个文本字符串
=　>　<　>=　<=　<>	比较运算符

3. 单元格的引用

引用的作用在于标识工作表上单元格和单元格区域，并指明使用数据的位置。通过引用，用户可以在公式中使用工作表中单元格的数据。Excel 2010 为用户提供了相对引用、绝对引用、混合引用和三维引用四种方法。

(1) 相对引用。相对引用的格式是直接用单元格或单元格区域名，而不加“$”符号，例如“A1”“D3”等。使用相对引用后，系统将会记住建立公式的单元格和被引用的单元格的相对位置关系，在粘贴这个公式时，新的公式单元格和被引用的单元格仍保持这种相对位置。

(2) 绝对引用。绝对引用就是指被引用的单元格与引用的单元格的位置关系是绝对的，无论将这个公式粘贴到哪一处单元格，公式所引用的还是原来单元格的数据。绝对引用的单元格行和列前都有“$”符号，例如，“$B$1”和“$D$5”都是绝对引用。

(3) 混合引用。混合引用是指在同一单元格中，既有相对引用，又有绝对引用，即混合引用具有绝对列和相对行，或是相对列和绝对行。例如，“$D2”(绝对引用列)和“F$2”(绝对引用行)都是混合引用。

(4) 三维引用。三维引用是指引用同一工作簿不同工作表中的单元格数据。三维引用的一般格式为：工作表名！单元格地址。例如，在当前工作表的 A1 单元格中输入公式“=Sheet1！A1+Sheet2！A1”，表示把 Sheet1 工作表 A1 单元格中的值与 Sheet2 工作 A1 单元格中的值的和放在当前工作表 A1 单元格中。另外，还可以引用不同工作簿中的单元格数据，格式为：[工作簿名称]工作表名！单元格地址。

【任务说明】

公式和函数的使用，是 Excel 中的一个重点。在本任务中，用户通过制作成绩统计表，可以掌握公式的编辑方法和常用函数的使用方法，深刻体会到 Excel 给工作带来的便利，从而进一步掌握 Excel 的核心功能。本任务的最终效果如图 4-4-1 所示。

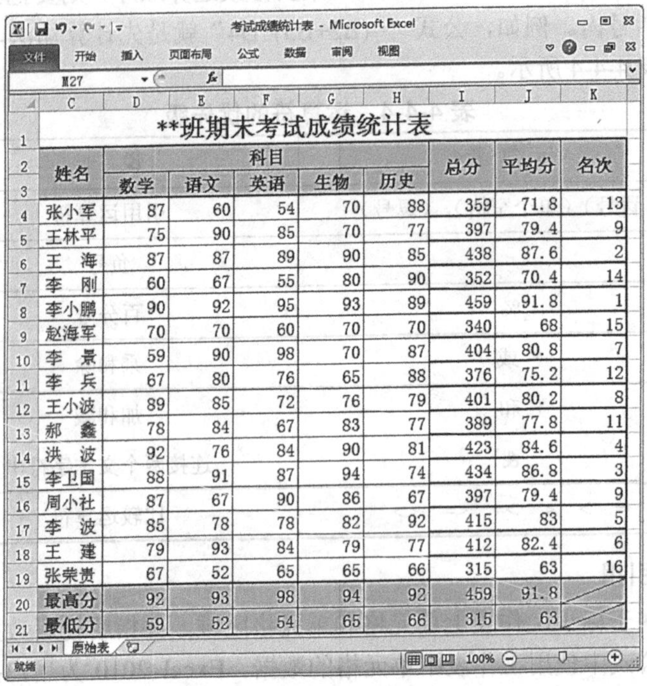

**班期末考试成绩统计表

姓名	数学	语文	英语	生物	历史	总分	平均分	名次
张小军	87	60	54	70	88	359	71.8	13
王林平	75	90	85	70	77	397	79.4	9
王　海	87	87	89	90	85	438	87.6	2
李　刚	60	67	55	80	90	352	70.4	14
李小鹏	90	92	95	93	89	459	91.8	1
赵海军	70	70	60	70	70	340	68	15
李　景	59	90	98	70	87	404	80.8	7
李　兵	67	80	76	65	88	376	75.2	12
王小波	89	85	72	76	79	401	80.2	8
郝　鑫	78	84	67	83	77	389	77.8	11
洪　波	92	76	84	90	81	423	84.6	4
李卫国	88	91	87	94	74	434	86.8	3
周小社	87	67	90	86	67	397	79.4	9
李　波	85	78	78	82	92	415	83	5
王　建	79	93	84	79	77	412	82.4	6
张荣贵	67	52	65	65	66	315	63	16
最高分	92	93	98	94	92	459	91.8	
最低分	59	52	54	65	66	315	63	

图 4-4-1　“考试成绩统计表”样例

【任务实施】

一、新建工作簿文件

启动 Excel 2010，然后单击“快速访问工具栏”上的“保存”按钮，将系统自动新建的“工作簿 1”工作簿保存为“考试成绩统计表”。

二、编辑工作表结构并输入数据

建立如图 4-4-2 所示的“考试成绩统计表”结构并输入数据。

****班期末考试成绩统计表**

学号	姓名	科目					总分	平均分	名次
		数学	语文	英语	生物	历史			
4357001	张小军	87	60	54	70	88			
4357002	王林平	75	90	85	70	77			
4357003	王　海	87	87	89	90	85			
4357004	李　刚	60	67	55	80	90			
4357005	李小鹏	90	92	95	93	89			
4357006	赵海军	70	70	60	70	70			
4357013	李　景	59	90	98	70	87			
4357014	李　兵	67	80	76	65	88			
4357015	王小波	89	85	72	76	79			
4357016	郝　鑫	78	84	67	83	77			
4357017	洪　波	92	76	84	90	81			
4357022	李卫国	88	91	87	94	74			
4357023	周小社	87	67	90	86	67			
4357024	李　波	85	78	78	82	92			
4357025	王　建	79	93	84	79	77			
4357026	张荣贵	67	52	65	65	66			
统计	最高分								
	最低分								

图 4-4-2 “考试成绩统计表”结构

1. 表名

首先选定 B1:K1 单元格区域，切换到“开始”选项卡，点击“对齐方式”组→“合并后居中”按钮，将该单元格区域合并为一个单元格 B1；然后选定 B1 单元格，从键盘输入“**班期末考试成绩统计表”；最后，点击“字体”组中的相关命令，将表名的字体设置为“华文宋体”，字号设置为 20 磅，字形设置为“加粗”。

2. 标题行

合并 B2:B3 区域，输入“学号”；合并 C2:C3 区域，输入“姓名”；合并 D2:H2 区域，输入“科目”；在 D3 到 H3 的五个单元格中依次输入“数学”“语文”“英语”“生物”“历史”；合并 I2:I3 区域，输入“总分”；合并 J2:J3 区域，输入“平均分”；合并 K2:K3 区域，输入“名次”。

3. 统计行

合并 B19:B20 区域，输入“统计”；在 C19 单元格中输入“最高分”；在 C20 单元格中输入“最低分”。

4. 设置单元格格式

选定标题行区域 B2:K2，执行“开始”选项卡→“单元格”组→“格式”按钮→“设置单元格格式”命令，弹出的“设置单元格格式”对话框，选择“字体”选项卡，在“字体”区域选择“华文宋体”，“字形”区域选择“加粗”，“字号”区域选择“14”；在“对齐”选项卡的“文本对齐方式”中，将“水平对齐”和“垂直对齐”均设置为“居中”；在“边框”选项卡中，将内边框的“线条样式”设置为第七行第一列的细实线，外边框的“线条样式”设置为第五行第二列的较粗实线；在“填充”选项卡中，在“背景色”区域选中第四行第五列的淡蓝色，最后单击“确定”按钮完成设置。

选定 B19:C20 区域，打开“设置单元格格式”对话框，选择相应的选项卡，将单元格中的字体设置为“华文宋体”，字号设置为 14 磅，字形设置为“加粗”，水平对齐和垂直对齐均选择“居中”，单元格背景选择为颜色选区中第四行第五列的淡蓝色。

选定 D19:K20 和 I4:K18 单元格区域，字号设置为 14 磅，设置单元格底纹颜色为颜色选区中第二行第一列的最浅灰度颜色。

选定 B19:K20 区域，设置单元格区域的内边框为细实线，外部边框为较粗的实线；选定 B4:K18 区域，字号设置为 14 磅，同样设置单元格区域的内边框为细实线，外部边框为较粗的实线。

5. 输入数据

如图 4-4-2 所示，输入 15 名学生待统计的期末考试数据，主要包括每个学员的学号、姓名和语文、数学、英语、生物、历史五门课程的成绩。

三、使用公式计算总分列

(1) 编辑公式：选定存放第一个学员总分的单元格 I4，然后在编辑栏中输入公式“=D4+E4+F4+G4+H4”，按回车键或编辑栏上的 ✓ 按钮，即可在该单元格显示出学员五门课程的总分。

(2) 复制公式：有两种方法。

方法一：首先选定单元格 I4，并执行复制操作，然后选定 I5 单元格，选择“开始”选项卡→“剪贴板”组→“粘贴”按钮，在弹出的“粘贴”选项列表中选择第一行第二个选项“公式”，如图 4-4-3 所示，即可将 I4 单元格的公式复制到 I5 单元格中。

方法二：首先选定单元格 I4，并执行复制操作，然后选定 I5 单元格，选择“开始”选项卡→“剪贴板”组→“粘贴”命令，在弹出的“粘贴”选项列表中选择最下方的“选择性粘贴”命令，打开“选择性粘贴”对话框，在对话框的“粘贴”区域中选择“公式”，如图 4-4-4 所示，点击“确定”按钮，也可将 I4 单元格的公式复制到 I5 单元格中，由于公式中使用的是相对引用形式，所以当公式被复制到 I5 单元格后，编辑栏中的公式自动变更为“=D5+E5+F5+G5+H5”，因此能够正确求得第二个学员的总分数。

图 4-4-3　“粘贴”选项列表

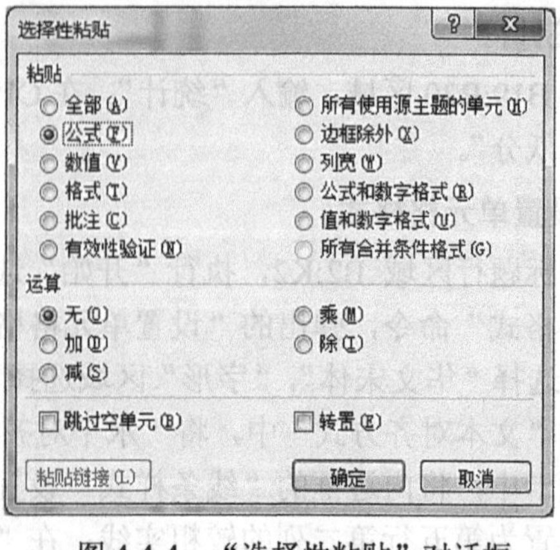

图 4-4-4　“选择性粘贴”对话框

(3) 填充公式：选定 I5 单元格，并将鼠标移动到该单元格的右下角的填充柄处，当鼠标指针变为实心的十字形状时，按下鼠标左键，拖动到 I18 单元格上方后，松开鼠标左键，即可完成公式的填充，此时“成绩表”中每位学员的总分都已经通过公式计算出来了。

四、用函数计算平均分列

(1) 插入函数：有两种方法，一种是直接利用“公式”选项卡中列出的函数进行计算；另一种是利用“插入函数”对话框进行操作。

方法一：选定 J4 单元格，选择“公式”选项卡→“函数库”组→“自动求和”命令按钮，在下拉列表中选择“平均值”命令，然后通过拖动鼠标的操作一次性选定 D4 到 H4 这五个单元格，此时编辑框中显示“=AVERGE(D4:H4)”，按回车键或编辑栏上的 ✓ 按钮，即可在该单元格计算出第一个学员五门课程的平均分。如图 4-4-5 所示。

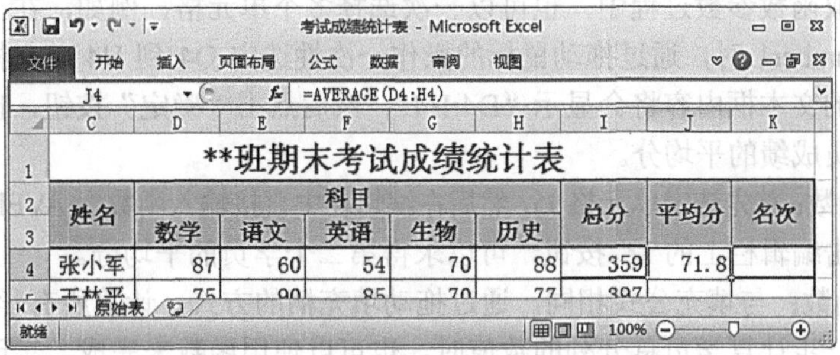

图 4-4-5　利用“平均值”函数计算

方法二：选定 J5 单元格，选择“公式”选项卡→“函数库”组→“插入函数”命令按钮，弹出“插入函数”对话框，如图 4-4-6 所示。在“插入函数”对话框的“选择函数”列表中选择平均值计算函数“AVERAGE”，点击“确定”按钮，弹出“函数参数”对话框，如图 4-4-7 所示。点击“Number1”文本框右端的选取按钮，对话框自动隐藏为一个参数行，然后在工作表中选定 D5 单元格，再点击参数行右端的选取按钮，此时第一个参数就已经添加到了 Number1 文本框中。按照相同的方法，将 E5、F5、G5、H5 四个单元格依次添加到参数 Number2、Number3、Number4、Number5。最后，点击“确定”按钮，第二个学员的平均成绩即显示在 J5 单元格中。

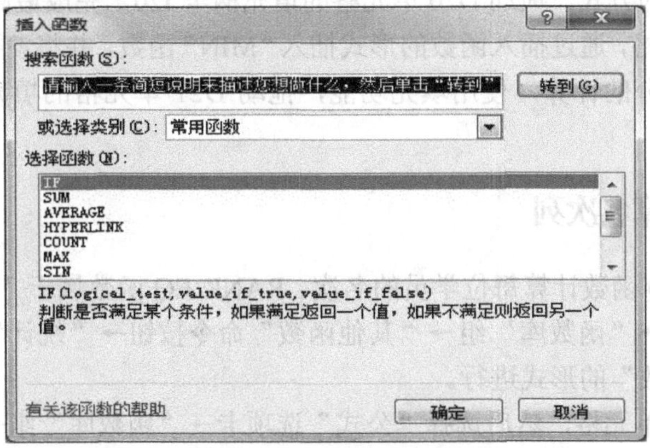

图 4-4-6　“插入函数”对话框

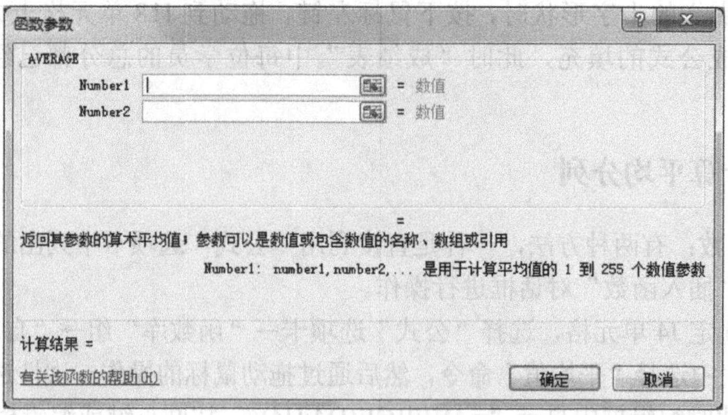

图 4-4-7 “函数参数”对话框

注意：选取函数参数过程中，也可以一次选择多个单元格，例如，在上面的操作中，可以在选取 Number1 时，通过拖动鼠标的操作一次性选定 D4 到 H4 单元格区域，此时，Number1 参数的文本框内容将会显示“D4:H4”，然后点击“确定”按钮，也同样可以通过函数计算出学员成绩的平均分。

(2) 输入函数：首先选定单元格 J5，然后在编辑栏中直接输入函数“=AVERAGE(D5:H5)”，键入回车或点击编辑栏上的 按钮，可以求得第二个学员的平均分。

(3) 填充函数：与填充公式相同，通过拖动填充柄的方式，计算所有学员的平均分。

注意：上一步计算学员总分列的数值时，也可以使用函数来完成，实现求和功能的函数名为 SUM。

五、使用函数进行成绩的统计

成绩的统计行需要计算出每门课程的最高分和最低分，以及所有学员中的总分和平均分的最高分和最低分，在这里，需要使用“最大值”(MAX)和“最小值”(MIN)函数来完成。

首先选定 D20 单元格，然后选择“公式”选项卡→“函数库”组→“自动求和”命令按钮，在下拉列表中选择“最大值”命令，然后在工作表中用拖动鼠标的形式选定 D4 到 D19 单元格区域，键入回车或点击编辑栏上的 按钮，完成数学课程最高分的计算。

使用函数填充的方式，拖动 D20 单元格的填充柄至 J20，完成最高分的计算。

选定 D21 单元格，通过插入函数的形式插入“MIN”函数，并将参数设置为“D4:D19”，完成数学课程最低分的计算，使用填充功能，拖动 D21 单元格的填充柄，完成最低分的计算。

六、使用函数计算名次列

使用 RANK.EQ 函数计算每位学员的名次。RANK.EQ 函数属于“统计”类函数，可以在“公式”选项卡→“函数库”组→“其他函数”命令按钮→“统计”函数列表中找到，这里将用“插入函数”的形式进行。

首先选定 K4 单元格，然后选择“公式”选项卡→“函数库”组→“插入函数”命令按钮，在弹出的“插入函数”对话框的“选择类别”中选择“统计”，在“选择函数”列表中选择“RANK.EQ”，此时可以看到对话框底部已经出了该函数功能的相关说明，如图4-4-8所示。可以看出，该函数共有三个参数，实现的功能是“返回某数字在一列数字中相对于其他数值的大小排名”。

点击“确定”按钮，关闭“插入”函数对话框，并弹出函数参数对话框，如图4-4-9所示。

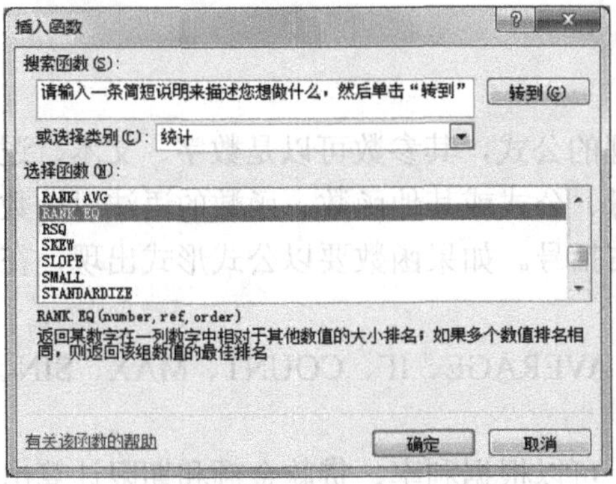

图 4-4-8 插入 RANK.EQ 函数

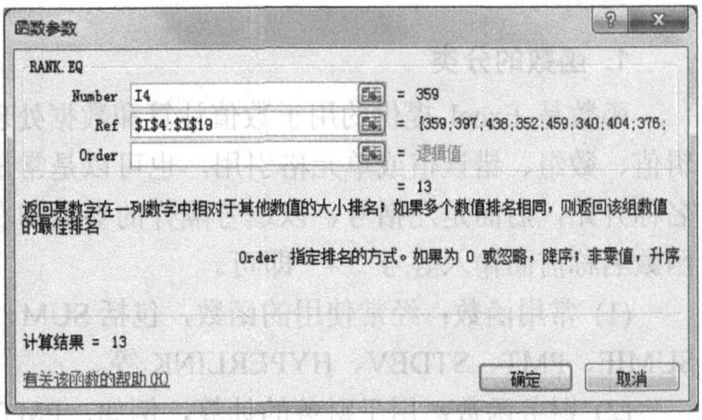

图 4-4-9 RANK.EQ 函数参数

(1) Number 参数：指定需要计算名次的数字。点击 Number 参数文本框右端的选取按钮后，“函数参数”对话框折叠为一行，然后选定工作表中的 I4 单元格，即第一位学员的总分，再点击对话框右端的选取按钮，展开“函数参数”对话框，此时 Number 参数的值为“I4”。

(2) Ref 参数：用来确定名次大小的一系列数据。点击 Ref 参数文本框右端的选取按钮，在对话框折叠为一行后，选定所有学员的总分数据，即从 I4 到 I19，再点击对话框右端的选取按钮，展开“函数参数”对话框，此时 Ref 参数的值为“I4:I19”。

(3) Order 参数：指定排序的方式。在 Order 参数的文本框中输入“0”，表示成绩的名次是按照总分的降序顺序排列的，即总分最高的为第一名。然后点击“函数参数”对话框中的“确定”按钮，第一个学员的名次已经出现在了 K4 单元格中。

注意：由于确定名次的所有学员的总分数据是固定不变的，为了使用填充的形式计算所有学员的名次，需要将 K4 单元格 RANK 函数的第二个参数中的单元格引用形式更改为绝对引用。

选定 K4 单元格，编辑栏将显示出该单元格中所编辑的公式内容，通过键盘输入，将原来 RANK 函数的第二个参数“I4:I19”更改为“$I$4:$I$19”。

最后，使用拖动 K4 单元格填充柄的方式，将 K4 单元格中的公式填充到 K5:K19 区域，此时，所有学员总分的名次结果已正确显示在了名次列中。

七、保存

将工作簿保存到“E:\任务四\考试成绩统计表.xlsx”。

【课堂练习】

完成“年度考勤记录表”中的考勤计算功能。

操作要求：

(1) 标题行显示文本为“单位＋部门＋姓名＋年份＋年度考勤记录”。

(2) 完成每个月的考勤计算。

(3) 完成年度累计部分的计算。

【知识扩展】

1. 函数的分类

函数是 Excel 提供的用于数值计算和数据处理的公式，其参数可以是数字、文本、逻辑值、数组、错误值或单元格引用，也可以是常量、公式或其他函数。函数的语法以函数名称开始，后面是左括号、以逗号隔开的参数和右括号。如果函数要以公式形式出现，在函数名称前面输入等号“=”即可。

(1) 常用函数：经常使用的函数，包括 SUM、AVERAGE、IF、COUNT、MAX、SIN、SUMIF、PMT、STDEV、HYPERLINK 等。

(2) 财务函数：用于财务的计算，例如，PMT 可以根据利率、贷款金额和期限计算出所要支付的金额。

(3) 统计函数：用于对数据区域进行统计分析。

(4) 查找和引用函数：用于在数据清单或表格中查找特定数值或查找某一个单元格的引用。

(5) 信息函数：用于确定存储在单元格中的数据类型。

(6) 时间和日期函数：用于分析处理日期和时间值。系统内部的日期和时间函数包括 DATE、DATEVALUE、DAY、HOUR、TODAY、WEEKDAY、YEAR 等。

(7) 数学与三角函数：用于进行各种各样的数学计算，主要包括 ABS、PI、ROUND、SIN、TAN 等。

(8) 文本函数：用于处理文本字符串，主要包括 LEFT、MID、RIGHT 等。

(9) 逻辑函数：用于进行真假值判断或进行复合检查，主要包括 AND、OR、NOT、TRUE、FALSE、IF 等。

(10) 数据库函数：用于对存储在数据清单或数据库中的数据进行分析。

2. 编辑公式

编辑公式，就是对单元格中的公式也可以像单元格中的其他数据一样进行编辑，即可对其进行修改、复制、移动、删除等操作。

(1) 修改公式。选定要修改公式所在的单元格，此时该单元格处于编辑状态，然后在编辑栏中对公式进行修改，修改完成后，按回车键进行确认。

(2) 复制公式。选定要复制的公式所在的单元格，选择“开始”选项卡→“剪贴板”组→“复制”按钮，然后选定目标单元格，选择“剪贴板”组→“粘贴”按钮，即可复制公式。

(3) 移动公式。选定要移动的公式所在的单元格，当鼠标指针变为向四周扩展的箭头形状时，按住鼠标左键拖至目标单元格，释放鼠标即可。

(4) 删除公式。选定要删除公式所在的单元格，按 Delete 键，即可将单元格中的公式及其计算结果一同删除。

3. 命名公式

命名公式，就是可以为经常使用的公式命名，以便于使用。其操作步骤如下：

(1) 选择“公式”选项卡→“定义的名称”组→“名称管理器”按钮，在弹出的“名称管理器”对话框中点击“新建”按钮，弹出“新建名称”对话框，如图 4-4-10 所示。

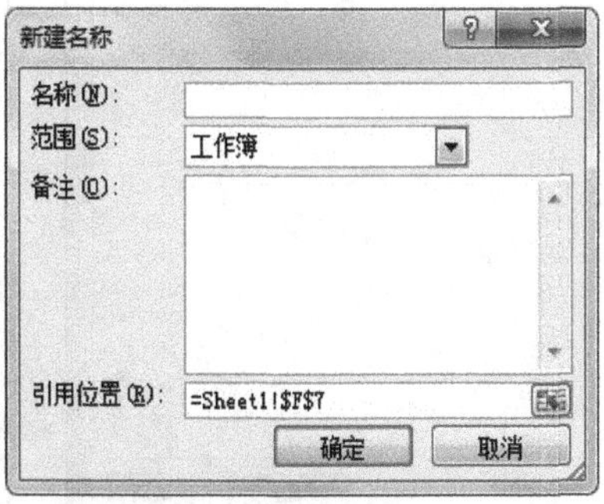

图 4-4-10 “新建名称”对话框

(2) 在“名称”文本框中输入公式所要定义的名称，如“求平均值”。

(3) 在“引用位置”下的文本框中输入公式或函数，如输入“= AVERAGE(Sheet1!B1:D2)”，表示将对工作表 Sheet1 中的 B1:D2 共 6 个单元格求平均数，单击“确定”按钮，关闭“新建名称”对话框，公式就添加好了，如图 4-4-11 所示。

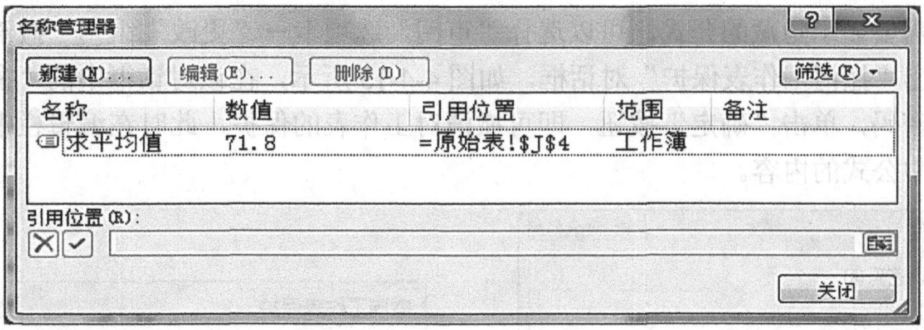

图 4-4-11 “名称管理器”对话框

(4) 设置完成后，单击“关闭”按钮，即可完成公式的命名。

使用已命名公式的方法是粘贴名称。选定需要插入公式的单元格，执行“公式”选项卡→“定义的名称”组→“用于公式”按钮→“求平均值”命令，即可完成名称的粘贴。

4. 隐藏公式

如果不想让其他人看到自己所使用的公式的细节，可以将公式隐藏。将单元格中的公式隐藏后，再次选定该单元格，编辑栏将不会出现原来的公式。

隐藏公式的具体操作步骤如下：

(1) 选定要隐藏公式的单元格或单元格区域。

(2) 选择“开始”选项卡→“单元格”组→“格式”按钮→“设置单元格格式”命令，弹出“设置单元格格式”对话框，切换到“保护”选项卡，如图 4-4-12 所示。

(3) 在该选项卡中选中“隐藏”复选框，单击“确定”按钮。

(4) 选择“审阅”选项卡→“更改”组→“保护工作表”按钮，弹出“保护工作表”

对话框，如图 4-4-13 所示。

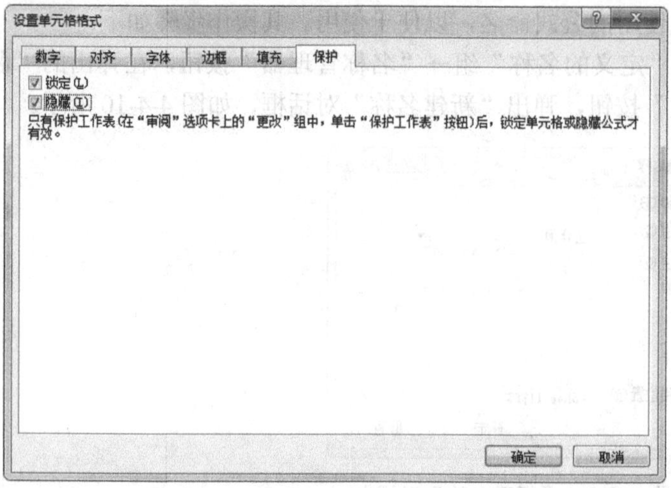

图 4-4-12　设置公式隐藏

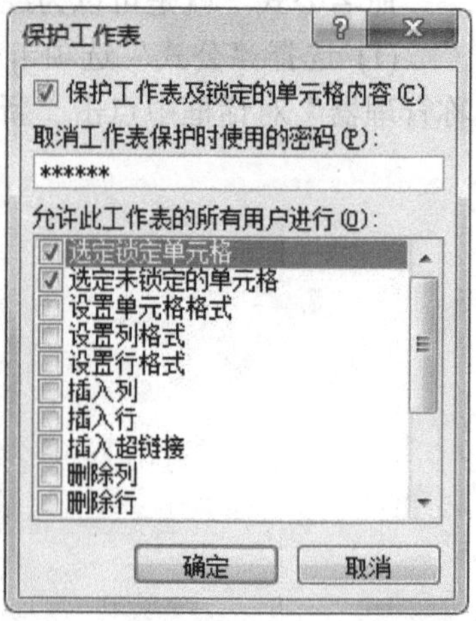

图 4-4-13　“保护工作表”对话框

(5) 在该对话框中的“取消工作表保护时使用的密码”文本框中输入密码，单击“确定”按钮，弹出“确认密码”对话框，如图 4-4-14 所示，

(6) 在该对话框中的“重新输入密码”文本框中再次输入密码，单击“确定”按钮。

(7) 设置完成后，公式将被隐藏，不再出现在编辑栏中，起到保护公式的作用。

用户需要显示隐藏的公式，可以选择“审阅”选项卡→“更改”组→“撤消工作表”按钮，弹出“撤消工作表保护”对话框，如图 4-4-15 所示，在该对话框中的“密码”文本框中输入密码，单击“确定”按钮，即可撤消对工作表的保护，此时在编辑栏中将再次出现单元格中公式的内容。

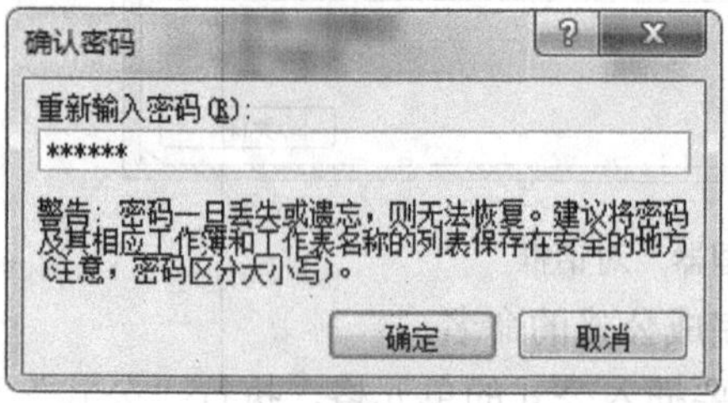

图 4-4-14　“确认密码”对话框

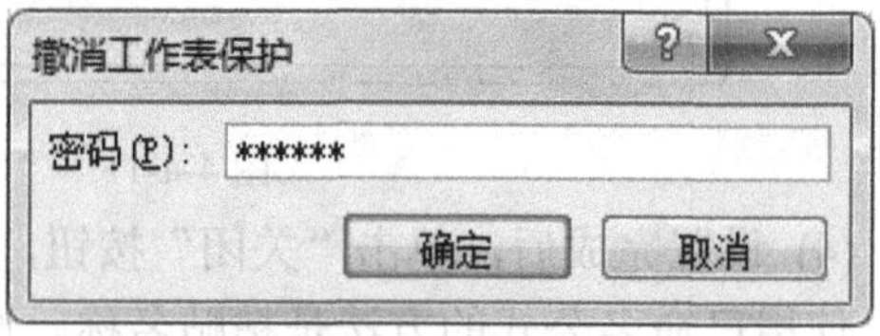

图 4-4-15　“撤消工作表保护”对话框

5. 自动求和

在 Excel 2010 的“开始”选项卡“编辑”组和“数据”选项卡“函数库”组中有一个“自动求和”按钮，其下拉列表中包含了求和、平均值、计数、最大值、最小值等常用功能，可以方便地进行常用函数的求值。

以自动求和为例，具体操作步骤如下：

(1) 将光标定位在工作表中的任意一个单元格中。

(2) 单击“自动求和”按钮，将自动出现求和函数 SUM 及求和的数据区域。

(3) 如果所选的数据区域并不是所要计算的区域，用户可以对计算区域重新进行选择，然后按回车键确认，即可得到计算结果。

任务五　制作射击训练统计图表

【学习目标】

(1) 掌握使用图表向导创建图表的一般操作过程。

(2) 掌握图表类型、图表源数据、图表选项、图表位置的修改方法。

(3) 掌握对图表中图表区、绘图区、分类轴、网格线、图例等元素的调整方法，以及图表背景、颜色、字体等内容的修饰。

【相关知识】

图表是 Excel 最常用的对象之一，它是依据选定的工作表单元格区域内的数据，按照一定的数据系列生成的，是工作表数据的图形化表示。与工作表数据相比，图表能形象地反映出数据的对比关系及趋势，可以将抽象的数据形式化，当数据源发生变化时，图表中对应的数据也会自动更新。

Excel 2010 提供的图表有柱形图、折线图、饼图、条形图、面积图、XY 散点图、股价图、曲面图、圆环图、气泡图、雷达图等 11 种类型，而且每种图表还有若干个子类型。以下就最主要的几种进行说明：

1. 柱形图和条形图

柱形图和条形图主要用于显示一个或多个数据系列间数值的大小关系。

2. 折线图

折线图通常也用来表示一段时间内某种数值的变化情况，常见的折线图有股票价格折线图等。

3. 饼图

饼图主要用于显示数据系列中每一项与该系列数值总和的比例关系，一般只显示一个数据系列。比如，表示各种商品的销售量与全年销售量的比例、人员学历结构比例等，都可以使用饼图。

4. XY 散点图

XY 散点图多用于绘制科学实验数据或数学函数等图形。例如绘制正弦和余弦曲线。

5. 圆环图

圆环图与饼图类似，用于表示部分数据与整体间的关系，它可以显示多个数据系列。

6. 组合图表

组合图表指的是在一个图表中使用两种或多种图表类型来表示不同类型数据的图表。

【任务说明】

我们生活的这个世界是丰富多彩的，大多数知识来自视觉。也许我们无法记住一连串的数字，以及它们之间的关系和趋势，但我们可以很轻松地记住一幅图画或一个曲线。因此，在 Excel 中使用图表，会使得数据更加生动形象，更易于理解和交流。

小张是一连二排三班的班长，近期他们班进行了三次实弹射击训练，并将成绩记录在了 Excel 工作表中。为了分析本班所有人员在三次训练中的不同表现，小张在班务会上讲评训练结果时，使用 Excel 图表的形式对全班成绩进行了展示，达到了很好的效果。

本任务将学习如何在 Excel 中创建图表，以及图表的格式编辑，最终的效果如图 4-5-1 所示。

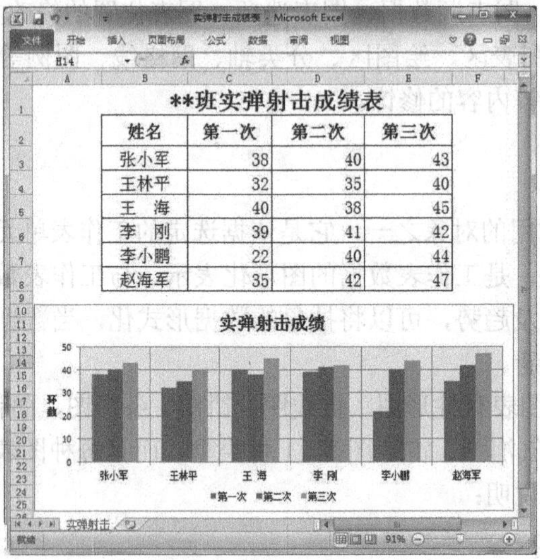

图 4-5-1　任务五样例

【任务实施】

一、打开工作簿文件

启动 Excel 2010，打开“文件”菜单，选择“打开”命令，弹出“打开”对话框，在对话框中选择已有的实弹射击成绩表，点击“打开”按钮，打开已有的工作簿文件，该工作簿中工作表的内容如图 4-5-2 所示。

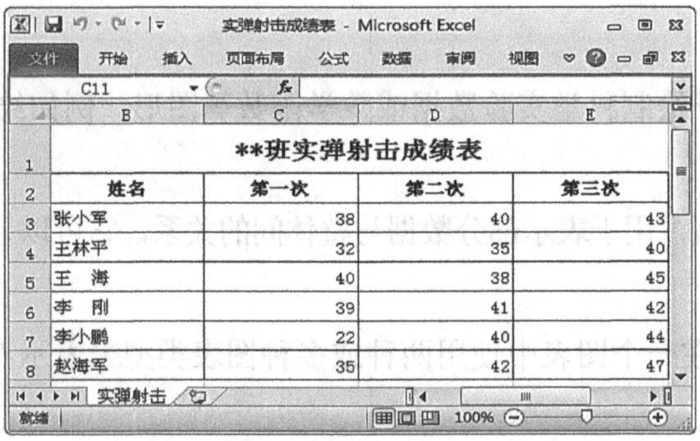

图 4-5-2　成绩表

二、插入图表

1. 选择图表类型

选定工作表中用于生成图表的 B2:E8 单元格区域，选择“插入”选项卡→“图表”组→“柱形图”按钮，在选项列表中选择“簇状柱形图”，在工作表区域插入如图 4-5-3 所示的图表。

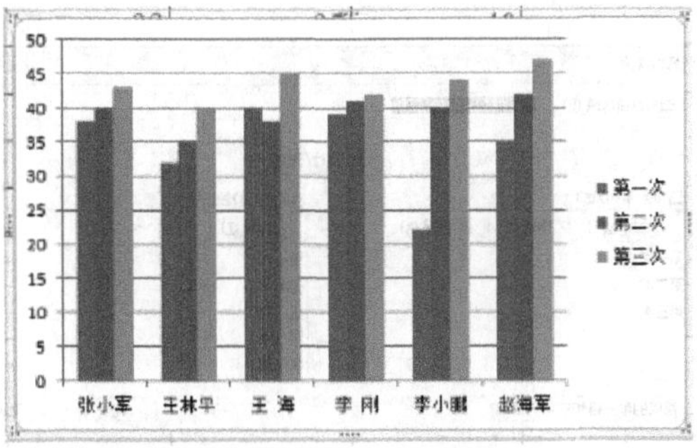

图 4-5-3 插入“簇状柱形图”

2. 调整图表的大小和位置

通过选择图表类型，在工作表区域插入图表后，首先要调整好图表的大小和位置。

(1) 选定图表。在图表区域的空白处单击鼠标左键，即可选定图表。图表被选定后，图表周围将会出现 8 个控制点。

(2) 调整图表大小。在图表被选定的基础上，将鼠标指针移动到对应的控制点上，当鼠标指针变为箭头形状时，按住鼠标左键并拖动该控制点到合适位置，即可完成对图表大小的调整。

(3) 调整图表的位置。将鼠标指针移动到图表区域的空白处后，按住鼠标左键并拖动，在拖动过程中，将以虚线框的形式显示图表移动的目标位置，到达合适位置后，松开鼠标左键，即可完成对图表位置的调整。

如图 4-5-4 所示，调整图表的大小和位置，使图表覆盖工作表中 A10:F22 单元格区域。

****班实弹射击成绩表**

姓名	第一次	第二次	第三次
张小军	38	40	43
王林平	32	35	40
王 海	40	38	45
李 刚	39	41	42
李小鹏	22	40	44
赵海军	35	42	47

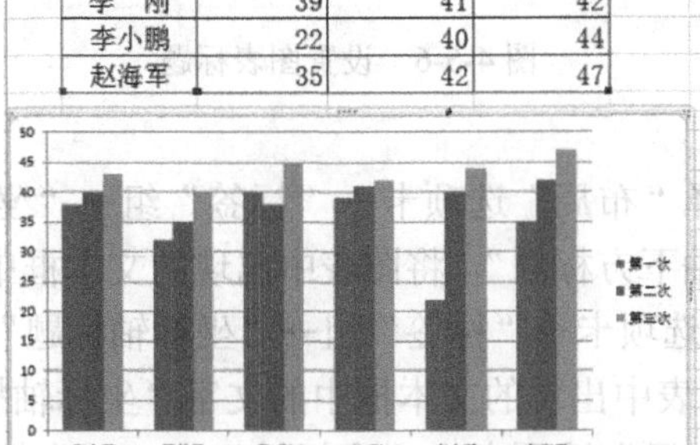

图 4-5-4 调整大小位置后的图表

3. 设置图表数据源

插入图表后，在“视图”选项卡后又出现了“设计”“布局”“格式”这三个与图表设计相关的选项卡。选择“设计”选项卡→“数据”组→“数据”按钮，弹出“选择数据源”对话框，在“图表数据区域”文本框中显示插入图表之前所选定的数据区域“=实弹射击！$B$2:$E$8”，如图 4-5-5 所示，如果需要更改数据区域，可以点击文本框右端的选取按钮，在工作表中重新选定数据区域。将“图例项”和“水平轴标签”设置不变，点击“确定”按钮关闭对话框。

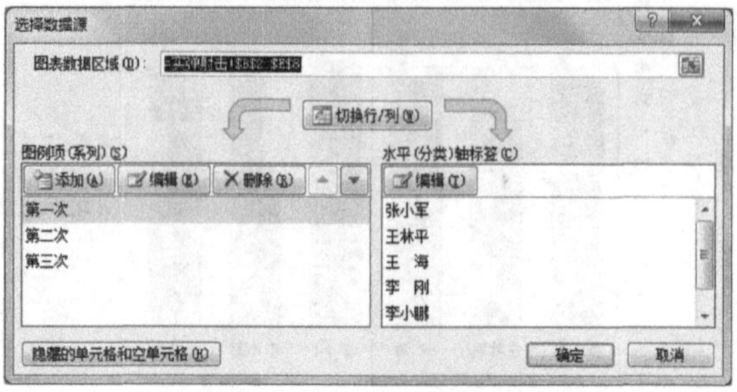

图 4-5-5　设置图表数据源

4. 图表外观设置

图表外观包括图表标题、坐标轴、网格线、图例和数据标签，下面就对这些项目进行设置。

1) 图表标题

选择“布局”选项卡→“标签”组→“图表标题”按钮，在选项列表中选择“图表上方”，图表上方出现“图表标题”文本框，点击文本框，将文字修改为“实弹射击成绩”，如图 4-5-6 所示。

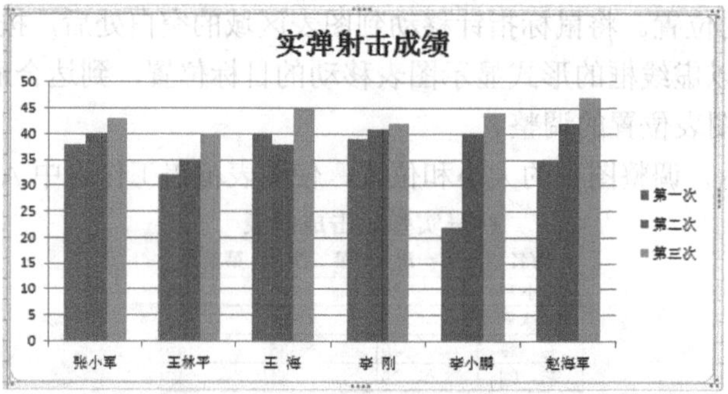

图 4-5-6　设置图表标题

2) 坐标轴

(1) 坐标轴标题：选择“布局”选项卡→“标签”组→“坐标轴标题”按钮→“主要横坐标轴标题”→“坐标轴下方标题”，将图表中出现的文本框中的文字“坐标轴标题”改为“人员”；选择“布局”选项卡→“标签”组→“坐标轴标题”按钮→“主要纵坐标轴标题”→“竖排标题”，将图表中出现的文本框中的文字“坐标轴标题”改为“环数”。

(2) 坐标轴：选择“布局”选项卡→“坐标轴”组→“坐标轴”按钮→“主要横坐标轴”→“显示从左向右坐标轴”，设置出图表中 X 轴的标记显示；选择“布局”选项卡→

“坐标轴”组→“坐标轴”按钮→“主要纵坐标轴”→“显示默认坐标轴”，设置出图表中Y轴的标记显示，如图4-5-7所示。

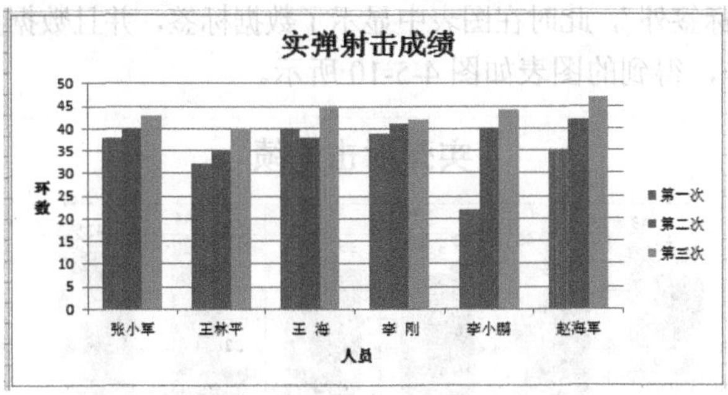

图4-5-7 设置坐标轴

3) 网格线

主要用于设置图表中网格线条的显示。选择“布局”选项卡→“坐标轴”组→“坐标轴网格线”按钮→“主要横网格线”→“主要网格线”，设置图表中横网格线的显示；选择“布局”选项卡→“坐标轴”组→“网格线”按钮→“主要纵网格线”→“主要网格线”，设置图表中纵网格线的显示，如图4-5-8所示。

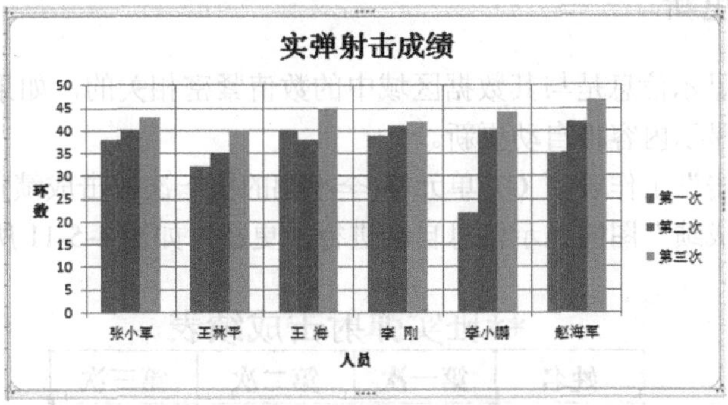

图4-5-8 设置网格线

4) 图例

主要用于设置在图表中是否显示图例，以及图例的显示位置。选择“布局”选项卡→“标签”组→“图例”按钮→“在底部显示图例”，此时图表中有图例显示，并且是在图表的底部，如图4-5-9所示。

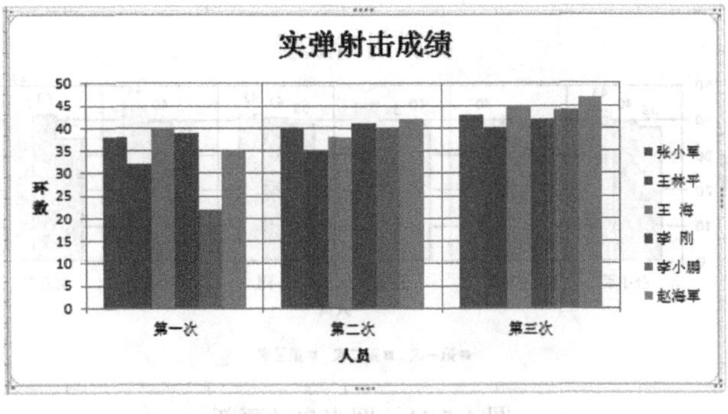

图4-5-9 设置图例

5) 数据标签

主要用于设置在图表中数据标签的显示内容。选择“布局”选项卡→“标签”组→“数据标签”按钮→“数据标签外”，此时在图表中显示了数据标签，并且数据显示在柱形图的上方。

通过上面的操作，得到的图表如图 4-5-10 所示。

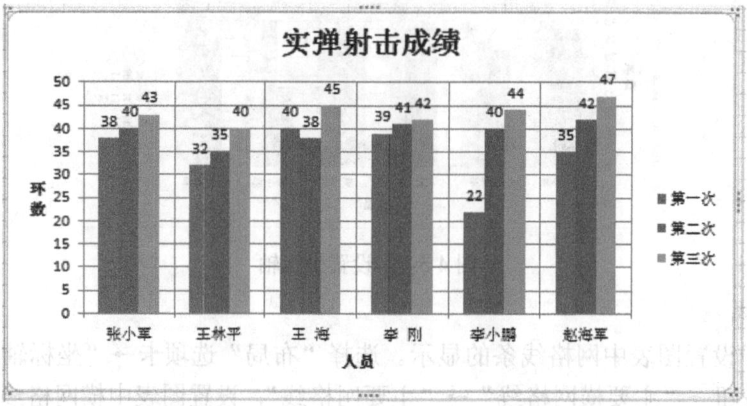

图 4-5-10　设置外观后的图表

三、图表的自动更新

所创建图表的显示信息是与其数据区域中的数值紧密相关的，如果数据区域中的数值发生变化，图表的显示内容将自动更新。

修改“实弹射击”工作表中 C7 单元格(李小鹏的第一次射击成绩)的数值为“32”，可以看到“实弹射击成绩”图的显示信息自动进行了更新，如图 4-5-11 所示。

**班实弹射击成绩表

姓名	第一次	第二次	第三次
张小军	38	40	43
王林平	32	35	40
王　海	40	38	45
李　刚	39	41	42
李小鹏	32	40	44
赵海军	35	42	47

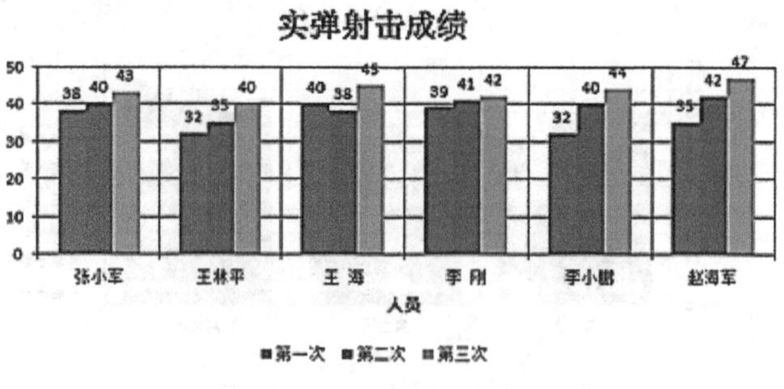

图 4-5-11　图表自动更新

四、格式化图表

为了使图表中的信息更加清晰、美观，用户可以对图表中的不同对象进行格式修改。首先，切换到“格式”选项卡，当将鼠标移动到图表的不同位置，“当前所选内容”组中的“图表元素”处将提示该区域对象的名称，如图表区、绘图区、图表标题、图例、垂直(值)轴、水平(类别)轴、系列数据标签等，单击鼠标即可选定该对象，也可以直接在“图表元素”列表中选择图表中的不同对象。在选定图表中的相关对象后，用户可以通过点击“当前所选内容”组中的“设置所选内容格式”按钮，打开相应的格式设置对话框，或者直接点击“格式”功能区中的命令按钮，进行图表中对象格式的设置。

1. 图表区

单击工作表中图表的图表区，点击“当前所选内容”组中的“设置所选内容格式”按钮，打开“设置图表区格式”对话框，如图 4-5-12 所示。为图表设置带有阴影的自定义边框，线条使用蓝色的细实线，效果如图 4-5-13 所示。

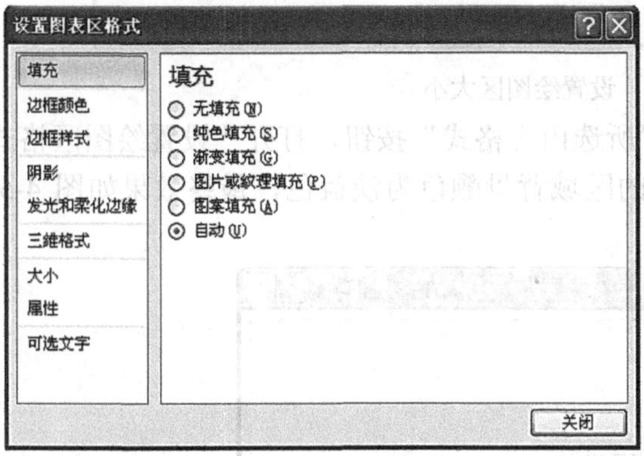

图 4-5-12　“设置图表区格式”对话框

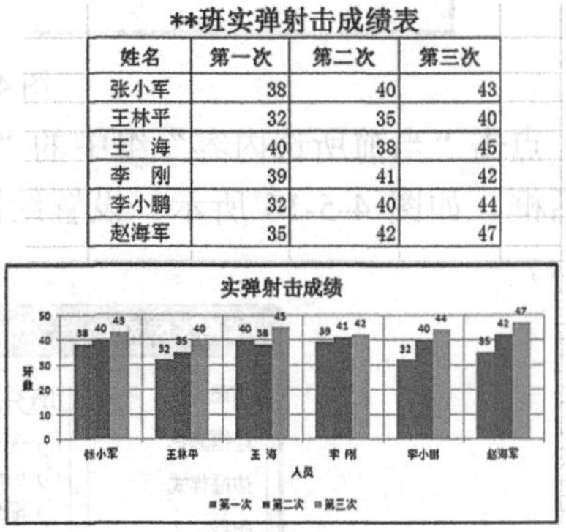

**班实弹射击成绩表

姓名	第一次	第二次	第三次
张小军	38	40	43
王林平	32	35	40
王　海	40	38	45
李　刚	39	41	42
李小鹏	32	40	44
赵海军	35	42	47

图 4-5-13　设置图表区边框

2. 图表标题

单击图表标题“实弹射击成绩”，选定图表标题。选择“开始”选项卡→“字体”组→“字体”，设置标题字体为“华文中宋”，字形“加粗”，字号为“12 磅”。选定 X 轴标题“人员”，按 Delete 键对其进行删除，最终效果如图 4-5-14 所示。

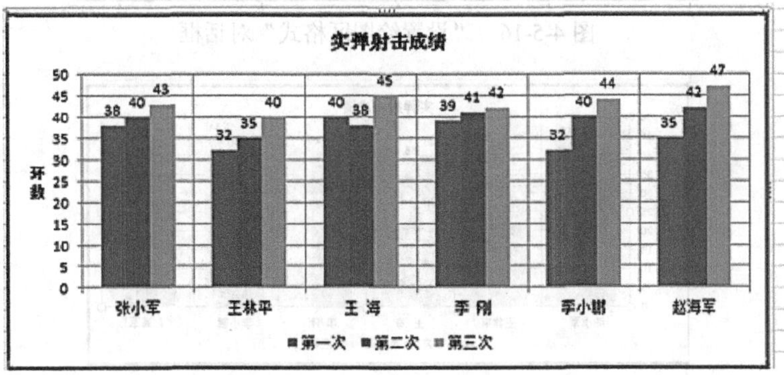

图 4-5-14　设置图表标题

3. 绘图区

选中图表，选择“格式”选项卡→“当前所选内容”组→“图表元素”列表中选择“绘图区”，此时，图表中的绘图区将处于选定状态，出现一个边框来标识绘图区的范围。拖动绘图区上边框和下边框中间的控制点，在不覆盖其他对象的前提下，将绘图区的高度调整到最大，如图 4-5-15 所示。

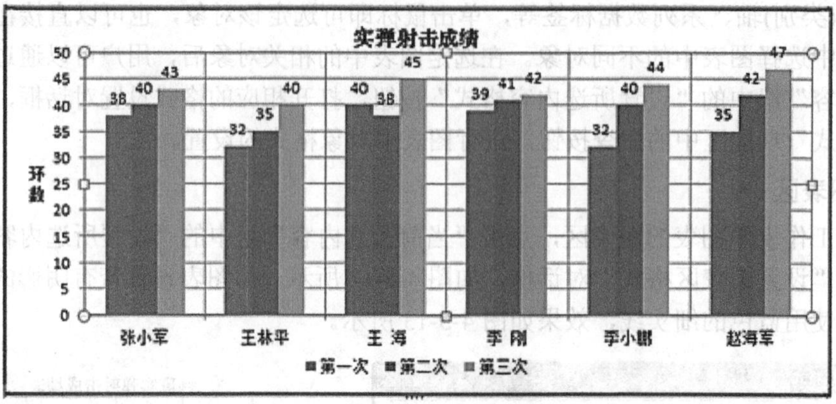

图 4-5-15　设置绘图区大小

点击“当前所选内容”组中的“设置所选内容格式”按钮，打开“设置绘图区格式”对话框，如图 4-5-16 所示。设置绘图区的区域背景颜色为淡蓝色，最终效果如图 4-5-17 所示。

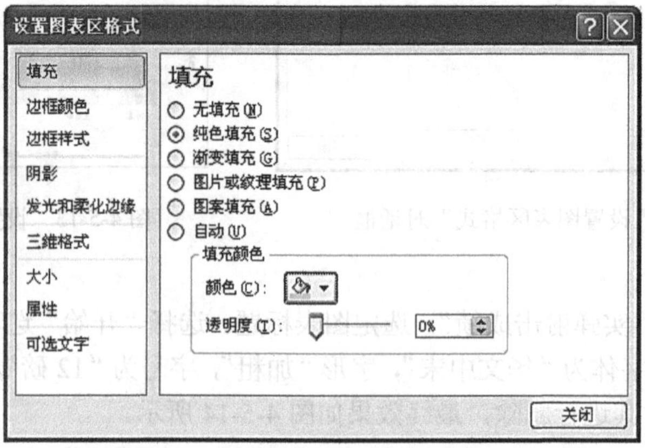

图 4-5-16　“设置绘图区格式”对话框

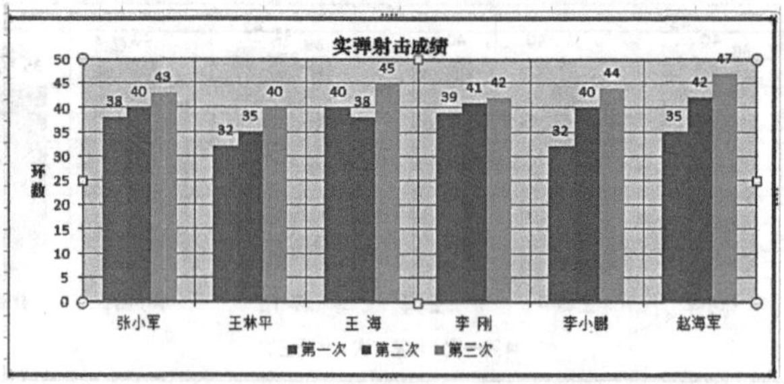

图 4-5-17　设置绘图区背景

4. 垂直(值)轴

选中图表，然后选择“布局”选项卡→“坐标轴”组→“坐标轴”按钮→“主要纵坐标轴”→“其他主要纵坐标轴选项”命令，打开“设置坐标轴格式”对话框，选择“坐标轴选项”，如图 4-5-18 所示。最小值：选择“固定”，值设置为“30”。最大值：选择“固定”，值设置为“50”。主要刻度单位：选择“固定”，值设置为“5”。最终效果如图 4-5-19 所示。

图 4-5-18　“设置坐标轴格式”对话框

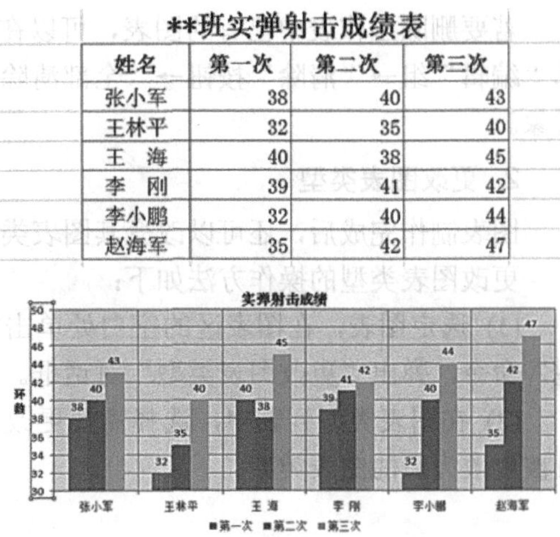

**班实弹射击成绩表

姓名	第一次	第二次	第三次
张小军	38	40	43
王林平	32	35	40
王　海	40	38	45
李　刚	39	41	42
李小鹏	32	40	44
赵海军	35	42	47

图 4-5-19　设置坐标轴格式效果

五、保存

将工作簿保存到“E:\任务五\实弹射击成绩图表.xlsx”。

【课堂练习】

根据任务五已有的数据，制作全班人员三次实弹射击的成绩走向折线图，并将图表以单独的工作插入工作簿中，最终的效果如图 4-5-20 所示。

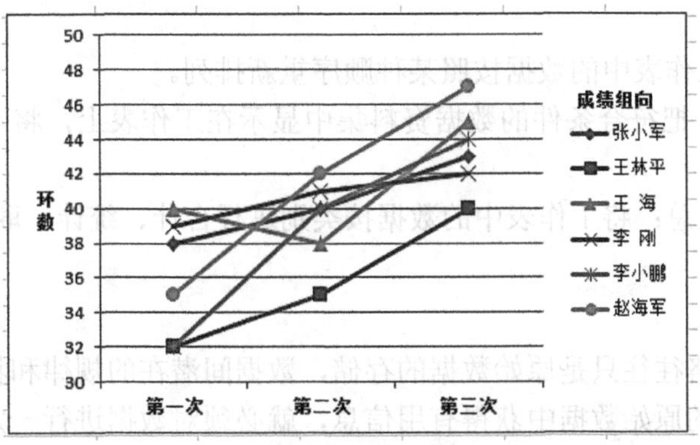

图 4-5-20　实弹射击成绩走向折线图效果

操作要求：

(1) 使用向导插入“折线图”图表，系统产生于“行”。

(2) 更改图表中标题对象的格式及位置。

(3) 加粗折线图中线条的显示格式。

(4) 修改绘图区的背景设置，使用双色的角度辐射渐变颜色。

【知识扩展】

1. 删除图表

若要删除工作表中已有的图表，可以在选定图表对象后，切换到“开始”选项卡，选择“编辑”组→“清除”按钮→“全部清除”命令，或者点击键盘的 Delete 键，删除图表对象。

2. 更改图表类型

图表制作完成后，还可以改变其图表类型，如将柱形图变成饼图、折线图等。

更改图表类型的操作方法如下：

(1) 选定图表，在图表区的空白处单击鼠标右键，在弹出的快捷菜单中选择“图表类型”命令，弹出“更改图表类型”对话框。

(2) 在图表类型列表中，选择需要更改为的图表类型，单击“确定”按钮，原图表即可被更改为新的图表类型。

任务六　制作士兵信息统计表

【学习目标】

(1) 掌握电子表格的排序操作。

(2) 掌握对数据进行自动筛选和高级筛选的方法。

(3) 学会 Excel 电子表格的打印。

【相关知识】

(1) 排序：将工作表中的数据按照某种顺序重新排列。

(2) 数据筛选：把符合条件的数据资料集中显示在工作表上，将不合要求的数据暂时隐藏起来。

(3) 数据分类汇总：将工作表中的数据按类别进行合计、统计、取平均数等汇总处理。

【任务说明】

已有的电子表格往往只是原始数据的存储，数据间潜在的规律和特征并不能直接显现出来，为了从大量的原始数据中获得有用信息，就必须对数据进行一定的加工和处理，从而得到我们想要的结果。按照特定行或列数据的大小进行排序，依据某种条件将特定的数据筛选出来，对相关数据分类后进行汇总，以更加友好的方式显示分析后的结果等，都是常用的数据加工和处理手段。通过本任务的学习，用户将掌握 Excel 中排序、筛选、汇总等数据操作，进一步学习 Excel 的高级功能。本任务的效果如图 4-6-1 所示。

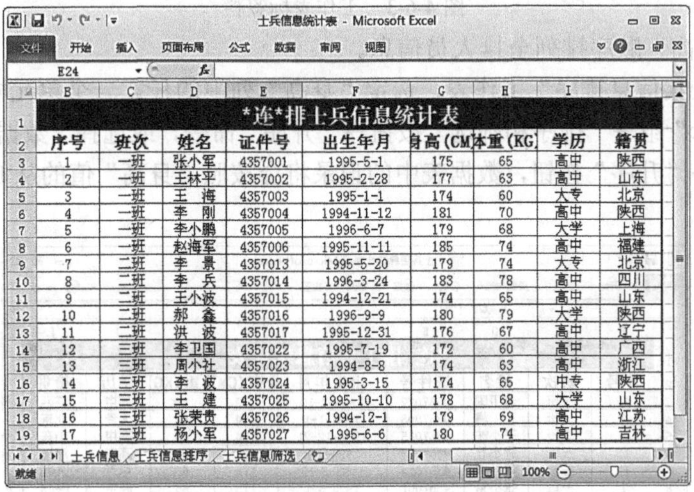

*连*排士兵信息统计表								
序号	班次	姓名	证件号	出生年月	身高(CM	体重(KG)	学历	籍贯
1	一班	张小军	4357001	1995-5-1	175	65	高中	陕西
2	一班	王林平	4357002	1995-2-28	177	63	高中	山东
3	一班	王　海	4357003	1995-1-1	174	60	大专	北京
4	一班	李　刚	4357004	1994-11-12	181	70	高中	陕西
5	一班	李小鹏	4357005	1996-6-7	179	68	大学	上海
6	一班	赵海军	4357006	1995-11-11	185	74	高中	福建
7	二班	李　景	4357013	1995-5-20	179	74	大专	北京
8	二班	李　兵	4357014	1996-3-24	183	78	高中	四川
9	二班	王小波	4357015	1994-12-21	174	65	高中	山东
10	二班	郝　鑫	4357016	1996-9-9	180	79	大学	陕西
11	二班	洪　波	4357017	1995-12-31	176	67	高中	辽宁
12	三班	李卫国	4357022	1995-7-19	172	60	高中	广西
13	三班	周小社	4357023	1994-8-8	174	63	高中	浙江
14	三班	李　波	4357024	1995-3-15	174	65	中专	陕西
15	三班	王　建	4357025	1995-10-10	178	68	大学	山东
16	三班	张荣贵	4357026	1994-12-1	179	69	高中	江苏
17	三班	杨小军	4357027	1995-6-6	180	74	高中	吉林

图 4-6-1　任务六样例

【任务实施】

一、打开工作簿文件

启动 Excel 2010，打开已有的“士兵信息统计表”工作簿，如图 4-6-2 所示。

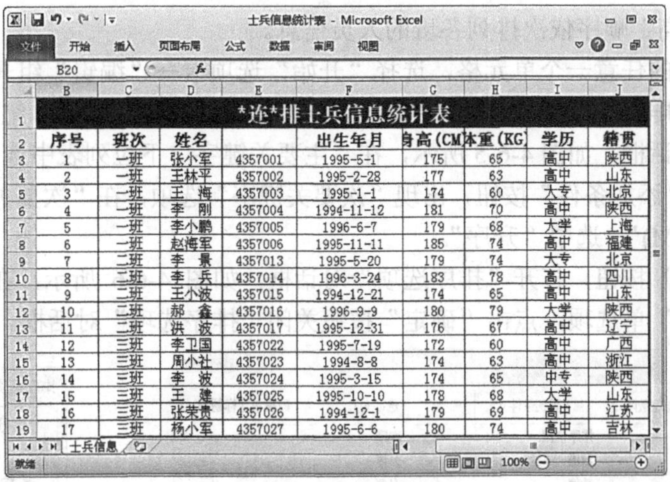

*连*排士兵信息统计表								
序号	班次	姓名	证件号	出生年月	身高(CM	体重(KG)	学历	籍贯
1	一班	张小军	4357001	1995-5-1	175	65	高中	陕西
2	一班	王林平	4357002	1995-2-28	177	63	高中	山东
3	一班	王　海	4357003	1995-1-1	174	60	大专	北京
4	一班	李　刚	4357004	1994-11-12	181	70	高中	陕西
5	一班	李小鹏	4357005	1996-6-7	179	68	大学	上海
6	一班	赵海军	4357006	1995-11-11	185	74	高中	福建
7	二班	李　景	4357013	1995-5-20	179	74	大专	北京
8	二班	李　兵	4357014	1996-3-24	183	78	高中	四川
9	二班	王小波	4357015	1994-12-21	174	65	高中	山东
10	二班	郝　鑫	4357016	1996-9-9	180	79	大学	陕西
11	二班	洪　波	4357017	1995-12-31	176	67	高中	辽宁
12	三班	李卫国	4357022	1995-7-19	172	60	高中	广西
13	三班	周小社	4357023	1994-8-8	174	63	高中	浙江
14	三班	李　波	4357024	1995-3-15	174	65	中专	陕西
15	三班	王　建	4357025	1995-10-10	178	68	大学	山东
16	三班	张荣贵	4357026	1994-12-1	179	69	高中	江苏
17	三班	杨小军	4357027	1995-6-6	180	74	高中	吉林

图 4-6-2　士兵信息统计表

二、排序

(1) 复制“士兵信息”工作表到所有工作表之后，重命名为“士兵信息排序”，如图 4-6-3 所示。

图 4-6-3　工作表标签栏

(2) 按“身高”顺序排列全排人员信息。

切换到“士兵信息排序”工作表，选定“身高”列中的任意一个单元格，选择“开始”选项卡→“编辑”组→“排序和筛选”按钮→“升序”命令，或选择“数据”选项卡→“排序和筛选”组→“升序”按钮，数据表中的记录将会按照“身高”值的从低到高顺序排列，如图 4-6-4 所示。

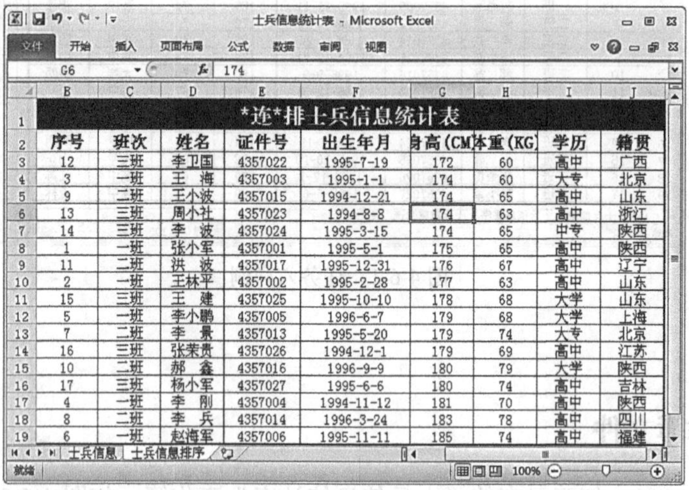

*连*排士兵信息统计表

序号	班次	姓名	证件号	出生年月	身高(CM)	体重(KG)	学历	籍贯
12	三班	李卫国	4357022	1995-7-19	172	60	高中	广西
3	一班	王　海	4357003	1995-1-1	174	60	大专	北京
9	二班	王小波	4357015	1994-12-21	174	65	高中	山东
13	三班	周小社	4357023	1994-8-8	174	63	高中	浙江
14	三班	李　波	4357024	1995-3-15	174	65	中专	陕西
1	一班	张小军	4357001	1995-5-1	175	65	高中	陕西
11	二班	洪　波	4357017	1995-12-31	176	67	高中	辽宁
2	一班	王林平	4357002	1995-2-28	177	63	高中	山东
15	三班	王　建	4357025	1995-10-10	178	68	大学	山东
5	一班	李小鹏	4357005	1996-6-7	179	68	大学	上海
7	二班	李　景	4357013	1995-5-20	179	74	大专	北京
16	三班	张荣贵	4357026	1994-12-1	179	69	高中	江苏
10	二班	郝　鑫	4357016	1996-9-9	180	79	大学	陕西
17	三班	杨小军	4357027	1995-6-6	180	74	高中	吉林
4	一班	李　刚	4357004	1994-11-12	181	70	高中	陕西
8	二班	李　兵	4357014	1996-3-24	183	78	高中	四川
6	一班	赵海军	4357006	1995-11-11	185	74	高中	福建

图 4-6-4　按“身高”升序排列

(3) 按“身高”顺序依次排列各班的人员信息。

选定数据表的任意一个单元格，选择“开始”选项卡→“编辑”组→“排序和筛选”按钮→“自定义排序”命令，或选择“数据”选项卡→“排序和筛选”组→“排序”按钮，打开“排序”对话框，如图 4-6-5 所示，在“主要关键字”下拉列表中选择“班次”，选中“升序”，点击“添加条件”按钮，出现“次要关键字”选项，在“次要关键字”下拉列表中选择“身高(CM)”，选中“升序”。

点击“选项”按钮，打开“排序选项”对话框，如图 4-6-6 所示，在“方法”区域中选中“笔划排序”单选项，点击“确定”按钮关闭“排序选项”对话框。

图 4-6-5　“排序”对话框

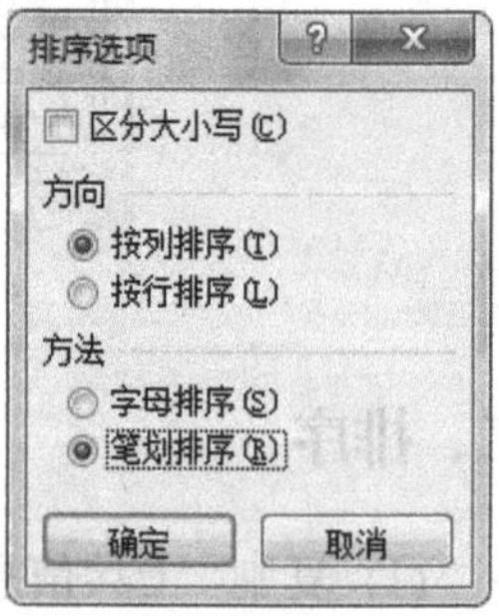

图 4-6-6　“排序选项”对话框

点击“确定”按钮，完成排序设置，数据表的记录情况如图 4-6-7 所示。

*连*排士兵信息统计表

序号	班次	姓名	证件号	出生年月	身高(CM)	体重(KG)	学历	籍贯
3	一班	王 海	4357003	1995-1-1	174	60	大专	北京
1	一班	张小军	4357001	1995-5-1	175	65	高中	陕西
2	一班	王林平	4357002	1995-2-28	177	63	高中	山东
5	一班	李小鹏	4357005	1996-6-7	179	68	大学	上海
4	一班	李 刚	4357004	1994-11-12	181	70	高中	陕西
6	一班	赵海军	4357006	1995-11-11	185	74	高中	福建
9	二班	王小波	4357015	1994-12-21	174	65	高中	山东
11	二班	洪 波	4357017	1995-12-31	176	67	高中	辽宁
7	二班	李 景	4357013	1995-5-20	179	74	大专	北京
10	二班	郝 鑫	4357016	1996-9-9	180	79	大学	陕西
8	二班	李 兵	4357014	1996-3-24	183	78	高中	四川
12	三班	李卫国	4357022	1995-7-19	172	60	高中	广西
13	三班	周小社	4357023	1994-8-8	174	63	高中	浙江
14	三班	李 波	4357024	1995-3-15	174	65	中专	陕西
15	三班	王 建	4357025	1995-10-10	178	68	大学	山东
16	三班	张荣贵	4357026	1994-12-1	179	69	高中	江苏
17	三班	杨小军	4357027	1995-6-6	180	74	高中	吉林

图 4-6-7 各班人员排序结果

三、筛选

(1) 复制“士兵信息”工作表到所有工作表之后，并重命名为“士兵信息筛选”，如图 4-6-8 所示。

图 4-6-8 工作表标签栏

(2) 使用自动筛选功能查看“学历”为“大学”的人员信息。

选定“学历”列中任意一个单元格，选择“开始”选项卡→“编辑”组→“排序和筛选”按钮→“筛选”命令，或选择“数据”选项卡→“排序和筛选”组→“筛选”按钮，这时，数据表中所有字段名的右侧都会添加一个下拉按钮，如图 4-6-9 所示。

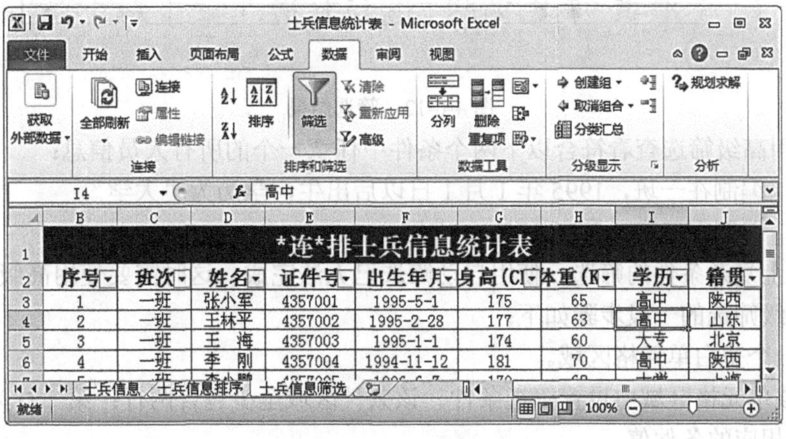

*连*排士兵信息统计表

序号	班次	姓名	证件号	出生年月	身高(CM)	体重(KG)	学历	籍贯
1	一班	张小军	4357001	1995-5-1	175	65	高中	陕西
2	一班	王林平	4357002	1995-2-28	177	63	高中	山东
3	一班	王 海	4357003	1995-1-1	174	60	大专	北京
4	一班	李 刚	4357004	1994-11-12	181	70	高中	陕西

图 4-6-9 自动筛选

点击“学历”字段的下拉按钮，在打开的下拉列表中只选中“大学”，如图 4-6-10 所示。点击“确定”按钮后，Excel 将自动在当前的数据清单中筛选出“学历”字段的值为“大学”的所有记录，如图 4-6-11 所示。

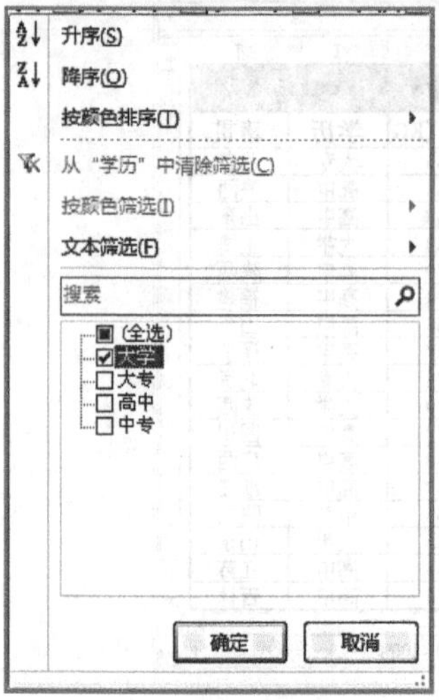

图 4-6-10　筛选下拉列表

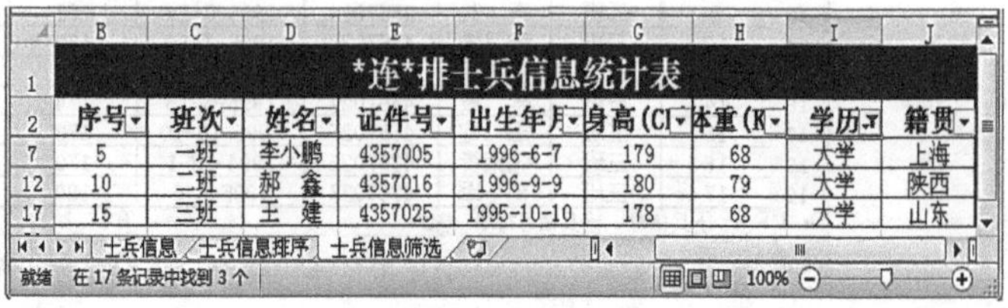

图 4-6-11　筛选结果

从工作表左侧的行号区域可以看出，系统只是对不符合筛选条件的记录进行了隐藏。

点击“数据”选项卡→“排序和筛选”组→“清除”按钮，可以恢复所有记录的显示。

(3) 使用自动筛选命令查看一班学历为“大专以上”的人员信息。

若要获得“一班”当中“学历”为大专以上所有人员的信息，可以在点击“数据”选项卡→“排序和筛选”组→“筛选”按钮后，先点击“班次”字段右侧的下拉按钮，在展开的下拉列表中选中“一班”，点击“确定”按钮；再点击“学历”字段右侧的下拉按钮，在展开的下拉列表中选中“大学”和“大专”，点击“确定”按钮。系统将自动筛选出符合条件的记录，如图 4-6-12 所示。

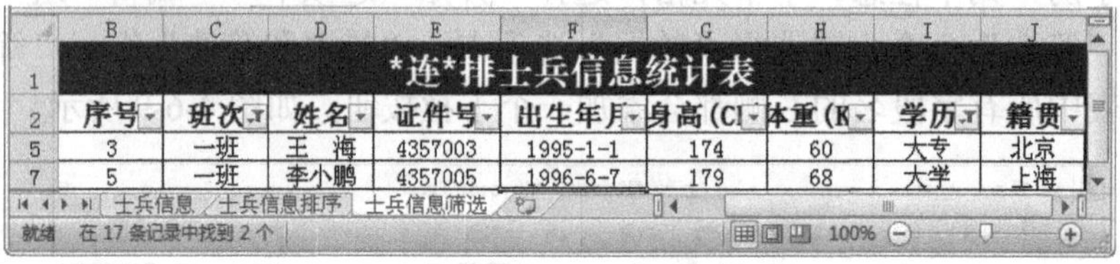

图 4-6-12　筛选结果

(4) 使用高级筛选查看符合以下两个条件中任意一个的所有人员信息：

条件 1：编制在一班，1995 年 1 月 1 日以后出生，学历为“大学”。

条件 2：编制在三班，身高 175cm 以上。

对于以上复杂条件的筛选，使用自动筛选已无法完成，这时需要使用高级筛选。

使用高级筛选的一般步骤如下：

① 定一个空白单元格区域。

② 在该单元格区域中设置筛选条件。该条件区域至少包含两行：第一行为字段名行，以下各行为相应的条件值。

③ 单击数据表中的任意一个单元格。

④ 点击“数据”选项卡→“排序和筛选”组→“高级”按钮。

要得到正确的高级筛选结果，最重要的是建立正确的条件区域，在条件区域中设置条件。建立条件区域要遵循下面的规则：

① 条件区域必须要有与表格中的源数据相同的列标题。条件区域中可以只包含那些需要对其设置条件的列标题。

② 在列标题下方的行中输入条件，条件中可以使用比较运算符。如果缺省，表示“等于”。

③ 在条件区域中，同一行的条件之间是“与”的关系，不同行的条件值之间是“或”的关系。

下面使用高级筛选说明建立以上筛选条件的详细过程。

① 取消“数据”选项卡→“排序和筛选”组→“筛选”按钮的选定，从而取消“自动筛选”前面的选中标志，并显示全部记录。

② 在工作表下方创建如图所示的条件区域，并编辑条件，如图 4-6-13 所示。

注意：条件 1 中的“一班”、出生日期和学历要求为“与”的关系，应编辑在一行上，条件 2 中的“三班”和身高要求也为“与”的关系，编辑在一行上；条件 1 和条件 2 为“或”的关系，应编辑在不同行上。

③ 点击“数据”选项卡→“排序和筛选”组→“高级”按钮，弹出“高级筛选”对话框，如图 4-6-14 所示。

	B	C	D	E	F	G	H	I	J
1	*连*排士兵信息统计表								
2	序号	班次	姓名	证件号	出生年月	身高(CM)	体重(KG)	学历	籍贯
3	1	一班	张小军	4357001	1995-5-1	175	65	高中	陕西
4	2	一班	王林平	4357002	1995-2-28	177	63	高中	山东
5	3	一班	王　海	4357003	1995-1-1	174	60	大专	北京
6	4	一班	李　刚	4357004	1994-11-12	181	70	高中	陕西
7	5	一班	李小鹏	4357005	1996-6-7	179	68	大学	上海
8	6	一班	赵海军	4357006	1995-11-11	185	74	高中	福建
9	7	二班	李　景	4357013	1995-5-20	179	74	大专	北京
10	8	二班	李　兵	4357014	1996-3-24	183	78	高中	四川
11	9	二班	王小波	4357015	1994-12-21	174	65	高中	山东
12	10	二班	郝　鑫	4357016	1996-9-9	180	79	大学	陕西
13	11	二班	洪　波	4357017	1995-12-31	176	67	高中	辽宁
14	12	三班	李卫国	4357022	1995-7-19	172	60	高中	广西
15	13	三班	周小社	4357023	1994-8-8	174	63	高中	浙江
16	14	三班	李　波	4357024	1995-3-15	174	65	中专	陕西
17	15	三班	王　建	4357025	1995-10-10	178	68	大学	山东
18	16	三班	张荣贵	4357026	1994-12-1	179	69	高中	江苏
19	17	三班	杨小军	4357027	1995-6-6	180	74	高中	吉林
20									
21	序号	班次	姓名	证件号	出生年月	身高(CM)	体重(KG)	学历	籍贯
22		一班			>=1995-1-1			大学	
23		三班				>175			

图 4-6-13　编辑高级筛选的条件区域

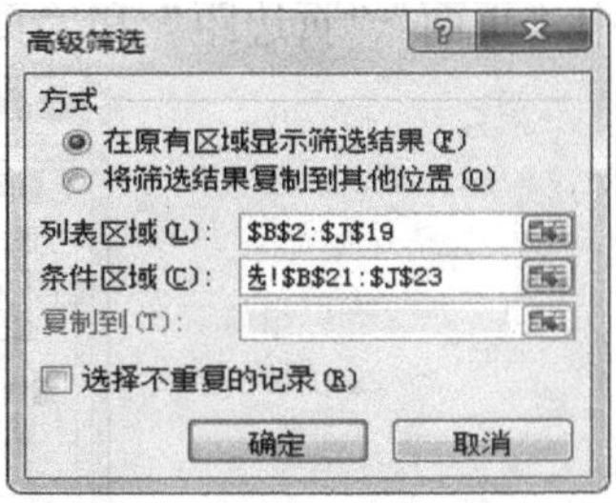

图 4-6-14　“高级筛选”对话框

④ 在“高级筛选”对话框的“方式”区域，选择“在原有区域显示筛选结果”；点击“列表区域”文本框右端的“选定”按钮，选定数据清单的全部区域，即 B2:J19；点击“条件区域”文本框右端的“选定”按钮，选定全部条件区域，即 B21:J23。

⑤ 单击“确定”按钮，执行筛选，如图 4-6-15 所示，筛选结果将显示在原来数据清单的位置。

高级筛选的结果可以显示在原有区域，也可以显示在其他区域。若想保留原有区域，应在“高级筛选”对话框中选中“将筛选结果复制到其他位置”后，在“复制到”编辑框中指定结果显示位置(只要选中指定结果所在区域的第一个单元格即可)。但要注意：如果结果区域与原区域不在同一张工作表中，那么需要把条件区域与结果区域放置在同一张工作表中。

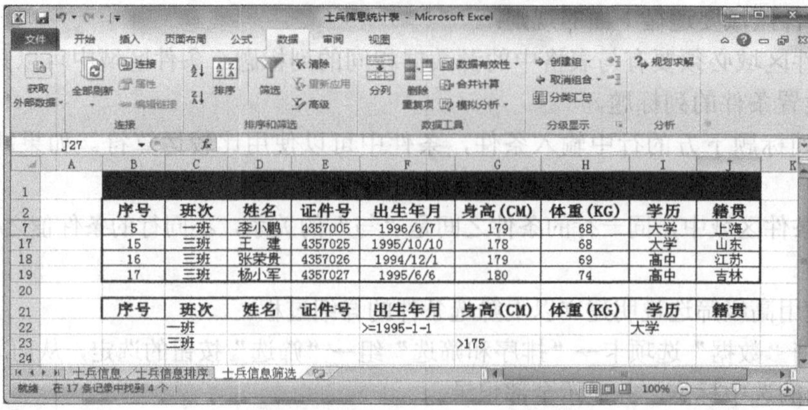

图 4-6-15　高级筛选结果

取消高级筛选，显示原有的所有记录的方法是：点击“数据”选项卡→“排序和筛选”组→“清除”按钮。

四、打印工作表

1. 页面设置

在打印工作表之前，一般要对工作的打印方向、纸张大小、页边距及页眉和页脚等参数进行设置，使工作表有一个合乎规范的整体外观。页面设置的具体方法有两种：一是直接用“页面布局”选项卡的“页面设置”组上的按钮设置；二是点击“页面设置”组右下角的 按钮，弹出“页面设置”对话框，如图 4-6-16 所示。对话框共有四个选项卡，其中“页面”“页边距”和“页眉/页脚”的设置与 Word 中的页面设置类似。

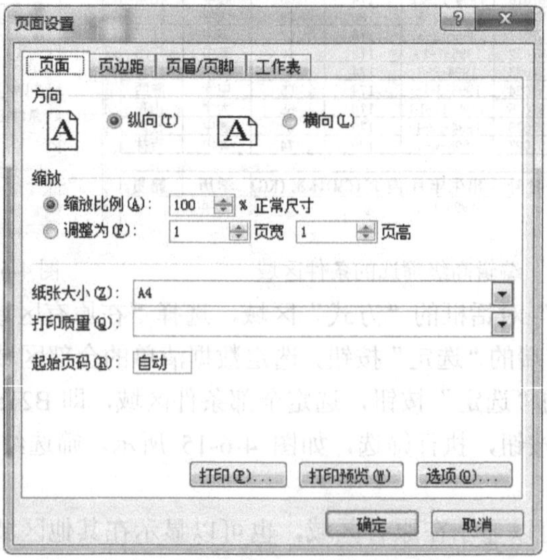

图 4-6-16　页面设置—页面

如图 4-6-17 所示，在“工作表”选项卡中，用户可以设置具体的打印区域、数据的顶端标题和左端标题，以及打印顺序等内容。

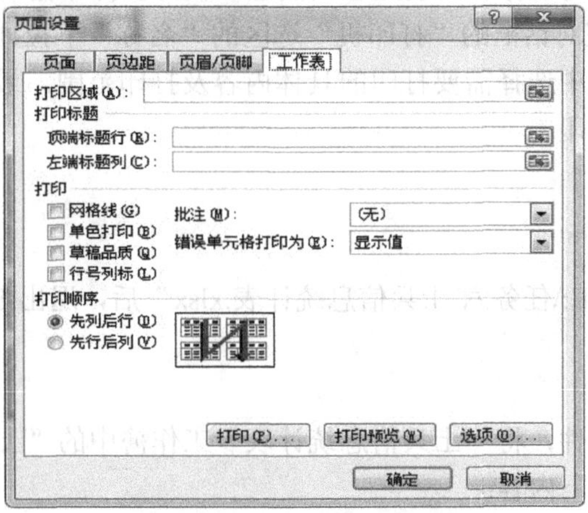

图 4-6-17　页面设置—工作表

2. 设置打印区域

若只想打印现有工作表中的部分信息，用户可以通过设置打印区域的方式进行打印。具体方法如下：

(1) 选定工作表中需要打印的单元格区域。

(2) 选择“页面布局”选项卡→“页面设置”组→“打印区域”按钮→“设置打印区域”命令。

若要取消已经设置的打印区域，可以选择“页面布局”选项卡→“页面设置”组→“打印区域”按钮→“取消打印区域”命令，实现打印区域的取消。

3. 打印预览

页面设置完成后，就可以进行打印预览操作。

点击“文件”菜单，选择“打印”选项，在窗口的右侧可以看到预览效果，如图 4-6-18 所示。

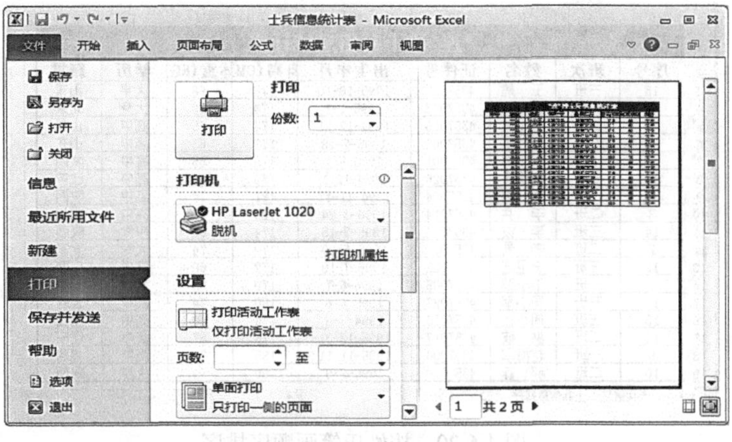

图 4-6-18　打印预览效果

4. 打印

打印预览后，如果对工作表的设置感到满意，就可以打印输出了。

在图 4-6-18 中，在对话框的“打印机”选区的“名称”下拉列表中选择使用的打印机名称，在“设置”选区中选择需要打印的具体内容及打印范围。最后单击窗口上方的“打印”按钮，即可进行打印。

五、保存并退出

将工作簿保存到“E:\任务六\士兵信息统计表.xlsx”后，退出 Excel。

【课堂练习】

新建一个工作簿文件，将“士兵信息统计表”工作簿中的“士兵信息”工作表复制到新工作簿中，并完成以下内容：

(1) 使用姓氏的字母和笔画分别对全排人员信息进行排序，结果如图 4-6-19 和图 4-6-20 所示。

*连*排士兵信息统计表

序号	班次	姓名	证件号	出生年月	身高(CM	体重(KG)	学历	籍贯
10	二班	郝　鑫	4357016	1996-9-9	180	79	大学	陕西
11	二班	洪　波	4357017	1995-12-31	176	67	高中	辽宁
8	二班	李　兵	4357014	1996-3-24	183	78	高中	四川
14	三班	李　波	4357024	1995-3-15	174	65	中专	陕西
4	一班	李　刚	4357004	1994-11-12	181	70	高中	陕西
7	二班	李　景	4357013	1995-5-20	179	74	大专	北京
12	三班	李卫国	4357022	1995-7-19	172	60	高中	广西
5	一班	李小鹏	4357005	1996-6-7	179	68	大学	上海
3	一班	王　海	4357003	1995-1-1	174	60	大专	北京
15	三班	王　建	4357025	1995-10-10	178	68	大学	山东
2	一班	王林平	4357002	1995-2-28	177	63	高中	山东
9	二班	王小波	4357015	1994-12-21	174	65	高中	山东
17	三班	杨小军	4357027	1995-6-6	180	74	高中	吉林
16	三班	张荣贵	4357026	1994-12-1	179	69	高中	江苏
1	一班	张小军	4357001	1995-5-1	175	65	高中	陕西
6	一班	赵海军	4357006	1995-11-11	185	74	高中	福建
13	三班	周小社	4357023	1994-8-8	174	63	高中	浙江

图 4-6-19　按姓氏字母顺序排序

*连*排士兵信息统计表

序号	班次	姓名	证件号	出生年月	身高(CM	体重(KG)	学历	籍贯
15	三班	王　建	4357025	1995-10-10	178	68	大学	山东
3	一班	王　海	4357003	1995-1-1	174	60	大专	北京
9	二班	王小波	4357015	1994-12-21	174	65	高中	山东
2	一班	王林平	4357002	1995-2-28	177	63	高中	山东
1	一班	张小军	4357001	1995-5-1	175	65	高中	陕西
16	三班	张荣贵	4357026	1994-12-1	179	69	高中	江苏
4	一班	李　刚	4357004	1994-11-12	181	70	高中	陕西
8	二班	李　兵	4357014	1996-3-24	183	78	高中	四川
14	三班	李　波	4357024	1995-3-15	174	65	中专	陕西
7	二班	李　景	4357013	1995-5-20	179	74	大专	北京
12	三班	李卫国	4357022	1995-7-19	172	60	高中	广西
5	一班	李小鹏	4357005	1996-6-7	179	68	大学	上海
17	三班	杨小军	4357027	1995-6-6	180	74	高中	吉林
13	三班	周小社	4357023	1994-8-8	174	63	高中	浙江
11	二班	洪　波	4357017	1995-12-31	176	67	高中	辽宁
6	一班	赵海军	4357006	1995-11-11	185	74	高中	福建
10	二班	郝　鑫	4357016	1996-9-9	180	79	大学	陕西

图 4-6-20　按姓氏笔画顺序排序

(2) 筛选出 1995 年以后出生的人员的信息，结果如图 4-6-21 所示。

*连*排士兵信息统计表

序号	班次	姓名	证件号	出生年月	身高(C	体重(K	学历	籍贯
1	一班	张小军	4357001	1995-5-1	175	65	高中	陕西
2	一班	王林平	4357002	1995-2-28	177	63	高中	山东
3	一班	王 海	4357003	1995-1-1	174	60	大专	北京
5	一班	李小鹏	4357005	1996-6-7	179	68	大学	上海
6	一班	赵海军	4357006	1995-11-11	185	74	高中	福建
7	二班	李 景	4357013	1995-5-20	179	74	大专	北京
8	二班	李 兵	4357014	1996-3-24	183	78	高中	四川
10	二班	郝 鑫	4357016	1996-9-9	180	79	大学	陕西
11	二班	洪 波	4357017	1995-12-31	176	67	高中	辽宁
12	三班	李卫国	4357022	1995-7-19	172	60	高中	广西
14	三班	李 波	4357024	1995-3-15	174	65	中专	陕西
15	三班	王 建	4357025	1995-10-10	178	68	大学	山东
17	三班	杨小军	4357027	1995-6-6	180	74	高中	吉林

图 4-6-21 1995 年以后出生人员信息

任务七 综合实训

【学习目标】

综合利用前面所学的基本理论知识，结合实际案例，提高大家解决现实问题的能力。

【任务说明】

本任务通过“学员体能考核成绩统计表”的制作，将前面所学的知识应用到实际工作中，使学习者能进一步掌握 Excel 的操作。本任务的效果如图 4-7-1 所示。

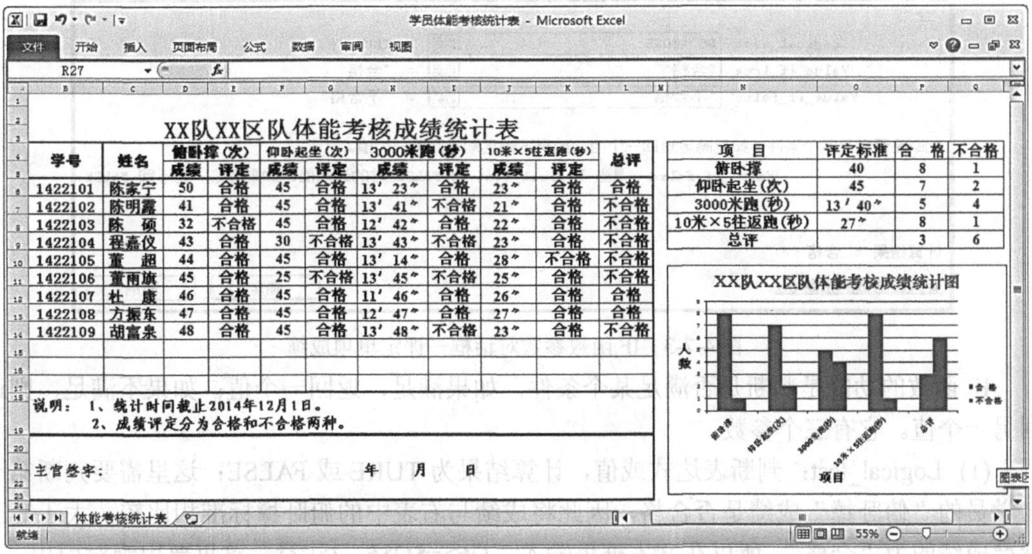

XX队XX区队体能考核成绩统计表

学号	姓名	俯卧撑(次)		仰卧起坐(次)		3000米跑(秒)		10米×5往返跑(秒)		总评
		成绩	评定	成绩	评定	成绩	评定	成绩	评定	
1422101	陈家宁	50	合格	45	合格	13′ 23″	合格	23″	合格	合格
1422102	陈明露	41	合格	45	合格	13′ 41″	不合格	21″	合格	不合格
1422103	陈 硕	32	不合格	45	合格	12′ 42″	合格	22″	合格	不合格
1422104	程嘉仪	43	合格	30	不合格	13′ 43″	不合格	23″	合格	不合格
1422105	董 超	44	合格	45	合格	13′ 14″	合格	28″	不合格	不合格
1422106	董雨旗	45	合格	25	不合格	13′ 45″	不合格	25″	合格	不合格
1422107	杜 康	46	合格	45	合格	11′ 46″	合格	26″	合格	合格
1422108	方振东	47	合格	45	合格	12′ 47″	合格	27″	合格	合格
1422109	胡富泉	48	合格	45	合格	13′ 48″	不合格	23″	合格	不合格

说明： 1、统计时间截止2014年12月1日。
2、成绩评定分为合格和不合格两种。

主官签字： 年 月 日

项 目	评定标准	合 格	不合格
俯卧撑	40	8	1
仰卧起坐(次)	45	7	2
3000米跑(秒)	13′ 40″	5	4
10米×5往返跑(秒)	27″	8	1
总评		3	6

图 4-7-1 任务七样例

【任务实施】

一、打开工作簿文件

启动 Excel 2010，打开已有的“学员体能考核统计表”工作簿，如图 4-7-2 所示。

XX队XX区队体能考核成绩统计表

学号	姓名	俯卧撑(次)		仰卧起坐(次)		3000米跑(秒)		10米×5往返跑(秒)		总评
		成绩	评定	成绩	评定	成绩	评定	成绩	评定	
1422101	陈家宁	50		45		13′ 23″		23″		
1422102	陈明露	41		45		13′ 41″		21″		
1422103	陈　硕	32		45		12′ 42″		22″		
1422104	程嘉仪	43		30		13′ 43″		23″		
1422105	董　超	44		45		13′ 14″		28″		
1422106	董雨旗	45		25		13′ 45″		25″		
1422107	杜　康	46		45		11′ 46″		26″		
1422108	方振东	47		45		12′ 47″		27″		
1422109	胡富泉	48		45		13′ 48″		23″		
说明：1、统计时间截止2014年12月1日。 2、成绩评定分为合格和不合格两种。										
主官签字：　　　年　月　日										

项　目	评定标准	合　格	不合格
俯卧撑	40		
仰卧起坐(次)	45		
3000米跑(秒)	13′ 40″		
10米×5往返跑(秒)	27″		
总评			

图 4-7-2　学员体能考核成绩统计表

二、成绩评定

1. 单项成绩评定

选定 E6 单元格，选择“数据”选项卡→“函数库”组→“逻辑”按钮→“IF”命令，打开“IF 函数参数”对话框，如图 4-7-3 所示。

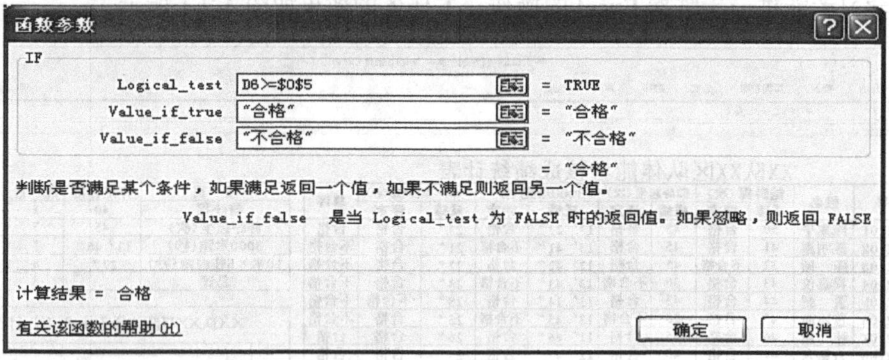

图 4-7-3　IF 函数参数对话框—评定单项成绩

IF 函数的功能是判断是否满足某个条件，如果满足，返回一个值；如果不满足，则返回另一个值。它有三个参数：

(1) Logical_test：判断表达式或值，计算结果为 TURE 或 FALSE；这里需要判断第一名学员的“俯卧撑”成绩是否合格，因此将成绩与右表中的俯卧撑标准相比较，大于等于标准成绩的为“合格”，所以在文本框里输入：D6>=$O$5。(注意：这里要用绝对引用。)

(2) Value_if_true：当 Logical_test 为 TRUE 时的返回值；文本框输入：合格。

(3) Value_if_false：当 Logical_test 为 FALSE 时的返回值；文本框里输入：不合格。点击“确定”按钮，评定出第一名学员的俯卧撑成绩。

选定 E6 单元格，并将鼠标移动到该单元格的右下角的填充柄处，当鼠标指针变为实心的十字形状时，按下鼠标左键，拖动到 E14 单元格上方后，松开鼠标左键，即可完成公式的填充，此时表中每位学员的俯卧撑成绩都已经通过函数评定出来。

在 G6 单元格中输入“=IF(F6>=$O$6，"合格"，"不合格")”，回车；在 I6 单元格中输入“=IF(H6<=$O$7，"合格"，"不合格")”，在 K6 单元格中输入“=IF(J6<=$O$8，"合格"，"不合格")”，可以分别评定出第一名学员的仰卧起坐、3000 米跑和 10 米×5 往返跑的成绩。然后用复制公式的方法，将所有学员的单项成绩评定出来，如图 4-7-4 所示。

XX队XX区队体能考核成绩统计表

学号	姓名	俯卧撑(次)		仰卧起坐(次)		3000米跑(秒)		10米×5往返跑(秒)		总评
		成绩	评定	成绩	评定	成绩	评定	成绩	评定	
1422101	陈家宁	50	合格	45	合格	13′23″	合格	23″	合格	
1422102	陈明露	41	合格	45	合格	13′41″	不合格	21″	合格	
1422103	陈　硕	32	不合格	45	合格	12′42″	合格	22″	合格	
1422104	程嘉仪	43	合格	30	不合格	13′43″	不合格	23″	合格	
1422105	董　超	44	合格	45	合格	13′14″	合格	28″	不合格	
1422106	董雨旗	45	合格	25	不合格	13′45″	不合格	25″	合格	
1422107	杜　康	46	合格	45	合格	11′46″	合格	26″	合格	
1422108	方振东	47	合格	45	合格	12′47″	合格	27″	合格	
1422109	胡富泉	48	合格	45	合格	13′48″	不合格	23″	合格	

说明：1、统计时间截止2014年12月1日。
2、成绩评定分为合格和不合格两种。

主官签字：　　　　年　　月　　日

项　目	评定标准
俯卧撑	40
仰卧起坐(次)	45
3000米跑(秒)	13′40″
10米×5往返跑(秒)	27″
总评	

图 4-7-4　评定完单项成绩

2. 总评成绩评定

总评成绩的评定方法：学员的四项考核成绩均为合格，则总评为合格，否则为不合格。

选定 L6 单元格，选择“数据”选项卡→“函数库”组→“逻辑”按钮→“IF”命令，打开“IF 函数参数”对话框，在 Logical_test 框里输入 AND(E6="合格"，G6="合格"，I6="合格"，K6="合格")；Value_if_true 框里输入"合格"；Value_if_false 框里输入"不合格"。如图 4-7-5 所示。点击“确定”按钮，即可评定出第一名学员的总评成绩。

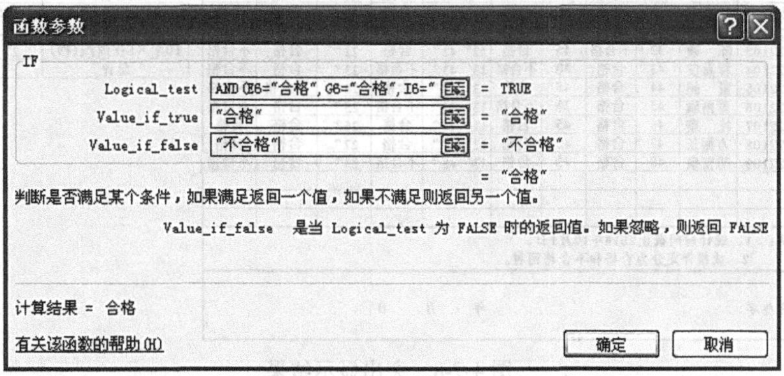

图 4-7-5　IF 函数参数对话框—评定总评成绩

选定 L6 单元格，并将鼠标移动到该单元格右下角的填充柄处，当鼠标指针变为实心的十字形状时，按下鼠标左键，拖动到 L14 单元格上方后，松开鼠标左键，即可完成公式的填充，将表中每位学员的总评成绩评定出来。结果如图 4-7-6 所示。

XX队XX区队体能考核成绩统计表

学号	姓名	俯卧撑(次)		仰卧起坐(次)		3000米跑(秒)		10米×5往返跑(秒)		总评
		成绩	评定	成绩	评定	成绩	评定	成绩	评定	
1422101	陈家宁	50	合格	45	合格	13′23″	合格	23″	合格	合格
1422102	陈明露	41	合格	45	合格	13′41″	不合格	21″	合格	不合格
1422103	陈　硕	32	不合格	45	合格	12′42″	合格	22″	合格	不合格
1422104	程嘉仪	43	合格	30	不合格	13′43″	不合格	23″	合格	不合格
1422105	董　超	44	合格	45	合格	13′14″	合格	28″	不合格	不合格
1422106	董雨旗	45	合格	25	不合格	13′45″	不合格	25″	合格	不合格
1422107	杜　康	46	合格	45	合格	11′46″	合格	26″	合格	合格
1422108	方振东	47	合格	45	合格	12′47″	合格	27″	合格	合格
1422109	胡富泉	48	合格	45	合格	13′48″	不合格	23″	合格	不合格

说明：1、统计时间截止2014年12月1日。
2、成绩评定分为合格和不合格两种。

主官签字：　　　　年　月　日

项　目	评定标准
俯卧撑	40
仰卧起坐(次)	45
3000米跑(秒)	13′40″
10米×5往返跑(秒)	27″
总评	

图 4-7-6　成绩评定结果

三、突出显示

将统计表中测试成绩结果为“不合格”的突出显示，在这里使用“条件格式”来完成。

选定工作表的数据区 D6:L14，然后选择“开始”选项卡→“样式”组→“条件格式”按钮→“突出显示单元格规则”→“等于”命令，打开“等于”规则设置对话框，如图 4-7-7 所示。在“为等于以下值的单元格设置格式:”下的文本框中输入“不合格”；在“设置为”列表中选择“红色文本”，结果如图 4-7-8 所示。

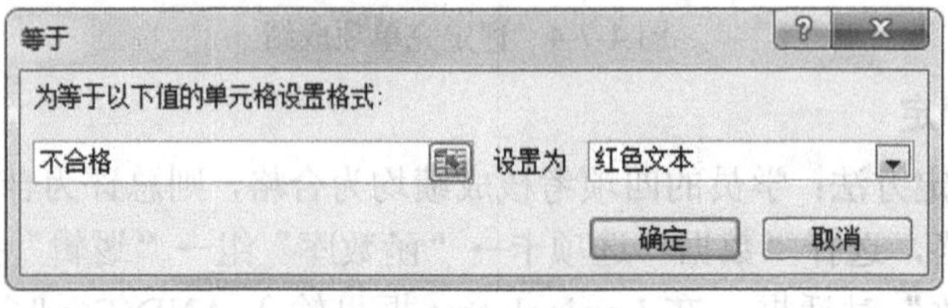

图 4-7-7　“等于”规则设置对话框

XX队XX区队体能考核成绩统计表

学号	姓名	俯卧撑(次)		仰卧起坐(次)		3000米跑(秒)		10米×5往返跑(秒)		总评
		成绩	评定	成绩	评定	成绩	评定	成绩	评定	
1422101	陈家宁	50	合格	45	合格	13′23″	合格	23″	合格	合格
1422102	陈明露	41	合格	45	合格	13′41″	不合格	21″	合格	不合格
1422103	陈　硕	32	不合格	45	合格	12′42″	合格	22″	合格	不合格
1422104	程嘉仪	43	合格	30	不合格	13′43″	不合格	23″	合格	不合格
1422105	董　超	44	合格	45	合格	13′14″	合格	28″	不合格	不合格
1422106	董雨旗	45	合格	25	不合格	13′45″	不合格	25″	合格	不合格
1422107	杜　康	46	合格	45	合格	11′46″	合格	26″	合格	合格
1422108	方振东	47	合格	45	合格	12′47″	合格	27″	合格	合格
1422109	胡富泉	48	合格	45	合格	13′48″	不合格	23″	合格	不合格

说明：1、统计时间截止2014年12月1日。
2、成绩评定分为合格和不合格两种。

主官签字：　　　　年　月　日

项　目	评定标准
俯卧撑	40
仰卧起坐(次)	45
3000米跑(秒)	13′40″
10米×5往返跑(秒)	27″
总评	

图 4-7-8　突出显示结果

四、人数统计

选定 P5 单元格，计算俯卧撑项目合格的人数。选择“公式”选项卡→“函数库”组→

“插入函数”命令，打开“插入函数”对话框，在对话框的“或选择类别”列表中选择“统计”，在“选择函数”区域内选择“COUNTIF”函数，点击“确定”按钮，打开“COUNTIF 函数参数”对话框，如图 4-7-9 所示。

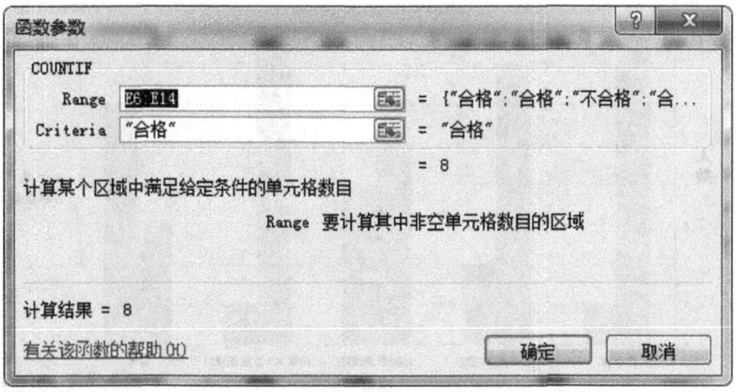

图 4-7-9　COUNTIF 函数参数对话框

COUNTIF 函数的功能是计算某个区域中满足给定条件的单元格数目，有两个参数：

(1) Range：要计算其中非空单元格数目的区域。这里选定 E6:E14 单元格。

(2) Criteria：以数字、表达式或文本形式定义的条件。这里输入：合格。

点击“确定”按钮，计算出俯卧撑项目合格的人数。

用 COUNTIF 函数计算其他的人数：

选定 Q5 单元格，输入公式：=COUNTIF(E6:E14，"不合格")，按回车键。

选定 P6 单元格，输入公式：=COUNTIF(G6:G14，"合格")，按回车键。

选定 Q6 单元格，输入公式：=COUNTIF(G6:G14，"不合格")，按回车键。

选定 P7 单元格，输入公式：=COUNTIF(I6:I14，"合格")，按回车键。

选定 Q7 单元格，输入公式：=COUNTIF(I6:I14，"不合格")，按回车键。

选定 P8 单元格，输入公式：=COUNTIF(K6:K14，"合格")，按回车键。

选定 Q8 单元格，输入公式：=COUNTIF(K6:K14，"合格")，按回车键。

选定 P9 单元格，输入公式：=COUNTIF(L6:L14，"合格")，按回车键。

选定 Q9 单元格，输入公式：=COUNTIF(L6:L14，"不合格")，按回车键。

人数统计完毕，结果如图 4-7-10 所示。

项　目	评定标准	合　格	不合格
俯卧撑	40	8	1
仰卧起坐(次)	45	7	2
3000米跑(秒)	13′40″	5	4
10米×5往返跑(秒)	27″	8	1
总评		3	6

图 4-7-10　人数统计结果

五、制作图表

1. 插入图表

选定图 4-7-10 右表中的“项目”“合格”“不合格”列，选择“插入”选项卡→“图表”

组→“柱形图”按钮→“簇状柱形图”，自动生成柱形图，调整图表大小和位置到：N10:Q23。如图 4-7-11 所示。

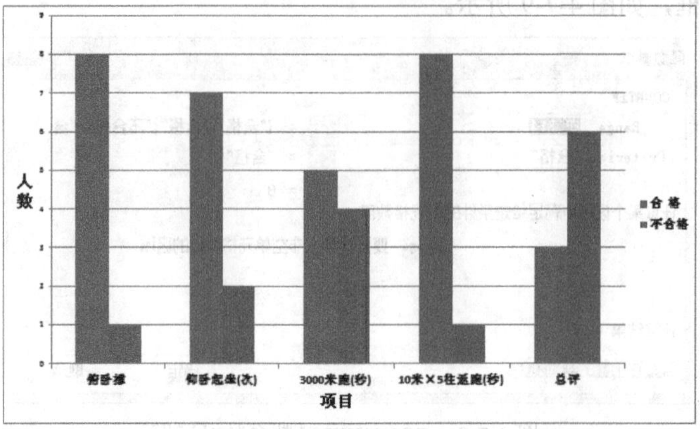

图 4-7-11　插入图表

2. 图表外观设置

(1) 图表标题：选定图表，选择“布局”选项卡→“标签”组→“图表标题”按钮→“图表上方”命令，在出现的“图表标题”文本框中输入“××队××区队体能考核成绩统计图”，设置字体为“华文中宋”，字号为“28 磅”，颜色为“红色”。

(2) 坐标轴标题：选择“布局”选项卡→“标签”组→“坐标轴标题”按钮→“主要横坐标轴标题”→“坐标轴下方标题”命令，在“坐标轴标题”文本框中输入“项目”，字号为“18 磅”；选择“布局”选项卡→“标签”组→“坐标轴标题”按钮→“主要纵坐标轴标题”→“竖排标题”命令，在“坐标轴标题”文本框中输入“人数”，字号为“18 磅”。

(3) 坐标轴：将坐标轴的字号设为“14 磅”。

(4) 图例：位置不变，字号设为“18 磅”。

(5) 设置绘图区：选中图表，选择“格式”选项卡→“当前所选内容”组→“图表元素”列表中选择“绘图区”，点击“设置所选内容格式”按钮，打开“设置绘图区格式”对话框，设置绘图区的区域背景颜色为浅绿色，最终效果如图 4-7-12 所示。

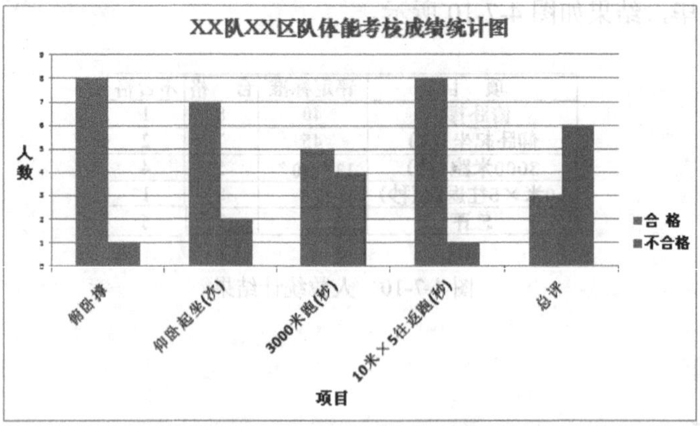

图 4-7-12　图表外观设置

六、保存

将工作簿保存到“E:\任务七\学员体能考核统计表.xlsx”。

习　题

一、选择题

1. Excel 2010 工作簿的扩展名是(　　)。
A. . xlsx　　B. . exl　　C. . exe　　D. . sxlx
2. Excel 与 Word 在表格处理方面，最主要的区别是(　　)。
A. 在 Excel 中能做出比 Word 更复杂的表格
B. 在 Excel 中可对表格的数据进行汇总、统计等各种运算和数据处理，而 Word 不行
C. Excel 能将表格中的数据转换为图形，而 Word 不能转换
D. 上述说法都不对
3. Excel 广泛应用于(　　)。
A. 统计分析、财务管理分析、股票分析和经济、行政管理等各个方面
B. 工业设计、机械制造、建筑工程
C. 美术设计、装潢、图片制作等各个方面多媒体制作
4. 工作簿是指(　　)。
A. 在 Excel 环境中用来存储和处理工作数据的文件
B. 以一个工作表的形式存储和处理数据的文件
C. 图表数据库
5. Excel 中，活动单元格是指(　　)的单元格。
A. 正在处理　　B. 能被删除　　C. 能被移动　　D. 能进行公式计算
6. Excel 中，当操作数发生变化时，公式的运算结果(　　)。
A. 会发生改变　　B. 不会发生改变
C. 与操作数没有关系　　D. 会显示出错信息
7. Excel 中，公式中运算符的作用是(　　)。
A. 用于指定对操作数或单元格引用数据执行何种运算
B. 对数据进行分类
C. 比较数据
D. 连接数据
8. Excel 关于筛选掉的记录的叙述，下面(　　)是错误的。
A. 不打印　　B. 不显示　　C. 永远丢失了　　D. 在预览时不显示
9. 下列关于 Excel 单元格的描述中不正确的是(　　)。
A. Excel 中可以合并单元格但不能拆分单元格
B. 双击要编辑的单元格，插入点将出现在该单元格中

C. 可直接单击选取不连续的多个单元格

D. 一个单元格中的文字格式可以不同

10. 在 Excel 中，若单元格的数字显示为一串“#”符号，应采取的措施是(　　)。

A. 改变列的宽度，重新输入

B. 列的宽度调整到足够大，使相应数字显示出来

C. 删除数字，重新输入

D. 扩充行高，使相应数字显示出来

二、判断题

1. Excel 提供了“自动保存功能”，所以人们在进行退出 Excel 应用程序的操作时，工作簿会自动被保存。(　　)

2. 在默认情况下，一个新的工作簿中含有三个工作表，它们的名称分别是 Sheet1、Sheet2、Sheet3。(　　)

3. 复制或移动操作，会将目标位置单元格区域中的内容向左或者向上移动，然后将新的内容插入到目标位置的单元格区域。(　　)

4. 已在某工作表的 A1、B1 单元格分别输入了星期一、星期三，并且已将这两个单元格选定了，现将 B1 单元格右下角的填充柄向右拖动，那么在 C1、D1、E1 单元格显示的数据会是星期四、星期五、星期六。(　　)

5. 编辑图表时，删除某一数据系列，工作表中数据也同时被删除。(　　)

三、操作题

建立一个文件名为“图书清单”的工作簿，在表 Sheet1 中创建一个如下图所示的工作表。

图书清单工作表

出 版 社	图 书 系 列	销 售 数 量	销 售 单 价	销 售 总 额
人民出版社	操作系统	28	¥36	
科学出版社	计算机文化基础	50	¥25	
高等教育出版社	VB	26	¥31	
清华大学出版社	VC	18	¥46	
人民出版社	计算机文化基础	19	¥26	
高等教育出版社	操作系统	20	¥38	
科学出版社	VB	18	¥36	
人民出版社	VB	16	¥35	
高等教育出版社	VC	19	¥45	
清华大学出版社	计算机文化基础	30	¥28	

(1) 计算“销售总额”列。

(2) 将 Sheet1 中的数据表复制到 Sheet2 和 Sheet3，使 Sheet1、Sheet2、Sheet3 的内容相同。

(3) 对 Sheet1 的数据表按“销售总额”进行排序，先升序，后降序。

(4) 对 Sheet2 的数据表按“出版社”进行升序排序，然后按“出版社”进行“销售总额”的“求和”汇总。

(5) 对 Sheet3 中的数据表进行“自动筛选”，并将高等教育出版社中销售数量大于等于 25 本的记录显示出来。

模块五　多媒体课件制作技术

随着多媒体技术的发展，多媒体演示文稿的应用越来越普遍，如汇报工作、交流经验、会议演讲、学术报告、制作课件、广告宣传、产品演示等，使用这种图文、动画、声像相结合的方式，能够更好地表达思想，对我们的工作有很大的帮助。

PowerPoint 2010 是微软公司推出的一个演示文稿制作和展示的软件，它是当今世界上最优秀、最流行也最简便直接的幻灯片制作和演示的软件之一。通过它，你可以制作出图文并茂、色彩丰富、生动形象并且具有极强的表现力和感染力的宣传文稿、演讲文稿、幻灯片和投影胶片等，可以通过投影机直接投影到银幕上以产生动态影片的效果，能够更好地辅助演讲者的讲解。

任务一　初识多媒体课件及 PowerPoint 2010

【学习目标】

(1) 识记多媒体课件的概念、种类。

(2) 了解多媒体课件制作的常用软件，领会多媒体课件制作的一般流程。

(3) 熟悉 PowerPoint 2010 的工作界面。

(4) 理解 PowerPoint 2010 默认的视图模式。

(5) 掌握 PowerPoint 2010 的启动、退出，以及新建、保存、打开、关闭演示文稿的方法。

(6) 掌握幻灯片的添加、选择、复制、删除和顺序调整。

【相关知识】

多媒体是融合两种或两种以上媒体的一种人机交互式信息交流传播媒体。人们将文本、音频、视频、图形、图像、动画等的综合体统称为“多媒体”。多媒体技术就是利用计算机技术把文字、声音、视频、图形、图像等多种媒体进行综合处理，使多种信息之间建立逻辑连接，集成为一个完整的系统。

“课件”一词译自英文“Courseware”，意思是课程软件。因此，课件也就是包括具体学科内容的教学软件。多媒体课件就是运用各种计算机多媒体技术开发出来的图、文、声、像并茂的教学软件。

【任务说明】

在正式制作演示文稿之前，大家需要了解多媒体课件的基本知识，熟悉 PowerPoint 2010 的基本界面，掌握其基本操作方法，从而为演示文稿的制作打好基础。

【任务实施】

一、多媒体课件的概念

一般而言，把文字(Text)、图形(Graphic)、图像(Image)、视频(Video)、动画(Animation)和声音(Sound)等媒体信息结合在一起，通过计算机进行综合处理与控制，并实现有机结合，就可以形成多媒体课件。

通常情况下，多媒体课件具有以下特性：

(1) 集成性：信息载体的集成性，这些载体包括文本、数字、图形、图像、声音、动画、视频等。

(2) 控制性：多媒体课件并不是多种载体的简单组合，而是由计算机加以控制和管理的。

(3) 交互性：把多媒体信息载体整合在一起，通过图形菜单、图标、窗口等人机交互的界面，利用鼠标、键盘等输入设备实现人机信息沟通。

二、多媒体课件的种类

随着计算机多媒体技术的进步和发展，多媒体教学模式在不同的教学理论和教学策略引导下呈现出多极化、多元化的发展趋势。多媒体课件五花八门，迄今尚难以找到一个统一的划分标准。但是，为了便于读者更容易地掌握课件的制作技术，我们有必要了解一下课件的分类情况。

1. 根据课件的知识结构划分

(1) 固定型课件：将各种与教学活动有关的信息划分为许多能在屏幕上展示的段落，按其内容和性质，可分为介绍、提示、问答、测试、反馈等。这是一种较为传统的课件类型，适合于制作规模小的课件。

(2) 生成型课件：按模型的方式随机地生成许多同类型的例子和问题。这种课件适合于简单问题的教学，特别是数学问题。

(3) 信息结构型课件：教学内容按概念被划分为单元，并按某种关系建立单元间的联系，从而形成一个多单元信息网课件。

(4) 可调节型课件：用数据库存储各种教学信息，如教学方法、教学策略及学员信息等，根据不同的教学信息对内容进行适当调节的课件。

(5) 模型化课件：此类课件利用模型来模拟现实世界中的各种现象，常用模型有数学模型、化学模型、物理模型等。

2. 根据课件的控制主体划分

(1) 教员控制课件：课件的操纵对象是教员。

(2) 学员控制课件：课件的操纵对象是学员。

(3) 协同控制课件：教员和学员均可控制。

(4) 计算机控制课件：课件完全由计算机控制，学员只能做出被动反应。

3. 根据课件的功能划分

(1) 课程式课件：主要用于课堂教学。

(2) 辅导式课件：主要用于个别教学。

(3) 训练式课件：主要用于测试学员的学习成绩。

(4) 实验式课件：主要用于演示实验，如化学、物理实验等。

(5) 管理式课件：主要用于分析学员的学习情况。

实际上，根据不同的划分标准，课件的分类是不同的。每一个课件都可能存在交叉归类，例如，一个教员控制课件，同时也可以是课程式课件，这就好像一个人既可以是教员，又可以是青年，问题的关键在于划分的标准不同。

三、多媒体课件制作的常用软件

多媒体课件的制作，涉及素材的搜集、整理、加工，以及课件的制作、调试、发布等诸多环节，因此，制作多媒体课件时涉及的软件也比较多。

1. 素材制作软件

1) 文字素材处理软件

在多媒体信息载体中，文字是最重要的一种信息传播媒介。无论计算机技术发展到何种程度，文字依然是最重要的载体。因此，几乎所有的应用软件都有文字处理功能。如果课件对文字的要求不高，那么，多媒体课件制作软件本身就可以完成文字的录入、编辑；如果要对文字进行艺术加工，就要借助专业的文字处理软件了。

(1) 常用文字处理软件：写字板、Word、WPS 等。

(2) 艺术文字处理软件：PhotoShop、CorelDraw、FreeHand、Word 等。

2) 图像素材处理软件

图像素材的采集方法很多，但如果图像素材不适合设计的需要，就需要使用图像处理软件。

(1) 图像制作软件：画笔、金山画王、CorelDraw、Painter 等。

(2) 图像处理软件：PhotoShop、PhotoDraw 等。

3) 声音素材处理软件

在制作多媒体课件时，用户经常要用到音效、配音、背景音乐等。声音文件的格式很多，如基于 PC 系统的 WAV、MIDI 格式，基于 Mac 系统的 SND、AIF 格式，这些格式之间经常需要转换，因此，声音素材的采集整理需要更多的软件支持。

在多媒体课件制作中，用户可以选择使用以下两种音频编辑软件：

(1) Creative Wave Studio“录音大师”：Creative Technology 公司 Sound Blaster AWE64

声卡附带的音频编辑软件。在 Windows 环境下，它可以录制、播放、编辑 8 位和 16 位的波形音乐。

(2) Cake Walk：Twelve Tone System 公司开发的音乐编辑软件，利用它可以创作出具有专业水平的“计算机音乐”。

4) *动画素材处理软件*

多媒体课件中使用的动画主要有两种：二维动画和三维动画。常见的动画制作软件有：

(1) 二维动画软件：Animator Pro、Flash、Swish 等。

(2) 三维动画软件：3D Studio MAX、Cool 3D 等。

5) *视频素材处理软件*

视频以其生动、活泼、直观的特点，在多媒体系统中得以广泛应用，并扮演着极其重要的角色。多媒体课件要用到大量的视频文件，常用的视频素材是 AVI、MOV 和 MPG 格式的视频文件。常用的视频处理软件主要有：

(1) QuickTime：著名的 Apple 公司推出的一款视频编辑、播放、浏览软件，是当今使用最广泛的跨平台多媒体技术，已经成为世界上第一个基于工业标准的 Internet 流(Stream)产品。使用 QuickTime 可以处理视频、动画、声音、文本、平面图形、三维图形、交互图像等内容。

(2) Adobe Premiere：Adobe 公司推出的一个功能十分强大的处理影视作品的视频和音频编辑软件。

(3) Ulead Media Studio Pro：友立公司推出的一款非常著名的视频编辑软件。

2. 课件制作软件

多媒体课件制作软件，也称多媒体集成工具软件。目前，这种工具软件很多，如 Authorware、Director、Dreamweaver、Flash、方正奥斯、蒙泰瑶光等。本书从实际需要出发，主要介绍 PowerPoint 2010 的使用技术。PowerPoint 2010 是微软公司 Office 软件的组件之一，主要用于制作演示文稿、电子讲义等，是一款简单易学的多媒体软件，可以用来制作一些简单的课件。

四、多媒体课件制作的一般流程

无论是大中型的多媒体课件，还是小型的多媒体课件，其基本的制作流程是一样的。当确定了课件的主题以后，应该按照如下流程进行制作：规划结构、收集素材、课件整合、测试发布。

1. 规划结构

实际上，这是一个基本的设计过程，由于多媒体课件具有较强的集成性、交互性等特点，所以，制作课件时必须根据教学内容规划好整个课件的结构，这是制作课件的前提与基础。多媒体课件的结构决定了教学内容的组织与表现形式，反映了课件的基本框架与风格。

通常情况下，多媒体课件可以采用以下基本结构：线性结构、分支结构、网状结构、混合结构。无论哪种结构，都需要注意一个重要的问题——导航要合理。也就是说，用户必须能够按照设计的课件结构走进去，也要能按照课件结构走出来，一定要避免产生“无路可走”的现象。

2. 收集素材

多媒体课件中主要有文本、图像、动画、声音等媒体信息，制作多媒体课件时，收集素材是一项比较繁琐的工作。

收集素材是制作多媒体课件的关键。没有素材，就失去了操作对象；素材不理想，就影响了课件的质量。因此，在制作课件之前，用户一定要精心收集素材，要把课件中需要的素材全部收集起来，并进行适当的处理，然后再制作课件。这样不但可以提高工作效率，同时也为制作出高质量的课件奠定了基础。

3. 课件整合

课件整合就是根据课件的制作要求，把各种相关的素材按照一定的规律、组织形式整合到一起。这个过程主要运用多媒体制作软件来完成，如 PowerPoint、Authorware 等。课件的整合过程就是课件的生成过程，因此，要注重课件的科学性与艺术性的紧密结合。所谓科学性，就是要时刻把握住课件的基本功能，课件是帮助教员实现一定的教学目标、完成相应教学任务的一种程序，所以制作课件时要时刻遵循这一点。所谓艺术性，就是指在不偏离课件的基本功能的前提下，充分表现课件的美感，使学习者产生愉悦的心理，从而激发学习兴趣。

4. 测试发布

当完成了多媒体课件的制作后，在发布之前，用户一定要对课件进行全面的测试，这是因为在开发课件的过程中，特别是开发大型课件的过程中难免会存在一些疏漏，甚至是逻辑错误，因此，完成了课件的制作任务之后，并不意味着大功告成，一定要对每一个结构分支进行运行测试，并随时纠正存在的错误。另外，对课件进行了运行测试之后，还要在不同的电脑上、不同的系统中进行测试，确保课件能够正常运行。通过了所有的测试以后，就可以将课件打包发行，应用于实际教学中了。

五、演示文稿的组成、设计原则

1. 演示文稿的组成

演示文稿是由一张或若干张幻灯片组成的，这些幻灯片通常分为首页、概述页、过渡页、内容页和结束页，如图 5-1-1 所示。

(1) 首页：主要功能是显示演示文稿的主标题、副标题、作者和日期等，从而让观众明白要讲什么、谁来讲，以及什么时候讲。

(2) 概述页：分条概述演示文稿的内容，让观众对演示文稿有一个全局观。

(3) 过渡页：篇幅比较长的演示文稿中间要加一些过渡性的章节页，以引导出下一部分内容。

(4) 内容页：首页、概述页和章节过渡页构成了演示文稿的框架，接下来是内容页。通常，用户需要在内容页中列出与主标题或概述页相关的子标题和文本条目。

(5) 结束页：也就是演示文稿中的最后一张幻灯片，通常会在其中输入一些用于表明该演示文稿到此结束的文字，如“谢谢！”“再见！”和“谢谢观看！”等。

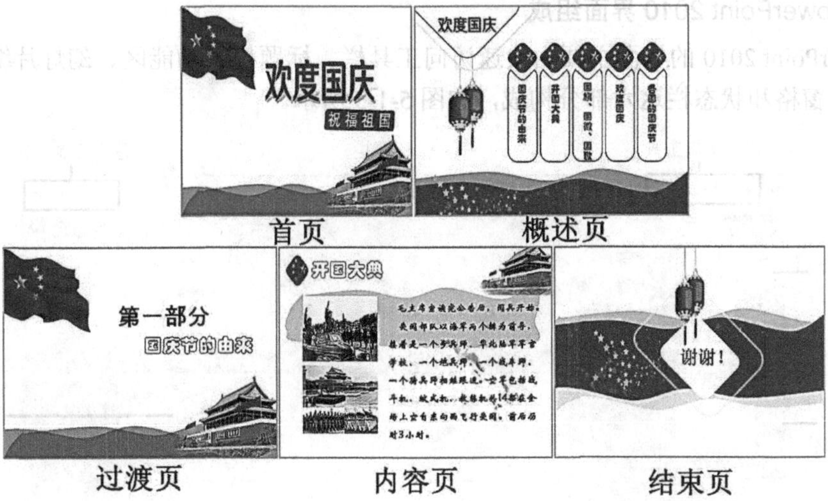

图 5-1-1　演示文稿的组成

2. 演示文稿设计原则

制作演示文稿的最终目的是向观众演示，能否给观众留下深刻的印象，是评定演示文稿效果的主要标准。为此，在进行演示文稿设计时，用户一般应遵循以下原则：

(1) 重点突出。

(2) 简洁明了。

(3) 形象直观。

此外，在演示文稿中应尽量减少文字的使用，因为大量的文字说明往往易使观众感到乏味，应尽可能地使用其他更直观的表达方式，例如，图片、图形和图表等。如果可能的话，还可以加入声音、动画和视频等，以加强演示文稿的表达效果。

六、熟悉 PowerPoint 2010 工作界面

1. 启动 PowerPoint 2010

(1) 可以点击【开始】菜单，选择所有程序中的 Microsoft Office 2010，在列表中选择 PowerPoint 2010，如图 5-1-2 所示。

(2) 可以双击“PowerPoint 2010”快捷方式。

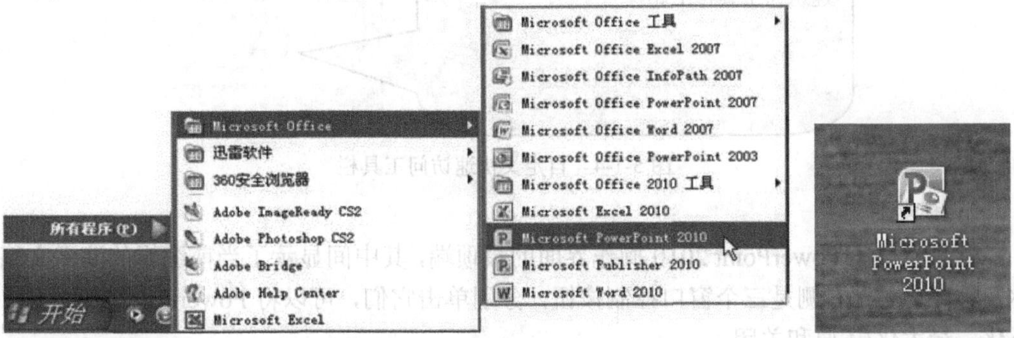

图 5-1-2　启动 PowerPoint 2010

2. PowerPoint 2010 界面组成

PowerPoint 2010 的界面主要由快速访问工具栏、标题栏、功能区、幻灯片编辑区、幻灯片/大纲窗格和状态栏这六部分构成，如图 5-1-3 所示。

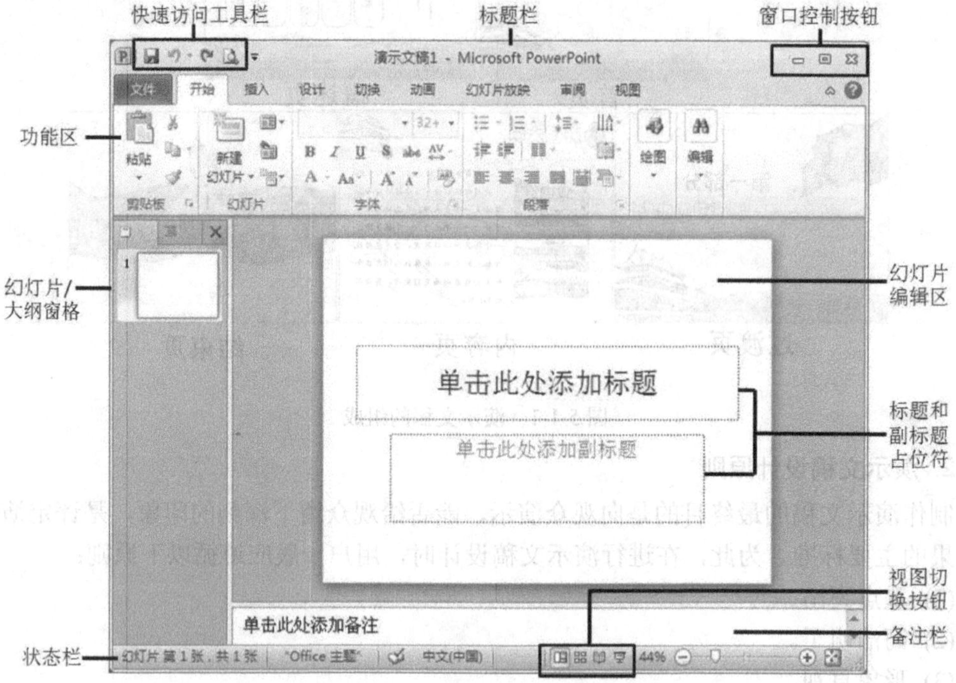

图 5-1-3　PowerPoint 2010 界面组成

1) 快速访问工具栏

快速访问工具栏用于放置一些在制作演示文稿时使用频率较高的命令按钮。默认情况下，该工具栏包含了“保存”、“撤消”和“重复”按钮。如需要在快速访问工具栏中添加其他按钮，可以单击其右侧的三角按钮，在展开的列表中选择所需选项即可。此外，通过该列表，我们还可以设置快速访问工具栏的显示位置，如图 5-1-4 所示。

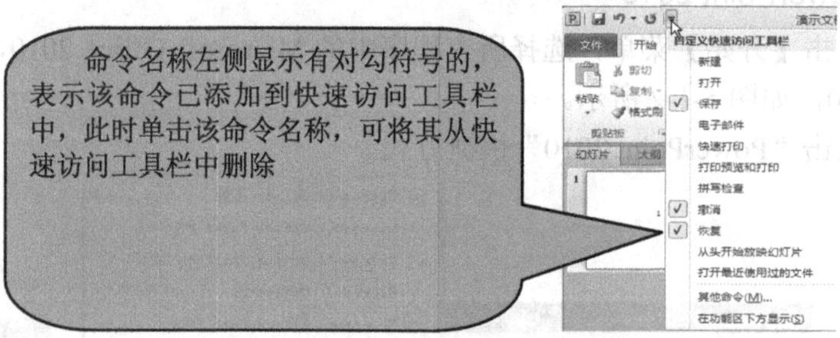

图 5-1-4　自定义快速访问工具栏

2) 标题栏

标题栏位于 PowerPoint 2010 操作界面的最顶端，其中间显示了当前编辑的演示文稿名称及程序名称，右侧是三个窗口控制按钮，分别单击它们，可以将 PowerPoint 2010 窗口最小化、最大化/还原和关闭。

3) 功能区

位于标题栏的下方，是一个由多个选项卡组成的带形区域。PowerPoint 2010 将大部分命令分类组织在功能区的不同选项卡中，单击不同的选项卡标签，可切换功能区中显示的命令。在每一个选项卡中，命令又被分类放置在不同的组中，如图 5-1-5 所示。

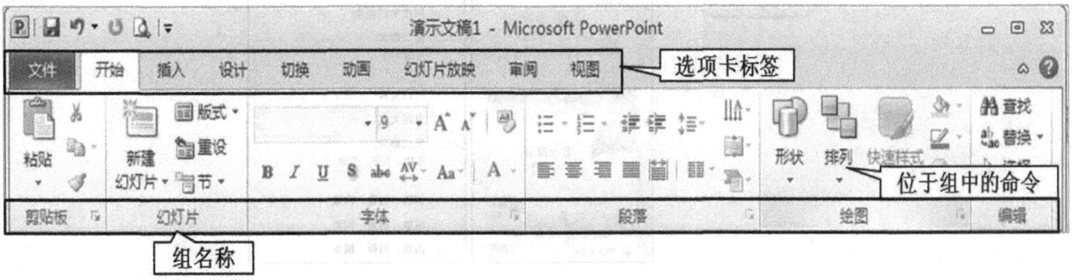

图 5-1-5　功能区

4) 幻灯片编辑区

幻灯片编辑区是编辑幻灯片的主要区域，用户在其中可以为当前幻灯片添加文本、图片、图形、声音和影片等，还可以创建超链接或设置动画。幻灯片编辑区有一些带有虚线边框的编辑框，被称为占位符，用于指示可在其中输入标题文本(标题占位符)、正文文本(文本占位符)，或者插入图表、表格和图片(内容占位符)等对象。幻灯片版式不同，占位符的类型和位置也不同，如图 5-1-6 所示。

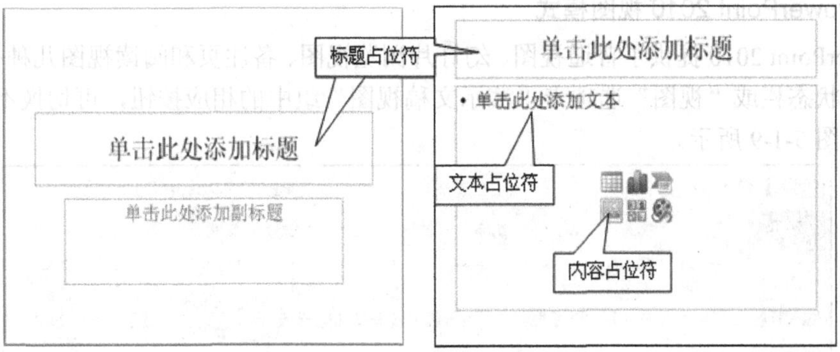

图 5-1-6　占位符

5) 幻灯片/大纲窗格

利用“幻灯片”窗格或“大纲”窗格可以快速查看和选择演示文稿中的幻灯片，其中，“幻灯片”窗格显示了幻灯片的缩略图，单击某张幻灯片的缩略图，可选中该幻灯片，此时即可在右侧的幻灯片编辑区编辑该幻灯片内容；“大纲”窗格显示了幻灯片的文本大纲，如图 5-1-7 所示。

6) 状态栏

状态栏位于程序窗口的最底部，用于显示当前演示文稿的一些信息，如当前幻灯片及总幻灯片数、主题名称、语言类型等。此外，还提供了用于切换视图模式的视图按钮，以及用于调整视图显示比例的缩放级别按钮和显示比例调整滑块等，如图 5-1-8 所示。

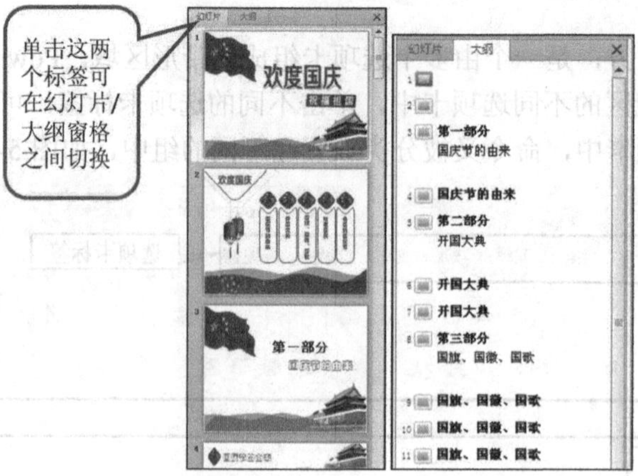

图 5-1-7　换灯片/大纲窗格

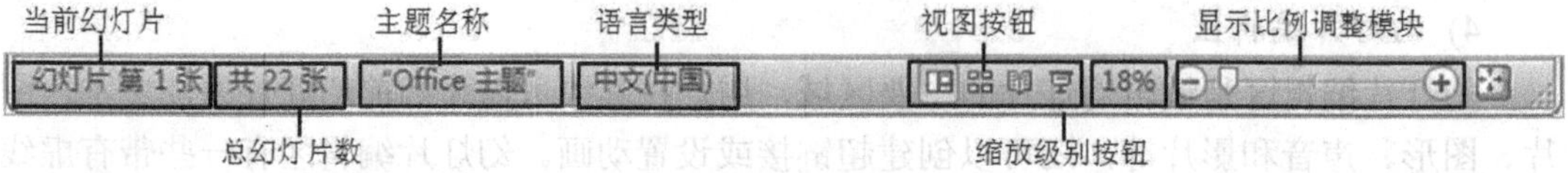

图 5-1-8　状态栏

此外，单击状态栏右侧的按钮，可按当前窗口大小自动调整幻灯片的显示比例，使其在当前窗口中可以显示全局效果。

3. PowerPoint 2010 视图模式

PowerPoint 2010 提供了普通视图、幻灯片浏览视图、备注页和阅读视图几种视图模式，通过单击状态栏或“视图”选项卡“演示文稿视图”组中的相应按钮，可切换不同的视图模式，如图 5-1-9 所示。

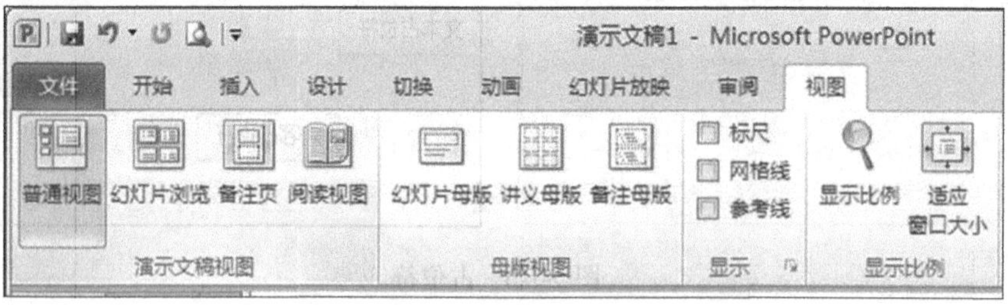

图 5-1-9　视图选项卡

其中，普通视图是 PowerPoint 2010 默认的视图模式，主要用于制作演示文稿；在幻灯片浏览视图中，幻灯片以缩略图的形式显示，从而方便用户浏览所有幻灯片的整体效果；备注页视图以上下结构显示幻灯片和备注页面，主要用于编写备注内容；阅读视图是以窗口的形式来查看演示文稿的放映效果。

七、新建和保存演示文稿

1. 创建空白演示文稿

点击“文件”菜单中的新建命令，在后台界面中点击“空白演示文稿”→“创建”按钮即可，如图 5-1-10 所示。

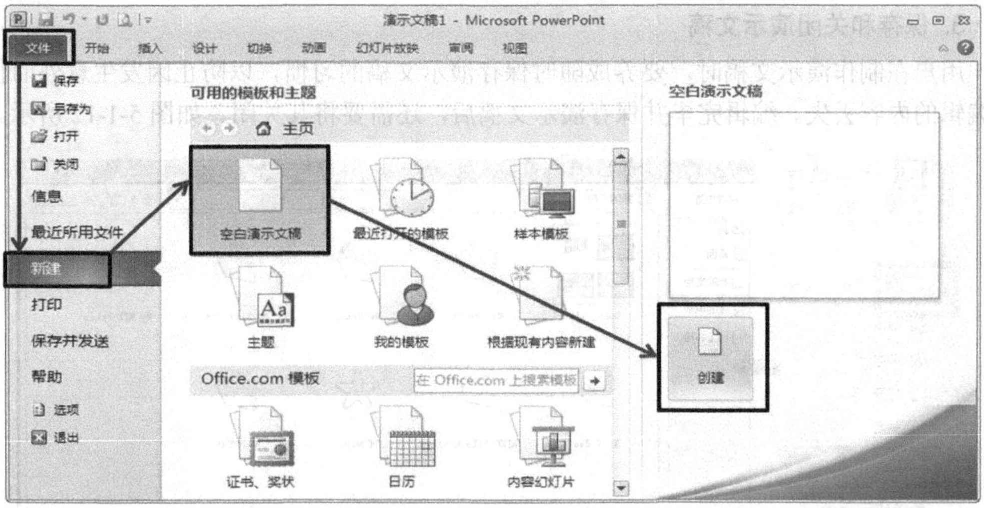

图 5-1-10　创建空白演示文稿

2. 利用模板或主题创建演示文稿

利用模板和主题都可以创建具有漂亮格式的演示文稿。二者的不同之处是：利用模板创建的演示文稿通常还带有相应的内容，用户只需对这些内容进行修改，便可快速设计出专业的演示文稿；而主题则是幻灯片背景、版式和字体等格式的集合。

要利用系统内置的模板或主题创建演示文稿，只需在新建界面中单击“样本模板”或“主题”选项，然后在打开列表中选择需要的模板或主题，单击“创建”按钮即可。例如，单击“主题”选项，在打开的列表中选择“聚合”主题，再单击“创建”按钮，使用该主题创建演示文稿，如图 5-1-11 所示。

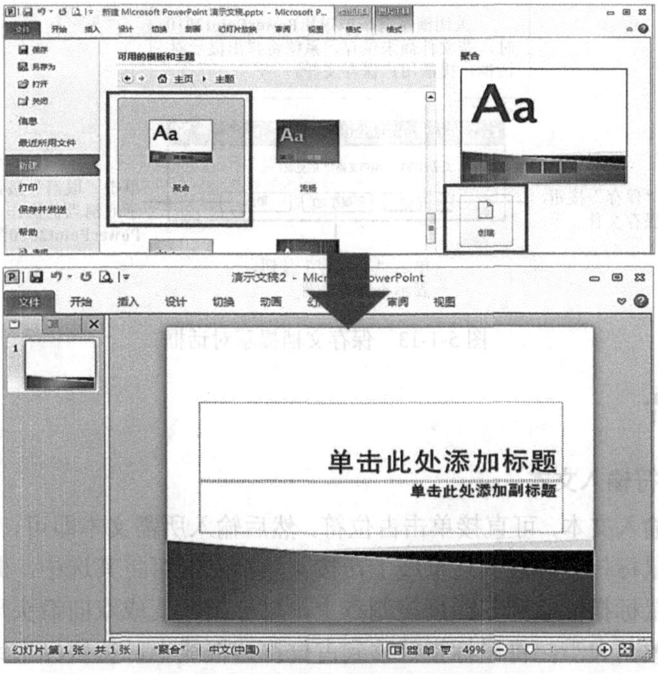

图 5-1-11　利用主题创建演示文稿

3. 保存和关闭演示文稿

用户在制作演示文稿时，要养成随时保存演示文稿的习惯，以防止因发生意外而使正在编辑的内容丢失。编辑完毕并保存演示文稿后，还需要将其关闭。如图 5-1-12 所示。

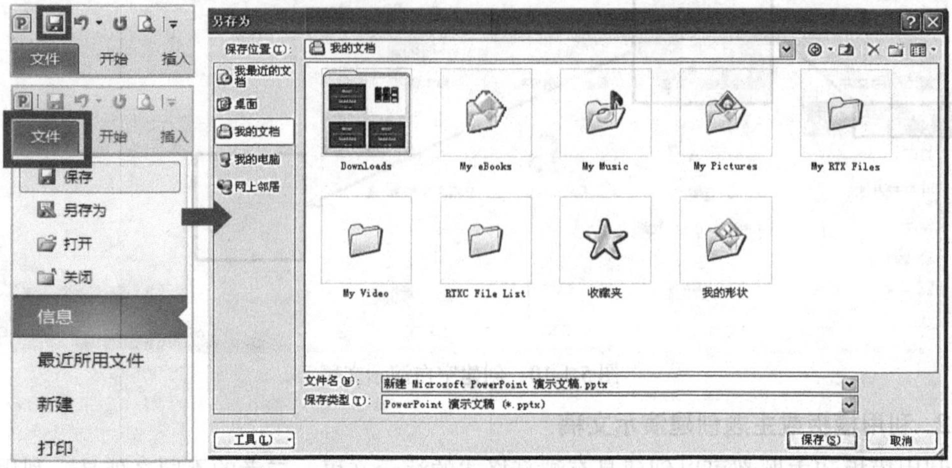

图 5-1-12　保存演示文稿

对演示文稿执行第二次保存操作时，不会再打开“另存为”对话框，若希望将文档另存一份，可在“文件”选项卡界面选择“另存为”项，在打开的“另存为”对话框中进行设置。

要关闭演示文稿，可在“文件”选项卡界面选择“关闭”项；若希望退出 PowerPoint 2010 程序，可在该界面中单击“退出”按钮，或按“Alt + F4”组合键，如图 5-1-13 所示。

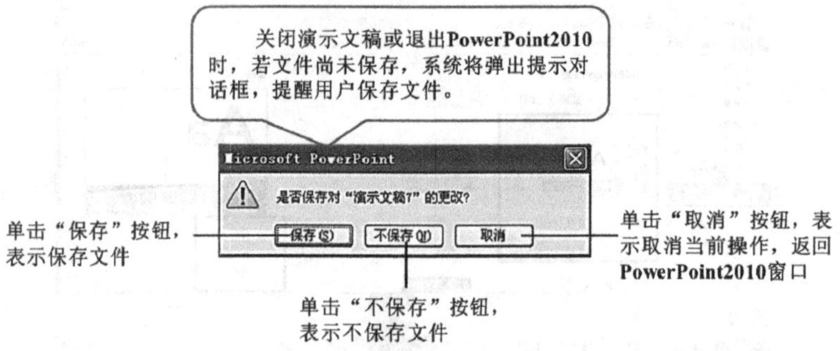

图 5-1-13　保存文档提示对话框

八、使用幻灯片

1. 使用占位符输入文本

在占位符中输入文本，可直接单击占位符，然后输入所需文本即可，如图 5-1-14 所示。单击占位符后将鼠标指针移到其边框线上，按下鼠标左键可将其选中，此时边框线由虚线变成实线。当将鼠标指针移到其四周控制点上，鼠标指针变成双向箭头形状，按下鼠标左键并拖动，可更改其大小；将鼠标指针移到占位符边框线上，待鼠标指针变成十字箭头形状时，按下鼠标左键并拖动，可移动其位置。

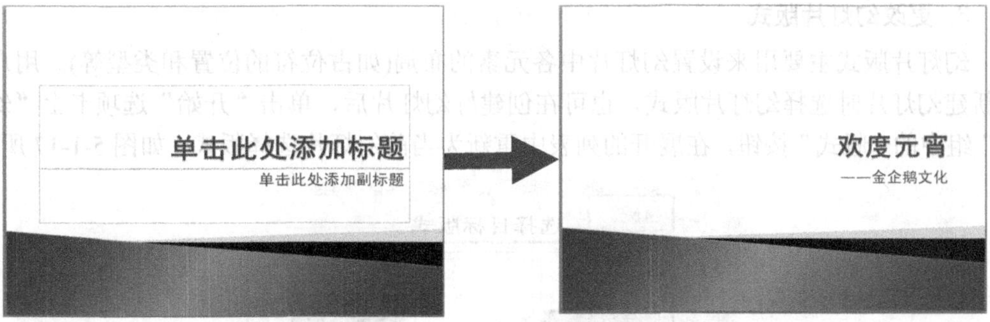

图 5-1-14　使用占位符输入文本

2. 添加幻灯片

要在演示文稿的某张幻灯片后面添加一张新幻灯片，可首先在“幻灯片”窗格中单击该幻灯片将其选中，然后按“Enter”键或“Ctrl + M”组合键，如图 5-1-15 所示。

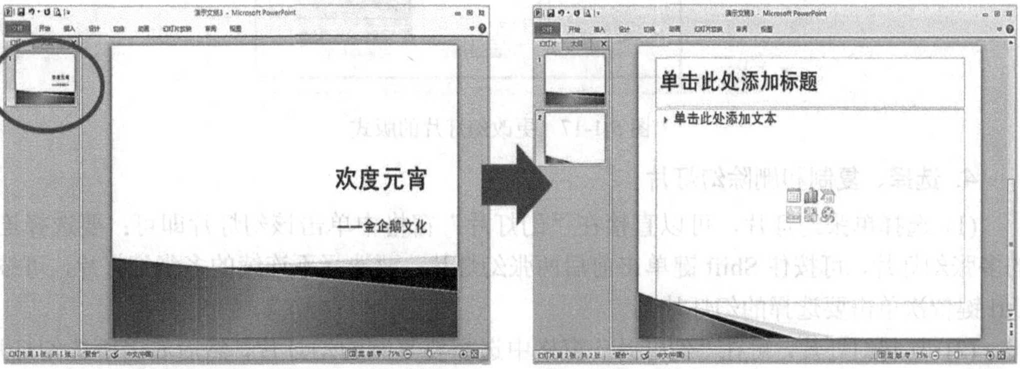

图 5-1-15　添加幻灯片

要按一定的版式添加新的幻灯片，可在选中幻灯片后单击“开始”选项卡“幻灯片”组中“新建幻灯片”按钮下方的三角按钮，在展开的幻灯片版式列表中选择新建幻灯片的版式，如图 5-1-16 所示。

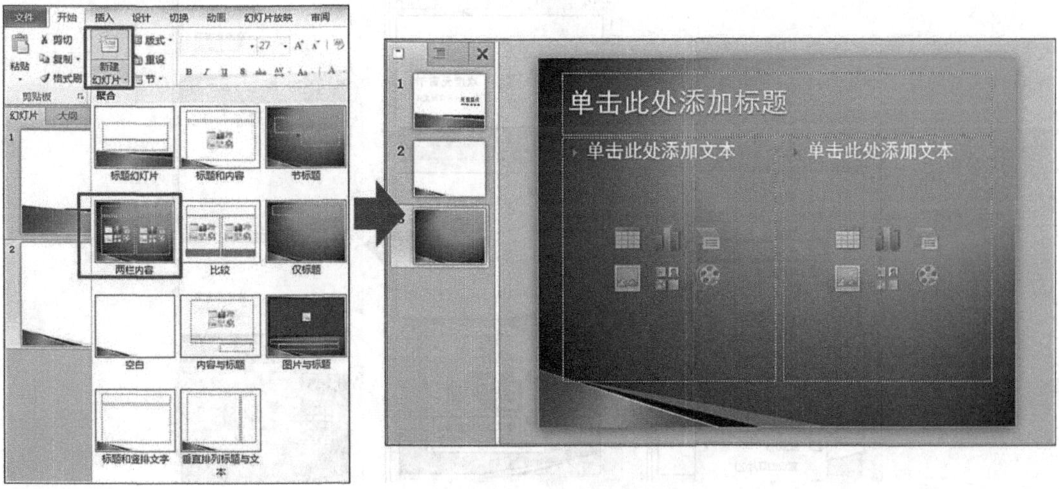

图 5-1-16　选择幻灯片的版式

3. 更改幻灯片版式

幻灯片版式主要用来设置幻灯片中各元素的布局(如占位符的位置和类型等)。用户可在新建幻灯片时选择幻灯片版式，也可在创建好幻灯片后，单击“开始”选项卡上“幻灯片”组中的“版式”按钮，在展开的列表中重新为当前幻灯片选择版式，如图 5-1-17 所示。

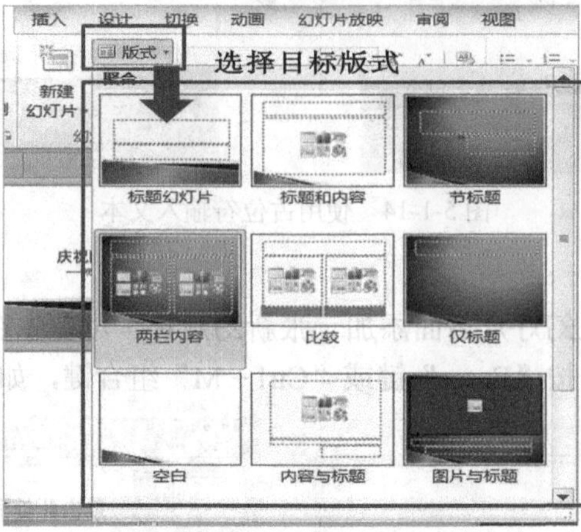

图 5-1-17　更改幻灯片的版式

4. 选择、复制和删除幻灯片

(1) 选择单张幻灯片，可以直接在“幻灯片”窗格中单击该幻灯片即可；要选择连续的多张幻灯片，可按住 Shift 键单击前后两张幻灯片；要选择不连续的多张幻灯片，可按住 Ctrl 键依次单击要选择的幻灯片。

(2) 复制幻灯片，可在“幻灯片”窗格中选择要复制的幻灯片，然后右击所选幻灯片，在弹出的快捷菜单中选择“复制”项，在“幻灯片”窗格中要插入复制的幻灯片的位置，右击鼠标，从弹出的快捷菜单中选择一种粘贴选项，如“使用目标主题”项(表示复制过来的幻灯片格式与目标位置的格式一致)，即可将复制的幻灯片插入该位置，如图 5-1-18 所示。

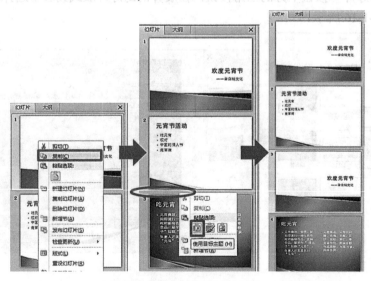

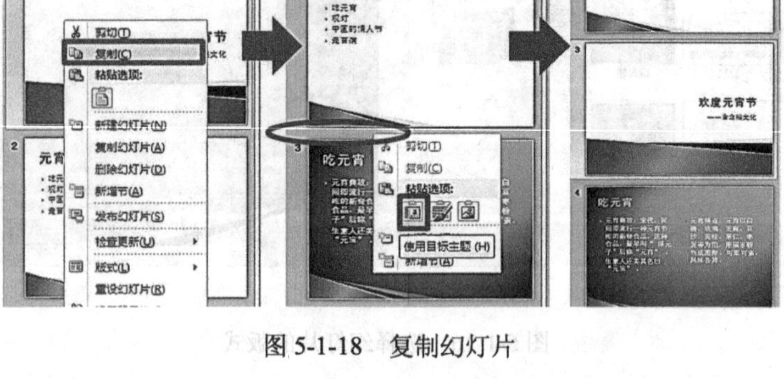

图 5-1-18　复制幻灯片

(3) 将不需要的幻灯片删除，首先在“幻灯片”窗格中选中要删除的幻灯片，然后按 Delete 键；或者右击要删除的幻灯片，在弹出的快捷菜单中选择“删除幻灯片”项。删除幻灯片后，系统将自动调整幻灯片的编号，如图 5-1-19 所示。

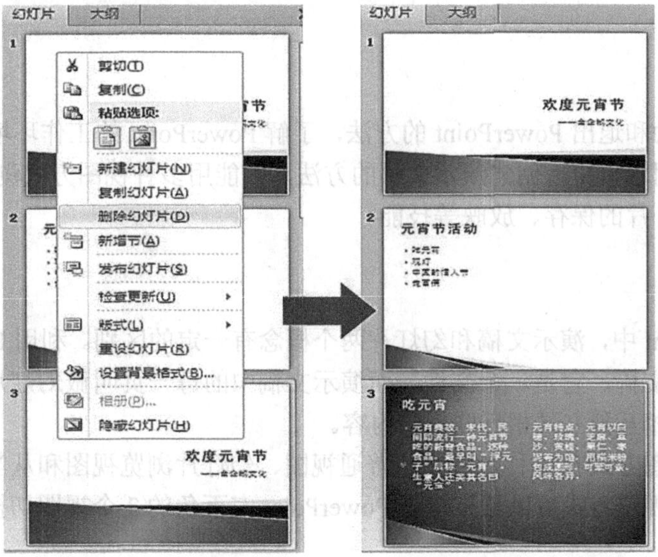

图 5-1-19　删除幻灯片

5. 调整幻灯片顺序

演示文稿制作好后，在播放演示文稿时，将按照幻灯片在“幻灯片”窗格中的排列顺序进行播放。若要调整幻灯片的排列顺序，可在“幻灯片”窗格中单击选中要调整顺序的幻灯片，然后按住鼠标左键将其拖到合适的位置即可，如图 5-1-20 所示。

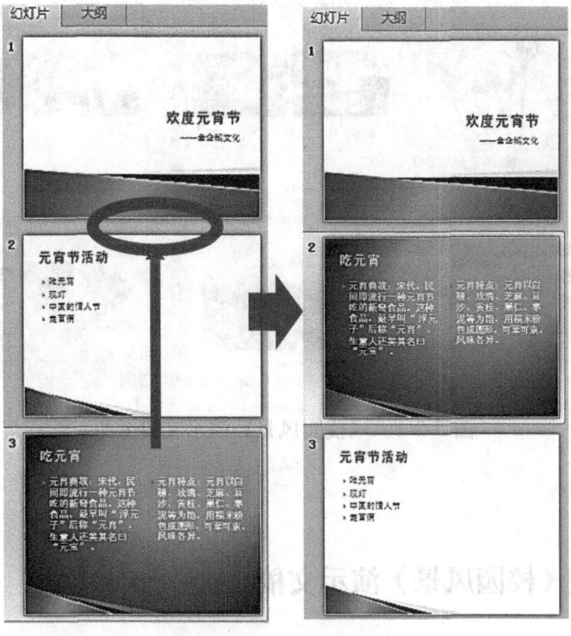

图 5-1-20　移动幻灯片

任务二　制作《校园风景》演示文稿

【学习目标】

(1) 掌握启动和退出 PowerPoint 的方法，了解 PowerPoint 的工作环境。

(2) 掌握利用本机模板创建演示文稿的方法，并能用多种视图方式浏览幻灯片。

(3) 掌握幻灯片的保存、放映等技能。

【相关知识】

在 PowerPoint 中，演示文稿和幻灯片两个概念有一定的区别。利用 PowerPoint 做出来的作品叫做演示文稿，它是一个文件。而演示文稿中的每一页叫做幻灯片，每张幻灯片都是演示文稿中即相互独立又相互联系的内容。

幻灯片的视图方式有 3 种，分别为普通视图、幻灯片浏览视图和从当前幻灯片开始放映视图。不同的视图方式可以通过单击 PowerPoint 左下角的 3 个视图切换按钮进行切换。

【任务说明】

利用 PowerPoint 2010 自带的“现代型相册”样本模板制作《校园风景》演示文稿，效果如图 5-2-1 所示。

图 5-2-1　《校园风景》演示文稿效果

【任务实施】

一、使用模板创建《校园风景》演示文稿

操作步骤：

(1) 打开 PowerPoint 2010。

(2) 单击“文件”菜单项，打开文件操作子菜单。

(3) 单击“新建”命令，打开“样本模板”。

(4) 单击“可用的模板和主题”列表中的“样本模板”，打开“已安装的模板”列表，如图 5-2-2 所示。

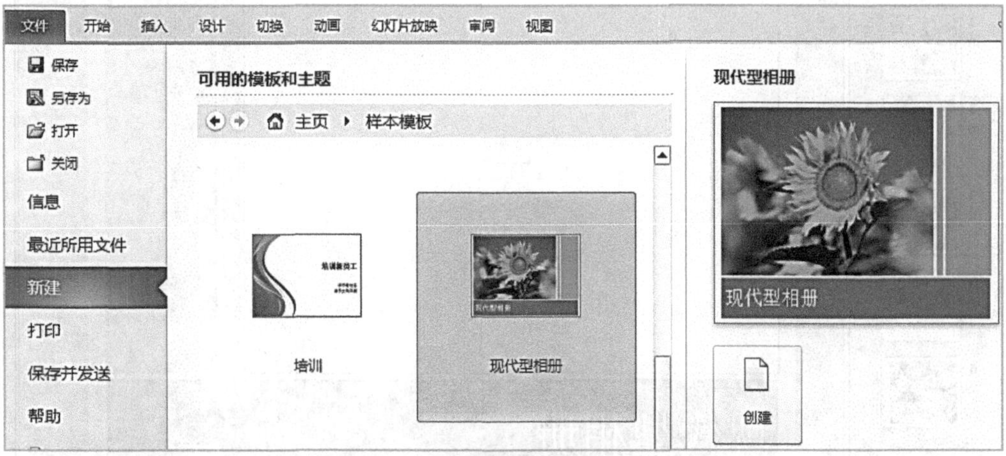

图 5-2-2 使用模板创建演示文稿

(5) 选择“样本模板”列表中的“现代型相册”模板，单击“创建”按钮，打开现代型相册模板。

二、修改页面

(1) 打开视图窗格中的“幻灯片”选项卡，单击第一张幻灯片缩略图，让第一张幻灯片在工作区中显示，如图 5-2-3 所示。

图 5-2-3 选择第一张幻灯片

(2) 单击左上角的占位符，按 Delete 键删除占位符中的图片，如图 5-2-4 所示。

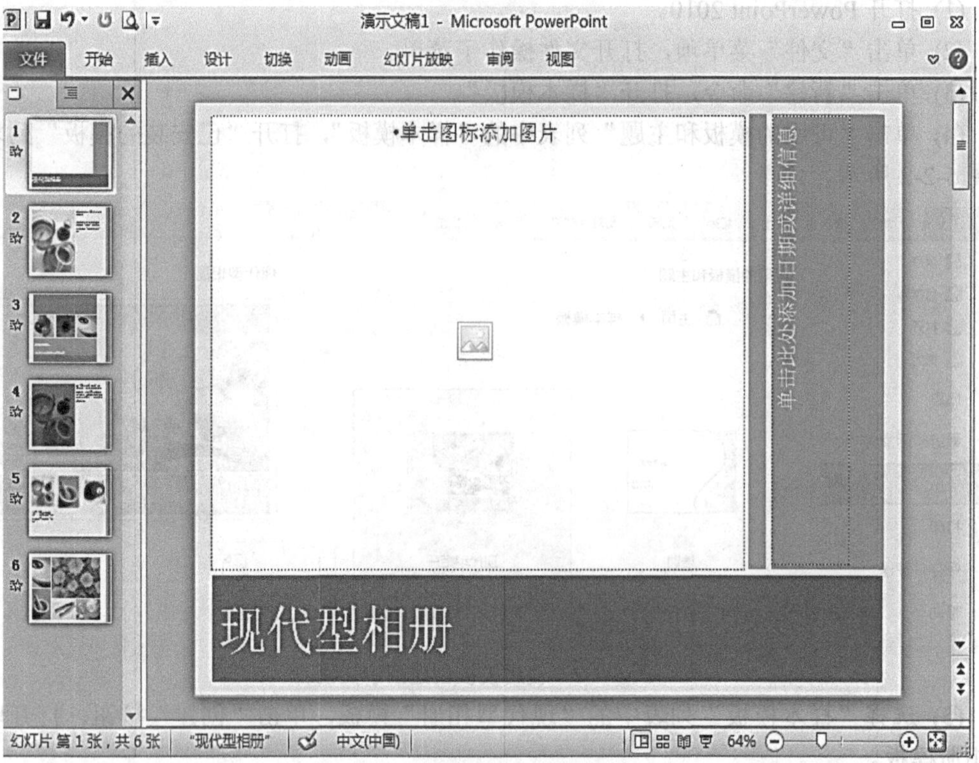

图 5-2-4 删除占位符中的图片

(3) 单击左上角占位符中的图片标志，打开插入图片对话框，插入图片“校园 1.jpg”。

(4) 删除占位符中的文本“现代型相册”，输入“校园风景”，将字体设置为“隶书”，字号设置为 60，幻灯片效果如图 5-2-5 所示。

图 5-2-5 第一张幻灯片效果

(5) 单击工作区窗口中垂直滚动条的下拉箭头，使第二张幻灯片成为当前幻灯片，如图 5-2-6 所示。

图 5-2-6　选择第二张幻灯片

三、设置版式

(1) 单击“开始”选项卡“幻灯片”任务组中的“版式”命令按钮，或者鼠标右键单击第二张幻灯片，在快捷菜单中选择“版式”命令，都可以打开“版式”下拉列表。如图 5-2-7 所示。

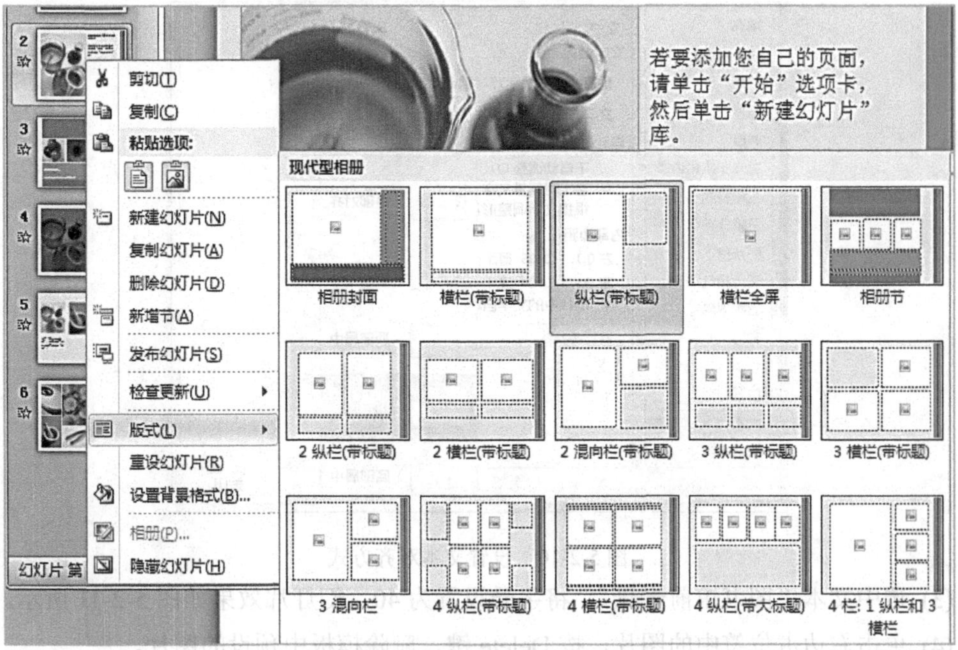

图 5-2-7　更改第二张幻灯片版式

(2) 单击版式“2 横栏(带标题)”，改变当前幻灯片的版式，效果如图 5-2-8 所示。

(3) 单击左边占位符中的图片标志，打开“插入图片”对话框，插入图片“校园 2. jpg”，如图 5-2-9 所示。

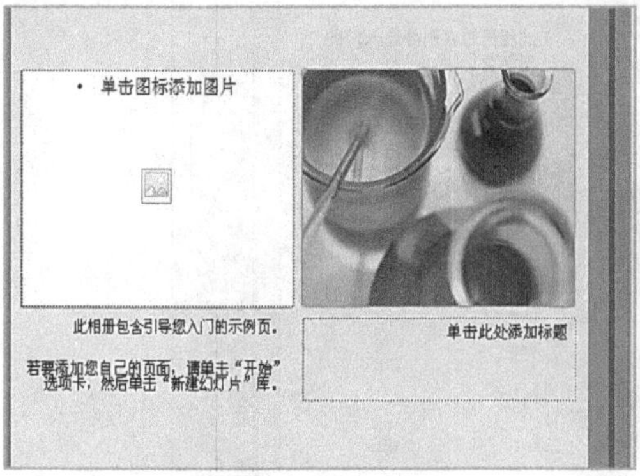

图 5-2-8　第二张幻灯片

图 5-2-9　插入图片

(4) 删除标题占位符中的文本，输入图片的相关信息“图书馆前一景”。

四、设置形状格式

(1) 右键单击占位符边框，打开快捷菜单，选择“设置形状格式”命令，打开“设置形状格式”对话框。

(2) 单击左边列表中的“文本框”，选中“文字版式”栏“垂直对齐方式”下拉列表中的“中部居中”对齐方式，如图 5-2-10 所示。

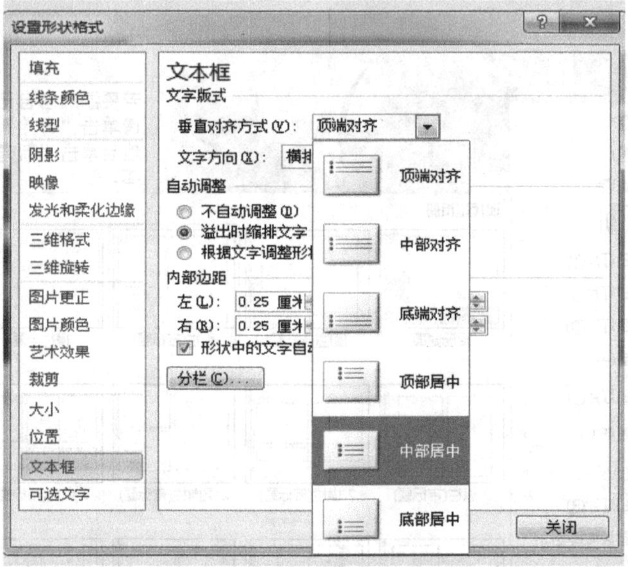

图 5-2-10　设置文本对齐方式

(3) 选中文本“图书馆前一景”，将字号设置为 40，幻灯片效果如图 5-2-11 所示。

(4) 单击右边占位符中的图片，按 Delete 键，删除模板中预设的图片。

(5) 参照前面的操作插入新图片，并在标题占位符中输入文本“大礼堂内景”，幻灯片效果如图 5-2-12 所示。

图 5-2-11　设置文本格式

图 5-2-12　第二张幻灯片效果

五、编辑幻灯片

(1) 右键单击幻灯片窗格中的第二张幻灯片，在弹出的快捷菜单中选择“复制幻灯片”命令，可以将第二张幻灯片复制一份，成为第三张幻灯片。幻灯片效果如图 5-2-13 所示。

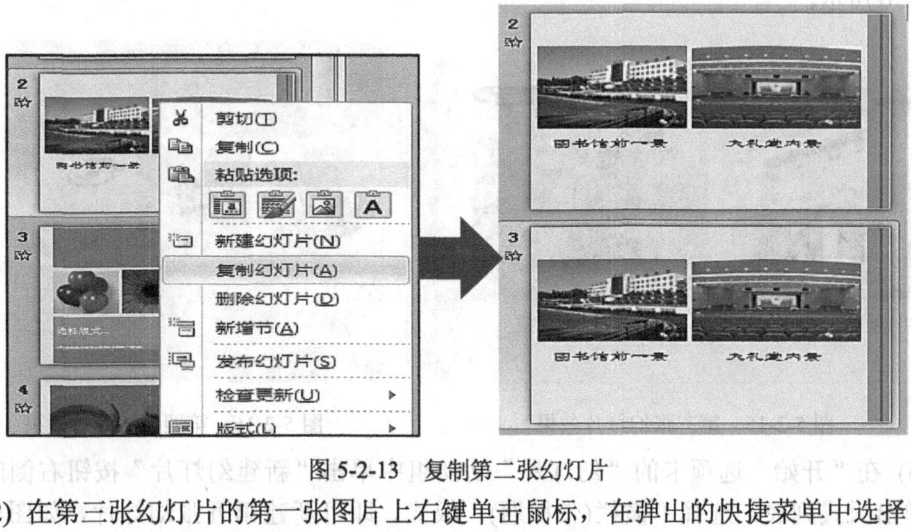

图 5-2-13　复制第二张幻灯片

(2) 在第三张幻灯片的第一张图片上右键单击鼠标，在弹出的快捷菜单中选择“更改图片”，会出现“插入图片”对话框，如图 5-2-14 所示。

图 5-2-14　更改图片

(3) 在弹出的对话框中选择“校园 4.jpg”，即可更改原图片。按照同样的方法，更改第三张幻灯片上的第二张图片为“校园 5.jpg”，同时将两个文本框中的文本改为“训练中心外景”“院史馆一景”。幻灯片效果如图 5-2-15 所示。

(4) 更改第四张幻灯片中第一个文本占位符中的文本为“我们的校园”，幻灯片效果如图 5-2-16 所示。

图 5-2-15　第三张幻灯片效果

图 5-2-16　第四张幻灯片效果

(5) 在“开始”选项卡的“幻灯片”功能组中单击“新建幻灯片”按钮右侧的倒三角，弹出版式列表，选择“横栏(带标题)”版式，即可新建第五张幻灯片，如图 5-2-17 所示。

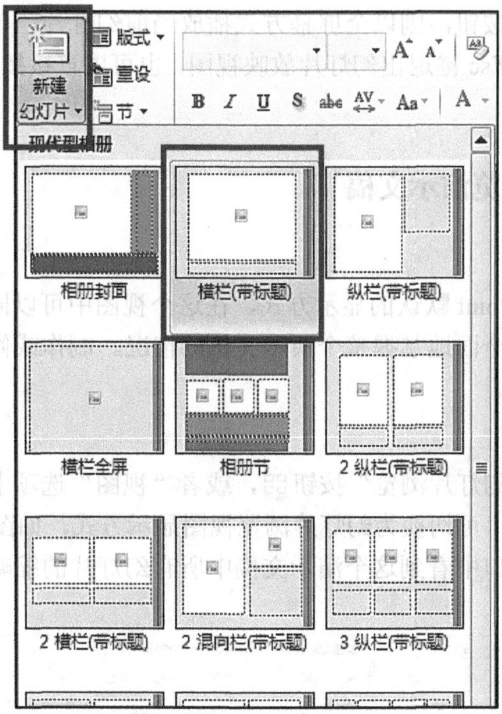

图 5-2-17　新建某版式幻灯片

(6) 在新建的幻灯片中点击占位符中的图标，插入图片“校园 6.jpg”。在图片下方的文本占位符中输入“操场”，幻灯片效果如图 5-2-18 所示。

(7) 按照同样的方法新建幻灯片，插入图片“校园(7).jpg”，在图片下方的文本占位符中输入“花坛”，幻灯片效果如图 5-2-19 所示。

图 5-2-18　第四张幻灯片效果

图 5-2-19　第五张幻灯片效果

(8) 在窗口左侧的“幻灯片”选项卡中单击选中第七张幻灯片，然后按住 Shift 键，单击当前演示文稿中的最后一张幻灯片，按 Delete 键，将选中的幻灯片全部删除。

(9) 将第四张幻灯片选中，按住鼠标左键拖曳到最后一页，作为结束幻灯片。

以“校园风景”为文件名保存该演示文稿。

按 F5 键，放映当前演示文稿，观看效果。

小知识：单击状态栏的“幻灯片放映”按钮 ，或者“视图”选项卡“演示文稿视图”

组中的“幻灯片放映”按钮，则以全屏幕方式播放当前幻灯片，单击鼠标左键，可以继续播放下一张幻灯片，按 Esc 键退出幻灯片放映视图，也可以直接按 F5 键从首页幻灯片开始播放。

六、用不同的方式浏览演示文稿

1. 普通视图

普通视图是 PowerPoint 默认的显示方式，在这个视图中可以同时编辑演示文稿大纲、幻灯片和备注页，能较全面地掌握整个演示文稿的情况。制作或修改幻灯片基本上都是在普通视图状态下完成的。

2. 幻灯片浏览视图

单击状态栏上的“幻灯片浏览”按钮，或者“视图”选项卡“演示文稿视图”组中的“幻灯片浏览”按钮，可切换为幻灯片浏览视图显示方式，如图 5-2-20 所示。在浏览视图中，可以在同一个窗口中看到这个演示文稿中所有幻灯片的缩略图，可以方便地复制、删除和移动幻灯片。

图 5-2-20　幻灯片浏览视图

3. 阅读视图

单击状态栏上的“阅读视图”按钮，或“视图”选项卡“演示文稿视图”组中的“幻灯片浏览”按钮，可切换为阅读视图显示方式，如图 5-2-21 所示。

4. 备注页视图

单击“视图”选项卡“演示文稿视图”组中的“备注页”按钮，则切换为备注页视图显示方式，每张幻灯片对应一个备注页，上半部分显示幻灯片，下半部分可以编辑演讲者备注等信息，如图 5-2-22 所示。这些备注信息在播放幻灯片时不会出现，只是在提示制作者。

图 5-2-21 阅读视图

图 5-2-22 备注页视图

【课堂练习】

利用 PowerPoint 2010 提供的其他样本模板来建立演示文稿。

任务三 制作《美丽的军营》演示文稿(一)

【学习目标】

(1) 学会为幻灯片套用设计模板、改变幻灯片字体、配色方案等方法。
(2) 掌握在幻灯片中插入艺术字、图片、绘制图形及 SmartArt 图形的方法。

【相关知识】

幻灯片版式：包含要在幻灯片上显示的全部内容的格式设置、位置和占位符。占位符是版式中的容器，可容纳如文本(包括正文文本、项目符号列表和标题)、表格、图表、SmartArt 图形、影片、声音、图片及剪贴画等内容。而版式也包含幻灯片的主题(颜色、字体、效果和背景)。

SmartArt：PowerPoint 自带的一款插件，可以在 PPT 中快速进行图文排版，是传递信息和观点更为直观和直接的方式之一。用户可以通过从多种不同布局中进行选择来创建 SmartArt 图形，比如列表、流程、循环、关系、层次结构、矩阵、棱锥图、图片等，从而快速、轻松、有效地传达信息。

【任务说明】

绿色的军营，绿色的梦想。军营如诗，诗中的韵律在军营回荡；军营如歌，歌中的音律在军营飘扬；军营如画，画中的旋律在军营流淌。任务通过插入艺术字、图片、绘制自选图形、SmartArt 图形，利用设计模板、更改配色方案、修改幻灯片背景、修改模板等方法创建图文并茂的演示文稿，展示军营风采。演示文稿缩略图如图 5-3-1 所示。

图 5-3-1　“美丽的军营”演示文稿效果

【任务实施】

一、新建 PowerPoint 文稿并创建文字

(1) 启动 PowerPoint 2010 软件，系统自动新建一个临时文件名为“演示文稿 1”的空

白演示文稿，将其保存为“美丽的军营.pptx”。

(2) 在第一张幻灯片的标题占位符中输入“美丽的军营”，副标题占位符中输入“老兵”，如图 5-3-2 所示。

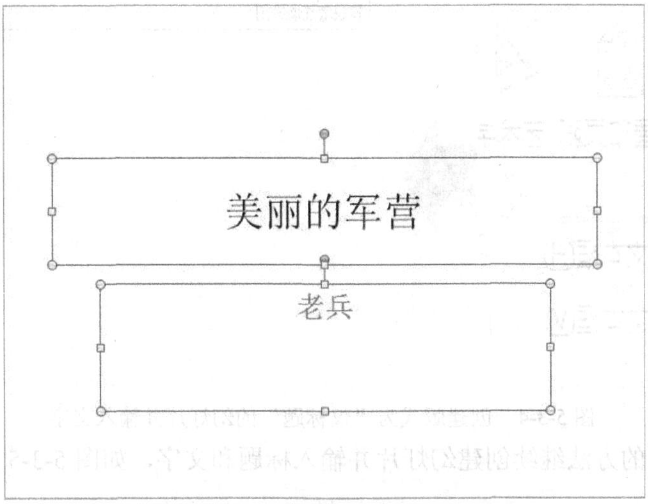

图 5-3-2 为第一张幻灯片输入标题和副标题

(3) 在“开始”选项卡下“新建幻灯片”下拉列表中选择版式“仅标题”，并在标题占位符中输入“忠诚 严谨 精武 献身”，如图 5-3-3 所示。

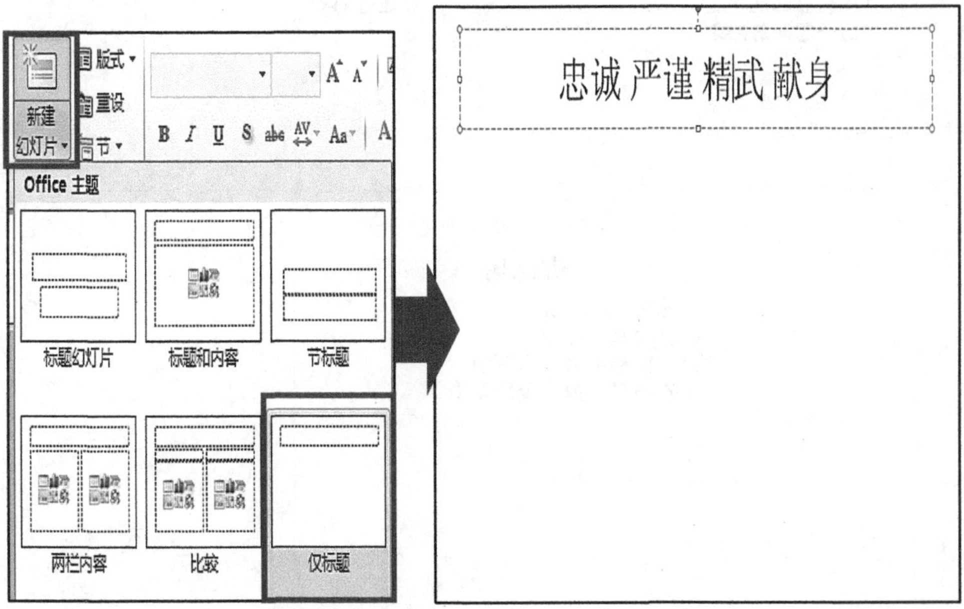

图 5-3-3 创建版式为“仅标题”的幻灯片并输入文字

(4) 使用与步骤(3)相同的方法，创建第三张幻灯片，并输入标题“营区”。在“插入”选项卡“文本”组中选择“文本框”下拉列表中的“横排文本框”，并输入如图 5-3-4 所示的文字。

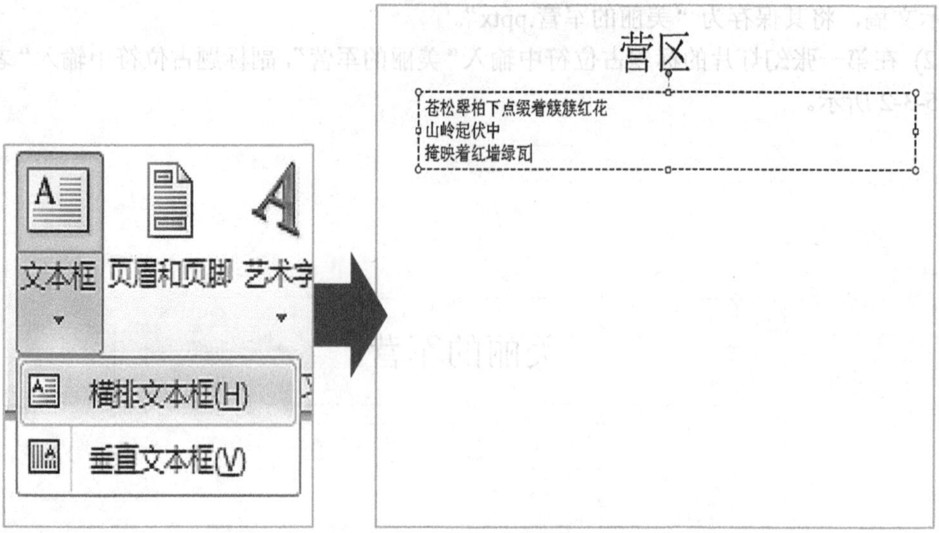

图 5-3-4　创建版式为“仅标题”的幻灯片并输入文字

(5) 使用相同的方法继续创建幻灯片并输入标题和文字，如图 5-3-5 所示。

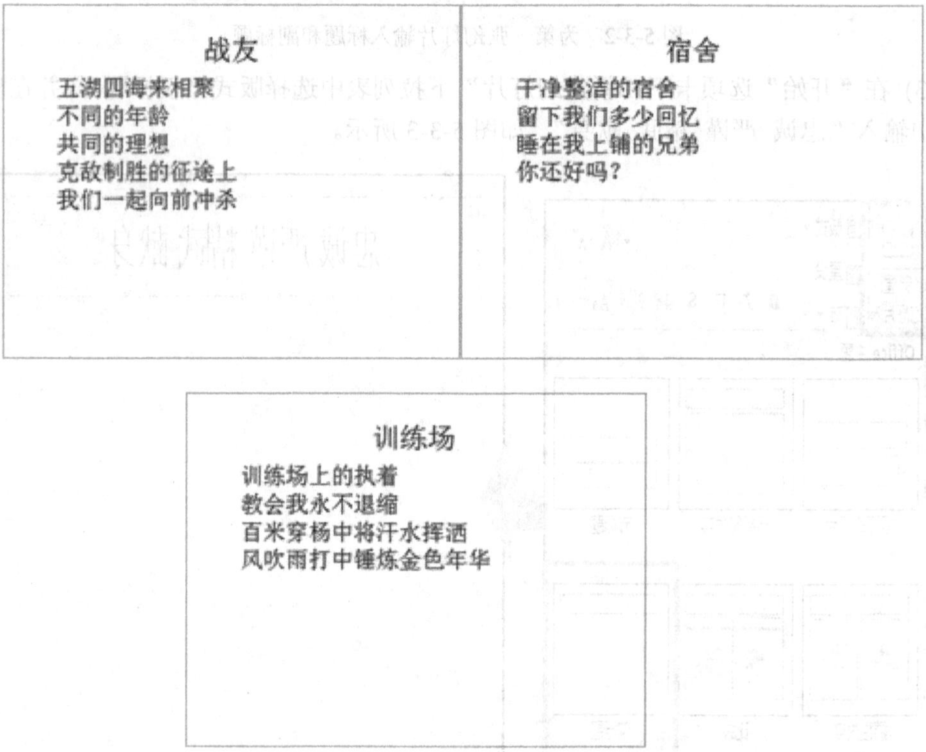

图 5-3-5　继续创建幻灯片并输入标题和文字

二、为演示文稿应用主题及修改主题

(1) 在“设计”选项卡中的“主题”功能组中，点击主题列表右下角的倒三角，打开

“主题”列表，选择“新闻纸”主题，如图 5-3-6 所示。

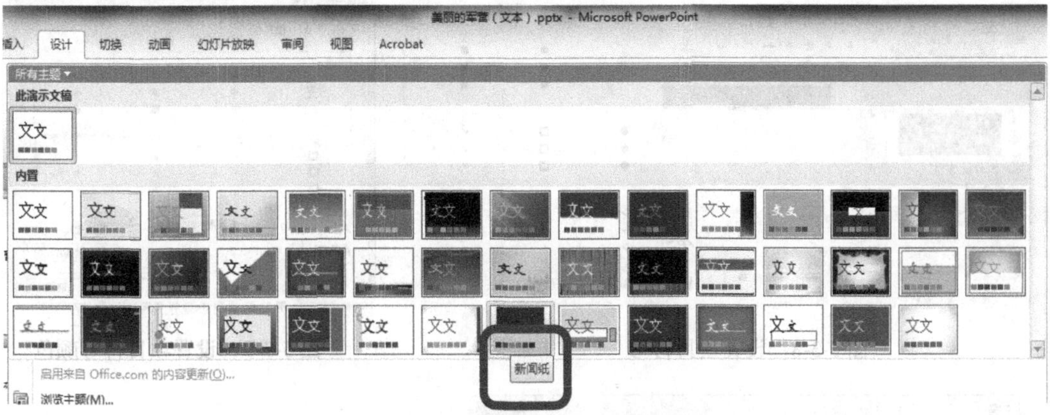

图 5-3-6　应用主题“新闻纸”

当然，用户可以尝试更换不同的模板，还可以尝试各种配色方案，看看都有什么不同的效果。

(2) 设置主题字体。单击“设计”选项卡“主题”组中的“字体”命令按钮，选择列表中的“行云流水”，即可将演示文稿中的所有字体设置为“华文行楷”，也可以尝试其他字体，如图 5-3-7 所示。

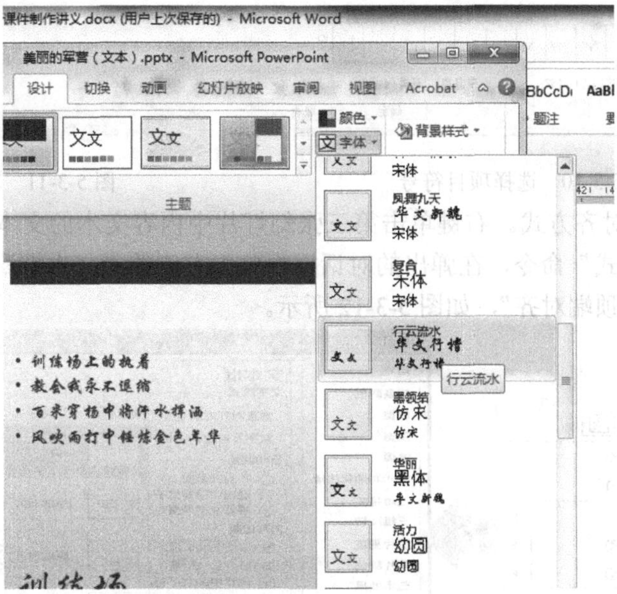

图 5-3-7　设置主题字体

(3) 设置项目符号。将第三张幻灯片的内容文本选中，点击“开始”选项卡“段落”组中的“项目符号”按钮右边的倒三角，在列表中选择“项目符号与编号”命令，如图 5-3-8 所示。

在“项目符号与编号”对话框中设置颜色为“深红”，如图 5-3-9 所示。然后点击“自定义”按钮，在弹出的“符号”对话框中选择“Webdings”字体中的“★”符号并点击“确定”按钮，如图 5-3-10 所示。第三张幻灯片项目符号设置最终效果如图 5-3-11 所示。

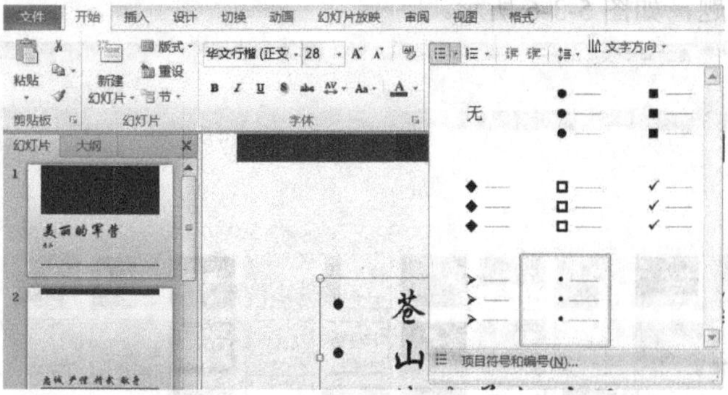

图 5-3-8　设置项目符号

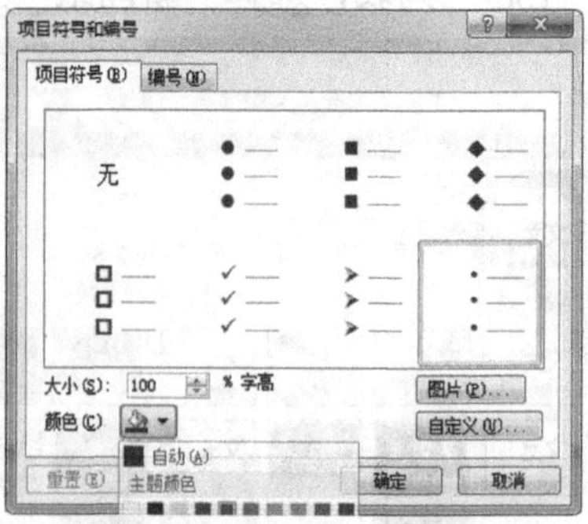

图 5-3-9　设置项目符号颜色

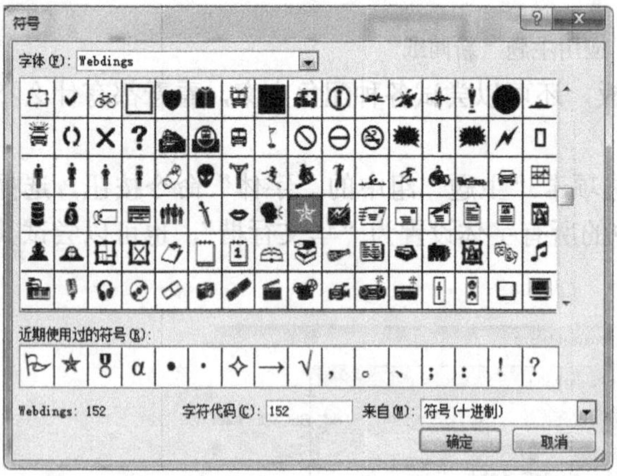

图 5-3-10　选择项目符号

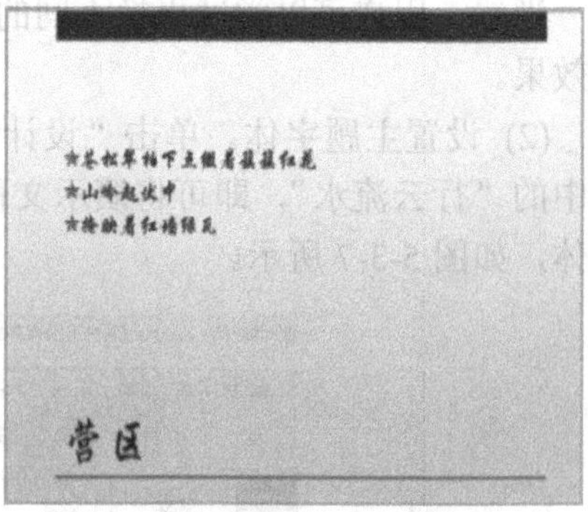

图 5-3-11　项目符号效果

(4) 设置文本对齐方式。右键单击第三张幻灯片中内容文本的文本框，在快捷菜单中选择“设置形状格式”命令，在弹出的对话框中单击左侧的“文本框”按钮，设置文本的垂直对齐方式为“顶端对齐”，如图 5-3-12 所示。

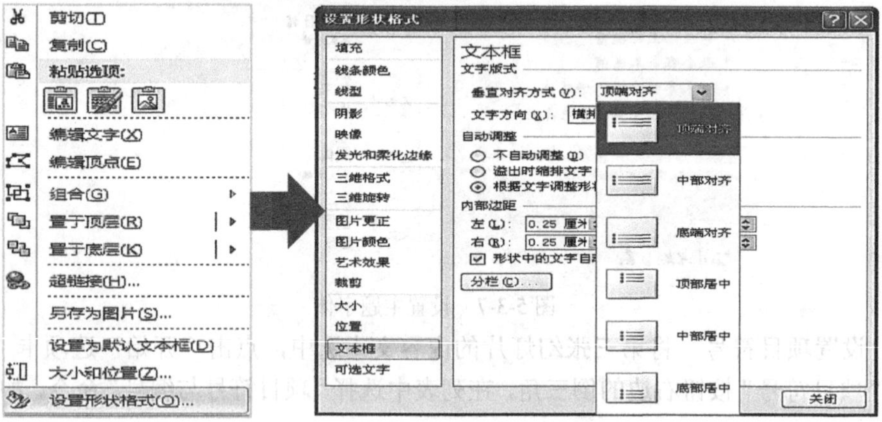

图 5-3-12　设置文本对齐方式

注意：在“设置形状格式”对话框中不仅可以设置文本框各个属性，还可以设置填充、轮廓、三维格式、效果等各种属性。

(5) 用格式刷统一字体格式。单击第三张幻灯片的内容文本框的边框，将其选中，即文本框的边框显示为实线和六个控制点的样式，如图 5-3-13 所示。

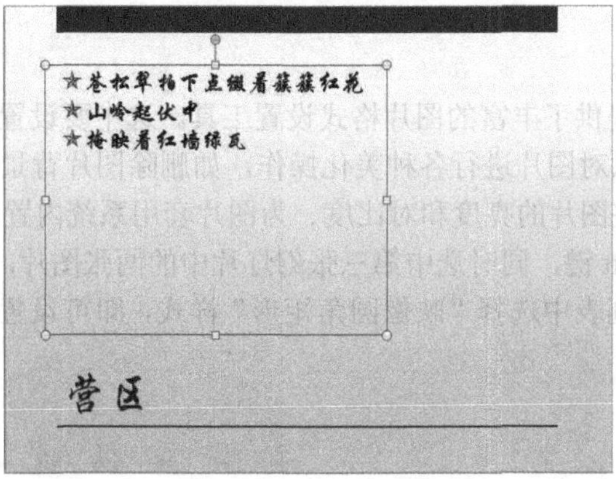

图 5-3-13　选中文本框

双击“开始”选项卡“剪贴板”组中的“格式刷”命令按钮 ，鼠标变成一把小刷子后，向下滚动鼠标滚轮，或者单击大纲区的不同幻灯片，切换到下一张幻灯片，用鼠标单击后边幻灯片中的内容文本框的任意位置，即可用格式刷更改格式。格式设置完毕，再单击“格式刷”命令按钮 ，取消格式刷。

三、插入图片及设置图片格式

(1) 插入图片。

在大纲编辑区选中第三张幻灯片，选择“插入”选项卡中的“图片”命令按钮，弹出“插入图片对话框”，如图 5-3-14 所示。按住 Ctrl 键，在“任务三素材”文件夹中选中“图片 1”和“图片 2”后，点击“插入”按钮，即可在第二张幻灯片中插入这两张图片。

图 5-3-14　插入图片对话框

(2) 调整图片大小和位置。

用鼠标拖曳图片四个顶点，可以等比例地调整图片大小，再将其拖曳到合适的位置，效果如图 5-3-15 所示。

(3) 设置图片格式。

PowerPoint 2010 提供了丰富的图片格式设置工具。选中要设置的图片，利用“图片工具→格式”选项卡可以对图片进行各种美化操作，如删除图片背景、设置图片艺术效果、调整图片的颜色、调整图片的亮度和对比度、为图片套用系统内置的图片样式等。

按住 Ctrl 键或 Shift 键，同时选中第三张幻灯片中的两张图片，在“图片工具→格式”选项卡中的图片样式列表中选择“映像圆角矩形”样式，即可设置图片样式，如图 5-3-16 所示。

图 5-3-15　幻灯片中插入图片效果

图 5-3-16　设置图片样式

(4) 将第三张幻灯片中的内容文本分成两部分，即用两个文本框显示。

操作如下：将内容文本的后两行选中后，用快捷键“Ctrl + X”进行剪切，在页面空白处单击鼠标右键，在弹出的快捷菜单中选择“粘贴”，此时新出现一个文本框，其右下角有粘贴选项图标 (Ctrl)，点击该图标，在弹出的菜单中选择“保留源格式”按钮，然后将该文本框置于页面右下角位置，如图 5-3-17 所示。

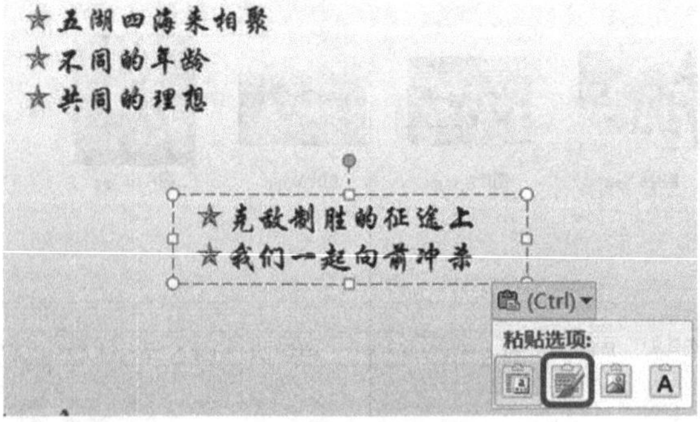

图 5-3-17　设置粘贴选项

(5) 按照以上步骤给第四张幻灯片插入图片 3 和图片 4，并调整大小、位置，然后设置两张图片的样式为透视右映像，如图 5-3-18 所示。

图 5-3-18　第四张幻灯片效果

注意：两幅图片有压盖现象时，可以用鼠标右键图片，在弹出的快捷菜单中选择“置于顶层”“置于底层”“上移一层”或“下移一层”命令调整其叠放顺序。

(6) 调整第五张幻灯片内容文本为竖排文本。

选中第五张幻灯片的内容文本，右键单击文本框边框，在快捷菜单中选择“设置形状格式”命令，在弹出的对话框中设置文本框水平对齐方式为“左对齐”，文字方向为“堆积”，行顺序为“从左到右”，如图 5-3-19 所示。

给该页幻灯片插入图片 5，调整图片大小、位置，设置图片格式，幻灯片效果如图 5-3-20 所示。

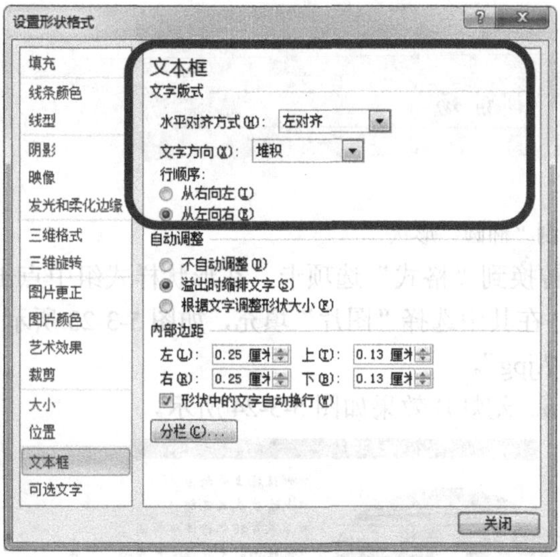

图 5-3-19　调整文本框设置

图 5-3-20　第五张幻灯片效果

四、绘制图形

1. 绘制图形并填充图片

在第六张幻灯片中绘制一个椭圆形和一个圆角矩形，并在图形中设置填充图片，如图 5-3-21 所示。

图 5-3-21　第六张幻灯片添加图形效果

操作步骤：

(1) 插入形状。在“插入”选项卡中选择“插图”组中的形状命令按钮，在列表中选择“基本形状”→椭圆，鼠标变成十字形状，在第六张幻灯片中用按下鼠标左键拖曳绘制椭圆，如图 5-3-22 所示，并按照同样的方法绘制圆角矩形。

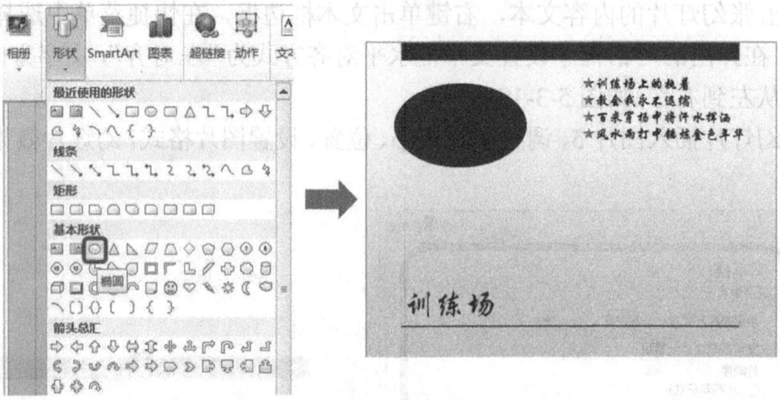

图 5-3-22　绘制“椭圆”形状

(2) 设置形状的填充效果。双击椭圆，转换到“格式”选项卡，在形状样式组中点击“形状填充”按钮，出现“填充效果”列表，在其中选择“图片”填充，如图 5-3-23 所示。在弹出的“插入图片”对话框中选择“图片 7.jpg”。

按照同样的方法，给圆角矩形填充图片 6。幻灯片效果如图 5-3-24 所示。

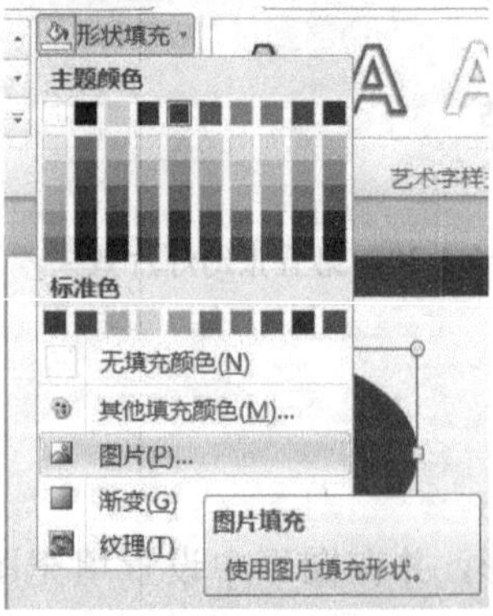

图 5-3-23　“设置自选图形格式”对话框

图 5-3-24　形状填充图片效果

2. 给椭圆形添加云形标注

在“插入”选项卡中选择“插图”组中的形状命令按钮，在列表中选择“标注”→云形标注，拖住鼠标开始绘制标注，绘制完毕放开鼠标，会看到标注有一个如图 5-3-25 所示的黄色小菱形块。用鼠标拖曳菱形标志，可以调整标注指向，比如将该标注指向左边的军人。按照同样的方法再添加一个云形标注，指向图中另一军人。

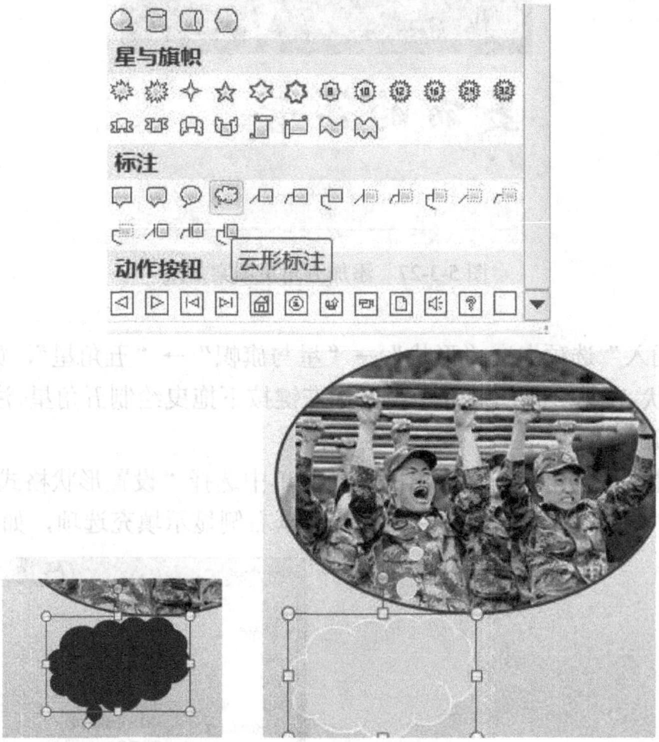

图 5-3-25　绘制云形标注

3. 给标注添加文字

右键点击标注边框，在弹出的快捷菜单中选择“编辑文字”，然后在两标注内分别输入文本“啊”和“坚持”。设置云形标注填充色为黄色，其中文本为黑色，效果如图 5-3-26 所示。

图 5-3-26 添加标注效果

4. 绘制图案

在首页幻灯片上绘制五角星图案，并进行填充设置，效果如图 5-3-27 所示。

图 5-3-27　添加五角星图案效果

操作步骤：

(1) 点击“插入”选项卡→“形状”→“星与旗帜”→“五角星”，如图 5-3-28 所示。鼠标变成十字形状，在第一张幻灯片中用鼠标左键按下拖曳绘制五角星，注意同时按下 Shift 键，则绘制出正五角星。

(2) 鼠标右键单击五角星，在弹出的快捷菜单中选择“设置形状格式”，弹出“设置形状格式”对话框，单击左侧的“填充”，则对话框右侧显示填充选项，如图 5-3-29 所示。

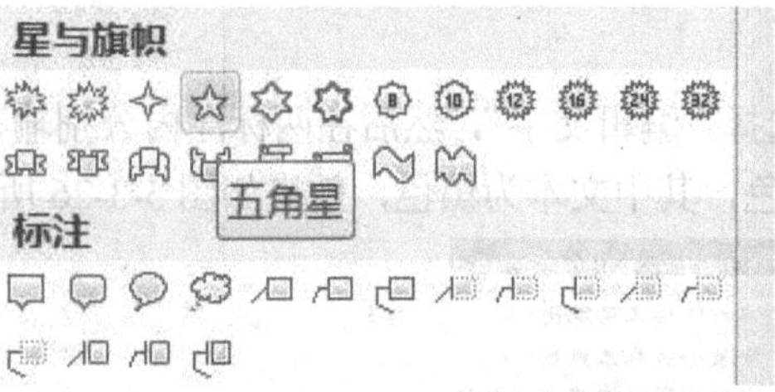

图 5-3-28　选择“五角星”形状

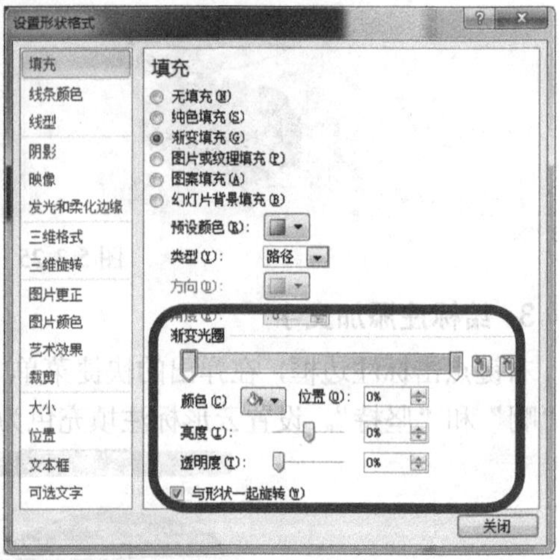

图 5-3-29　“填充效果”对话框

(3) 选择“渐变填充”，类型为“路径”，渐变光圈“颜色 1”设置为亮黄色，“颜色 2”为橙黄色，点“关闭”按钮返回。这样一个大五角星就绘制好了，如图 5-3-30 所示。

(4) 选中该五角星，复制、粘贴出另外四个五角星，并按住 Shift 键拖曳边框调整其大小，然后用鼠标拖曳方式调整位置，并通过每个小五角星顶端的绿色“旋转柄”调整小五角星的一个角对准大五角星的中心。

图 5-3-30　五角星填充效果

(5) 五个五角星位置调整合适之后，将五个五角星全部选中，在其上单击鼠标右键，在弹出的快捷菜单中选择“组合”→“组合”命令，使其成组，如图 5-3-31 所示。第一张幻灯片最终效果如图 5-3-32 所示。

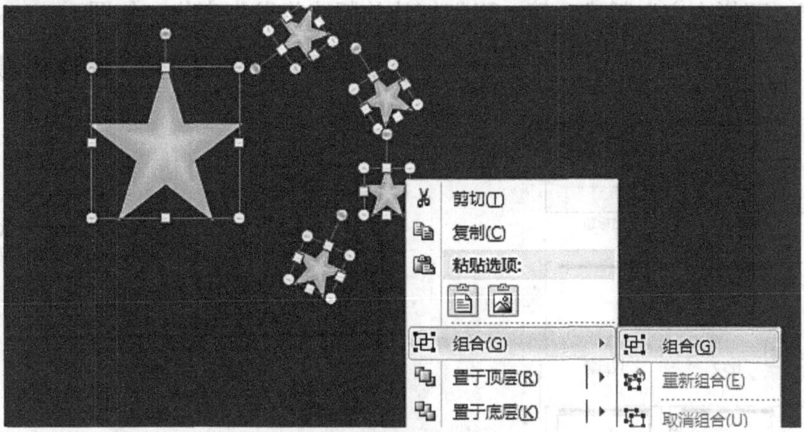

图 5-3-31　组合五角星

图 5-3-32　幻灯片效果

(6) 在窗口左侧的“幻灯片”窗格中，鼠标右键单击第一张幻灯片，在弹出的快捷菜单中选择“复制”命令，在最后一页幻灯片后单击鼠标右键，在“粘贴选项”中选择“保留源格式”粘贴方式，即可将首页幻灯片粘贴一份到最后一页。修改标题文本为“谢谢”，删除副标题文本，如图 5-3-33 所示。

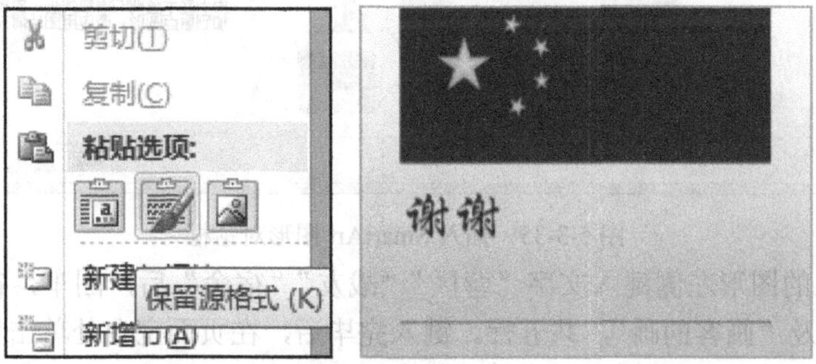

图 5-3-33　复制幻灯片

五、插入 SmartArt 图形

(1) 选中第二张幻灯片，点击“开始”选项卡→“版式”按钮右侧的倒三角，在版式列表中选择“两栏内容”版式，第二张幻灯片的版式将发生变化，如图 5-3-34 所示。

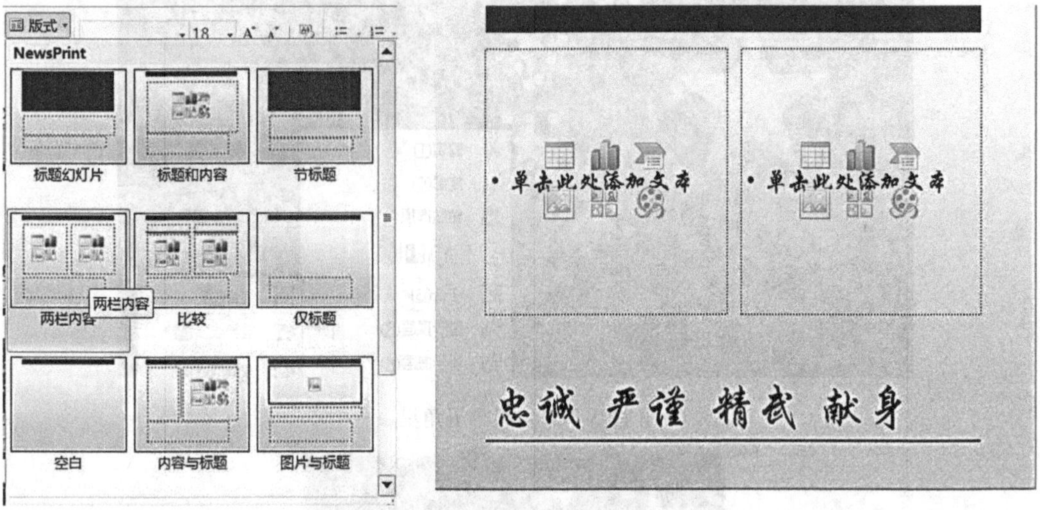

图 5-3-34 “两栏内容”版式幻灯片

(2) 单击左侧占位符中的图片图标，在弹出的对话框中选择“图片 8.jpg”，插入图片，再单击右侧占位符中的 SmartArt 图标，或者选择“插入”选项卡→SmartArt 图形，在弹出的“选择 SmartArt 图形”对话框中选择“列表”中的“垂直曲形列表”，如图 5-3-35 所示。

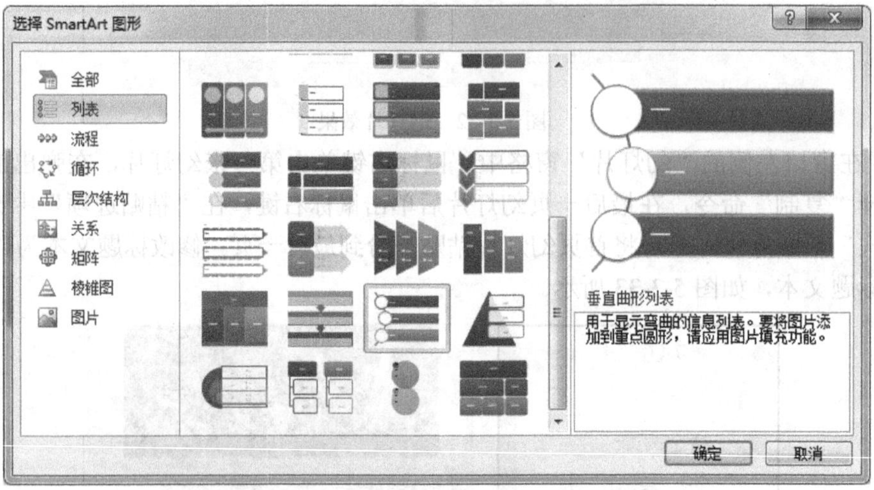

图 5-3-35 插入 SmartArt 图形对话框

(3) 在插入的图形左侧键入文字“营区”“战友”“宿舍”后，回车，在新的一行键入“训练场”，以及“画客的画”，共五行。键入完毕后，在页面空白处单击鼠标，幻灯片效果如图 5-3-36 所示。

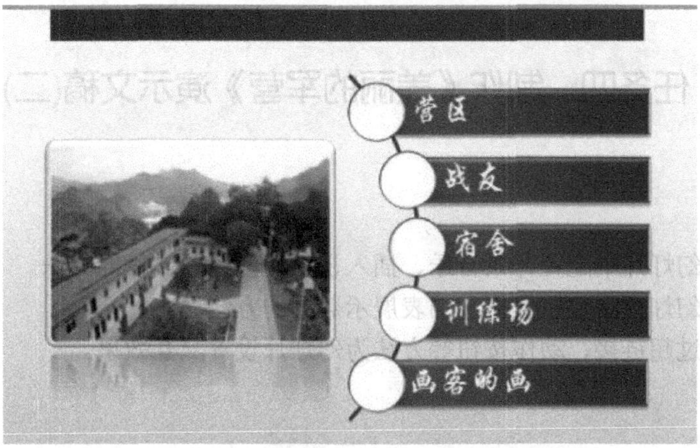

图 5-3-36　插入 SmartArt 图形后的效果

(4) 单击 SmartArt 图形，在“SmartArt 工具—设计”选项卡中设置其三维样式为“优雅”，如图 5-3-37 所示。

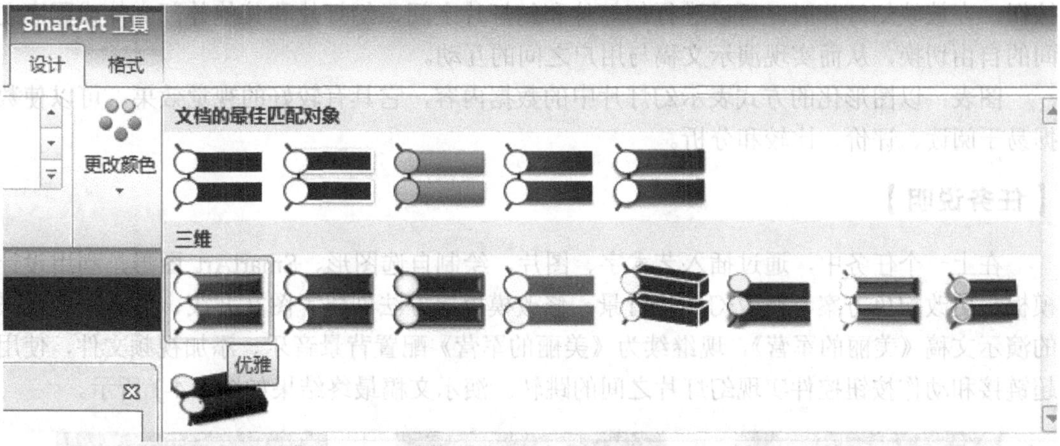

图 5-3-37　SmartArt 图形样式列表

(5) 将首页的小五角星复制粘贴到本页 SmartArt 图形中。双击图片，在“图片工具—格式”选项卡中设置图片样式。幻灯片效果如图 5-3-38 所示。

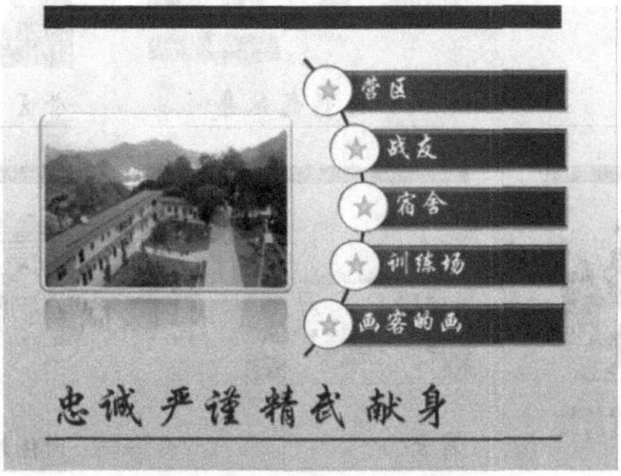

图 5-3-38　第二页幻灯片效果

任务四　制作《美丽的军营》演示文稿(二)

【学习目标】

(1) 掌握在幻灯片中配置背景音乐、插入视频等多媒体文件的方法。

(2) 掌握在幻灯片中使用表格和图表展示数据的方法。

(3) 掌握通过超链接、动作按钮等方法为幻灯片设置交互效果。

【相关知识】

超链接：本质上属于网页的一部分，它是一种允许网页或站点之间进行连接的元素，是从一个页面指向另一个目标的链接关系。这个目标可以是一个网页，也可以是一张图片，一个电子邮件地址，一个文件，甚至是一个应用程序。在 PowerPoint 中使用超链接或动作按钮，在放映幻灯片时，可以进行幻灯片和幻灯片之间、幻灯片和其他外部文件或程序之间的自由切换，从而实现演示文稿与用户之间的互动。

图表：以图形化的方式表示幻灯片中的数据内容，它具有较好的视觉效果，可以使数据易于阅读、评价、比较和分析。

【任务说明】

在上一个任务中，通过插入艺术字、图片，绘制自选图形、SmartArt 图形，利用设计模板、更改配色方案、修改幻灯片背景、修改模板等方法创建了图文并茂、展示军营风采的演示文稿《美丽的军营》，现继续为《美丽的军营》配置背景音乐、添加视频文件，使用超链接和动作按钮控件实现幻灯片之间的跳转。演示文稿最终结果如图 5-4-1 所示。

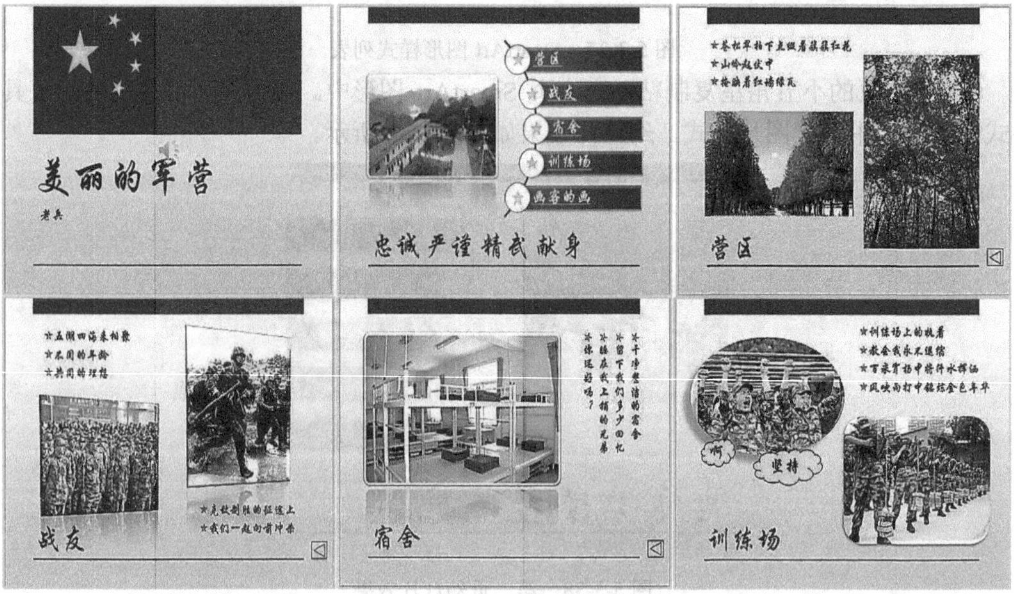

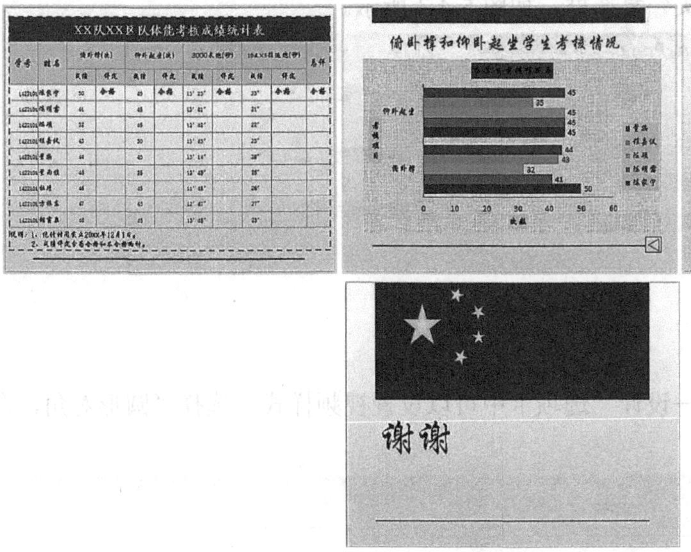

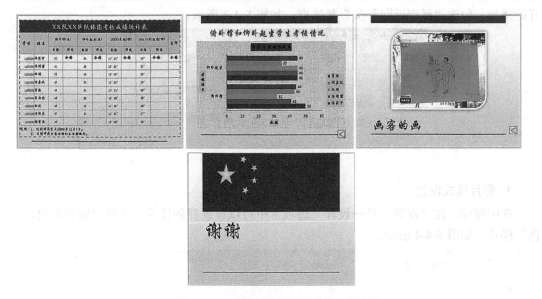

图 5-4-1　《美丽的军营》演示文稿效果

【任务实施】

一、添加影片和背景音乐

1. 添加影片

在最后一张幻灯片前新建样式为“仅标题”的幻灯片，在标题占位符中输入“画客的画”。单击该幻灯片内容占位符中的“插入视频剪辑”按钮，或者选择“插入”选项卡→“视频”按钮，弹出如图 5-4-2 所示的“插入视频文件”对话框，选择素材中的“画客的画.wmv”影片文件，点击“插入”按钮，即可插入影片。

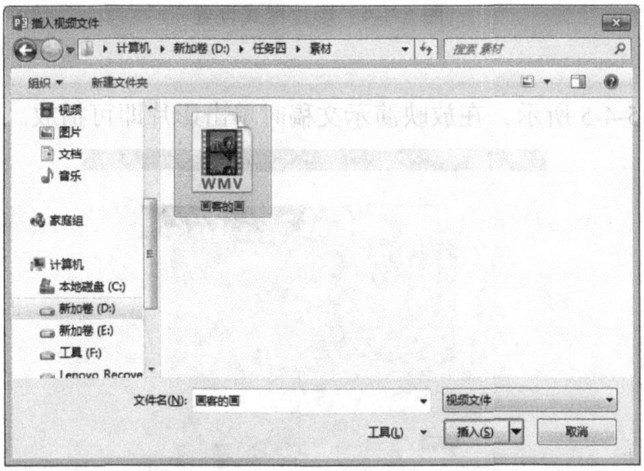

图 5-4-2　“插入影片”对话框

2. 影片播放设置

选中视频，在“视频工具—播放”选项卡中可以设置影片播放属性，选择“单击时”

开始播放，勾选“播完返回开头”复选框，如图 5-4-3 所示。

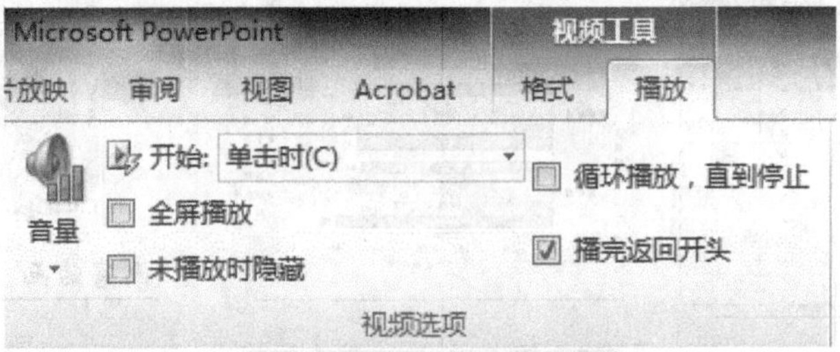

图 5-4-3　影片播放设置

3. 影片样式设置

选中视频，在“视频工具—设计”选项卡中可以设置视频样式，选择“圆形对角，白色”样式，如图 5-4-4 所示。

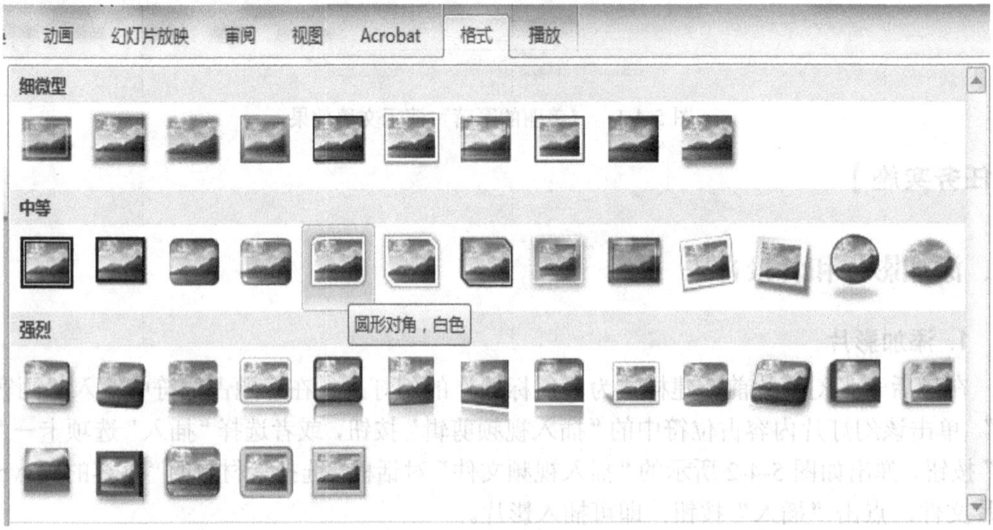

图 5-4-4　影片样式设置

4. 效果预览

最终效果如图 5-4-5 所示。在放映演示文稿时单击影片即可播放。

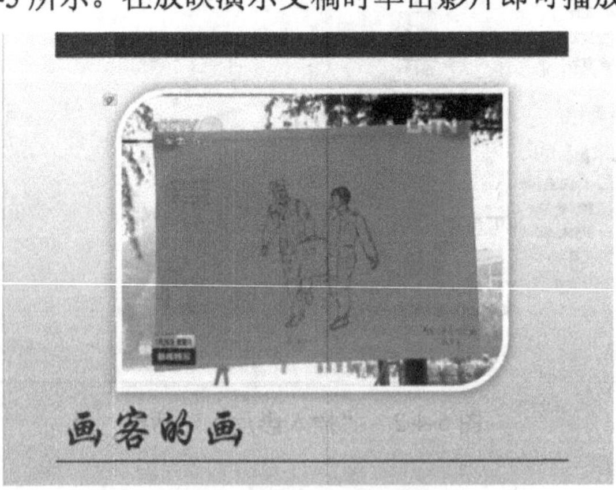

图 5-4-5　幻灯片插入影片效果

5. 给演示文稿添加背景音乐

单击第一页幻灯片，选择“插入”选项卡→“音频”按钮，弹出如图所示的“插入音频”对话框，选择素材中的“美丽的军营.mp3”声音文件，点击“插入”按钮，如图5-4-6所示。

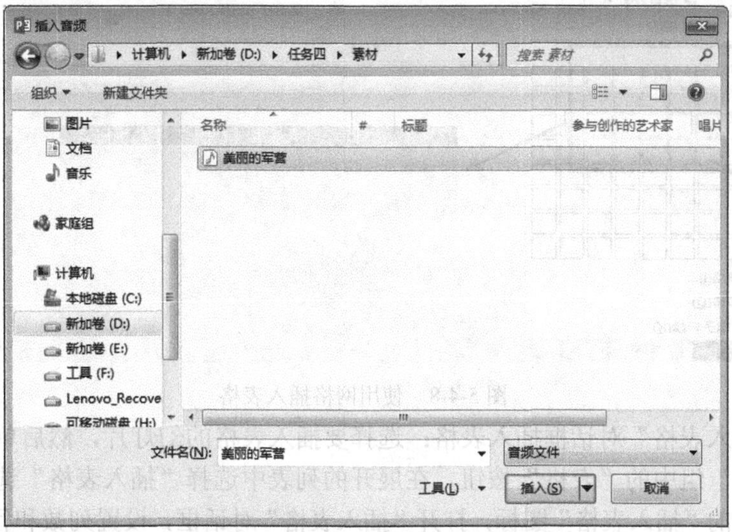

图 5-4-6　“插入音频文件”对话框

6. 音频播放设置

此时，页面上会出现一个小喇叭的图标，在“音频工具—播放”选项卡中可以设置音频播放属性，选择“自动”开始，勾选“放映时隐藏”“循环播放，直到停止”复选框，如图5-4-7所示，然后按F5键放映演示文稿。

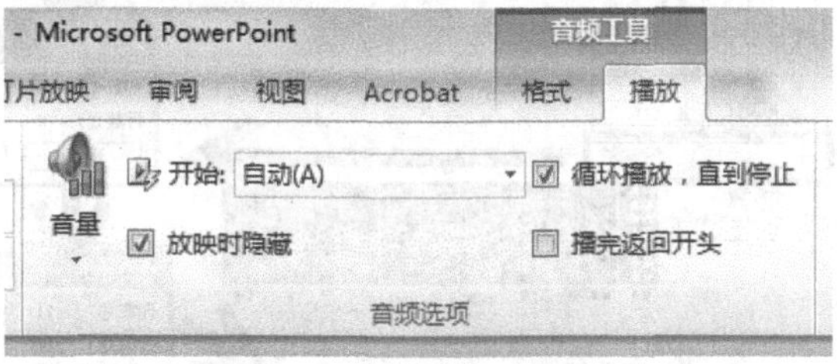

图 5-4-7　音频播放设置

二、使用表格和图表展示数据

1. 在幻灯片中应用表格

表格主要用来组织数据，它由水平的行和垂直的列组成，行与列交叉形成的方框称为单元格。我们可以在单元格中输入各种数据，从而使数据和事例更加清晰，便于读者理解。

1) 插入表格并输入内容

使用网格插入表格：选择要插入表格的幻灯片，然后单击“插入”选项卡上“表格”组中的“表格”按钮，在展开的列表中显示的小方格中移动鼠标，当列表左上角显示所需的行、列数后单击鼠标，即可在幻灯片中插入一个带主题格式的表格。该方法最大能创建

8 行 10 列的表格，其中小方格代表创建的表格的行、列数，如图 5-4-8 所示，新建第七张空白幻灯片并插入 4 行 8 列表格的效果图。

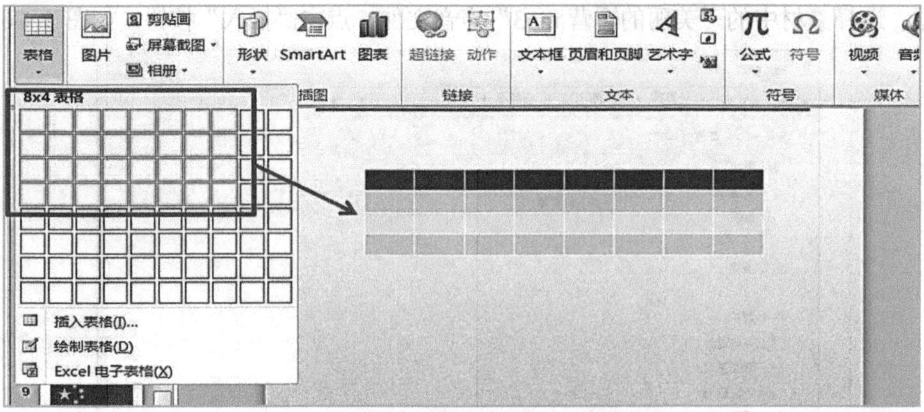

图 5-4-8　使用网格插入表格

使用“插入表格”对话框插入表格：选择要插入表格的幻灯片，然后单击“插入”选项卡上“表格”组中的“表格”按钮，在展开的列表中选择“插入表格”选项，或者单击内容占位符中的“插入表格”图标，打开“插入表格”对话框，设置列数和行数，单击“确定”按钮，然后在表格中输入文本即可。

如图 5-4-9 所示，利用“插入表格”对话框插入 11 列 13 行的表格，并输入文本。

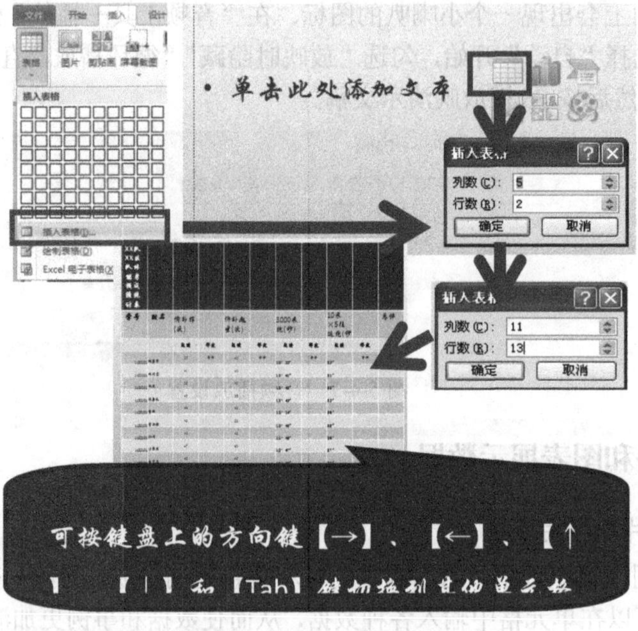

图 5-4-9　使用“插入表格”对话框插入表格

可按键盘上的方向键【→】、【←】、【↑】、【↓】和【Tab】键切换到其他单元格中，然后输入文本。

2) 编辑表格

表格创建好之后，接下来可对表格进行适当的编辑操作，如合并相关单元格以制作表头，在表格中插入行或列，以及调整表格的行高和列宽等。

选择单元格、行、列或整个表格：要对表格进行编辑操作，首先要选择表格中要操作的对象，如单元格、行或列等，常用选择方法如下，具体操作如图 5-4-10 所示。

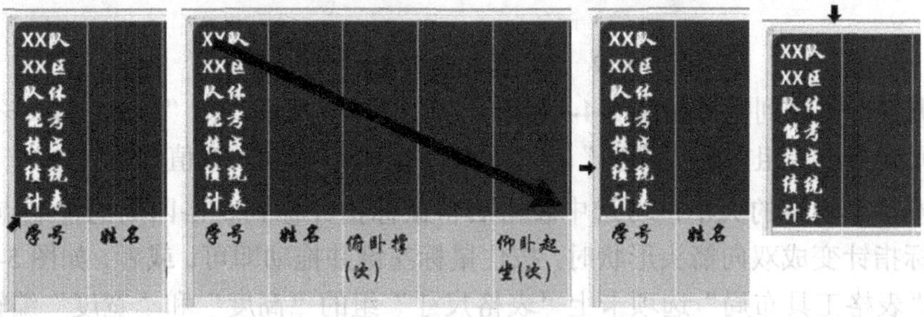

图 5-4-10　选择单元格、行、列或整个表格方法

(1) 选择单个单元格：将鼠标指针移到表格单元格的左下角，待鼠标指针变成向右的黑色箭头时单击即可。

(2) 选择连续的单元格区域：将鼠标指针移到要选择的单元格区域左上角，拖动鼠标到要选择区域的右下角，即可选择左上角到右下角之间的单元格区域。

(3) 选择整行和整列：将鼠标指针移到表格边框左侧的行标上，或者表格边框上方的列标上，当鼠标指针变成向右或向下的黑色箭头形状时，单击鼠标即可选中该行或该列。若向相应的方向拖动，则可选择多行或多列。

(4) 选择整个表格：将插入符置于表格的任意单元格中，然后按“Ctrl + A”组合键。

如果插入的表格的行列数不够使用，我们可以直接在需要插入内容的行或列的位置增加行或列。如果要将表格中的相关单元格进行合并操作，可以直接合并单元格，如图 5-4-11 所示。

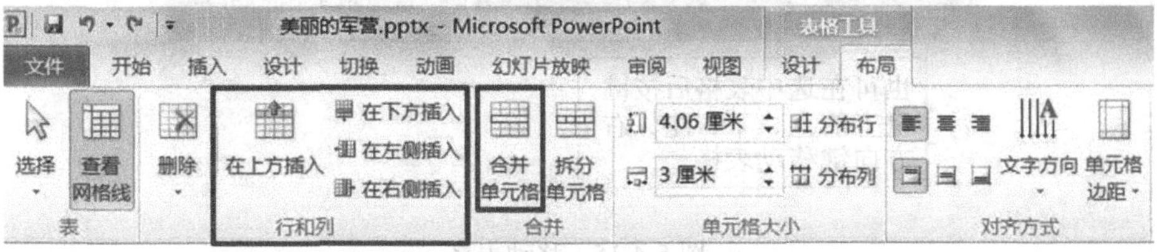

图 5-4-11　插入行或列及合并单元格

插入行或列：将鼠标置于要插入行或列的位置，或者选中要插入行或列的单元格，然后单击“表格工具—布局”选项卡上“行和列”组中的相应按钮即可。

合并单元格：可拖动鼠标选中表格中要进行合并操作的单元格，然后单击“表格工具—布局”选项卡上“合并”组中的“合并单元格”按钮。

调整行高、列宽：在创建表格时，表格的行高和列宽都是默认值，由于在各单元格中输入的内容不同，所以在大多数情况下都需要对表格的行高和列宽进行调整，使其符合要求。调整方法有两种：一是使用鼠标拖动；二是通过“单元格大小”组精确调整。

使用鼠标拖动方法：如图 5-4-12 所示，将鼠标指针移到要调整行的下边框线上或要调整列的列边框线上，此时鼠标指针变成上下或左右双向箭头形状，按住鼠标左键上下或左右拖动，到合适位置后释放鼠标，即可调整该行行高或该列列宽。

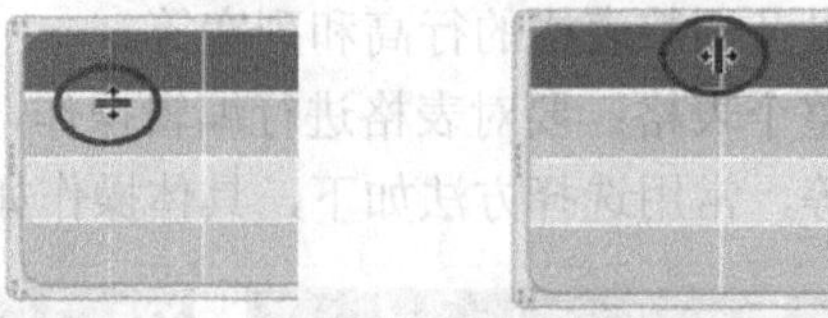

图 5-4-12　使用鼠标拖动调整行高、列宽

精确调整行高或列宽：如图 5-4-13 所示，选中行或列后，在“表格工具—布局”选项卡上“单元格大小”组中的“高度”或“宽度”编辑框中输入数值即可。

要调整整个表格的大小，可选中表格后将鼠标指针移到表格四周的控制点上(共有 8 个)，待鼠标指针变成双向箭头形状时，按住鼠标左键并拖动即可。或者，如图 5-4-14 所示，可直接在“表格工具布局”选项卡上“表格尺寸”组的“高度”和“宽度”编辑框中输入数值。

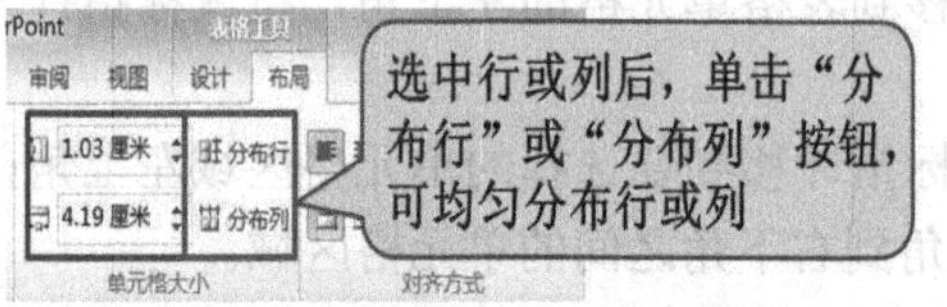

图 5-4-13　精确调整行高或列宽

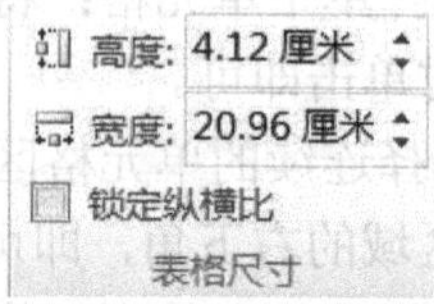

图 5-4-14　调整整个表格大小

表格是作为一个整体插入到幻灯片中的，其外部有虚线框和一些控制点。拖动这些控制点可调整表格的大小，如同调整图片、形状和艺术字一样。

移动表格：如图 5-4-15 所示，若要移动表格在幻灯片中的位置，可将鼠标指针移到除表格控制点外的边框线上，待鼠标指针变成十字箭头形状后，按住鼠标左键并拖到合适位置即可。

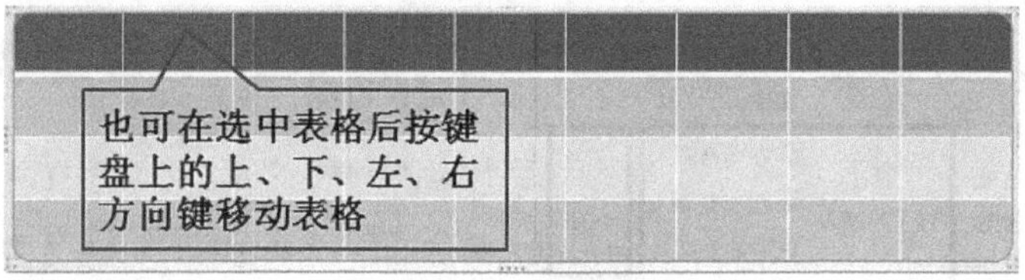

图 5-4-15　移动表格

设置表格内文本的对齐格式：如图 5-4-16 所示，要设置表格内文本的对齐方式，可选中要调整的单元格后单击“表格工具—布局”选项卡上“对齐方式”组中的相应按钮即可。

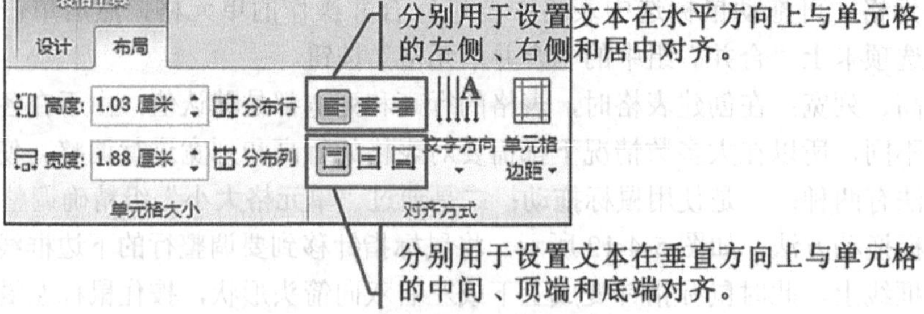

图 5-4-16　设置表格内文本的对齐格式

要设置表格内文本的字符格式，可选中表格内容后，在“开始”选项卡的“字体”组中进行设置。如图 5-4-17 所示，将该表格的标题文字设置为：字体华文楷体，字号 28，加粗。

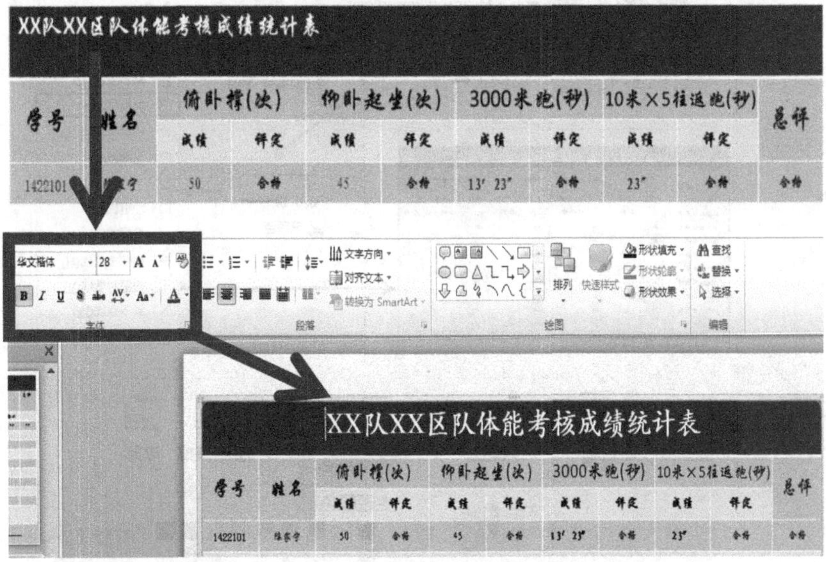

图 5-4-17　设置表格内文本的字符格式

3) 美化表格

对表格进行编辑操作后，还可以对其进行美化操作，如设置表格样式，为表格添加边框和底纹等。

如图 5-4-18 所示，要对表格套用系统内置的样式，可将插入符置于表格的任意单元格，然后单击“表格工具—设计”选项卡上“表格样式”组中的“其他”按钮，在展开的列表中选择一种样式即可。

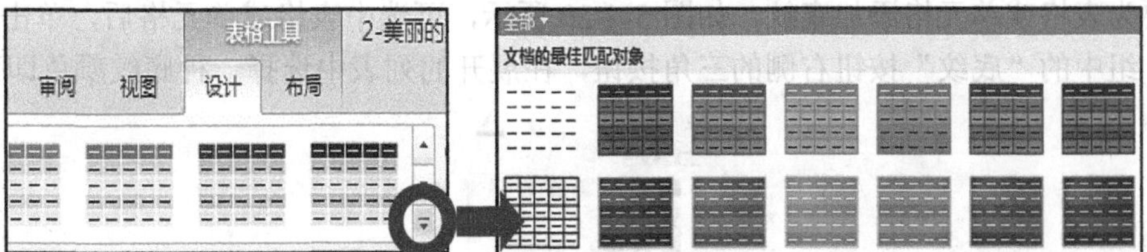

图 5-4-18　选择表格样式

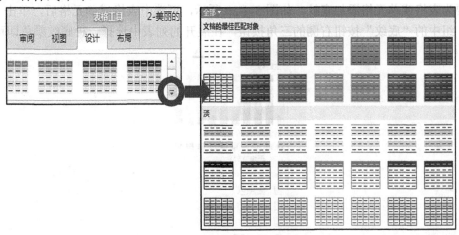

要为表格或单元格添加自定义的边框，可选中表格或单元格，然后在“表格工具—设计”选项卡上“绘图边框”组中设置边框的线型、粗细、颜色，再单击“表格样式”组中的“边框”按钮右侧的三角按钮，在展开的列表中选择一种边框类型。

如图 5-4-19 所示，将表格外侧框线设置为：虚线，粗细 3.0 磅，红色。将表格内侧框线设置为：实线，粗线 1.0 磅，灰色。

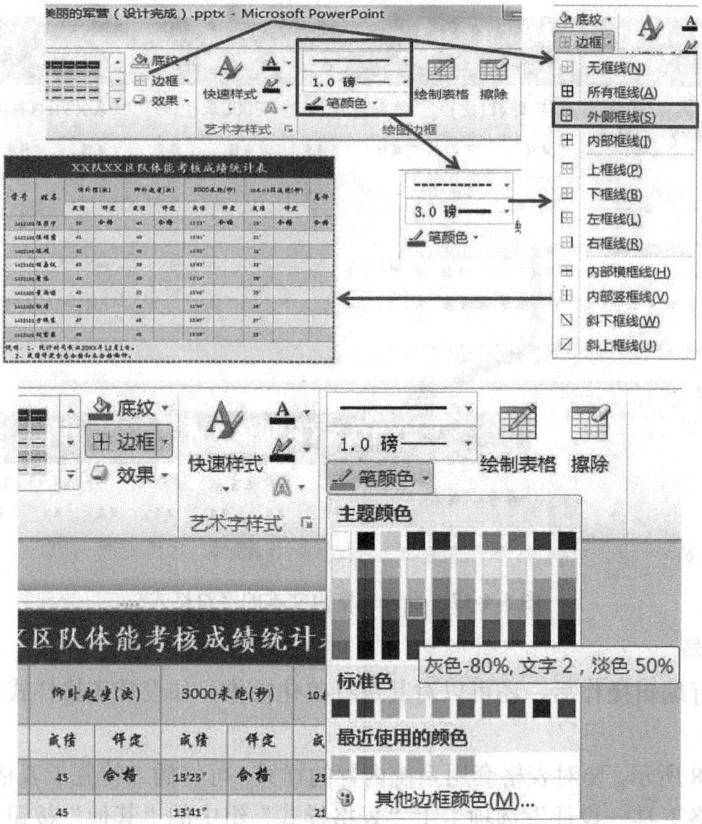

图 5-4-19　为表格或单元格添加自定义的边框

要为表格或单元格添加底纹，如图 5-4-20 所示，可选中表格或单元格后，单击“表格样式”组中的“底纹”按钮右侧的三角按钮，在展开的列表中选择一种底纹颜色即可。

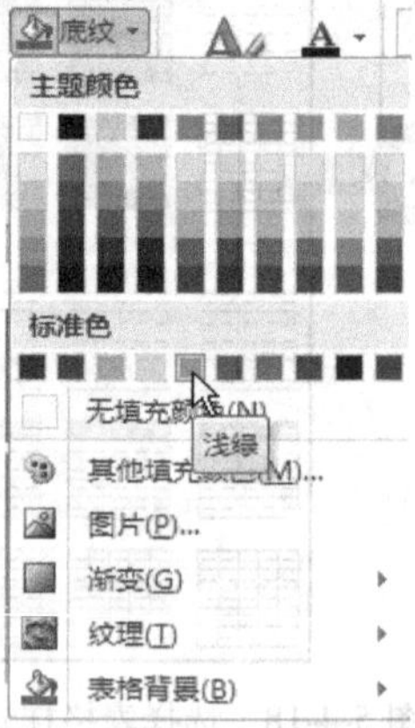

图 5-4-20　为表格或单元格添加底纹

2. 在幻灯片中插入图表

要在幻灯片中插入图表，首先要有创建图表的数据，选择要插入图表的幻灯片，然后单击内容占位符中的“插入图表”图标，或者单击“插入”选项卡上“插图”组中的“图表”按钮，打开“插入图表”对话框，对话框左侧为图表的分类，选择“柱形图”分类，此时在对话框右侧的列表框中列出了该分类下的不同样式的图表，选择一种图表类型，然后单击“确定”按钮，此时，系统将自动调用 Excel 2010 并打开一个预设有表格内容的工作表，并且依据这套样本数据，在当前幻灯片中自动生成了一个柱形图表，修改数据后，单击 Excel 窗口右上角的“关闭”按钮，关闭数据表窗口。

如图 5-4-21 所示，在幻灯片中创建新图表的步骤大致分为三步，先根据数据特点确定图表类型，然后选择具体的图表样式，最后输入图表数据，即可自动生成相应的图表。

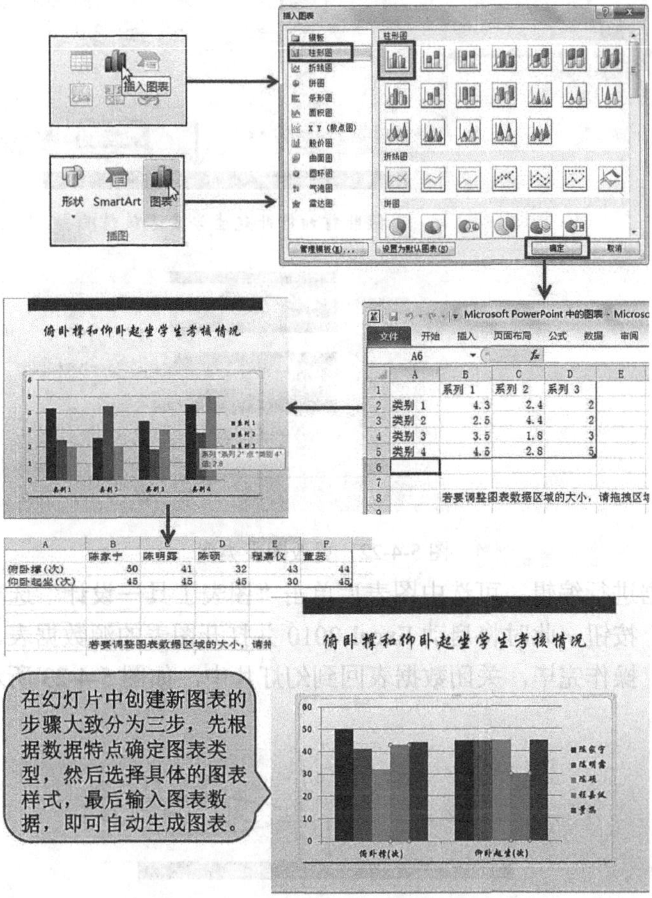

图 5-4-21　插入图表过程

3. 编辑和美化图表

在幻灯片中插入图表后，我们可以利用“图表工具”选项卡的“设计”“布局”和“格式”三个子选项对图表进行编辑和美化操作，如编辑图表数据、更改图表类型、调整图表布局、对图表各组成元素进行格式设置等。

1) 编辑图表

要对图表进行编辑操作，如编辑表格数据、更改图表类型、快速调整图表布局等，可在“图表工具—设计”选项卡中进行操作。

要更改图表类型，可单击图表以将其激活，然后将鼠标指针移到图表的空白处，待显示“图表区”提示时单击以选中整个图表，单击“图表工具—设计”选项卡上“类型”组中的“更改图表类型”按钮，然后在打开的“更改图表类型”对话框中选择一种图表类型即可。操作过程如图 5-4-22 所示。

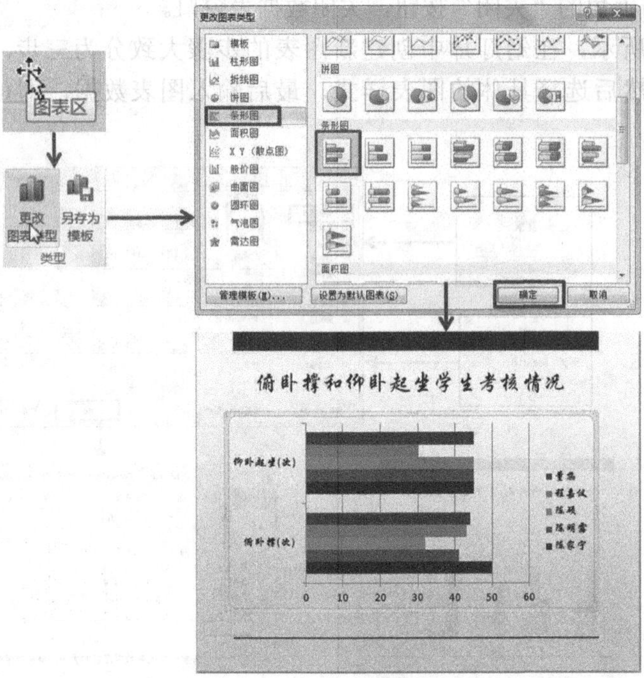

图 5-4-22　更改图表类型

要对图表数据进行编辑，可选中图表后单击“图表工具—设计”选项卡上“数据”组中的“编辑数据”按钮，此时将启动 Excel 2010 并打开图表的源数据表，对数据表中的数据进行编辑修改。操作完毕，关闭数据表回到幻灯片中，如图 5-4-23 所示，可看到编辑数据后的图表效果。

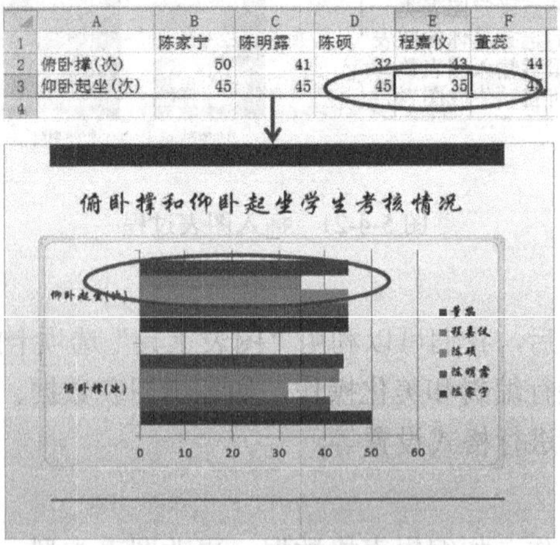

图 5-4-23　编辑图表数据

如图 5-4-24 所示，要快速调整图表的布局，可选中图表后单击“图表工具—设计”选项卡上“图表布局”组中的“其他”按钮，在展开的列表中重新选择一种布局样式。

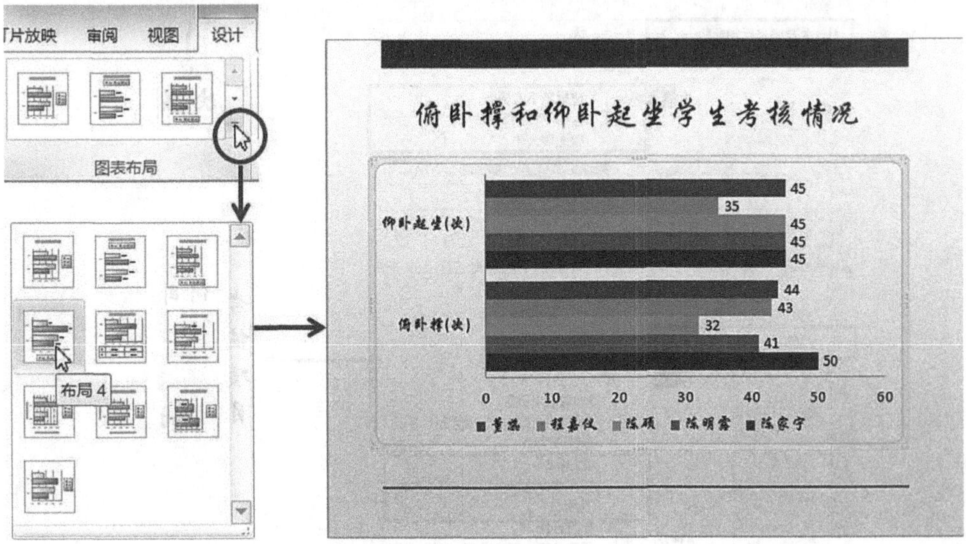

图 5-4-24　快速调整图表的布局

2) 自定义图表布局

创建图表后，我们还可以根据需要利用“图表工具—布局”选项卡中的工具自定义图表布局，如添加或修改图表标题、坐标轴标题和数据标签等，方便读者理解图表。

为图表添加图表标题：选中图表，然后单击“图表工具—布局”选项卡上“标签”组中的“图表标题”按钮，在展开的列表中选择一种标题的放置位置，然后输入图表标题。如图 5-4-25 所示，图表标题输入“各学生考核情况表”。

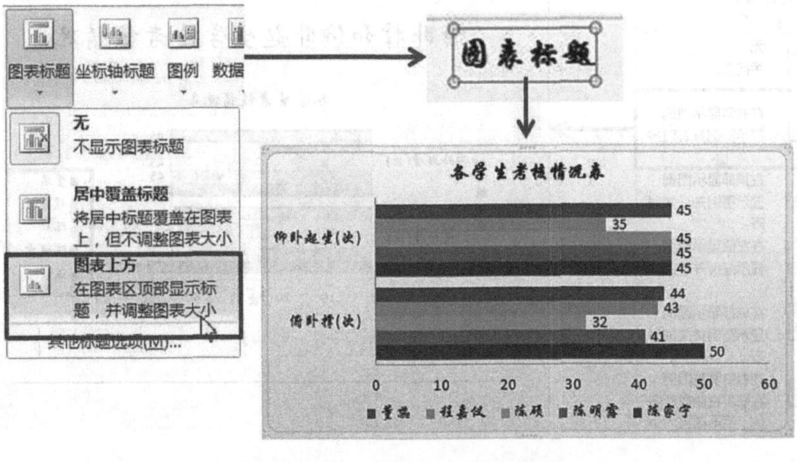

图 5-4-25　为图表添加图表标题

为图表添加坐标轴标题：单击“标签”组中的“坐标轴标题”按钮，在展开的列表中分别选择“主要横坐标轴标题”和“主要纵坐标轴标题”项，然后在展开的列表中选择标题的放置位置并输入标题即可。如图 5-4-26 所示，横坐标标题为“次数”，纵坐标标题为“考核项目”。

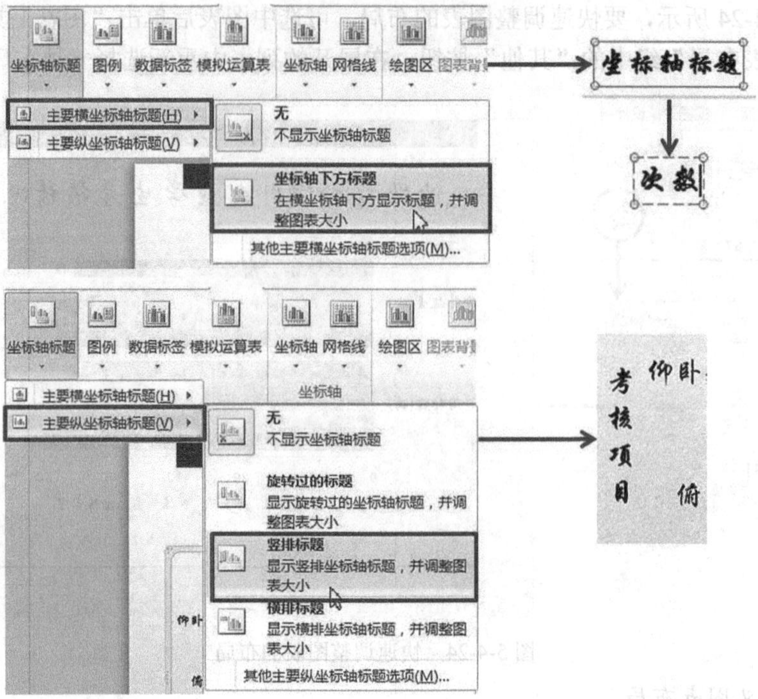

图 5-4-26　为图表添加坐标轴标题

改变图例位置：单击“标签”组中的“图例”按钮，在展开的列表中选择一种选项，可改变图例的放置位置。如图 5-4-27 所示，改变图例位置为“在右侧显示图例”。

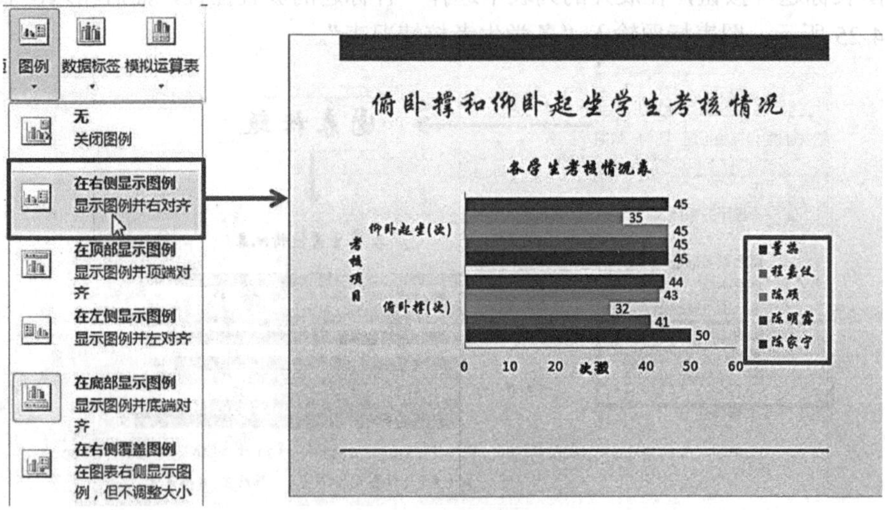

图 5-4-27　改变图例位置

3) 美化图表

我们还可以利用“图表工具—格式”选项卡对图表进行美化操作，如设置图表区、绘图区、图表背景、坐标轴的格式等，从而美化图表。这些设置主要是通过“图表工具—格式”选项卡来完成的。设置效果如图 5-4-28 所示。

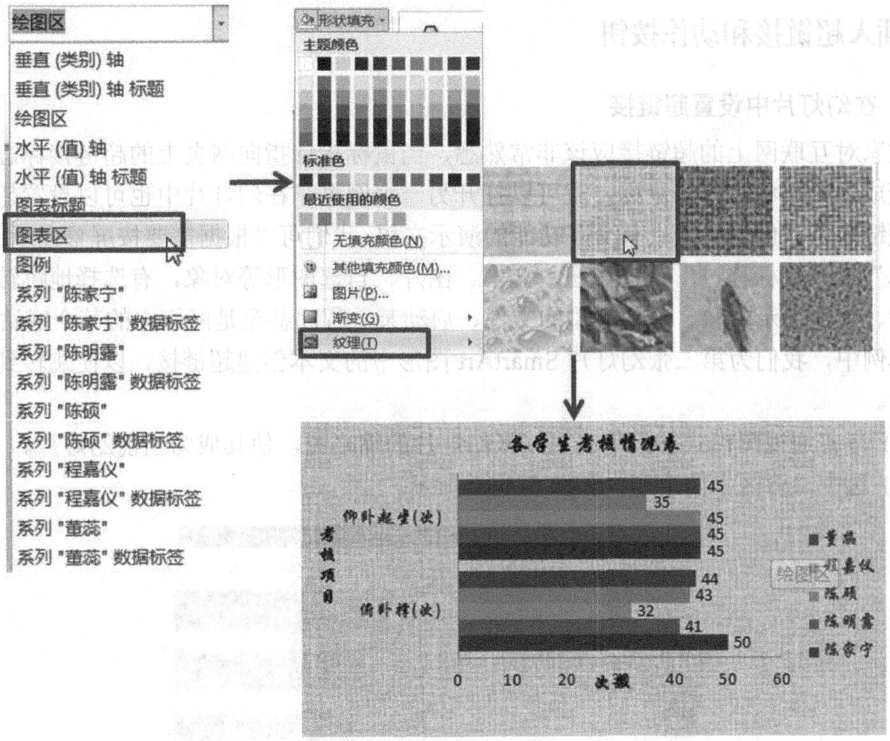

图 5-4-28　为图表背景设置纹理填充

设置图表区格式：单击图表以将其激活，然后单击“图表工具—格式”选项卡(或“布局”选项卡)上“当前所选内容”组中的“图表元素”下拉列表框右侧的三角按钮，在展开的列表中选择要设置的图表对象“图表区”，然后单击“形状样式”组中的“形状填充”按钮右侧的三角按钮，在展开的列表中选择一种填充类型。

用同样的方法可设置绘图区的格式，以及设置图表标题、图例和坐标轴标题的填充颜色。幻灯片设置效果如图 5-4-29 所示。

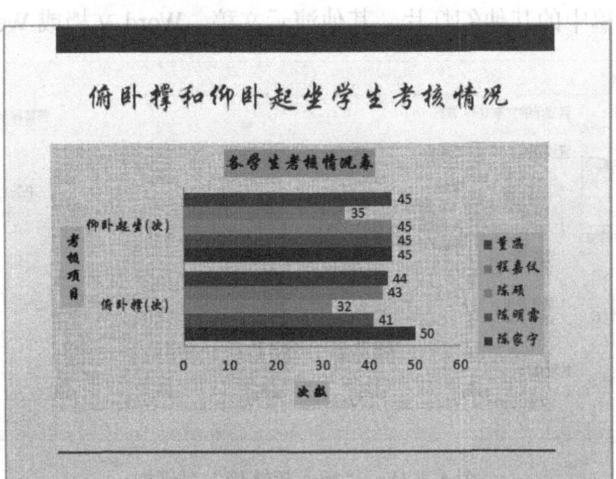

图 5-4-29　设置图表标题、图例和坐标轴标题的填充颜色

三、插入超链接和动作按钮

1. 在幻灯片中设置超链接

大家对互联网上的超链接应该非常熟悉，当鼠标指针指向网页上的超链接标志时，指针会变成手的形状，单击鼠标，就可以打开另一个网页。在幻灯片中也可以设置超链接，使用超链接可以创建一个具有交互功能的演示文稿。我们可以根据需要按屏幕提示通过“单击鼠标”或“鼠标移过”动作按钮、文本、图片、自选图形等对象，有选择地跳转到某张幻灯片、其他演示文稿、其他类型的文件、启动某一程序甚至是网络中的某个网站。

本例中，我们为第二张幻灯片 SmartArt 图形中的文本创建超链接，以便跳转到相应的幻灯片。

(1) 在普通视图模式下，单击第二张幻灯片的缩略图，使其成为当前幻灯片。

(2) 选中“营区”两个字，如图 5-4-30 所示。

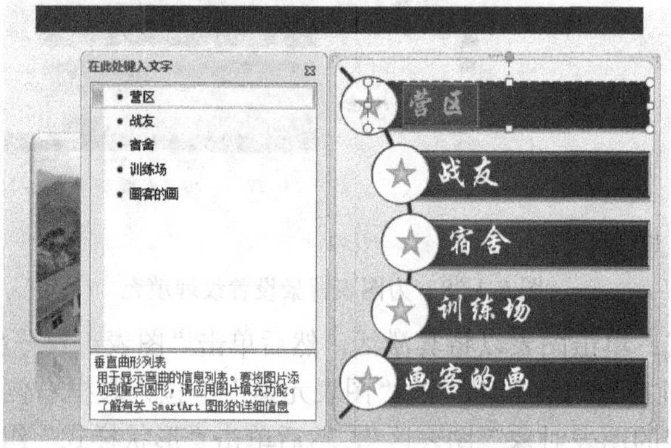

图 5-4-30　选中要添加超链接的文本

(3) 单击“插入”选项卡→“链接”组中“插入超链接”按钮，打开“插入超链接”对话框，如图 5-4-31 所示。在该对话框中，为选定文本或图片、图形等设置超链接，可以将它链接到演示文稿中的其他幻灯片、其他演示文稿、Word 文档或 Web 页。

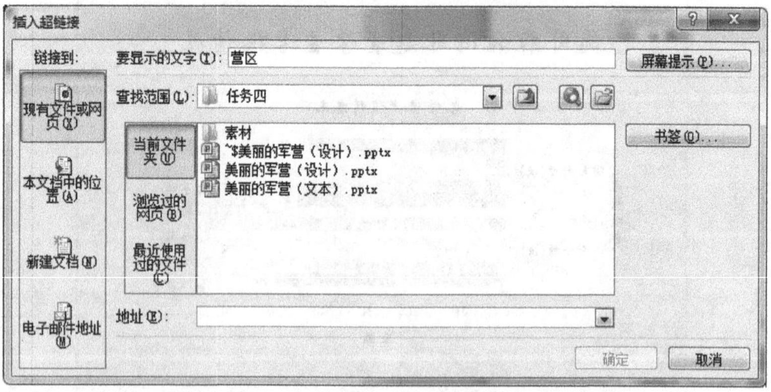

图 5-4-31　“插入超链接”对话框

(4) 在该对话框中，单击“链接到”选项区中的“本文档中的位置”，在“请选择文档中的位置”列表中单击要链接到的幻灯片“3.营区”，对话框右侧的“幻灯片预览”区中会显示要链接到的幻灯片缩略图。如图 5-4-32 所示。

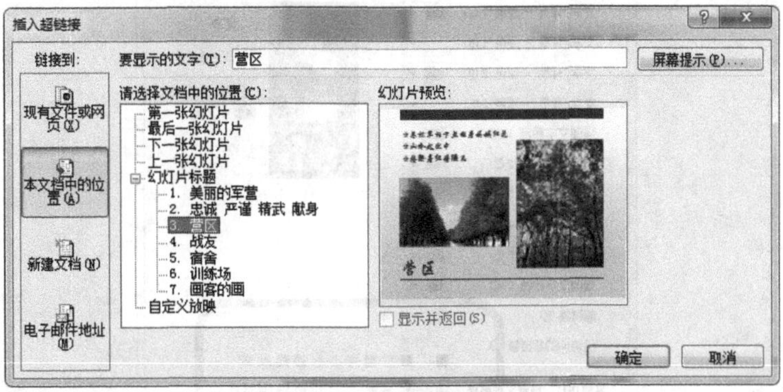

图 5-4-32　选择链接到的幻灯片

(5) 单击“确定”按钮，文本“营区”的超链接就设置好了，幻灯片上的“营区”这几个字的颜色发生了变化，并且加上了下划线，这就是超链接的标志。

(6) 修改超链接文本颜色。由于演示文稿应用了主题，主题中的默认超链接字体的颜色可能不是非常合适，但是此时使用字体颜色设置直接修改文本，并不能改变文本颜色。这时可以通过修改主题中超链接文本的颜色来修改。操作步骤如下：

单击“设计”选项卡→“主题”组中的“颜色”按钮，在下拉列表中选择“新建主题颜色”命令，如图 5-4-33 所示。

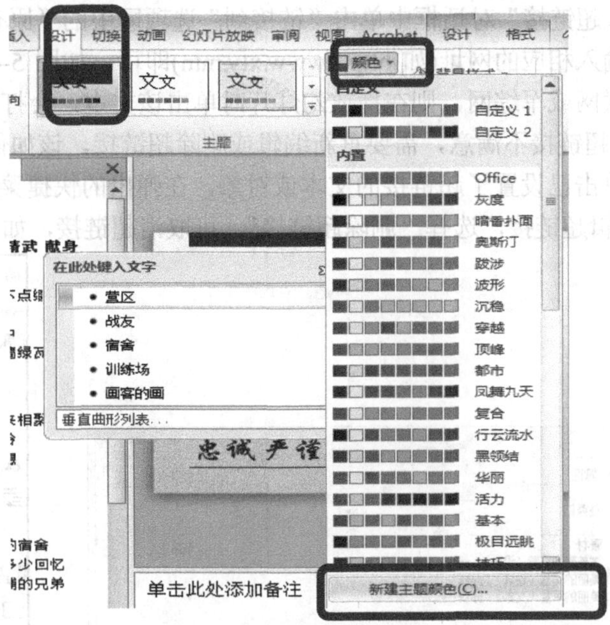

图 5-4-33　新建主题颜色

在弹出的“新建主题颜色”对话框中点击“超链接”右侧的颜色按钮，在列表中选择合适的颜色，这里，我们选择“白色，文字 1”，在“名称”框中输入“自定义超链接”，也可以适当调整“强调文字和已访问过的超链接”的颜色设置完成，点击“保存”按钮，如图 5-4-34 所示。

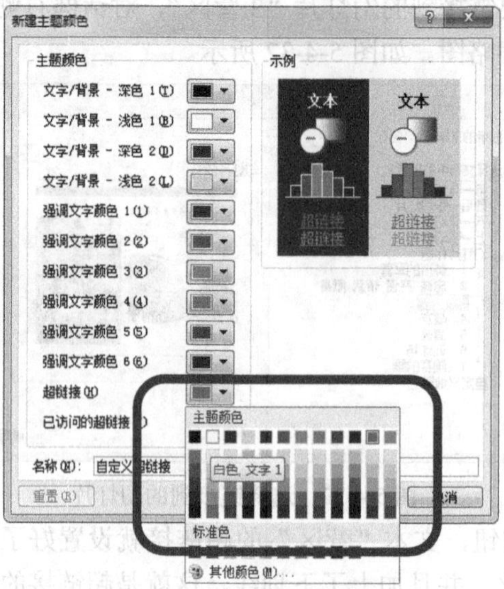

图 5-4-34　设置超链接颜色

选中第二页幻灯片列表中的其他文本，设置相应的超链接，分别链接到“战友”“宿舍”“训练场”幻灯片。

小知识：

(1) 如果要链接到互联网或军网，该如何设置？

可以在“插入超链接”对话框中单击“链接到”选项区中的“原有文件或网页”，然后在“地址”栏中输入相应的网址(如 http://www.xty.mtn)即可，如图 5-4-35 所示。如果你的计算机已连接互联网或军综网，则在播放幻灯片时单击该文本，会打开相应的网页。

(2) 对已有的超链接不满意，需要重新编辑或删除超链接，该如何操作呢？

用鼠标右键单击已设置了超链接的文本或对象，在弹出的快捷菜单中选择“编辑超链接”，可以重新编辑超链接，选择“删除超链接”，可取消超链接，如图 5-4-36 所示。

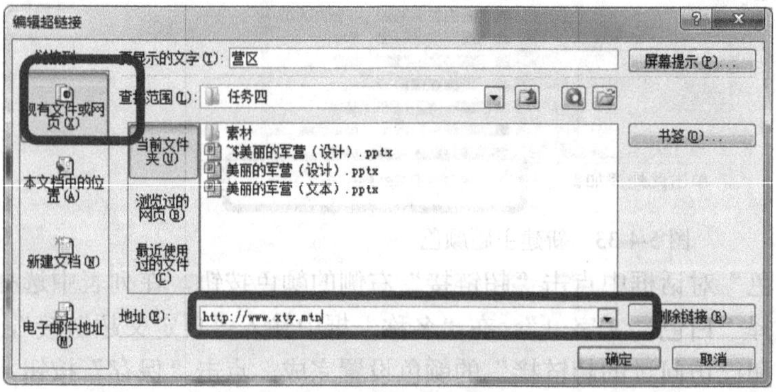

图 5-4-35　编辑超链接地址

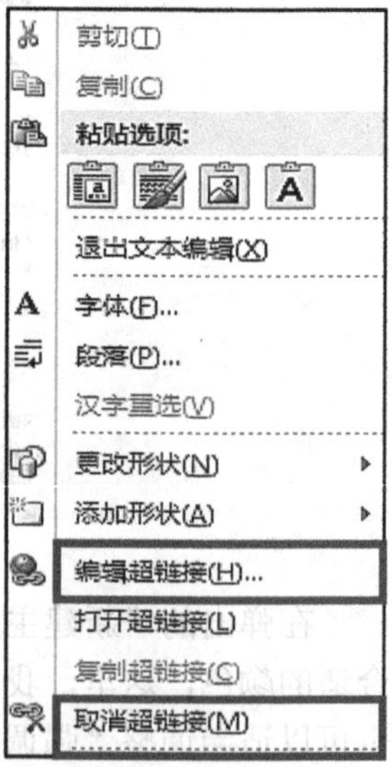

图 5-4-36　编辑“超链接”命令

2. 在幻灯片中设置动作按钮

PowerPoint 带有一些制作好的动作按钮，可以将动作按钮插入到幻灯片中并为其定义超级链接。动作按钮包括一些形状，例如左箭头、右箭头等。可以使用这些常用的容易理解的符号转到下一张、上一张、第一张和最后一张幻灯片。我们在第三至第七张幻灯片的每一张中设置一个动作按钮，使得播放这张幻灯片时，单击这个动作按钮就可以返回到第二张摘要幻灯片。

(1) 选择第三张幻灯片为当前幻灯片。单击“插入”选项卡“形状”命令，弹出形状列表，其中的“动作按钮”组可以制作返回按钮。如图 5-4-37 所示。

(2) 单击动作按钮列表上的“上一张”按钮，将鼠标指针移至幻灯片中的适当位置，指针变成十字形状，按住左键拖动鼠标，幻灯片上出现了一个按钮，当按钮大小合适时松开鼠标左键，绘制动作按钮的操作就完成了，弹出“动作设置”对话框，如图 5-4-38 所示。

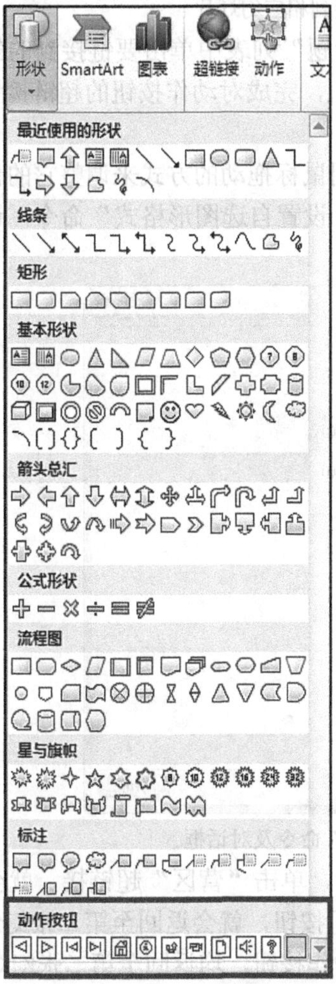

图 5-4-37　插入“动作按钮”

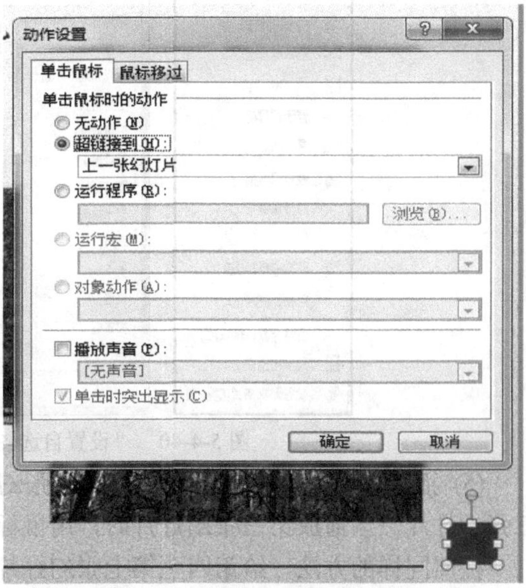

图 5-4-38　“动作设置”对话框

(3) 在“动作设置”对话框的“单击鼠标”选项卡中，“超链接到”下拉列表中，默认该动作按钮的功能是链接到上一张幻灯片。单击“超链接到”下拉列表右端的，在弹出的列表中选择“幻灯片……”，打开“超链接到幻灯片”对话框，如图 5-4-39 所示。

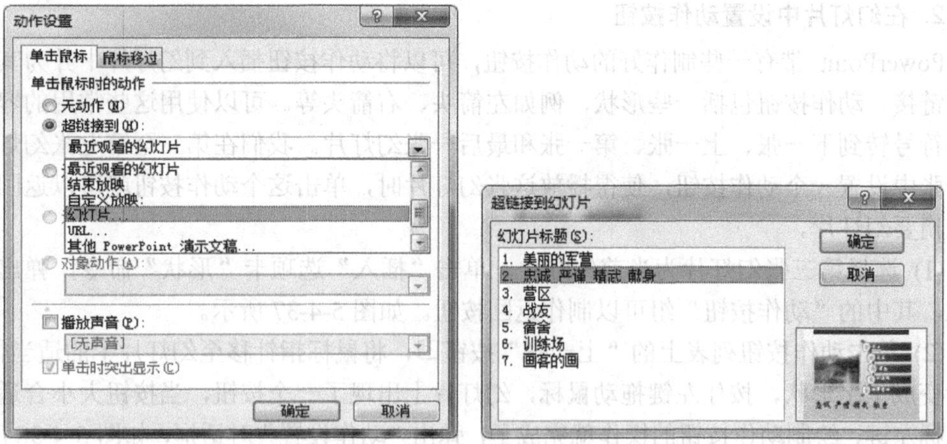

图 5-4-39　设置动作按钮超链接到相应幻灯片

(4) 在“超链接到幻灯片”对话框的“幻灯片标题”列表中单击要链接到的幻灯片标题，单击标号为“2”的幻灯片，再单击“确定”按钮，完成对动作按钮的超链接设置，返回到幻灯片编辑状态。

新插入的动作按钮四周有 8 个尺寸控制点，用鼠标拖动的方式来调整它的位置和大小，也可以右键点击它，在弹出的快捷菜单中选择“设置自选图形格式”命令，设置填充颜色等属性，如图 5-4-40 所示。

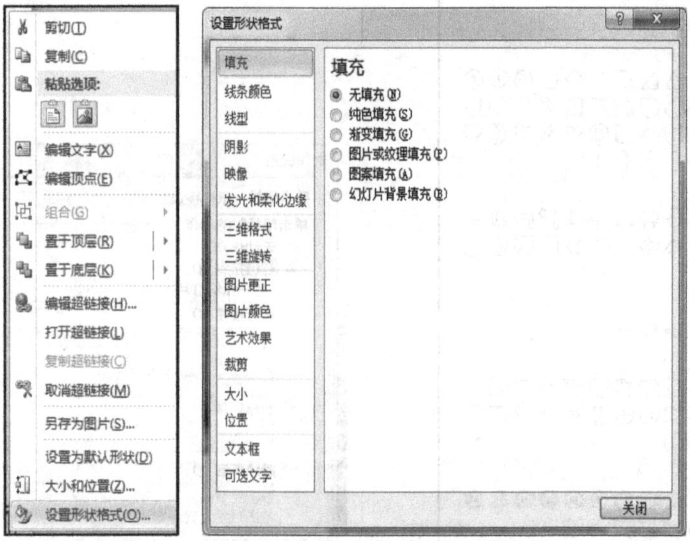

图 5-4-40　“设置自选图形格式”命令及对话框

(5) 播放该演示文稿，当播放到第二张幻灯片时，单击“营区”超链接，就会播放第三张幻灯片。当播放第三张幻灯片时，用鼠标点击按钮，就会返回至第二张幻灯片。

按照同样的方法，给第四至第七张幻灯片添加动作按钮，均返回至第二张幻灯片。

【课堂练习】

利用本书给出的素材，或者上网搜索素材，制作《小故事大道理》幻灯片，如图 5-4-41 所示。

图 5-4-41　《小故事大道理》幻灯片样例

(1) 根据“平衡”主题创建演示文稿。

(2) 给第一页幻灯片插入艺术字“小故事大道理”，不限格式。

(3) 插入 3 张新幻灯片，并输入相关文本。其中，第二张幻灯片中需插入横排文本框，以便输入文本并将其调整至合适位置。

(4) 最后插入一张“标题幻灯片”，输入“谢谢！”。

(5) 第二张幻灯片中的“老虎”图片和第三张幻灯片中的“哭脸”图片为剪贴画，第三张的跑步图片为素材中的“run.jpg”。

(6) 在第二张幻灯片中插入老虎叫声“tiger.wmv”，并设置自动播放。

(7) 给幻灯片插入编号。

(8) 保存文件为“E:\学号姓名文件夹\小故事大道理.pptx”。

任务五　为《那些年，我们在部队的日子》演示文稿设计模板

【学习目标】

(1) 掌握应用幻灯片母版、讲义和备注母版的方法。

(2) 掌握编辑幻灯片母版、应用幻灯片母版的方法。

【相关知识】

母版视图：包括幻灯片母版视图、讲义母版视图和备注母版视图。它们是存储有关演

示文稿的信息的主要幻灯片，其中包括背景、颜色、字体、效果、占位符大小和位置。使用母版视图的一个主要优点在于在幻灯片母版、备注母版或讲义母版上，可以对与演示文稿关联的每个幻灯片、备注页或讲义的样式进行全局更改。

幻灯片母版：一种特殊的幻灯片，利用它可以统一设置演示文稿中的所有幻灯片，或指定幻灯片的内容格式(如占位符中文本的格式)，以及需要统一在这些幻灯片中显示的内容，如图片、图形、文本或幻灯片背景等。

【任务说明】

为《那些年，我们在部队的日子》演示文稿编辑母版，设计主题模板，为不同版式的幻灯片设计不同的背景及文字模板。

【任务实施】

一、认识幻灯片母版

1. 应用幻灯片母版

单击“视图”选项卡上“母版视图”组中的“幻灯片母版”按钮，进入幻灯片母版视图，此时将显示“幻灯片母版”选项卡。

默认情况下，幻灯片母版视图左侧任务窗格中的第一个母版(比其他母版稍大)称为“幻灯片母版”，在其中进行的设置将应用于当前演示文稿中的所有幻灯片；其下方为该母版的版式母版(子母版)，如“标题幻灯片”“标题和内容”(将鼠标指针移至母版上方，将显示母版名称及其应用于演示文稿的哪些幻灯片)等。在某个版式母版中进行的设置将应用于使用了对应版式的幻灯片中。用户可根据需要选择相应的母版进行设置，如图 5-5-1 所示。

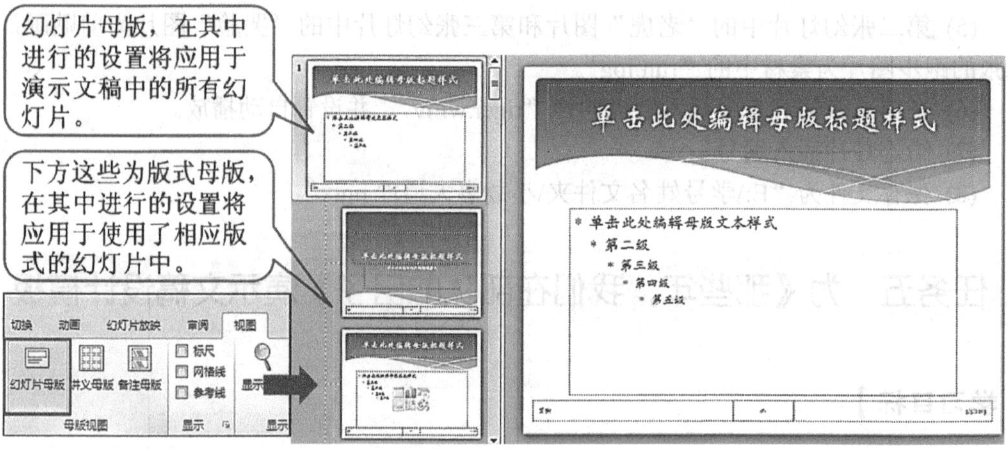

图 5-5-1 幻灯片母版视图

进入幻灯片母版视图后，用户可在幻灯片左侧窗格中单击选择要设置的母版，然后在右侧窗格利用“开始”“插入”等选项卡设置占位符的文本格式，或者插入图片、绘制图形并设置格式，还可利用“幻灯片母版”选项卡设置母版的主题和背景，以及插入占位符等，所进行的设置将应用于对应的幻灯片中，如图 5-5-2 所示。

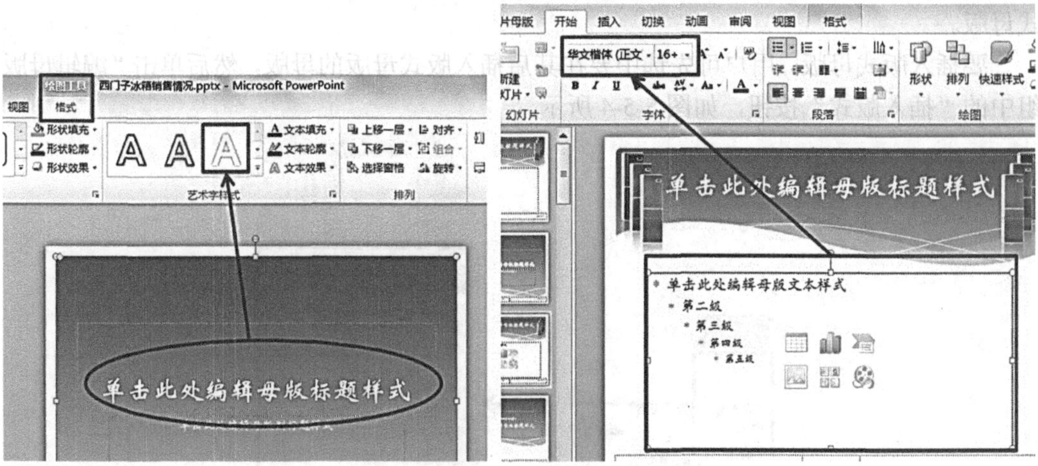

图 5-5-2　编辑母版占位符文本格式

2. 应用讲义和备注母版

单击“视图”选项卡上“母版视图”组中的“讲义母版”或“备注母版”按钮，可进入讲义母版或备注母版视图，如图 5-5-3 所示。这两个视图主要用来统一设置演示文稿的讲义和备注的页眉、页脚、页码、背景和页面方向等，这些设置大多数与打印幻灯片讲义和备注页相关，我们将在任务六中具体学习打印幻灯片讲义和备注的方法。

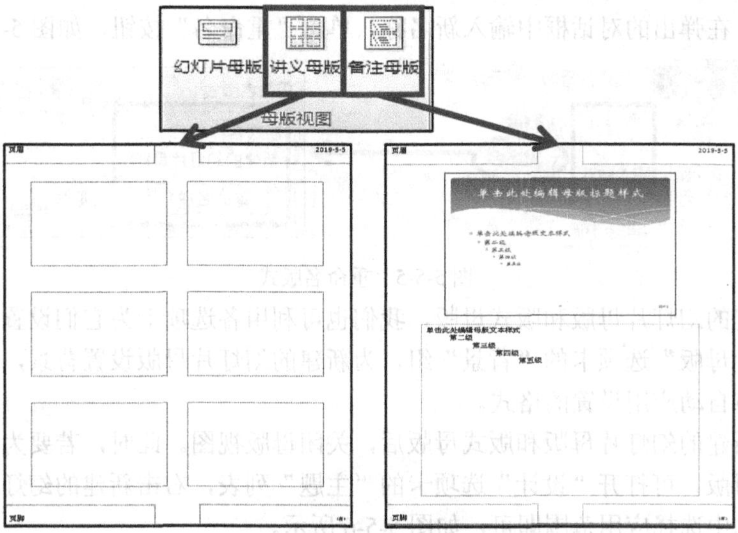

图 5-5-3　讲义母版和备注母版视图

二、编辑幻灯片母版

进入幻灯片母版视图后，用户还可根据需要插入、重命名和删除幻灯片母版和版式母版，以及设置需要在母版中显示的占位符等。在新建了幻灯片母版或版式母版后，可将其应用于演示文稿中指定的幻灯片中。

要插入幻灯片母版，用户可在“幻灯片母版”选项卡的“编辑母版”组中单击“插入幻灯片母版”按钮，将在当前幻灯片母版之后插入一个幻灯片母版，以及附属于它的各版式母版。

要插入版式母版，用户可先选中要在其后插入版式母版的母版，然后单击“编辑母版”组中的“插入版式”按钮，如图 5-5-4 所示。

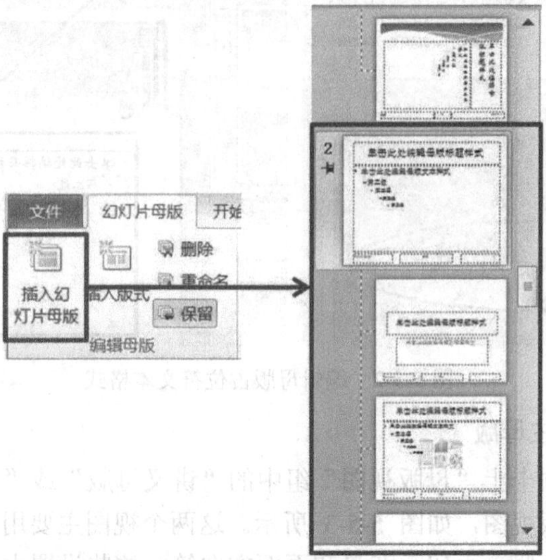

图 5-5-4　插入幻灯片母版

要重命名幻灯片母版或版式母版，用户可在选中该母版后单击“编辑母版”组中的“重命名”按钮，在弹出的对话框中输入新名称，单击“重命名”按钮，如图 5-5-5 所示。

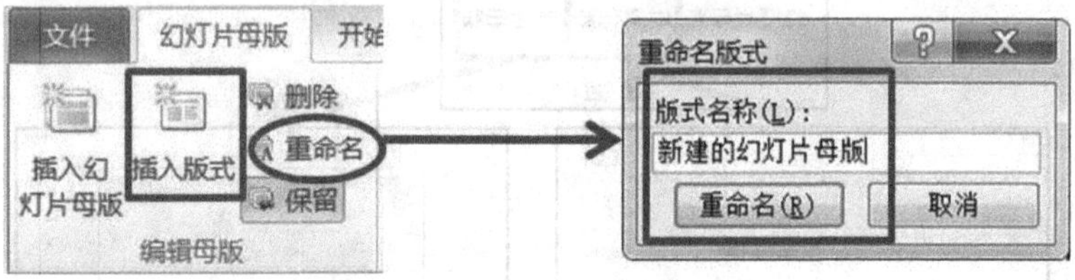

图 5-5-5　重命名版式

对于新建的幻灯片母版和版式母版，我们也可利用各选项卡为它们设置格式。例如，利用“幻灯片母版”选项卡的“背景”组，为新建的幻灯片母版设置背景，此时其包含的各版式母版将自动应用设置的格式。

设置好新建的幻灯片母版和版式母版后，关闭母版视图。此时，若要为幻灯片应用新建的幻灯片母版，可打开“设计”选项卡的“主题”列表，右击新建的幻灯片母版，从弹出的快捷菜单中选择应用范围即可，如图 5-5-6 所示。

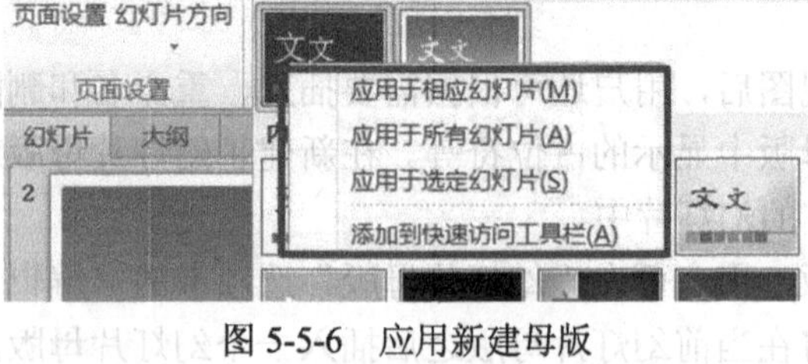

图 5-5-6　应用新建母版

要为幻灯片应用新建的版式母版，用户可选择要应用的幻灯片，然后单击“开始”选项卡“幻灯片”组中的“版式”按钮，从弹出的列表中进行选择。此外，用户也可直接利用该版式新建幻灯片。

三、创意设计主题模板

(1) 打开任务四文件夹中的演示文稿“那些年，我们在部队的日子文本.pptx”。

(2) 单击“视图”选项卡下“幻灯片母版视图”，切换到幻灯片母版视图，如图 5-5-7 所示。

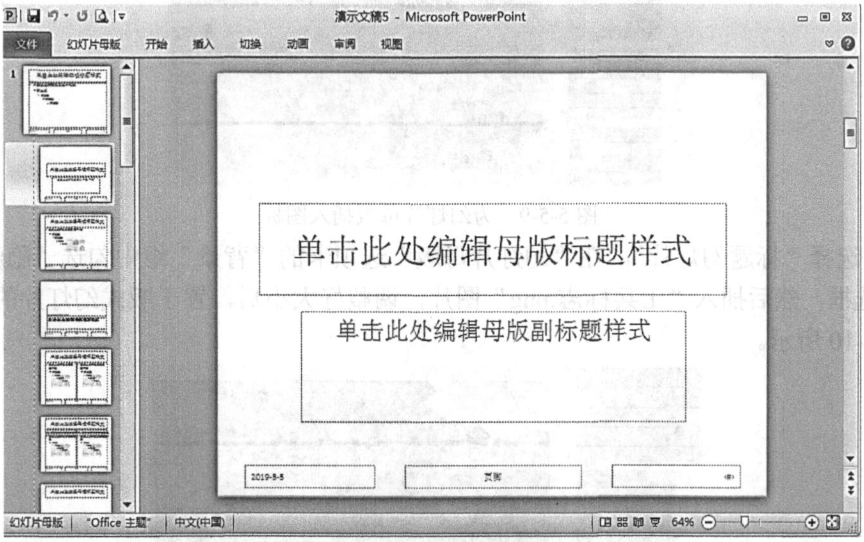

图 5-5-7　幻灯片母版视图

(3) 由于本演示文稿的各版式幻灯片背景图一致，所以可在幻灯片母版视图下右击第一张母版幻灯片，在快捷菜单中选择“设置背景格式”命令。打开如图 5-5-8 所示的对话框。

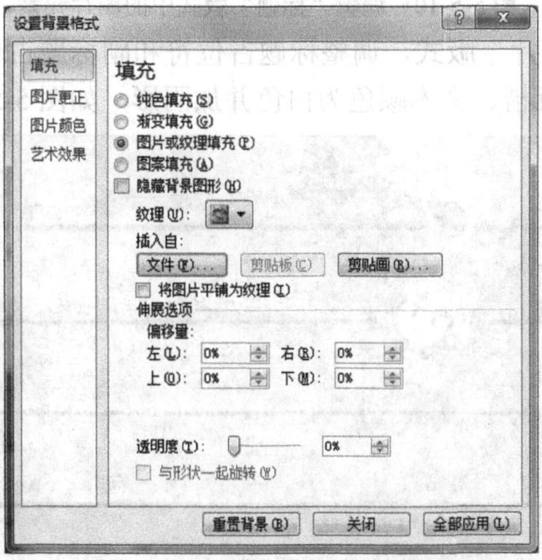

图 5-5-8　设置母版背景图片

(4) 在“设置背景格式”对话框中选择“图片或纹理填充”选项，从“素材”文件夹中找到图片文件“背景.jpg”，并点击“全部应用”，将背景图应用于所有版式。

(5) 执行“插入”选项卡下“图片”命令，将“素材”文件夹中的图片文件“士兵标志.png”插入第一张母版幻灯片中，调整好大小后置于幻灯片的右上角，此时，所有版式幻灯片都将含有该图，如图 5-5-9 所示。

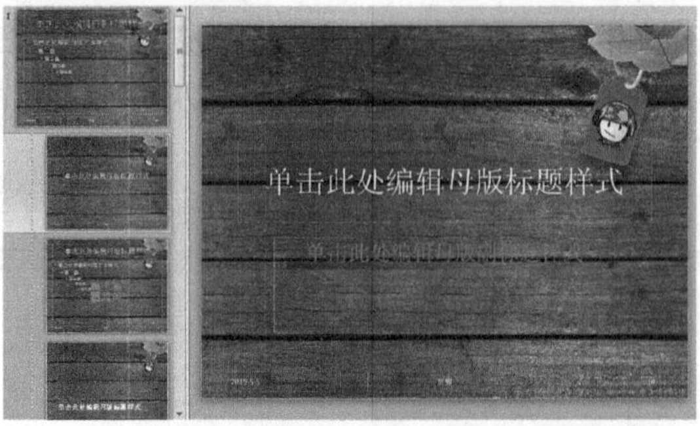

图 5-5-9　为幻灯片母版插入图标

(6) 选择“标题幻灯片”，在“幻灯片母版”选项卡的“背景”组中勾选“隐藏背景图形”复选框，然后插入“士兵标志.png”图片，调整好大小后，置于版式幻灯片的左上角，如图 5-5-10 所示。

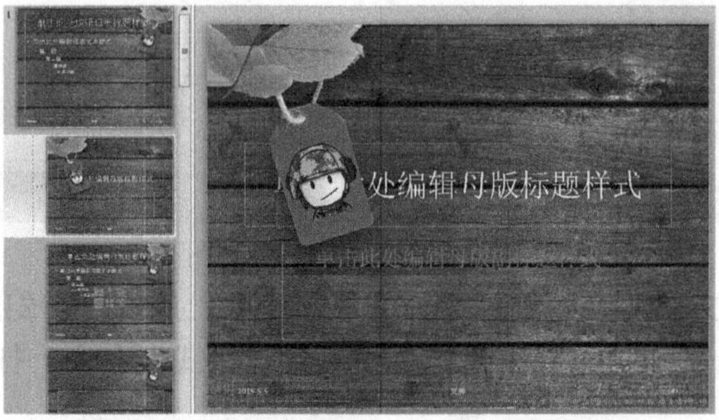

图 5-5-10　编辑“标题”版式中的图片元素

(7) 选择“标题幻灯片”版式，调整标题占位符和副标题占位符的位置，设置标题、副标题文本格式为华文行楷、文本颜色为白色并加阴影，如图 5-5-11 所示。

图 5-5-11　编辑“标题”版式中的文本格式

(8) 选择“标题和内容”版式，调整标题占位符和副标题占位符的位置，设置标题、内容文本格式为黑体、加粗、倾斜、左对齐，文本颜色为白色并加阴影，如图 5-5-12 所示。

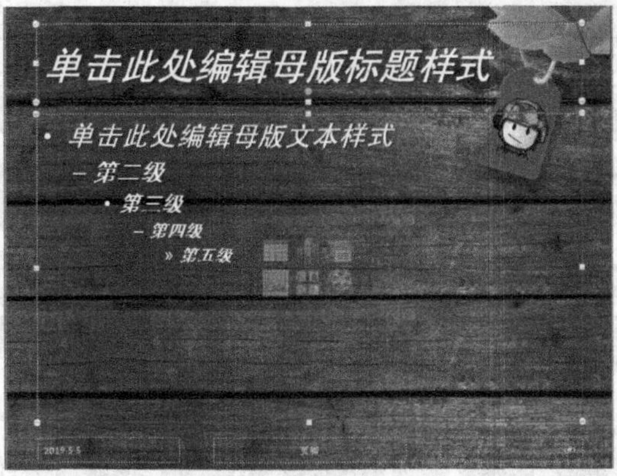

图 5-5-12　编辑“标题”版式中的图片元素

四、插入新幻灯片，并为各幻灯片应用相应版式

(1) 关闭“幻灯片母版”视图，回到“普通视图”。

(2) 在“幻灯片”缩略图窗格中选中第一张幻灯片，回车插入一张新幻灯片，选中最后一张幻灯片，连续回车插入新幻灯片，直到最后一张幻灯片的序号为“10”。

(3) 右击第一张幻灯片，在“版式”快捷菜单中选择“标题幻灯片”版式。

(4) 用同样的方法，为第二、第十张幻灯片设置版式为“标题幻灯片”，为第三至第九张幻灯片设置版式为“标题和内容”。

(5) 为第二页幻灯片插入文本框，设置不同字体样式，并绘制直线线条，效果如图 5-5-13 所示。

图 5-5-13　第二张幻灯片效果

(6) 为每页幻灯片插入相应的素材图片，并设置图片样式。幻灯片效果如图 5-5-14 所示。

图 5-5-14　演示文稿效果

【课堂练习】

尝试自己设计一个美观的演示文稿模板。

任务六　为《那些年，我们在部队的日子》演示文稿设置动画

【学习目标】

(1) 掌握如何设置幻灯片的动画效果、幻灯片切换效果。

(2) 区别“进入”“强调”“退出”和“动作路径”等动画效果的应用。

【相关知识】

动画：给文本或对象添加特殊视觉或声音效果。用户可以将 Microsoft PowerPoint 2010 演示文稿中的文本、图片、形状、表格、SmartArt 图形和其他对象制作成动画，赋予它们进入、退出、大小或颜色变化甚至移动等视觉效果。

自定义动画，可以让标题、正文和其他对象以各自不同的方式展示出来，使制作的幻灯片具有丰富的动态感，从而使得演示文稿变得生动而形象。

【任务说明】

在幻灯片中，可以给文字或图片加上动画效果。通过 PowerPoint 的动画功能，可以任意调整文字或图片等对象出现的先后顺序和出现方式等。使用超链接和动作按钮可以创建一个具有交互功能的演示文稿，可以链接到演示文稿中的其他页面或其他演示文稿、其他类型的文件，甚至是网络中的某个网站。这样，按照自己的风格和思路设计出的幻灯片将变得更加与众不同。

【任务实施】

一、为《那些年，我们在部队的日子》演示文稿添加自定义动画

如果希望幻灯片与众不同，应按照自己的风格和思路为每张幻灯片自定义动画效果。

(1) 在普通视图模式下，单击第二张幻灯片的缩略图，使其成为当前幻灯片。

(2) 单击“动画”选项卡中的“动画窗格”按钮，打开“动画窗格”，由于事先没有选定幻灯片上的任何对象，因此，“动画”选项卡中的动画效果呈灰色显示，暂时无法使用。

下面为第二页幻灯片中的各元素添加动画效果，包括“6 个名词”组合文本、竖线和 6 行标题文本。

(3) 单击幻灯片中的“6 个名词”组合文本，选定该文本对象，如图 5-6-1 所示。此时功能区中的动画效果和“添加动画”按钮呈现可选状态，如图 5-6-2 所示。

图 5-6-1　选中要添加动画的元素

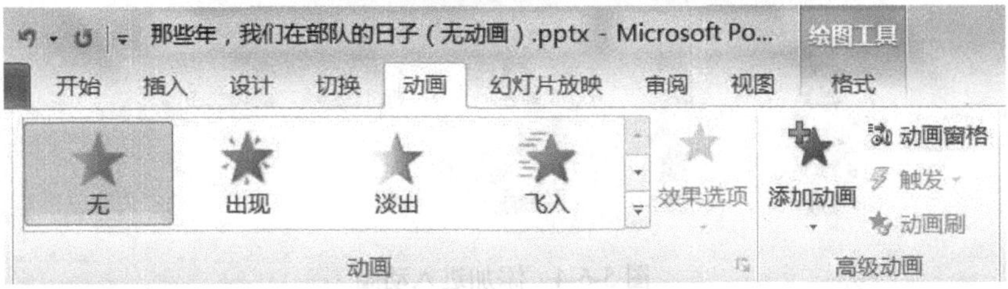

图 5-6-2　打开“动画窗格”

(4) 在“动画”组中点击效果列表右侧的下拉按钮，可以弹出动画效果列表，如图 5-6-3 所示。用户可在其中直接选择需要的动画效果。

图 5-6-3　动画效果列表

用户也可以在“高级动画”组中点击“添加动画”按钮，同样会弹出动画效果列表，可在其中直接选择需要添加的动画效果。

“动画效果”列表中各选项的作用如下：

① 进入：用于设置文本或对象以何种方式出现在屏幕上。

② 强调：用于向幻灯片中的文本或对象添加特殊效果，这种效果是向观众突出显示该对象。

③ 退出：设置文本或对象以某种效果、在某一时刻(如单击鼠标或其他方式触发时)从幻灯片中消失。

④ 动作路径：可以使选定的对象按照某一条定制的路径运动而产生动画。

(5) 在这里，我们单击“高级动画”组中的“添加动画”按钮，在弹出的“动画效果”列表中选择“进入”中的“弹跳”，如图 5-6-4 所示。点选之后，会在幻灯片中自动播放该动画效果。

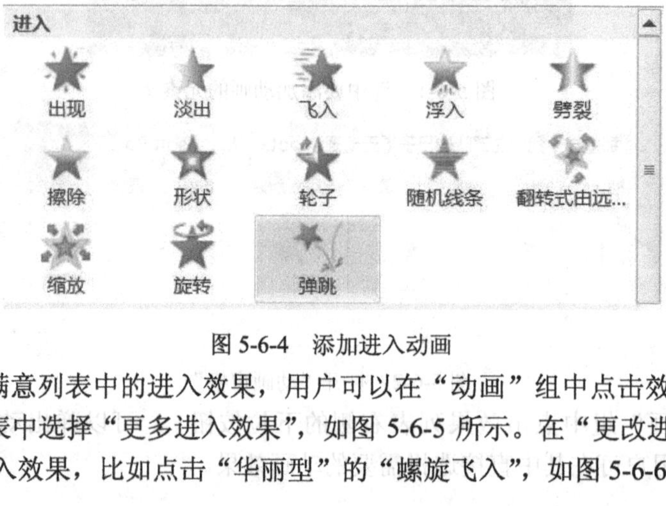

图 5-6-4　添加进入动画

(6) 如果不满意列表中的进入效果，用户可以在“动画”组中点击效果列表右侧的下拉按钮，在列表中选择“更多进入效果”，如图 5-6-5 所示。在“更改进入效果”对话框中选择喜欢的进入效果，比如点击“华丽型”的“螺旋飞入”，如图 5-6-6 所示。预览其效果，若不满意，可重新调整；若满意，则点击“确定”按钮。

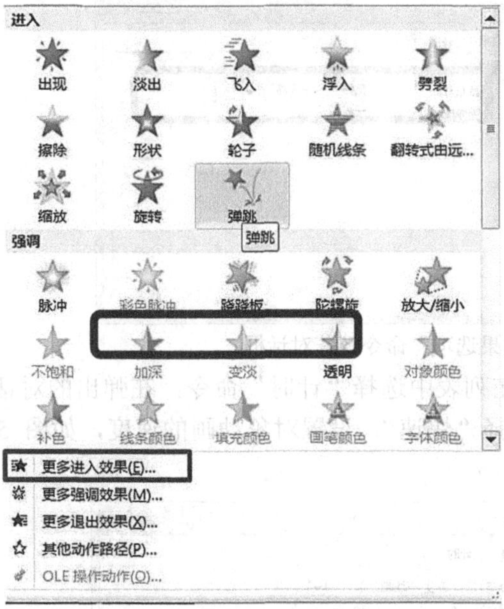

图 5-6-5　动画效果列表

图 5-6-6　“添加进入效果”对话框

此时，在动画窗格的列表中出现了编号为“1”的动画效果，如图 5-6-7 所示。该编号代表放映幻灯片时动画效果出现的先后次序。点击该动画右侧的倒三角或用鼠标右击该动画，会弹出动画设置列表，如图 5-6-8 所示。

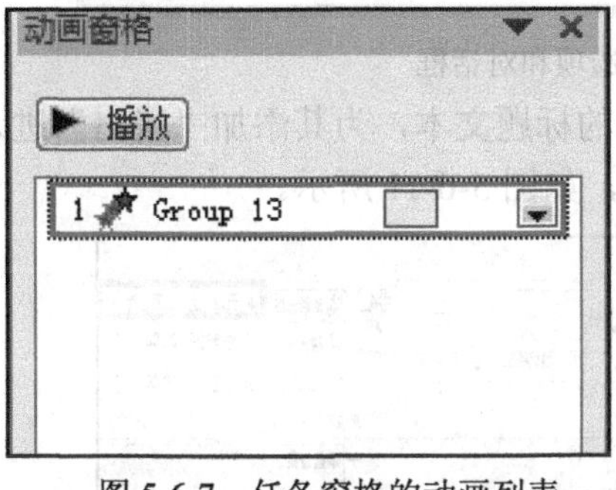

图 5-6-7　任务窗格的动画列表

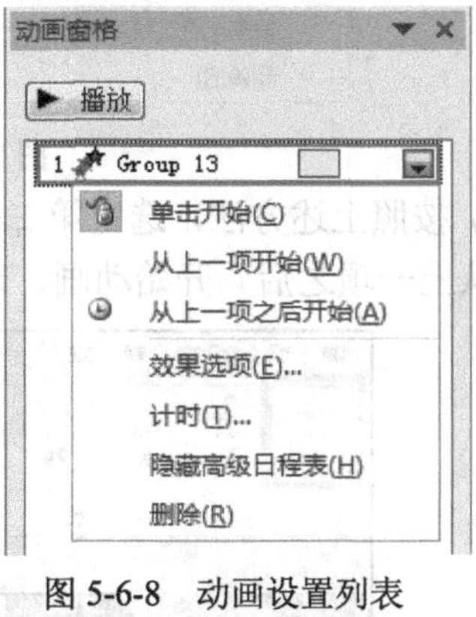

图 5-6-8　动画设置列表

(7) 在该列表中选择“从上一项之后开始”，在播放幻灯片时，动画对象会在前一事件后间隔 0 秒钟自动出现，也就是在该幻灯片放映后无需单击鼠标，该文本对象会自动出现在屏幕上，此时，标题前的动画序号变成了 0。

列表中三种动画触发方式的区别在于：

① “单击开始”：通过鼠标单击触发动画。

② “从上一项开始”：与上一项目同时启动动画。

③ “从上一项之后开始”：当上一项目的动画结束时启动动画。

(8) 单击动画窗格效果列表框右侧的箭头，在弹出的列表中单击 效果选项(E)...，如图 5-6-9 所示，弹出“螺旋飞入”动画效果对话框。在效果选项卡中设置其动画音效为“风铃”，点击“确定”按钮。

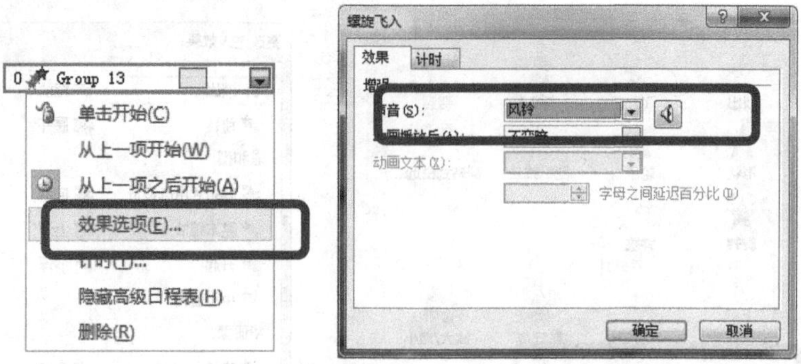

图 5-6-9　动画“效果选项”命令及其对话框

(9) 右键单击动画窗格中的该动画，在列表中选择“计时”命令，在弹出的对话框中点击“期间”右侧的倒三角，在列表中选择“快速”，设置对象动画的速度，如图 5-6-10 所示；也可以直接输入动画时间。

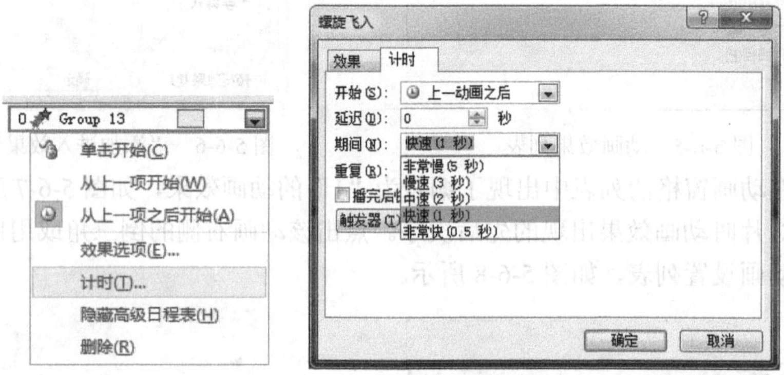

图 5-6-10　计时选项和对话框

(10) 按照上述方法，选定第二张幻灯片中的标题文本，为其添加“淡出”进入效果，设置“从上一项之后”开始动画，速度为快速，如图 5-6-11 所示。

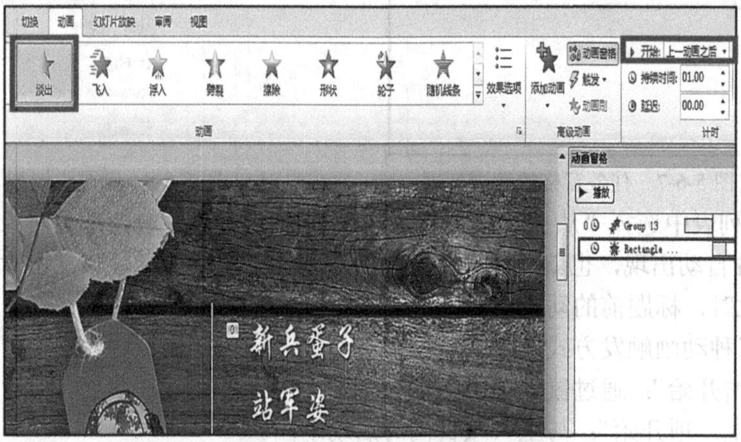

图 5-6-11　设置标题文本的“渐变”动画参数

(11) 设置文本的“淡出”动画效果，在效果选项卡中设置动画文本为“按字母”，在“计时”选项卡中设置延迟“0.5 秒”，如图 5-6-12 和图 5-6-13 所示。

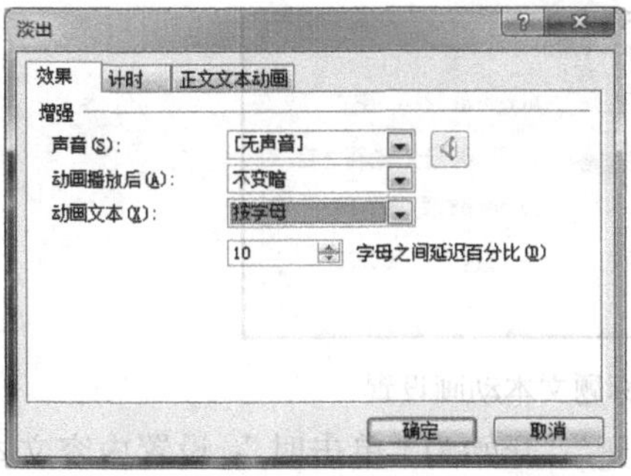

图 5-6-12 设置动画文本为“按字母”

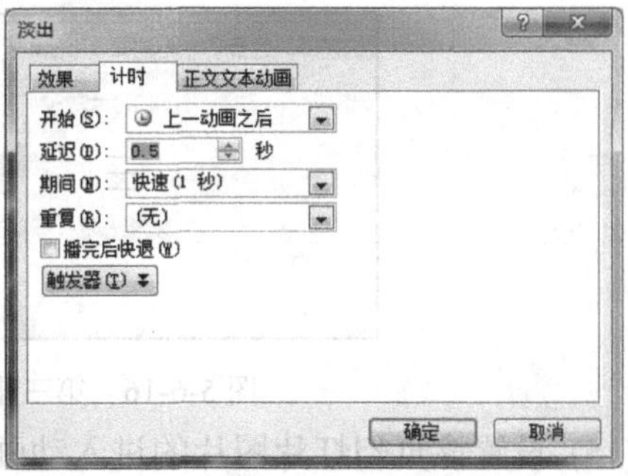

图 5-6-13 设置标题文本“渐变”延迟时间

(12) 选定第二张幻灯片中的线条，添加进入效果“擦除”，设置“上一动画之后”开始动画，效果选项为“自顶部”，持续时间为“1 秒”，如图 5-6-14 所示。

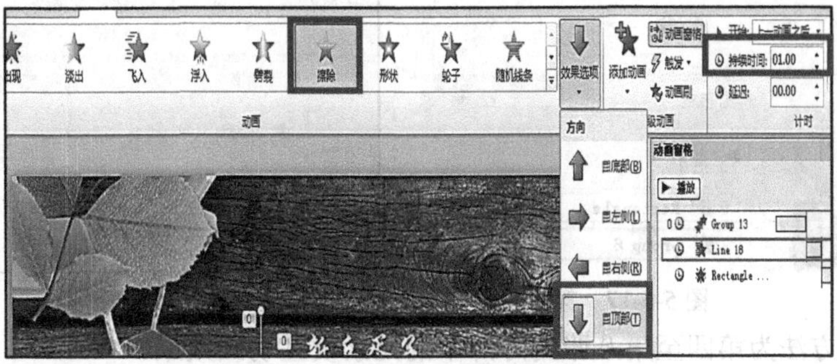

图 5-6-14 设置线条“擦除”动画效果

(13) 调整动画顺序。选定动画窗格列表中的第二个动画，点击动画窗格下方的“重新排序”右侧的下移按钮。将其移至最后。此时的动画顺序变为：先是“6 个名词”文本，然后是竖线的擦除，最后是内容文本的淡出，如图 5-6-15 所示。单击动画窗格中的“播放”按钮，观看所设置的动画效果。

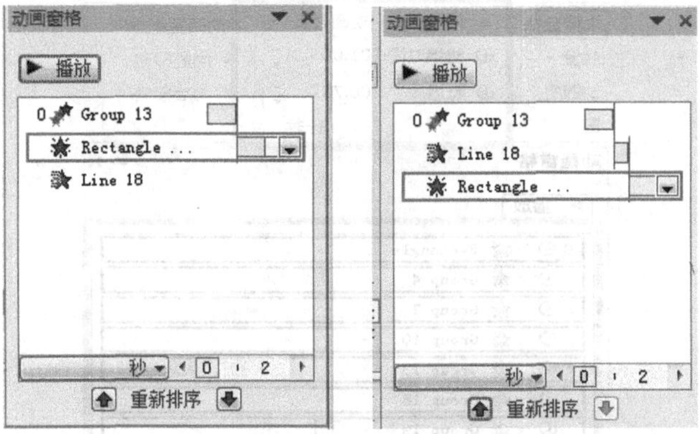

图 5-6-15 调整动画顺序

下面为第三张幻灯片设置自定义动画，包括其中的文本、图片等元素，可尝试不同的动画效果。

(14) 为标题文本“新兵蛋子”设置进入动画“空翻”，在“动画”选项卡的“计时”组中设置开始为“上一动画之后”，持续时间为“1.25 秒”，如图 5-6-16 所示。

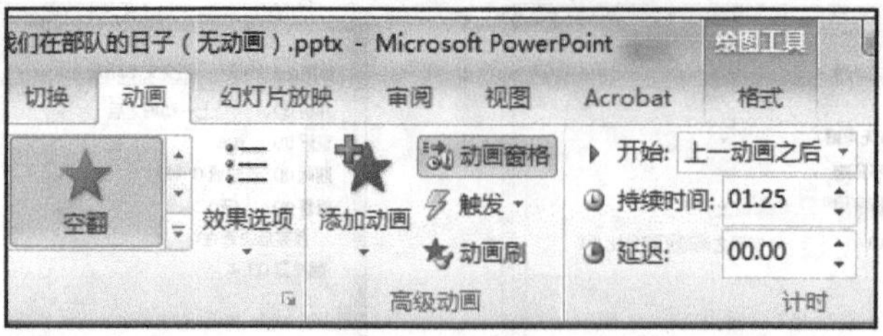

图 5-6-16　第三张幻灯片标题文本动画设置

(15) 设置该页幻灯片图片的进入动画为“渐变”，开始为“单击时”；设置内容文本“刚入伍时……”进入动画为“挥鞭式”，“单击时”开始动画，如图 5-6-17 所示。

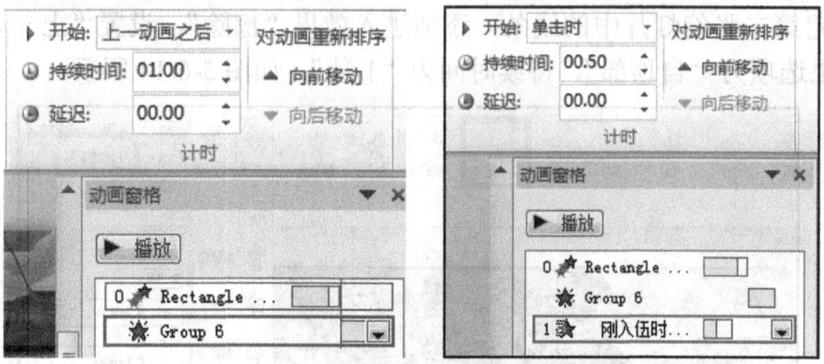

图 5-6-17　第三张幻灯片图片和内容文本动画设置

按照以上方法为第四至第八张幻灯片中的元素设置动画效果。

下面对第九张幻灯片设置自定义动画。该幻灯片包含了一个标题文本和 8 张相互叠加的图片。

(16) 选定第九张幻灯片，按“Ctrl + A”组合键将页面中的文本及图片全部选中，添加进入动画“淡出”，设置为“上一动画之后”开始动画效果，持续时间为“1 秒”，延迟为“0.75 秒”，如图 5-6-18 所示，按照制作幻灯片时插入元素的顺序设置相应的动画顺序。

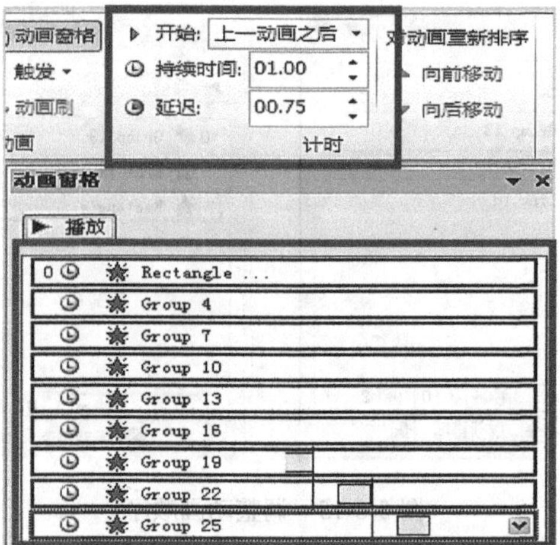

图 5-6-18　设置第九张幻灯片各元素的“进入”动画

(17) 选定第九张幻灯片，按“Ctrl + A”键将页面中的文本及图片全部选中，按住 Shift 键的同时点击标题文本，取消选择标题文本，只选择所有图片，为其添加退出动画“淡出”，设置动画的开始均为“上一动画之后”，然后通过鼠标拖曳动画窗格中不同图片动画效果的方式，调整图片的退出顺序为倒序退出，如图 5-6-19 所示。最终效果为图片一张张渐变出现，然后一张张渐出。

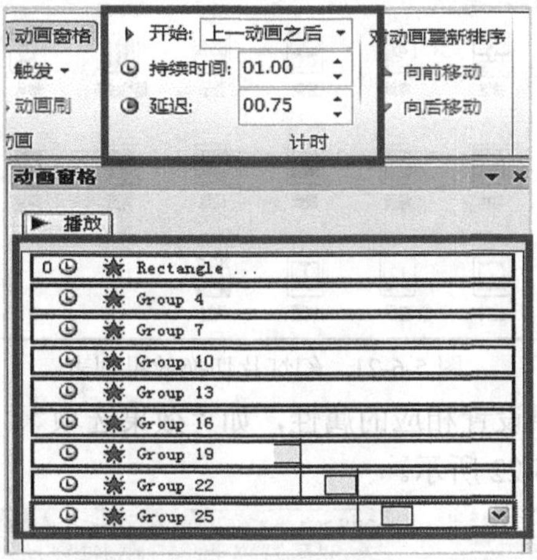

图 5-6-19　设置第九张幻灯片各图片的“退出”动画

(18) 按 F5 键放映演示文稿，感受具有动态效果的演示文稿与静态演示文稿的差别。

二、为演示文稿设置幻灯片切换动画

幻灯片切换效果是指在演示文稿放映过程中，由前一张幻灯片向后一张幻灯片转换时所添加的特殊视觉效果，即每张幻灯片进入或离开屏幕的方式。我们既可以为每张幻灯片设置一种切换方式，也可以使整个演示文稿中的幻灯片全部使用一种切换效果，但切记：切换效果不要太杂乱。如果一张幻灯片上既使用了切换效果，又设置了动画效果，那么在幻灯片放映时，会首先出现切换效果，然后出现动画效果。

我们将为“那些年，我们在部队的日子”演示文稿中的幻灯片设置不同的切换方式，使得演示文稿的播放更加精彩、引人入胜。

(1) 单击状态栏中的“幻灯片浏览”视图按钮 ▦ 或“视图”选项卡中的“幻灯片浏览”按钮，切换到幻灯片浏览视图，该视图便于快速设置幻灯片的切换效果，如图 5-6-20 所示。

图 5-6-20　切换至“幻灯片浏览视图”

(2) 选中要设置切换的幻灯片，在“切换”选项卡中选择切换效果，也可以点击列表右侧的下拉按钮，在更多的切换效果中进行选择，如图 5-6-21 所示。

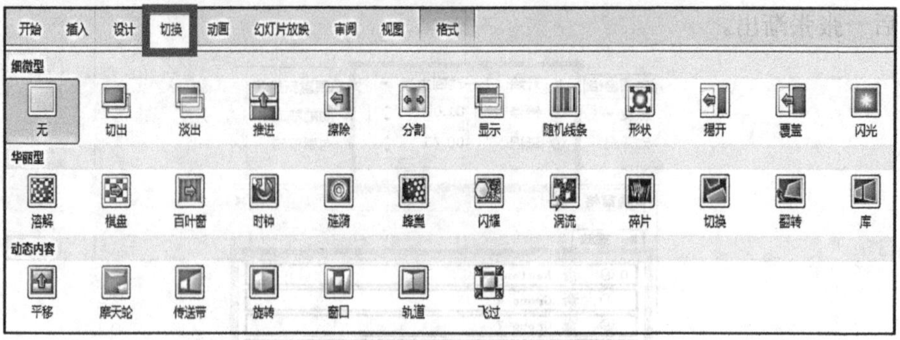

图 5-6-21　幻灯片切换效果列表

(3) 为选择的切换效果设置相应的属性，如“效果选项”“声音”“持续时间”和“换片方式”等属性，如图 5-6-22 所示。

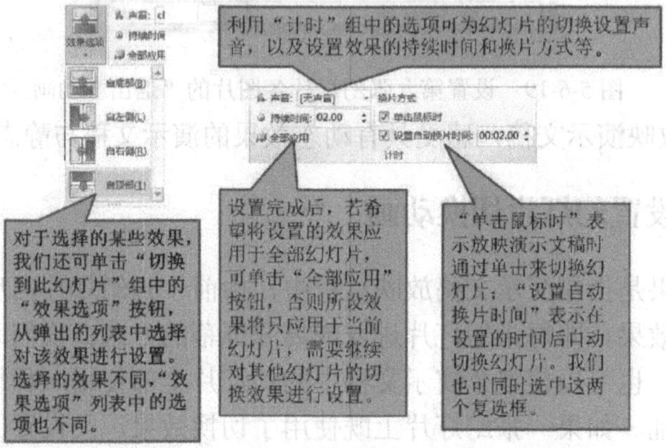

图 5-6-22　切换效果属性设置

(4) 我们在“幻灯片浏览视图”中分别选中幻灯片 1～10，在“切换”选项卡中为不同的幻灯片选择切换效果，也可以通过点击“切换”选项卡中的“全部应用按钮”设置全部幻灯片都应用一种切换方式，如图 5-6-23 所示。

(5) 设置完演示文稿的切换方式及相应属性后，选中第九张幻灯片，在“切换”选项卡的“计时”组中设置切换声音为“风铃”，持续时间为“1.6 秒”，如图 5-6-24 所示。

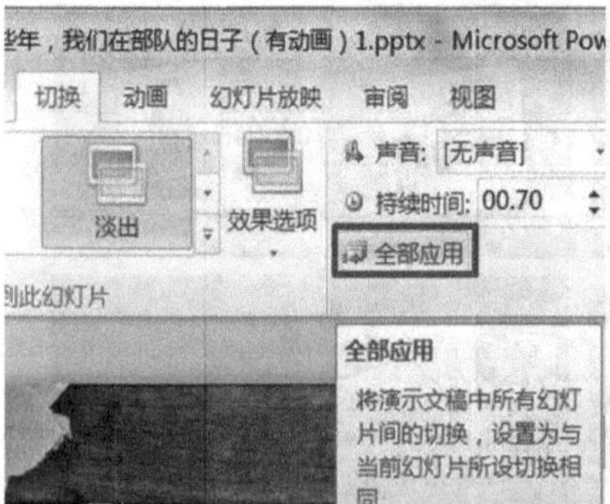

图 5-6-23　“全部应用”命令按钮

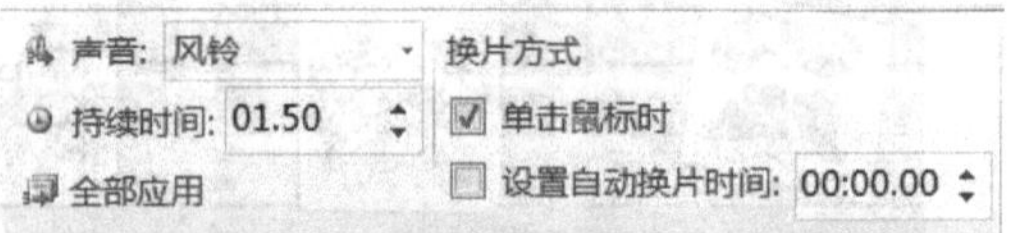

图 5-6-24　切换效果计时设置

小知识：换片方式有两种，单击鼠标时换片和经过一定时间自动换片。如何设置经过一段时间幻灯片自动换片呢？

具体方法：在“切换”选项卡的“计时”组中单击“设置自动换片”时间复选项，在右侧的数字框中输入数值(分:秒)，这样一来，当放映该片时，经过设定的秒数后会自动切换到下一张幻灯片，在这里，我们设置第九张幻灯片的换片方式为“20 秒”后自动换片，如图 5-6-25 所示。

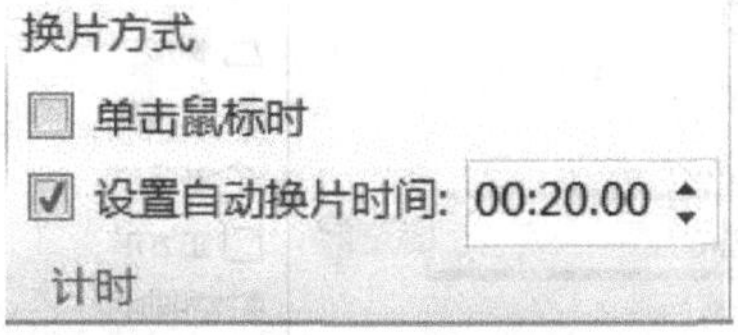

图 5-6-25　设置“换片方式”

(6) 单击屏幕左下角的“幻灯片放映”按钮 ，播放第九张幻灯片。伴随着悦耳的风铃声，这张幻灯片将慢慢展现在屏幕上，经过 20 秒后自动切换到第十张幻灯片。

【课堂练习】

(1) 为任务四《美丽的军营》中各个幻灯片的文本及图片元素设置动画效果。

(2) 为演示文稿《美丽的军营》设置幻灯片切换效果。

【知识扩展】

动画路径的设置。动画路径可以让幻灯片中的对象按照指定的路径进行位移动画，从而产生特殊的动态效果。具体实现步骤：

(1) 在演示文稿的最后一页插入素材文件夹中的图片“叶子.png”，并将其放置于幻灯片右上角，如图 5-6-26 所示。

图 5-6-26　插入“叶子”图片

(2) 选中要设置动作路径的对象，在“动画”选项卡的“高级动画”组中单击“添加动画”按钮。在下拉列表中拖曳右侧滚动条，在“动作路径”组中选择系统设定好的动画路径，如“直线”“弧形”等。若不满意，可以选择“其他动作路径”，会弹出“添加动作路径”对话框，如图 5-6-27 所示，在其中选择合适的路径即可。

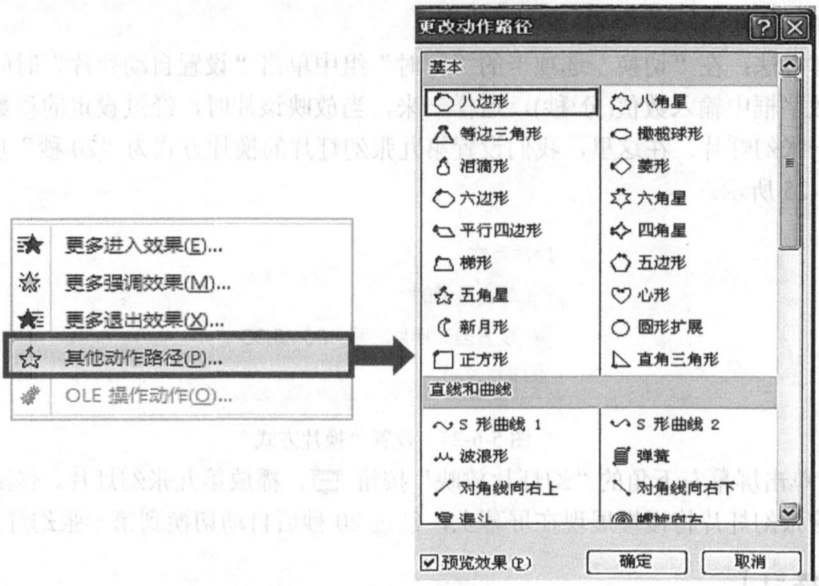

图 5-6-27　添加“动作路径”

(3) 用户也可以自行绘制“自定义路径”，即在列表中选择“自定义路径”即可，如图 5-6-28 所示。

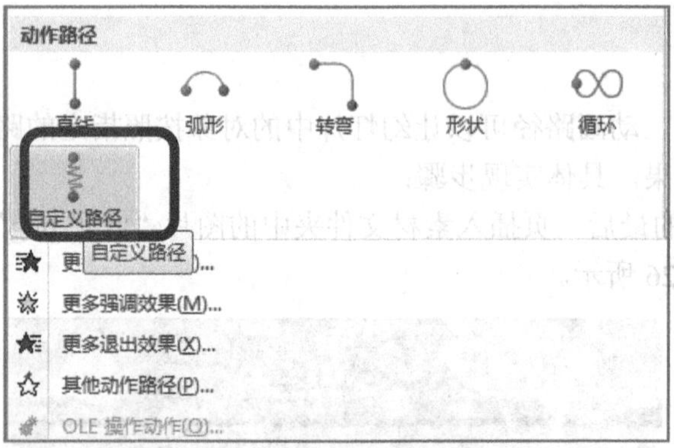

图 5-6-28　“绘制自定义路径”选项

(4) 绘制路径。选择“自定义路径”后，鼠标会变成十字形，从叶子图片的中心位置开始，按下鼠标左键，以拖曳的方式绘制动作路径。

结束绘制时，请执行下列操作之一：

① 如果希望结束绘制图形路径或曲线路径并使其保持开放状态，可在任何时候双击。

② 如果希望结束直线或自由曲线路径，请释放鼠标按钮。

③ 如果希望封闭某个形状，请在起点处单击。

这里我们选择绘制“自定义路径”，绘制如图 5-6-29 所示的曲线，该图为了清晰显示路径，忽略了幻灯片背景。

(5) 修改路径。鼠标右击绘制的路径，在快捷菜单中选择“编辑顶点”，就可以通过添加、删除顶点和调整顶点位置的方式修改绘制的路径，如图 5-6-30 所示。编辑完成，在页面空白处单击鼠标左键即可。

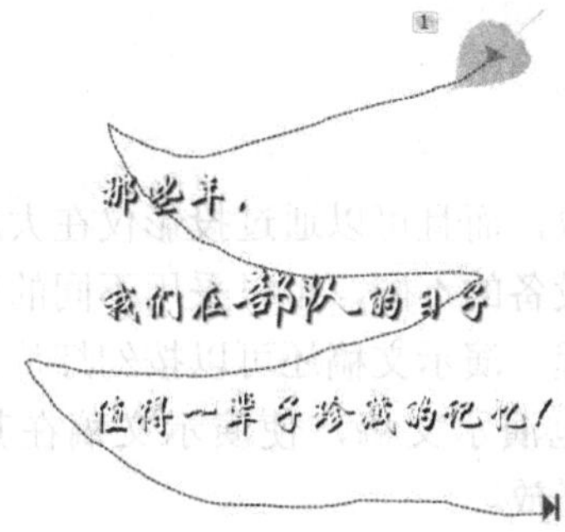

图 5-6-29　绘制“自由曲线”动作路径

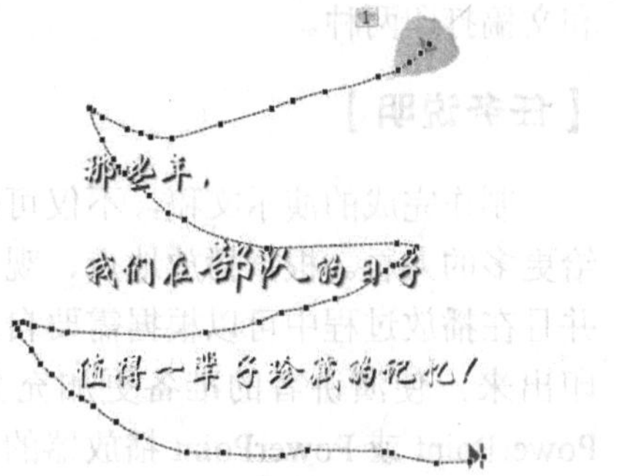

图 5-6-30　编辑路径顶点

(6) 设置路径动画属性。将该路径的动画开始设置为“上一动画之后”，持续时间为 15 秒。如图 5-6-31 所示。

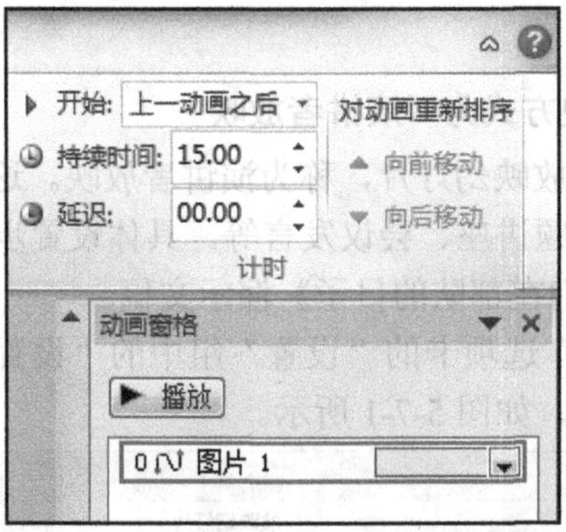

图 5-6-31　设置“自定义路径”动画

(7) 为了使树叶的飘落动画更加逼真，可以为叶子图片添加一个强调动画“陀螺旋”。设置该动画开始为“与上一动画同时”，持续时间为 15 秒。按“Shift + F5”键可以直接放映该幻灯片。

任务七　发布和打印《那些年，我们在部队的日子》演示文稿

【学习目标】

(1) 掌握设置演示文稿的放映方式。

(2) 掌握在演示文稿播放过程中灵活控制进程、自定义放映的方法。

(3) 掌握打印演示文稿、打包演示文稿等操作。

【相关知识】

放映：将制作好的演示文稿进行整体演示，这样可以检验幻灯片内容是否准确和完整，内容显示是否清楚，动画效果是否达到预期目的等。放映是演示文稿制作过程当中非常重要的一环。

演示文稿输出：在制作完成后，需要将演示文稿进行输出，输出方式主要有打包成 CD

和文稿打印两种。

【任务说明】

制作完成的演示文稿，不仅可以在电脑上播放，而且可以通过投影仪在大屏幕上展示给更多的人看。根据播放地点、观看对象和播放设备的不同，可以采用不同的放映方式，并且在播放过程中可以根据需要自由控制播放进程。演示文稿还可以按幻灯片、讲义等打印出来，使演讲者的准备更加充分。还可以打包演示文稿，使演示文稿在其他未安装PowerPoint或PowerPoint播放器的计算机上也能播放。

【任务实施】

一、设置放映方式

1. 设置演示文稿的放映方式为“演讲者放映”

演讲者一边讲解，一边放映幻灯片，称为演讲者放映。这时演讲者可以完全控制幻灯片的放映过程，一般用于专题讲座、会议发言等。具体设置步骤如下：

(1) 打开《那些年，我们在部队的日子》演示文稿。

(2) 单击“幻灯片放映”选项卡的“设置”组中的“设置幻灯片放映”命令按钮，打开“设置放映方式”对话框，如图5-7-1所示。

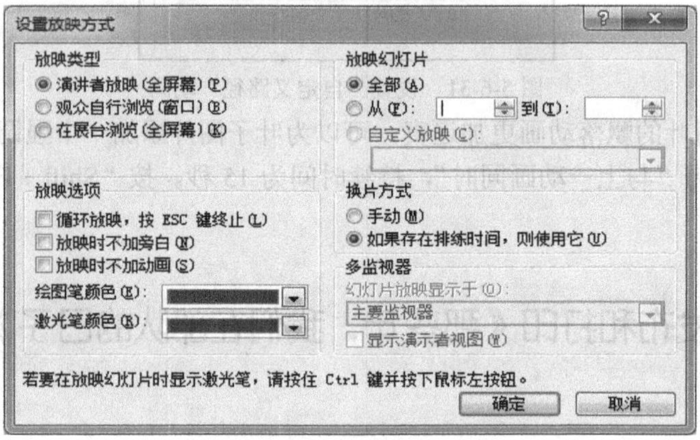

图5-7-1 “设置放映方式”对话框

(3) 在“放映类型”栏中选中“演讲者放映(全屏幕)”单选按钮，为演示文稿选择该放映方式。

如果选中☑循环放映，按 ESC 键终止(L)复选项，在播放完最后一张幻灯片后，演示文稿会自动返回到第一张幻灯片继续播放，直到按Esc键结束放映。

如果选中☑放映时不加旁白(N)，则在放映时不播放幻灯片中录制的旁白。

如果选中☑放映时不加动画(S)，则在放映时不播放幻灯片中设置的动画效果(但插入的Flash动画或影片可以播放)。

(4) 在“放映幻灯片”栏中选中⊙全部(A)单选项，在放映时会播放演示文稿中的所有幻灯片。

如果只播放演示文稿中的部分幻灯片，可选中 ⊙从(F): 1 到(T): 10 并输入幻灯片的起始页码和终止页码，例如，⊙从(F): 2 到(T): 7，那么放映演示文稿时就只播放第二至第七张幻灯片。

(5) 选择“换片方式”为 ⊙手动(M)。

如果选中 ⊙手动(M) 单选项，放映演示文稿的过程中必须单击鼠标才能切换幻灯片。

如果选中 ⊙如果存在排练时间，则使用它(U)，在放映演示文稿时，幻灯片就会按照预先设定的排练计时自动切换。

(6) 单击“确定”，完成对《那些年，我们在部队的日子》演示文稿设置放映方式的操作。

2. 设置放映方式为“观众自行浏览”，并且只播放前 8 张幻灯片

“观众自行浏览”方式是观众自己使用计算机在标准窗口中观看演示文稿，并可在放映时执行移动、复制、编辑、打印幻灯片等操作。

(1) 打开《那些年，我们在部队的日子》演示文稿。

(2) 打开“设置放映方式”对话框。

(3) 在“放映类型”栏中选中 ⊙观众自行浏览(窗口)(B) 单选项，我们想让幻灯片放映时播放设置的声音和动画，因此不选中“放映时不加旁白”和“放映时不加动画”复选框。

(4) 在“放映幻灯片”栏中的 ⊙从(F): 1 到(T): 8 设置放映幻灯片的起始位置和终止位置。

(5) 选择“换片方式”为 ⊙手动(M)。

(6) 单击“确定”，完成放映方式的设置。

(7) 放映演示文稿，比较这种方式和演讲者放映方式的异同。

采用观众自行浏览时，幻灯片是在 PowerPoint 窗口中放映，而不是全屏播放。观众可以使用窗口中的命令或按钮进行一些需要的操作，比如，可以通过拖动窗口右侧的滚动块来实现幻灯片的切换，如图 5-7-2 所示。

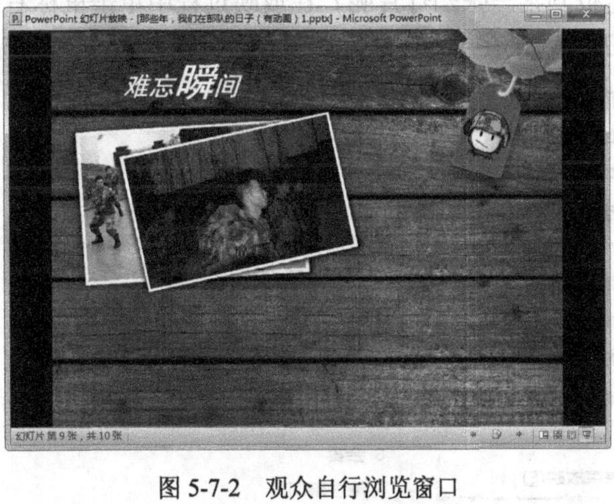

图 5-7-2　观众自行浏览窗口

(8) 单击“文件”菜单中的“结束放映”即结束演示文稿放映，返回到幻灯片编辑状态。

小知识："在展台浏览"的放映方式，是在无人看管的情况下让演示文稿自动放映，不需要演讲者在旁边讲解，一般用于展览会或公共场所的产品展示、情况介绍等。在这种放映方式下，观众可以单击超链接和动作按钮，但不能更改演示文稿。在任何时候敲 Esc 键，都会中断放映，返回幻灯片浏览视图。自动放映的演示文稿在放映结束后，如果 5 分钟内没有操作指令，会重新开始放映。

二、播放演示文稿的常用操作

在演示文稿播放过程中，使用系统提供的快捷菜单能非常方便地控制幻灯片的播放过程，并能在幻灯片上书写与绘画。

1. 控制演示文稿放映进程

放映过程中通过单击鼠标，或者单击鼠标右键弹出的快捷菜单中的"下一张""上一张"命令，可以向前或向后放映幻灯片；还可以利用快捷键来控制放映进程。常见快捷键如表 5-7-1 所示。

表 5-7-1　常用快捷键

快 捷 键	主 要 功 能
F5	从第一页开始播放幻灯片
Shift + F5	从当前页开始播放幻灯片
Home	切换到第一张幻灯片
End	切换到最后一张幻灯片
Esc	结束演示文稿的放映
Page Down 或空格键	切换到下一张幻灯片
Page Up 或 P 键	切换到上一张幻灯片

如何在放映时定位到某一张幻灯片呢？在放映过程中单击鼠标右键，在弹出的快捷菜单中选择"定位至幻灯片"，在子菜单中定位具体幻灯片即可，如图 5-7-3 所示。

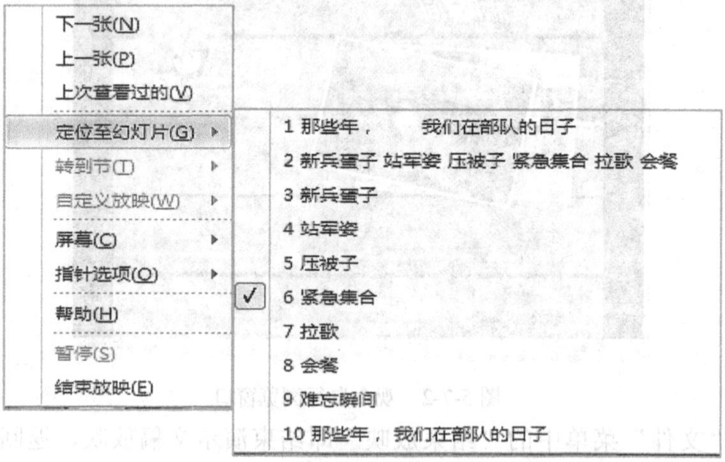

图 5-7-3　"定位至幻灯片"命令

2. 在放映时写字、绘画及清除笔迹

在幻灯片放映过程中可以自由绘制线条和图形作为强调某点的注释。

(1) 在幻灯片放映视图中，单击鼠标右键弹出播放控制快捷菜单，选择“指针选项”，在子菜单中选择“箭头”“荧光笔”等命令之一，指针变成画笔形状，如图 5-7-4 所示。按住鼠标左键拖动，就可以利用画笔在放映的幻灯片上做记号或进行标注，如图 5-7-5 所示。还可以根据情况选择不同的画笔颜色，如图 5-7-6 所示。

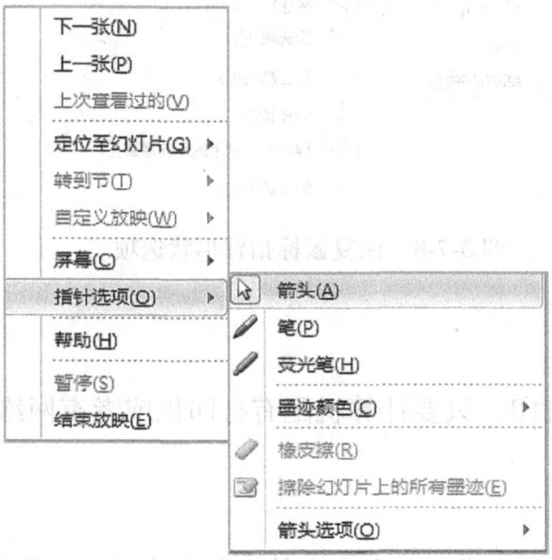

图 5-7-4　指针选项

图 5-7-5　用画笔在放映时进行标注

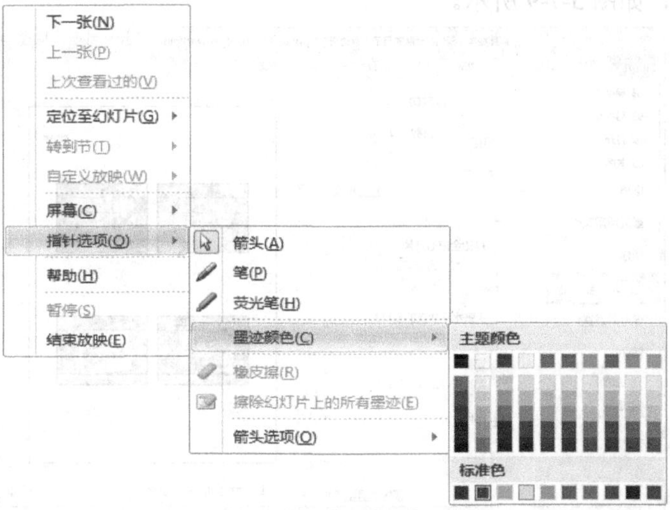

图 5-7-6　设置“画笔”颜色

(2) 在幻灯片中进行书写或绘画后单击鼠标右键，在快捷菜单中选择“指针选项”中的“橡皮擦”或“擦除幻灯片上的所有墨迹”，即可擦除笔迹，如图 5-7-7 所示。

(3) 当要结束书写或绘制时，单击鼠标右键，在快捷菜单中选择“指针选项”中的“箭头”命令，如图 5-7-8 所示。鼠标指针恢复原来的形状，又可以用它来控制幻灯片的播放进程了。

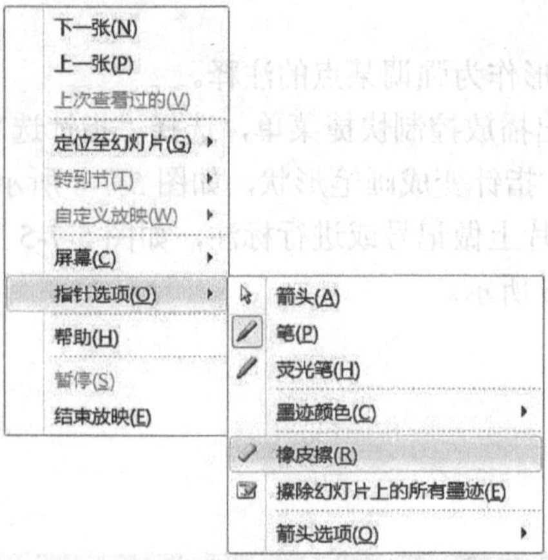

图 5-7-7　擦除笔迹命令

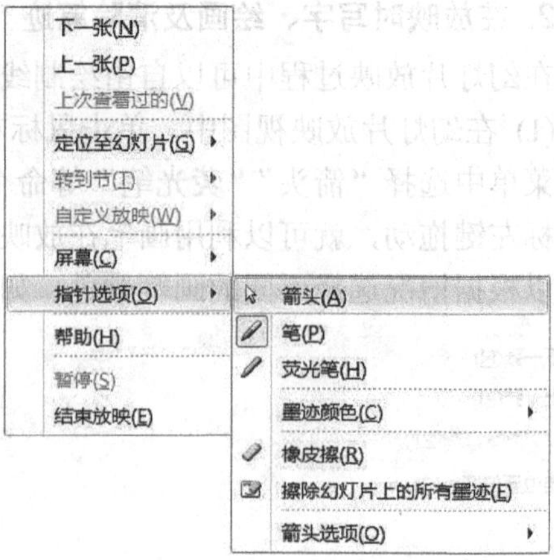

图 5-7-8　恢复鼠标指针形状选项

三、打印演示文稿

演示文稿制作完成后，用户可将该文稿进行打印。只要计算机配有打印机或者有网络共享打印机，即可轻松实现演示文稿的打印。

1. 打印预览

单击快速访问工具栏上的“打印预览”按钮 ，或者点击“文件”菜单中的“打印”命令，在后台界面出现打印设置、预览窗口，该界面右侧的预览窗口中显示的是幻灯片打印在纸上的样子，如图 5-7-9 所示。

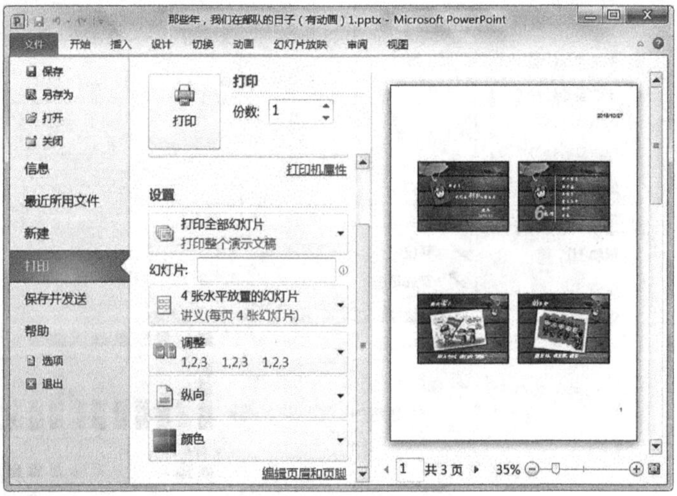

图 5-7-9　打印设置及预览

如果对页面设置不满意，可进行如下的页面设置。

2. 页面设置

设置打印页面主要包括设置幻灯片、讲义、备注页及大纲在屏幕和打印纸上的尺寸、方向及位置。

(1) 单击“设计”选项卡中的“页面设置”命令按钮，打开“页面设置”对话框，如

图 5-7-10 所示。

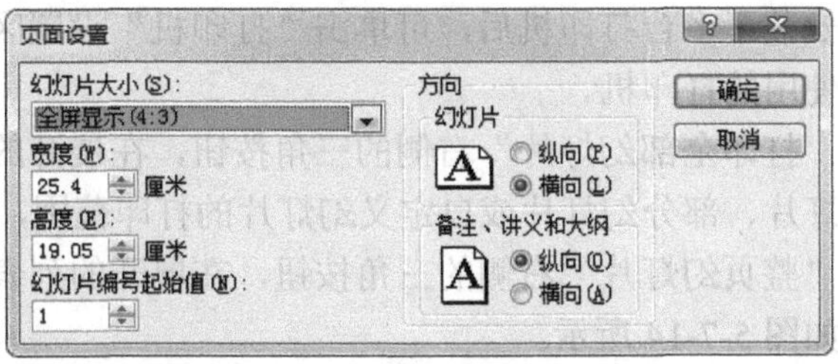

图 5-7-10　“页面设置”对话框

(2) 在“页面设置”对话框中单击“幻灯片大小”下面的列表框，在弹出的列表中选择幻灯片打印的尺寸，或是选择“自定义”，然后在下面的“宽度”“高度”框中输入数值，设置幻灯片的大小。在此选择“A4 纸张”，如图 5-7-11 所示。

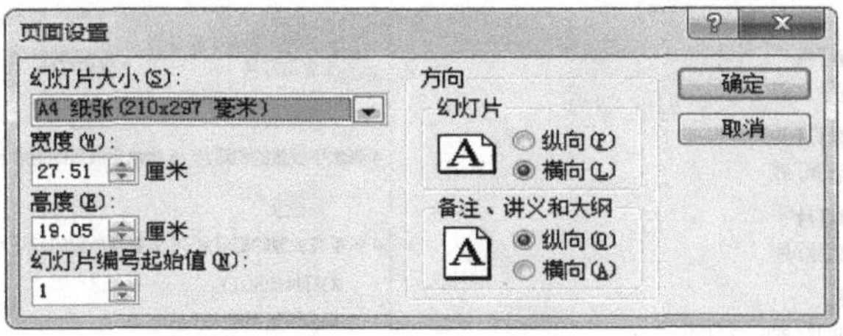

图 5-7-11　设置“幻灯片大小”

(3) 单击“确定”按钮，完成页面大小的设置。

3. 打印设置

当一份演示文稿制作完成后，有时候需要为观众提供书面讲义(讲义内容就是演示文稿中的幻灯片内容，通常在一页讲义纸上可以打印 2 张、3 张或 6 张幻灯片)，或为演讲者打印演示文稿的大纲和备注等。

(1) 打开要进行打印操作的演示文稿，然后单击“文件”选项卡，在展开的界面中单击左侧的“打印”项，进入如图 5-7-12 所示打印界面。在该界面右侧可预览打印效果，其中，单击“上一页”按钮或“下一页”按钮，可预览演示文稿中的所有幻灯片。

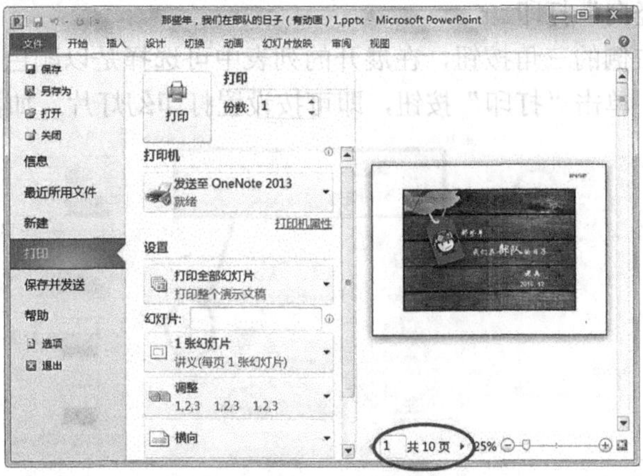

图 5-7-12　打印设置界面

(2) 在打印界面的中间可设置打印选项，其中，在“份数”编辑框中可设置要打印的份数。当本地计算机安装了多台打印机后，可单击“打印机”设置区下方的三角按钮，在展开的列表中选择要使用的打印机。

单击“设置”区“打印全部幻灯片”右侧的三角按钮，在展开的列表中可选择要打印的幻灯片，如全部幻灯片、部分幻灯片或自定义幻灯片的打印范围，如图 5-7-13 所示。

单击“设置”区“整页幻灯片”右侧的三角按钮，在展开的列表中可选择是打印幻灯片、讲义还是备注，如图 5-7-14 所示。

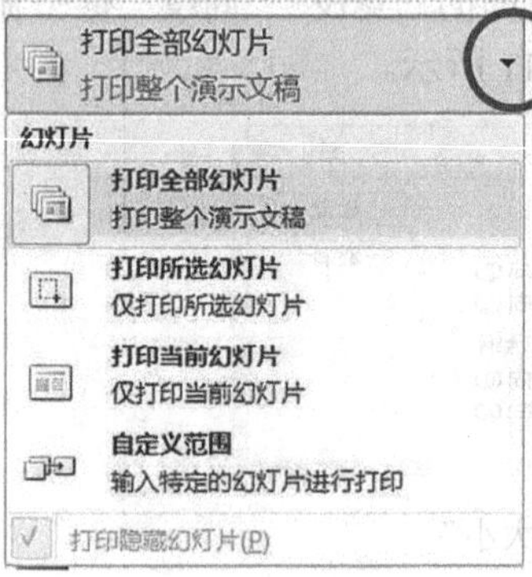

图 5-7-13　打印范围下拉列表

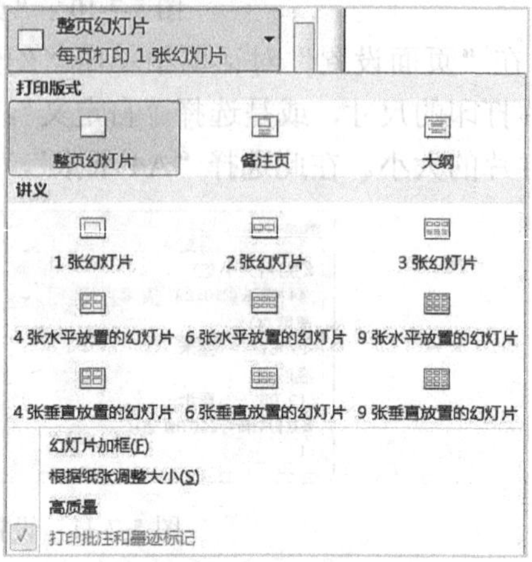

图 5-7-14　打印版式设置

整页幻灯片：像屏幕上显示的那样打印幻灯片，每页纸打印 1 张幻灯片。

备注页：用于打印与“打印范围”中所选择的幻灯片编号相对应的演讲者备注。

大纲视图：打印演示文稿的大纲，也就是将大纲视图的内容打印出来。

讲义：为演示文稿中的幻灯片打印书面讲义。通常一页 A4 纸打印 3 张或 4 张幻灯片比较合适；为了增强讲义的打印效果，最好选中“打印”对话框底部的“幻灯片加框”复选项，这样能为打印出的幻灯片加上一个黑色的边框。

在“调整”下拉列表中可选择页序的排列方式。当选择打印备注页或讲义时，还可选择“横向”还是“竖向”打印。

单击“颜色”右侧的三角按钮，在展开的列表中可选择是以颜色、灰度还是纯黑白进行打印。设置完毕，单击“打印”按钮，即可按设置打印幻灯片，如图 5-7-15 所示。

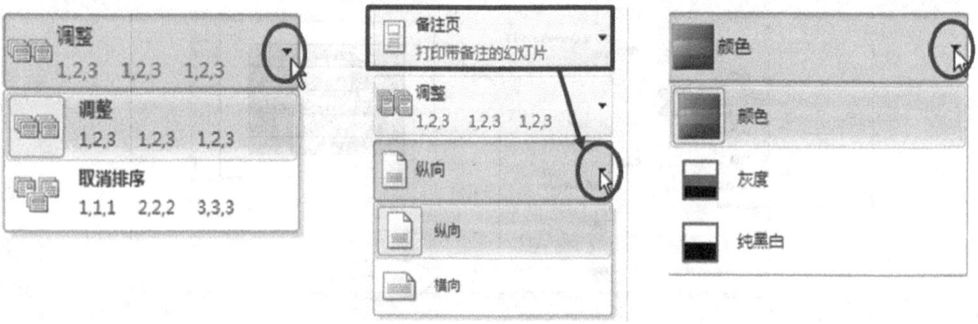

图 5-7-15　打印方向和颜色设置

四、打包《那些年，我们在部队的日子》演示文稿

PowerPoint 的打包功能是很实用的，在没有安装 PowerPoint 和 Flash 的电脑上，利用 PowerPoint 打包也能播放幻灯片的。如果有 CD 刻录硬件设备，则“打包成 CD”功能可将演示文稿复制到空白的可写入 CD 中，也可使用“打包成 CD”功能将演示文稿复制到计算机上的文件夹、某个网络位置或者(如果不包含播放器)U 盘中。

(1) 打开《那些年，我们在部队的日子》演示文稿。

(2) 单击“文件”菜单“保存并发送”命令，在文件类型中双击“将演示文稿打包成 CD”命令，如图 5-7-16 所示。

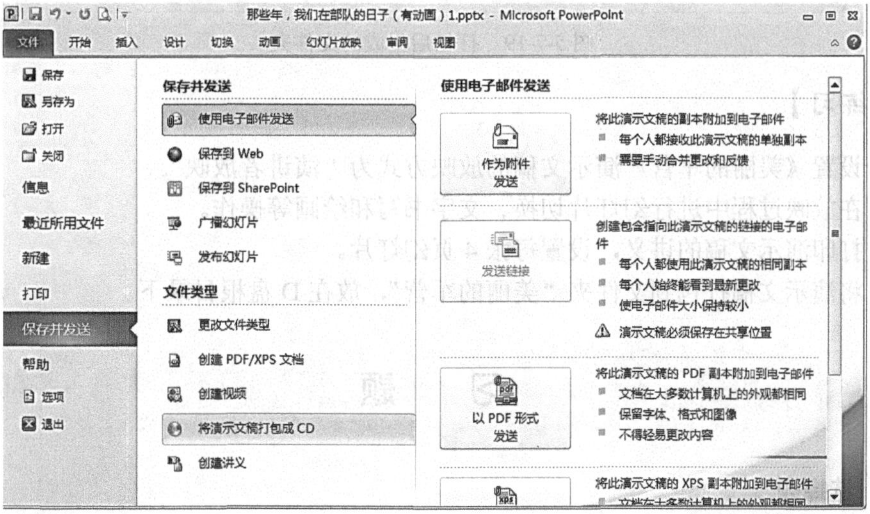

图 5-7-16 “打包成 CD”界面

(3) 在弹出的“打包成 CD”对话框中为 CD 命名，并可以进行添加和删除演示文稿，此时，对话框中将出现刚才添加的文件，如图 5-6-17 所示。

(4) 点击“复制到文件夹”按钮，会弹出“复制到文件夹”对话框。设定文件夹的名称及文件存放路径，然后点击“确定”进行打包，如图 5-7-18 所示。

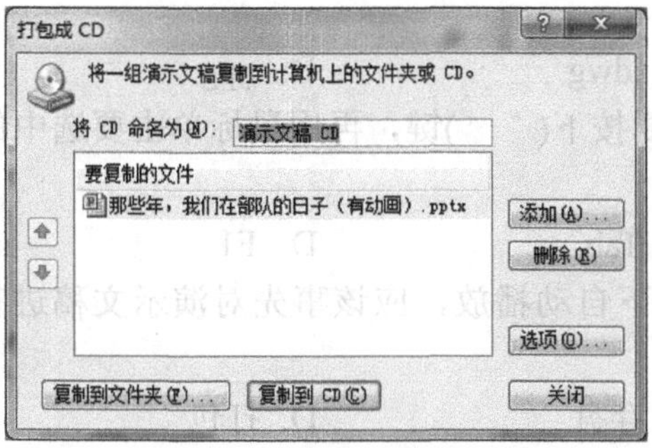

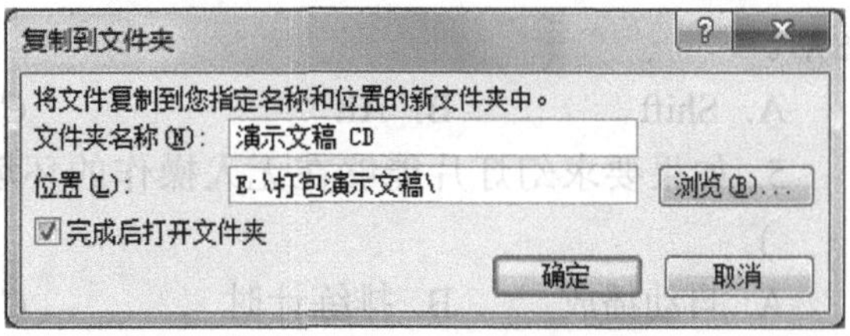

图 5-7-17 打包成 CD 对话框　　　图 5-7-18 “复制到文件夹”对话框

(5) 等待打包完成，然后会在指定路径生成一个文件夹，其中包含 AUTORUN.INF 自动运行文件，如果我们是打包到光盘上的话，它是具备自动播放功能的，如图 5-7-19 所示。

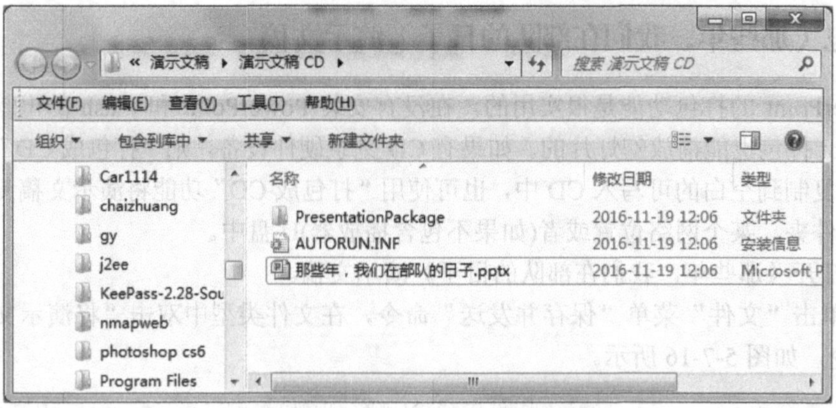

图 5-7-19　打包后生成的文件夹

【课堂练习】

(1) 设置《美丽的军营》演示文稿的放映方式为“演讲者放映”。
(2) 在放映过程中进行幻灯片切换、文字书写和绘画等操作。
(3) 打印演示文稿的讲义，设置每张 4 页幻灯片。
(4) 将演示文稿打包到文件夹“美丽的军营”，放在 D 盘根目录下。

习　题

一、选择题

1. 放映幻灯片时，要对幻灯片的放映具有完整的控制权，应使用(　　)。
A. 演讲者放映　　B. 观众自行浏览
C. 展台浏览　　D. 重置背景

2. 在 PowerPoint 2010 中，不属于文本占位符的是(　　)
A. 标题　　B. 副标题　　C. 普通文本　　D. 图表

3. 下列(　　)属于演示文稿的扩展名。
A. .opx　　B. .pptx　　C. .dwg　　D. .jpg

4. 选中图形对象时，如选择多个图形，需要按下(　　)键，再用鼠标单击要选中的图形。
A. Shift　　B. Alt　　C. Tab　　D. F1

5. 如果要求幻灯片能够在无人操作的环境下自动播放，应该事先对演示文稿进行(　　)。
A. 自动播放　　B. 排练计时　　C. 存盘　　D. 打包

6. 当在幻灯片中插入了声音以后，幻灯片中将会出现(　　)。
A. 喇叭标记　　B. 一段文字说明
C. 超链接说明　　D. 超链接按钮

7. PowerPoint 2010 将演示文稿保存为“演示文稿设计模版”时的扩展名是(　　)。

A. .potx　　B. .pptx　　C. .pps　　D. .ppa

8. 若要使一张图片出现在每一张幻灯片中，则需要将此图片插入到(　　)中。

A. 文本框　　B. 幻灯片母版　　C. 标题幻灯片　　D. 备注页

9. 幻灯片布局中的虚线框是(　　)。

A. 占位符　　B. 图文框　　C. 文本框　　D. 表格

10. 保存演示文稿的快捷键是(　　)。

A. Ctrl + O　　B. Ctrl + S　　C. Ctrl + A　　D. Ctrl + D

二、填空题

1. 启动 PowerPoint 2010 后，系统默认会创建一个名为“____________”的空白演示文稿。

2. Powerpoint 的普通视图可同时显示____________、大纲和备注，而这些所在的窗格都可调整大小，以便可以看到所有的内容。

3. 统一演示文稿各种格式的特殊幻灯片被称为____________。

4. 在普通视图下，选择一张幻灯片，按__________键，即可在当前幻灯片之后插入一张新幻灯片。

5. 演示文稿中的幻灯片将以窗口大小方式显示，仅显示标题栏、阅读区和状态栏，显示视图方式为___________。

三、判断题

1. 在幻灯片放映过程中各个页面之间的切换只能用鼠标控制。(　　)

2. 换名另存幻灯片文件，可以使原幻灯片文件不被覆盖。(　　)

3. 双击以扩展名*.ppt 结尾的文件，可以启动 PowerPoint 应用程序。(　　)

4. 在对幻灯片进行排练计时时，不能将前面已排练好了的时间又全部重新更改排练。(　　)

5. 当演示文稿按自动放映方式播放时，按 Esc 键可以中止播放，也可以单击鼠标右键在快捷菜单中选择结束放映。(　　)

模块六 局域网技术

局域网(LAN)是计算机网络的重要组成部分，是当今计算机网络技术应用与发展非常活跃的一个领域。政府部门、部队内部和军队校园内的计算机都通过 LAN 连接起来，以达到资源共享、信息传递和数据通信的目的。而信息化进程的加快，更是刺激了通过 LAN 进行网络互连需求的剧增。因此，理解和掌握局域网技术就显得非常重要。

任务一 了解网络基础知识

【学习目标】

(1) 了解网络的基本概念、分类和组成。

(2) 了解网络硬件，包括传输媒体、互联设备、网络接入技术。

(3) 了解 OSI 体系结构和 TCP/IP 协议。

【相关知识】

(1) RJ45 接口：通常用于数据传输，最常见的应用为网卡接口。RJ45 头根据线的排序不同而分为两种：直通线和交叉线。

(2) ADSL(Asymmetric Digital Subscriber Line)：非对称数字用户线的英文缩写，是一种利用铜双绞线为传输介质，以非对称方式宽带接入 Internet 的技术。ADSL 采用了频分多路复用技术和压缩编码技术，在现有铜质电话线上用频率分隔方法分成三个频道：一个是原来的电话信道；第二个是从电话局到用户家的宽带信道；第三个信道是传送控制信号的信道。

【任务说明】

计算机网络的应用正在改变着人们的工作与生活方式，正在进一步引起世界范围内产业结构的变化，促进全球信息产业的发展。人们已经看到计算机越普及、应用范围越广，就越需要互联起来构成网络系统。在信息技术高速发展的今天，“计算机就是网络，网络就是计算机”的概念越来越被人们接受，计算机应用正在进入一个全新的网络时代。

【任务实施】

一、计算机网络简介

1. 计算机网络的概念

计算机网络是现代通信技术与计算机技术相结合的产物。所谓计算机网络，就是把分布在不同地理区域的计算机与专用外部设备用通信线路互联成一个规模大、功能强的计算机应用系统，从而使众多的计算机可以方便地互相传递信息，共享硬件、软件、数据信息等资源。人们组建计算机网络的目的是实现计算机之间的资源共享，因此，网络提供资源的多少决定了一个网络的存在价值。计算机网络的规模有大有小，大的可以覆盖全球，小的可以仅由一间办公室中的两台或几台计算机构成。通常，网络规模越大，包含的计算机越多，它所提供的网络资源就越丰富，其价值也就越高。

从定义中可以看出，计算机网络涉及三个方面的问题：

(1) 至少有两台计算机互联。

(2) 通信设备与线路介质。

(3) 网络软件是指通信协议和网络操作系统。

2. 计算机网络的分类

计算机网络的种类很多，通常是按照规模大小和延伸范围来分类的，根据不同的分类原则，可以得到不同类型的计算机网络。

按网络覆盖的范围大小不同，计算机网络可分为局域网(Local Area Network，LAN)、城域网(Metropolitan Area Network，MAN)、广域网(Wide Area Network，WAN)。

(1) 局域网：在较小的地理范围内(距离半径一般小于10千米)由计算机、通信线路(一般为双绞线)和网络连接设备(一般为集线器和交换机)组成的网络。

(2) 城域网：在一个城市范围内(距离半径一般小于100千米)由计算机、通信线路(包括有线介质和无线介质)和网络连接设备(一般为集线器、交换机和路由器等)组成的网络。

(3) 广域网：比城域网范围大，是由多个局域网或城域网组成的网络。目前已不能明确区分广域网和城域网，或者也可以说城域网的概念越来越模糊了，因为在实际应用中，已经很少有封闭在一个城市内的独立网络。互联网是世界上最大的广域网。

按照网络的拓扑结构来划分，计算机网络可以分为环形网、星形网和总线型网等。

按照通信传输介质来划分，计算机网络又可以分为双绞线网、同轴电缆网、光纤网、微波网、卫星网和红外线网等。

按照信号频带占用方式来划分，计算机网络又可以分为基带网和宽带网。

3. 计算机网络的构成

与计算机系统一样，一个完整的计算机网络系统也是由硬件系统和软件系统两大部分组成。硬件系统一般是指计算机设备、传输介质和网络连接设备。软件系统一般是指系统级的网络操作系统、网络通信协议和提供网络服务功能的应用级专用软件。

二、计算机网络硬件

1. 传输媒介

网络上数据的传输需要有“传输媒介”，这就好比车辆必须在公路上行驶一样，道路质量的好坏会影响行车的安全舒适度。同样，网络传输媒介的质量也会影响数据传输的质量，包括速率、数据丢失等。

常用的网络传输媒介可分为两类：一类是有线的；一类是无线的。有线传输媒介主要有同轴电缆、双绞线及光缆；无线传输媒介主要有微波、无线电、激光和红外线等。

1) 同轴电缆(Coaxial Cable)

同轴电缆绝缘效果佳，频带较宽，数据传输稳定，价格适中，性价比高。同轴电缆中央是一根内导体铜质芯线，外面依次包有绝缘层、网状编织的外导体屏蔽层和塑料保护外层，如图 6-1-1 所示。其主要应用于设备的支架连线、闭路电视(CATV)、共用天线系统(MATV)和彩色或单色射频监视器的转送等。

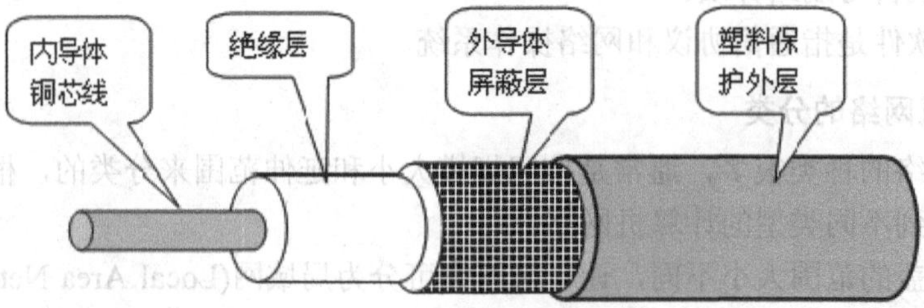

图 6-1-1 同轴电缆结构图

2) 双绞线(Twisted-Pair)

双绞线是由两条导线按一定扭矩相互绞合在一起的、类似于电话线的传输媒介，每根线加绝缘层并用颜色来标记。成对线的扭绞旨在将电磁辐射和外部电磁干扰减到最小。使用双绞线组网、双绞线与网卡、双绞线与集线器的接口叫 RJ45，俗称“水晶头”，如图 6-1-2 所示。

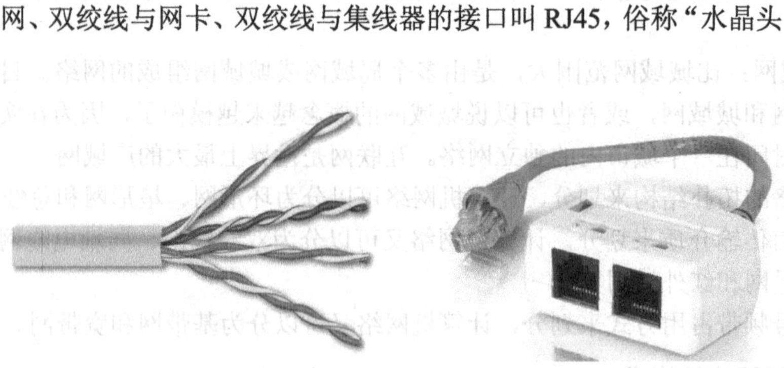

图 6-1-2 双绞线及 RJ45 接口

3) 光纤

光纤是新一代的传输介质，与铜质介质相比，光纤具有一些明显的优势。光纤因为不会向外界辐射电子信号，所以使用光纤介质的网络无论是在安全性、可靠性还是在传输速率等网络性能方面都有了很大的提高。

光纤由单根玻璃光纤、紧靠纤芯的包层和塑料保护涂层组成，如图 6-1-3 所示。为使用光纤传输信号，光纤两端必须配有光发射机和接收机，光发射机执行从光信号到电信号的转换。实现电光转换的通常是发光二极管(LED)或注入式激光二极管(ILD)；实现光电转换的是光电二极管或光电三极管。

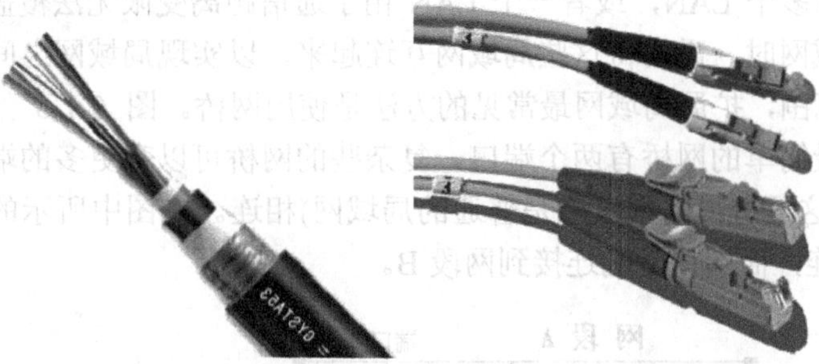

图 6-1-3　光纤及其接头

4) 无线传输

上述三种传输媒体有一个共同的缺点：都需要一根缆线连接微机，这在很多场合下是不方便的。例如，若通信线路需要穿过高山或岛屿或在市区跨越主干道路，则会很难敷设，这时利用无线电波在空间自由地传播，可以进行多种通信。尤其近几年来，随着移动电话的飞速发展，移动计算机数据通信也变得越来越成熟。

2. 互连设备

数据在网络中是以“包”的形式传递的，但不同网络的“包”，其格式也是不一样的。如果在不同的网络间传送数据，那么将会由于包格式不同而导致数据无法传送，于是网络间连接设备就充当“翻译”的角色，将一种网络中的“信息包”转换成另一种网络的“信息包”。

1) 中继器(RP Repeater)

在一种网络中，每一网段的传输媒介均有其最大的传输距离，如细缆最大网段长度为 185 m，粗缆为 500 m，双绞线为 100 m，超过这个长度，传输介质中的数据信号就会衰减。如果需要比较长的传输距离，就需要安装中继器，结构示意如图 6-1-4 所示。中继器可以“延长”网络的距离，在网络数据传输中起到放大信号的作用。数据经过中继器不需进行数据包的转换。中继器连接的两个网络在逻辑上是同一个网络。

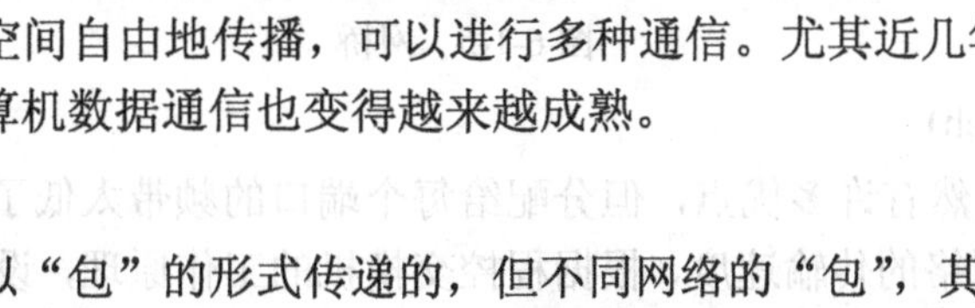

图 6-1-4　中继器

中继器的主要优点是安装简单、使用方便、价格相对低廉。它不仅起到扩展网络距离的作用，还可以将不同传输介质的网络连接在一起。

2) 集线器(HUB)

集线器是中继器的一种，其区别仅在于集线器能够提供更多的端口服务，所以集线器又叫“多口中继器”。集线器主要是以优化网络布线结构、简化网络管理为目标而设计的。集线器是对网络进行集中管理的最小单元，它是各分支的汇集点。

3) 网桥(Bridge)

当一个单位有多个 LAN，或者一个 LAN 由于通信距离受限无法覆盖所有的结点而不得不使用多个局域网时，需要将这些局域网互连起来，以实现局域网之间的通信。这样就扩展了局域网的范围，扩展局域网最常见的方法是使用网桥。图 6-1-5 给出了一个网桥的内部结构要点。最简单的网桥有两个端口，复杂些的网桥可以有更多的端口。网桥的每个端口与一个网段(这里所说的网段就是普通的局域网)相连。在图中所示的网桥结构中，端口 1 与网段 A 相连，而端口 2 则连接到网段 B。

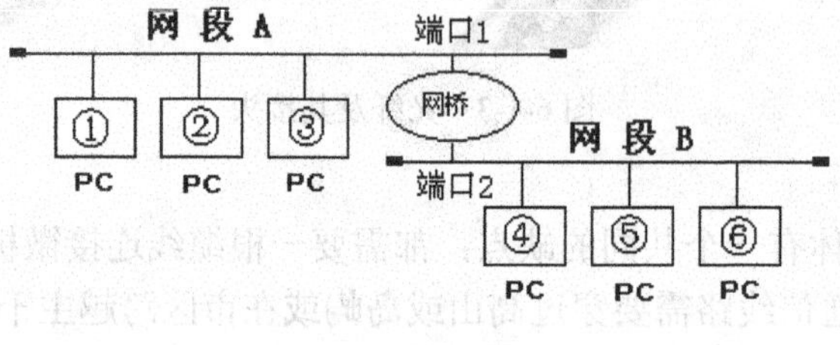

图 6-1-5　网桥

4) 交换机(Switch)

传统的 HUB 虽然有许多优点，但分配给每个端口的频带太低了(10 Mbps/N)，N 表示端口数。为了提高网络的传输速度，根据程控交换机的工作原理，设计出了交换式集线器，如图 6-1-6 所示。

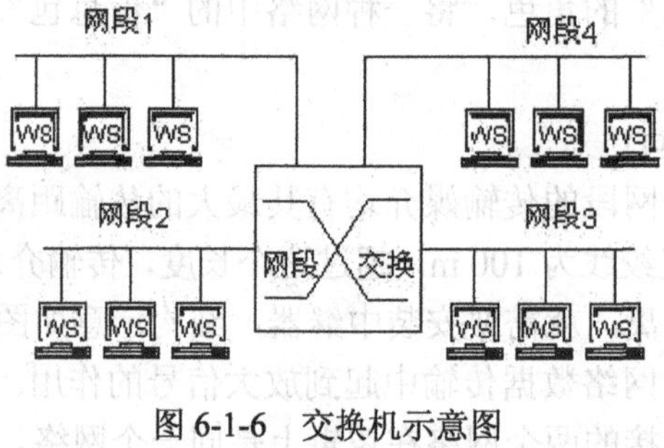

图 6-1-6　交换机示意图

5) 路由器(Router)

当两个不同类型的网络彼此相连时，必须使用路由器。例如，LAN A 是 Token Ring，LAN B 是 Ethernet，这时就需要用路由器将这两个网络连接起来，如图 6-1-7 所示。

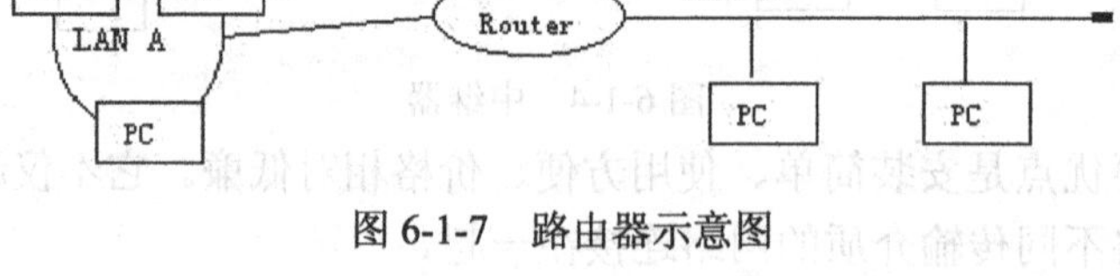

图 6-1-7　路由器示意图

6) 网关(Gateway)

当连接两个完全不同结构的网络时，必须使用网关。例如，Ethernet 网与一台 IBM 的大型主机相连，必须用网关来完成这项工作，如图 6-1-8 所示。

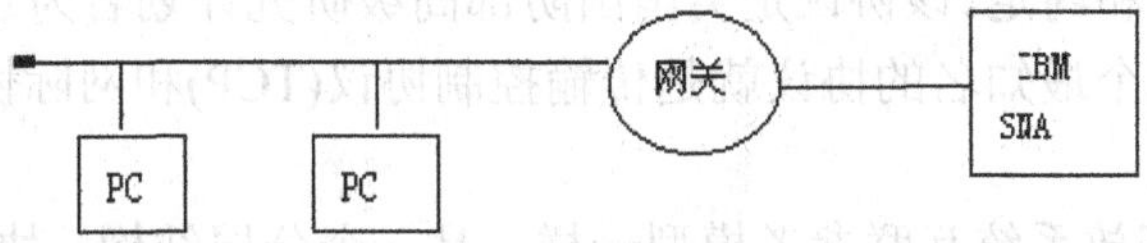

图 6-1-8 网关

网关不能完全归为一种网络硬件。它应该是能够连接不同网络的软件和硬件的结合产品。特别要说明的是，它可以使用不同的格式、通信协议或结构连接起两个系统。网关实际上通过重新封装信息以使它们能被另一个系统读取。为了完成这项任务，网关必须能够运行在 OSI 模型的几个层上。网关必须同应用通信建立和管理会话，传输已经编码的数据，并解析逻辑和物理地址数据。

三、计算机网络协议

1. OSI 体系结构

1) 网络协议

计算机网络协议就是通信的计算机双方必须共同遵循的一组约定。例如，怎样建立连接、怎样互相识别等。只有遵守这个约定，计算机之间才能相互通信和交流。

2) 开放系统互连参考模型

国际标准化组织 ISO 推出了开放系统互连参考模型，该模型定义了不同计算机互连的标准，是设计和描述计算机网络通信的基本框架。开放系统互连参考模型的系统结构就是层次式的，共分 7 层。在该模型中层与层之间进行对等通信，且这种通信只是逻辑上的，真正的通信都是在最底层即物理层实现的，每一层要完成相应的功能，下一层为上一层提供服务，从而把复杂的通信过程分成了多个独立的、比较容易解决的子问题，如图 6-1-9 所示。

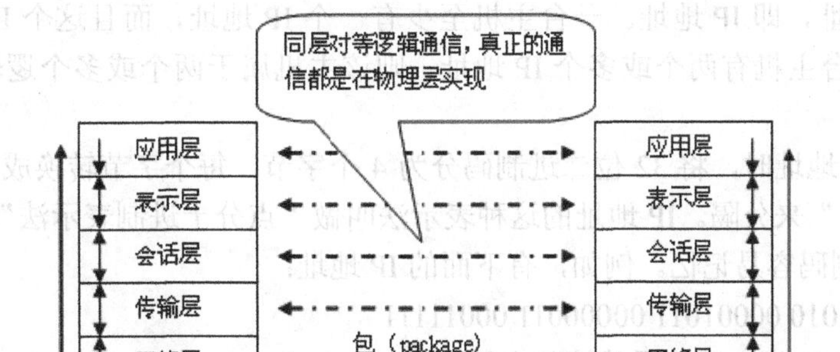

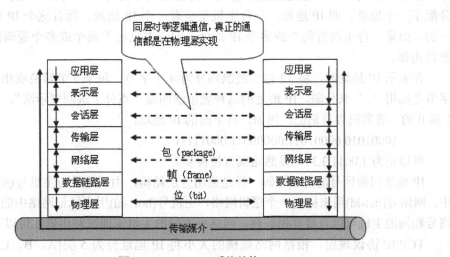

图 6-1-9 OSI RM 系统结构

2. TCP/IP 协议

TCP/IP 协议(传输控制协议/网际协议)约定了计算机之间互相通信的方法。TCP/IP 是为了使接入互联网的异种网络、不同设备之间能够进行正常的数据通信，而预先制定的一簇大家共同遵守的格式和约定。该协议是美国国防部高级研究计划署为建立 ARPAnet 开发的，在这个协议集中，两个最知名的协议就是传输控制协议(TCP)和网际协议(IP)，故而整个协议集被称为 TCP/IP。

TCP/IP 协议和开放系统互联参考模型一样，是一个分层结构。协议的分层使得各层的任务和目的十分明确，这样有利于软件编写和通信控制。TCP/IP 协议分为 4 层，由下至上分别是网络接口层、网际层、传输层和应用层，如图 6-1-10 所示。

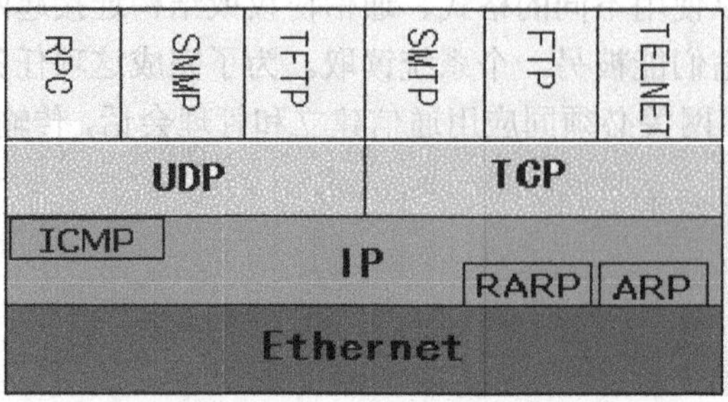

图 6-1-10　TCP/IP 协议分层结构

TCP/IP 规范了网络上的所有通信，尤其是一个主机与另一个主机之间的数据往来格式及传送方式。我们可以将数据传送过程形象地理解为：TCP 和 IP 就像两个信封，要传递的信息被划分成若干段，每一段塞入一个 TCP 信封，并在该信封上记录分段号信息，再将 TCP 信封塞入 IP 大信封，发送上网。在接收端，每个 TCP 软件包收集信封，抽出数据，按发送前的顺序还原，并加以校验，若发现差错，则 TCP 将会要求重发。因此，TCP/IP 在互联网中几乎可以无差错地传送数据。

3. IP 地址

互联网采用了一种通用的地址格式，为互联网中的每一个网络和几乎每一台主机都分配了一个地址，即 IP 地址。一台主机至少有一个 IP 地址，而且这个 IP 地址是全网唯一的，如果一台主机有两个或多个 IP 地址，则该主机属于两个或多个逻辑网络，一般用做路由器。

在表示 IP 地址时，将 32 位二进制码分为 4 个字节，每个字节转换成相应的十进制，字节之间用“.”来分隔。IP 地址的这种表示法叫做“点分十进制表示法”，显然这比全是 1 和 0 的二进制码容易记忆。例如，有下面的 IP 地址：

10001010 00001011 00000011 00011111

可以记为 138.11.3.31，显然这就方便得多。

IP 地址同带区号的电话号码一样是采用分层结构，由网络号与主机号两部分组成。其中，网络号(net-id)用来标记一个逻辑网络，主机号(host-id)用来标记网络中的一台主机。网络号相同的主机可以直接互相访问，网络号不同的主机需通过路由器才可以互相访问。

TCP/IP 协议规定，根据网络规模的大小将 IP 地址分为 5 类(A、B、C、D、E)，如图 6-1-11 所示。

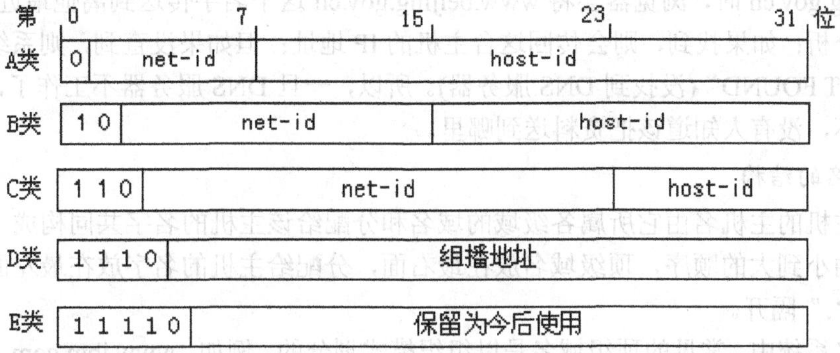

图 6-1-11 IP 地址的分类

A 类地址：第一个字节用做网络号，且最高位为 0，这样只有 7 位可以表示网络号，能够表示的网络号有 $2^7 = 128$ 个，因为全 0 和全 1 在地址中有特殊用途，所以去掉有特殊用途的全 0 和全 1 地址，这样一来，就只能表示 126 个网络号，范围是 1～126。后三个字节用做主机号，有 24 位可表示主机号，能够表示的主机号有 $2^{24} - 2$，约为 1600 万台主机。A 类 IP 地址常用于大型的网络。

B 类地址：前两个字节用做网络号，后两个字节用做主机号，且最高位为 10，最大网络数为 $2^{14} - 2 = 16382$，范围是 128.1～191.254。可以容纳的主机数为 $2^{16} - 2$，约等于 6 万多台主机。B 类 IP 地址通常用于中等规模的网络。

C 类地址：前三个字节用做网络号，最后一个字节用做主机号，且最高位为 110，最大网络数为 $2^{21}-2$，约等于 200 多万，范围是 191.0.1.0～223.255.254，可以容纳的主机数为 $2^8 - 2$，等于 254 台主机。C 类 IP 地址通常用于小型的网络。

D 类地址：最高位为 1110，是多播地址，主要是留给 Internet 体系结构委员会(Internet Architecture Board，IAB)使用的。

E 类地址：最高位为 11110，保留在今后使用。

目前大量使用的 IP 地址仅是 A 类至 C 类三种。不同类别的 IP 地址在使用上并没有等级之分，不能说 A 类 IP 地址比 B 类或 C 类高级，也不能说在访问 A 类 IP 地址时比 B 类或 C 类优先级高，只能说 A 类 IP 地址所在的网络是一个大型网络。

4. 域名地址

1) 域名

在网络上辨别一台计算机的方式是通过 IP 地址，但是一组 IP 地址数字很不便于记忆，为网上的服务器取一个有意义又容易记忆的名字，就是域名(Domain Name)。例如，北京市政府的门户网站“北京之窗”就是域名，一般使用者在浏览这个网站时，都会输入 www.beijing.gov.cn，而很少有人会记住这台服务器的 IP 地址，www.beijing.gov.cn 就是“北京之窗”的域名，而 210.73.64.10 则是它的 IP 地址，就如同我们在称呼朋友时，一定是叫他的名字，几乎没有人叫对方的身份证号码。

但由于在互联网上真正区分机器的还是 IP 地址，所以当使用者输入域名后，浏览器必须先去一台有域名和 IP 地址相互对应的数据库的主机中去查询这台计算机的 IP 地址，而这台被查询的主机，就是域名服务器(Domain Name Server，DNS)。例如：当用户输入

www.beijing.gov.cn 时，浏览器会将 www.beijing.gov.cn 这个名字传送到离他最近的 DNS 服务器去做分析；如果找到，则会传回这台主机的 IP 地址；但如果没查到，则系统就会提示"DNS NOT FOUND"(没找到 DNS 服务器)。所以，一旦 DNS 服务器不工作了，就像路标完全被毁坏，没有人知道该把资料送到哪里。

2) 域名的结构

一台主机的主机名由它所属各级域的域名和分配给该主机的名字共同构成。书写的时候，按照由小到大的顺序，顶级域名放在最右面，分配给主机的名字放在最左面，各级名字之间用"."隔开。

在域名系统中，常见的顶级域名是以组织模式划分的。例如，www.ibm.com 这个域名，因为它的顶级域名为 com，我们可以推知它是一家公司的网站地址。除了组织模式顶级域名之外，其他的顶级域名对应于地理模式。例如，www.tsinghua.edu.cn 这个域名，因为它的顶级域名为 cn，我们可以推知它是中国的网站地址。表 6-1-1 显示了常见的顶级域名及其含义。

表 6-1-1　常见的顶级域名

组织模式顶级域名	含　义	地理模式顶级域名	含　义
com	商业组织	cn	中国
edu	教育机构	hk	香港
gov	政府部门	mo	澳门
mil	军事部门	tw	台湾
net	主要网络支持中心	us	美国
org	上述以外的组织	uk	英国
int	国际组织	jp	日本

顶级域的管理权被分派给指定的管理机构，各管理机构对其管理的域继续进行划分，即划分成二级域并将二级域名的管理权授予其下属的管理机构，如此层层细分，就形成了层次状的域名结构。图 6-1-12 显示了互联网的域名结构。

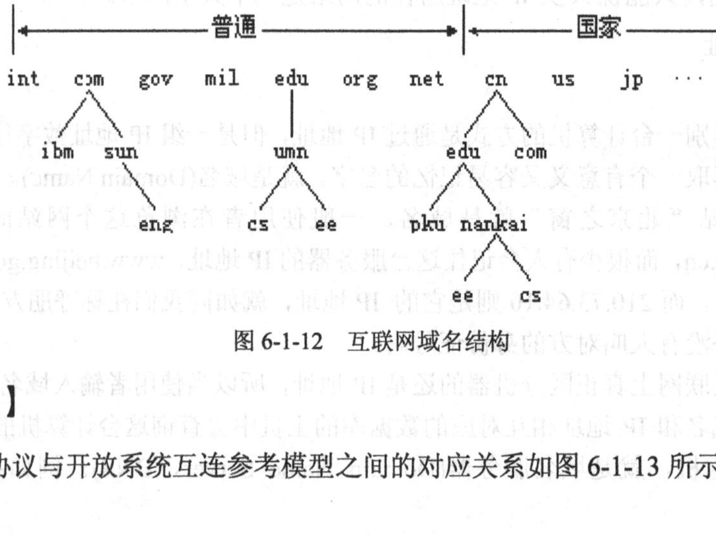

图 6-1-12　互联网域名结构

【知识扩展】

TCP/IP 协议与开放系统互连参考模型之间的对应关系如图 6-1-13 所示，其中，应用层对应了 OSI 模型的上三层，网络接口层对应了 OSI 模型的下两层。

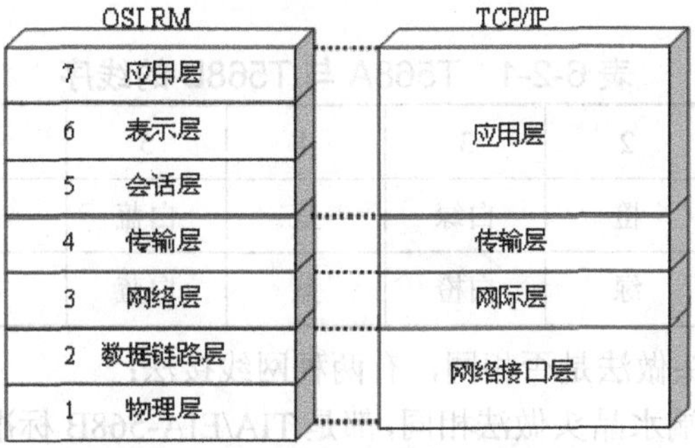

图 6-1-13 TCP/IP 协议与 OSI 的对应关系

任务二 构建小型局域网

【学习目标】

(1) 掌握构建小型局域网需要的设备。

(2) 掌握微机上网需要的软硬件配置。

(3) 掌握小型局域网中文件和打印机共享的方法。

【相关知识】

水晶头有卡的一面向下，有铜片的一面朝上，有开口的一方朝向自己，从左至右排序为 12345678，如图 6-2-1 所示。

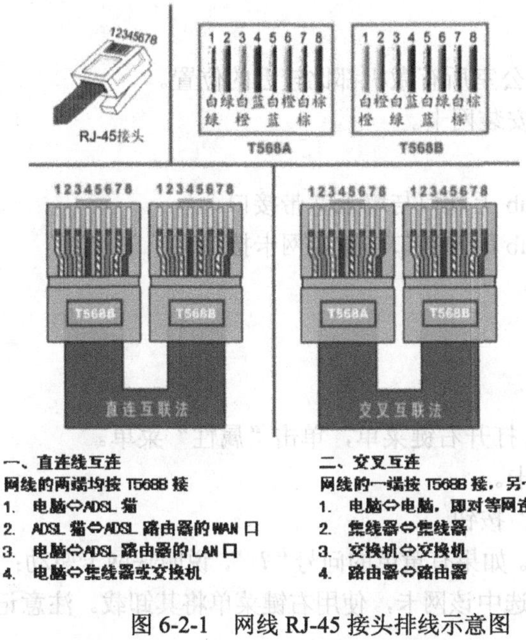

图 6-2-1 网线 RJ-45 接头排线示意图

EIA/TIA 布线标准中规定了 T568A 与 T568B 两种双绞线的线序，其对应关系如表 6-2-1 所示。

表 6-2-1　T568A 与 T568B 的线序

	1	2	3	4	5	6	7	8
TIA/EIA-568B	白橙	橙	白绿	蓝	白蓝	绿	白棕	棕
TIA/EIA-568A	白绿	绿	白橙	蓝	白蓝	橙	白棕	棕

根据网线两端水晶头做法是否相同，有两种网线接法：

(1) 直通线：网线两端水晶头做法相同，都是 TIA/EIA-568B 标准，或都是 TIA/EIA-568A 标准。用于 PC 网卡到 HUB 普通口，HUB 普通口到 HUB 级联口。一般用途，用直通线就可全部完成。

(2) 交叉线：网线两端水晶头做法不相同，一端 TIA/EIA-568B 标准，一端 TIA/EIA-568A 标准。用于 PC 网卡到 PC 网卡，HUB 普通口到 HUB 普通口。

【任务说明】

局域网可以实现文件管理、应用软件共享、打印机共享、工作组内的日程安排、电子邮件和传真通信服务等功能，在军队的日常办公中发挥着重要的作用。某连办公室因为办公，需要构建一个小型局域网。现有三台台式机，一台笔记本，一台打印机，一个 Hub、双绞线、RJ-45 头(水晶头)、夹线钳、网卡和网线测试仪，要求微机能够上网，并能够共享文件和打印机等设备。

【任务实施】

一、硬件准备与连接

(1) 将 Hub 放置于离办公室所有微机都比较近的位置。

(2) 为计划联网的微机安装网卡。

(3) 制作直通网线

(4) 使用直通线连接 Hub 上联口与墙上宽带接口。

(5) 使用直通线连接 Hub 用户接口与微机网卡接口。

二、软件设置

1. 安装网卡驱动程序

(1) 选中“我的电脑”，打开右键菜单，单击“属性”菜单。

(2) 选择“硬件”选项卡。

(3) 单击“设备管理器”按钮。

(4) 展开“网络适配器”。如果有黄色的问号“？”，说明缺网卡驱动；如果有感叹号“！”，说明该驱动不能正常使用，选中该网卡，使用右键菜单将其卸载。注意记下网卡型号。

(5) 将网卡驱动程序光盘放入光驱，选中刚安装好的网卡，选择“更新驱动程序”。

(6) 打开“硬件更新向导”，根据提示完成安装。

如果没有适合的光盘，可以到“驱动之家”“中关村在线”“华军软件园”等网站下载驱动软件，下载驱动软件要注意：一是品牌型号要对；二是要适合本机系统。下载的驱动软件一般有自动安装功能，打开即自动安装。

2. 安装必要的网络协议

网卡安装完毕后，Windows XP 还将自动安装并配置相关的网络组件(相关软件)，并创建一个局域网连接，也称为 LAN 连接。每次启动微机，在任务栏中可以看到表示 LAN 连接的图标。

3. 进行协议配置

在 Internet 上使用的 IP 地址和域名，我们必须向 IP 地址和域名管理的国际组织申请，由他们统一分配，保证 IP 地址和域名在网络中的唯一性。但在组建局域网时，我们可以使用保留地址，组建局域网。IP 地址设置方法如下：

(1) 在“控制面板”中双击打开“网络连接” 网络连接。

(2) 在“网络连接”窗口中单击“本地连接”，在弹出的快捷菜单中选择“属性”，打开图 6-2-2 所示的“本地连接属性”对话框。

(3) 在“本地连接属性”对话框的“常规”选项中选中“Internet 协议(TCP/IP)”，单击“属性”按钮，打开“Internet 协议(TCP/IP)属性”对话框。

(4) 选中“使用下面的 IP 地址”，可以进行“IP 地址”“子网掩码”和“默认网关”的设置，如图 6-2-2 所示。

(5) 选中“使用下面的 DNS 服务器地址”，可以进行 DNS 服务器的设置。DNS 地址可以从 ISP 处获得。

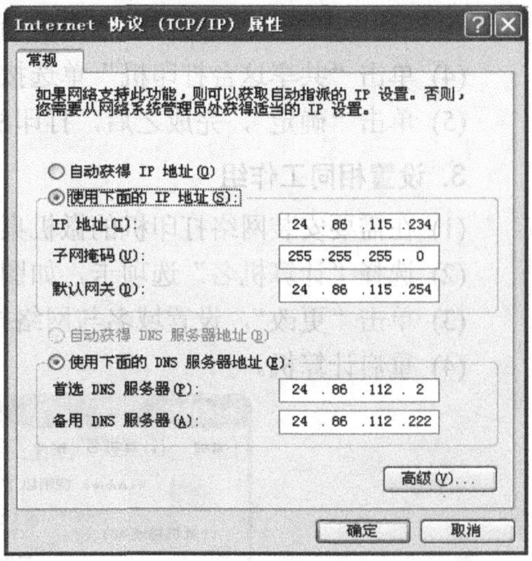

图 6-2-2 IP 地址设置

三、实现网络共享：文件共享、打印机共享

1. 安装本地打印机

本地打印机就是连接在用户使用的微机上的打印机。将微机连接好之后，打开电源，安装驱动程序，打印测试页。若成功，说明本地连接成功。

2. 将本地打印机共享

(1) 打开“控制面板”，双击打开“打印机和传真” 打印机和传真。

(2) 选中“本地打印机”，打开右键菜单，单击“属性”。

(3) 选择“共享”选项卡，如图 6-2-3 所示。

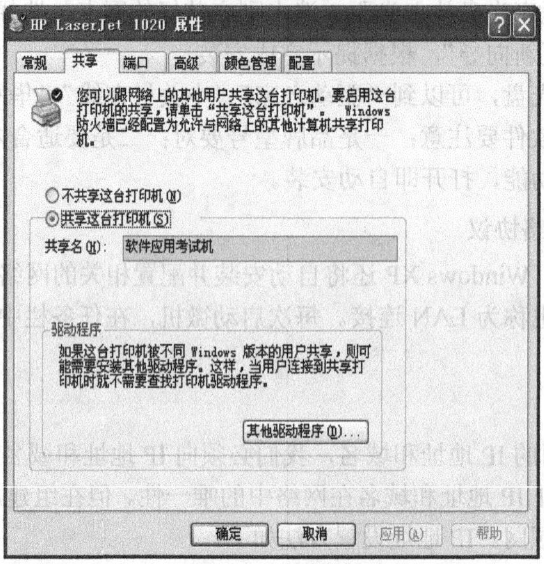

图 6-2-3　打印机属性设置

(4) 单击“共享这台打印机”单选按钮，在共享名编辑框中输入共享名。

(5) 单击“确定”，完成之后，打印机的图标变成。

3. 设置相同工作组

(1) 在需要安装网络打印机的微机桌面上，单击我的电脑，打开“属性”对话框。

(2) 选择“计算机名”选项卡，如图 6-2-4 所示。

(3) 单击“更改”，设置域名与网络打印机所在域名相同。

(4) 重启计算机。

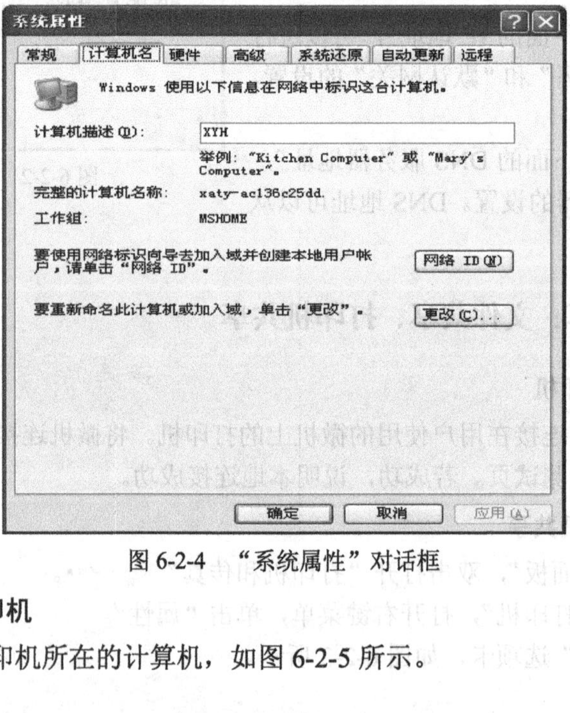

图 6-2-4　“系统属性”对话框

4. 共享网络打印机

(1) 搜索网络打印机所在的计算机，如图 6-2-5 所示。

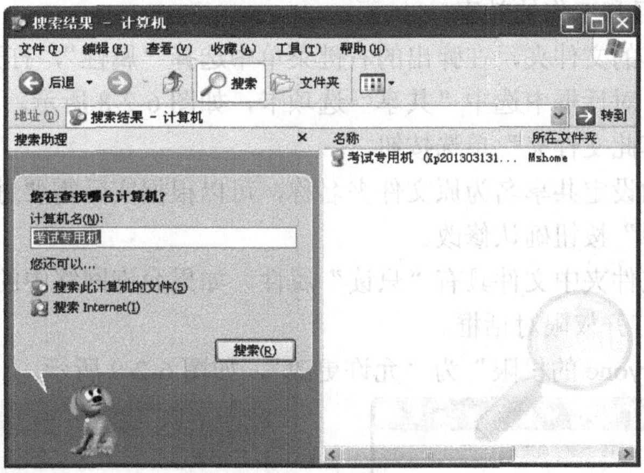

图 6-2-5 搜索计算机

(2) 双击计算机名称“考试专用机”图标，即可看见共享的打印机，如图 6-2-6 所示。

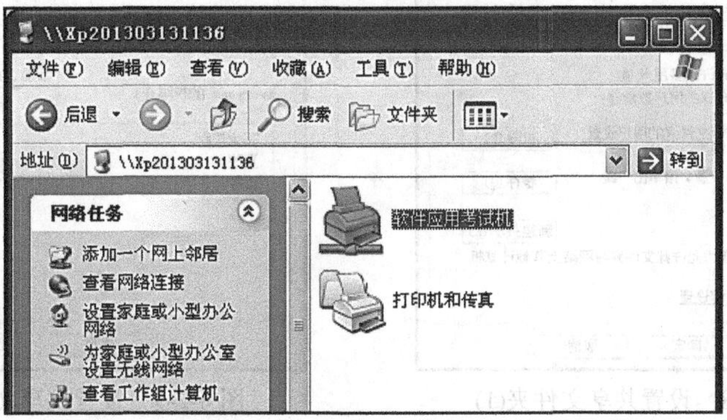

图 6-2-6 搜索计算机结果

(3) 选中打印机图标，在右键菜单中选择“连接”，即可实现网络打印机共享。如图 6-2-7 中“HP LaserJet 1020”为共享打印机。

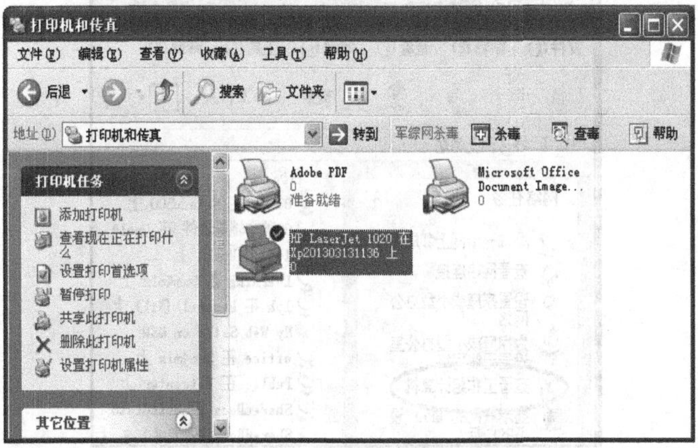

图 6-2-7 “打印机和传真”窗口

5. 共享文件夹及文件

通过共享文件夹和使用“网上邻居”，可以方便、快捷地在局域网内传递和获取各种文件、资料，提高学习和工作的效率。

(1) 选中要共享的文件夹，在弹出的右键菜单中选择“属性”，打开“属性”对话框。

(2) 在“属性”对话框中选中“共享”选项卡，如图 6-2-8 所示。

(3) 单击“共享此文件夹”单选按钮。

(4) 系统会自动设定共享名为原文件夹名称，可以根据实际需要进行修改。

(5) 单击“应用”按钮确认修改。

(6) 此时共享文件夹中文件具有“只读”属性，如果允许网络中的用户更改你的文件，单击“权限”按钮打开权限对话框。

(7) 设置“Everyone 的权限”为“允许更改”，如图 6-2-9 所示。

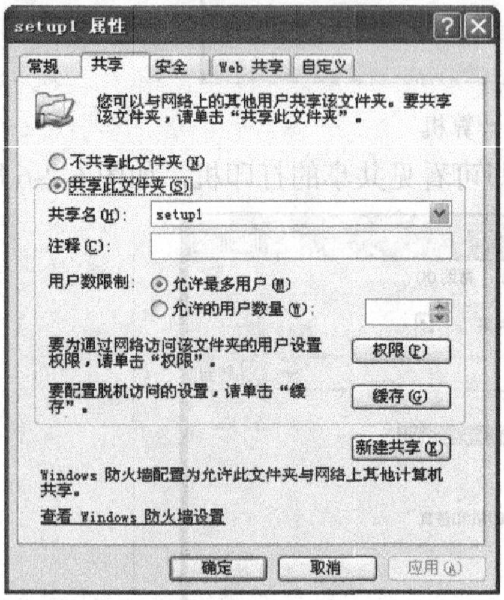

图 6-2-8　设置共享文件夹(1)

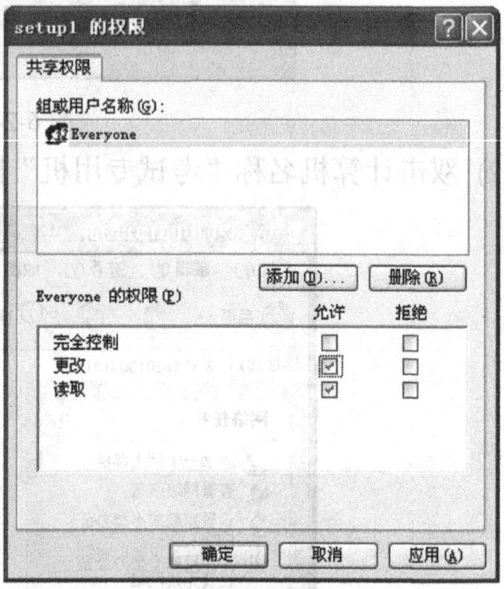

图 6-2-9　设置共享文件夹(2)

6. 使用“网上邻居”

(1) 在“Windows 资源管理器”中打开“网上邻居”窗口，如图 6-2-10 所示。

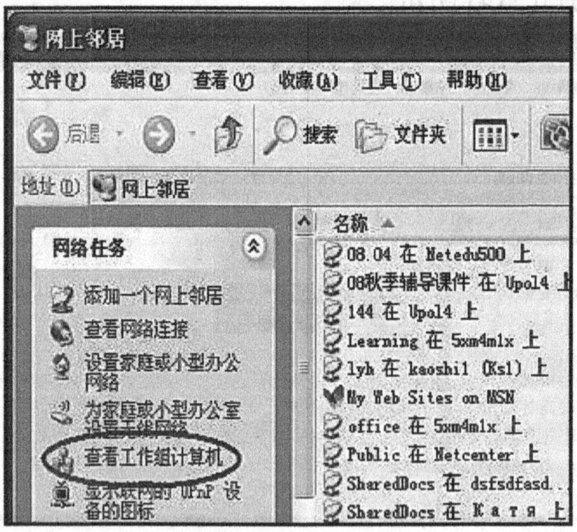

图 6-2-10　网上邻居

(2) 在“网络任务”任务窗格中单击“查看工作组计算机”，就可以找到提供共享文件的微机，使用共享资源。

【知识扩展】

1. 局域网 IP 设置

TCP/IP 协议需要针对不同的网络进行不同的设置，且每个节点一般需要一个“IP 地址”、一个“子网掩码”、一个“默认网关”。用户可以通过动态主机配置协议(DHCP)，给客户端自动分配一个 IP 地址，避免了出错，也简化了 TCP/IP 协议的设置；也可以自己设定。互联网上的 IP 地址统一由一个叫“IANA”(Internet Assigned Numbers Authority，互联网网络号分配机构)的组织来管理。

由于分配不合理及 IPv4 协议本身存在的局限，现在互联网的 IP 地址资源越来越紧张，为了解决这一问题，IANA 将 A、B、C 类 IP 地址的一部分保留下来，留作局域网使用的 IP 地址空间，保留 IP 的范围如表 6-2-2 所示。

表 6-2-2 局域网使用的 IP 地址范围

网络类别	IP 地址范围	网络数
A 类网	10.0.0.0～10.255.255.255	1
B 类网	172.16.0.0～172.31.255.255	16
C 类网	192.168.0.0～192.168.255.255	255

在局域网内计算机数量少于 254 台的情况下，一般在 C 类 IP 地址段里选择 IP 地址范围就可以了，如从“192.168.1.1”到“192.168.1.254”。

任务三 在互联网上搜索资料

【学习目标】

(1) 掌握 Internet Explorer(IE)浏览器的使用。

(2) 掌握浏览器的设置。

(3) 掌握搜索引擎的使用。

【相关知识】

(1) WWW：是 World Wide Web 的缩写，中文名称为“万维网”“环球网”等，常简称为 Web，分为 Web 客户端和 Web 服务器程序。WWW 提供丰富的文本和图形、音频、视频等多媒体信息，并将这些信息集合在一起，提供导航功能，使得用户可以方便地在各个页面之间进行浏览。

(2) HTML(Hyper Text Mark Language，超文本标记语言)：Internet 中的网页是使用 HTML 语言开发的超文本文件，一般具有.htm 或.html 扩展名，主页的默认文件名为 index.htm 或 default.htm。

(3) HTTP(Hyper Text Transfer Protocol，超文本传输协议)：WWW 客户机与 WWW 服务器之间的应用层传输协议，它保证了超文本文档在主机间的正确传输，能够确定传输文档中的哪一部分，以及先传输哪部分内容等。

(4) IE：Internet Explorer 的简称，是美国微软公司(Microsoft)推出的一款网页浏览器。

【任务说明】

搜索引擎可以自动从因特网搜集信息，经过一定的整理以后，提供给用户进行查询。简单地说，搜索引擎是用于因特网信息查找的网络工具。互联网上拥有海量的数据，合理运用搜索引擎，就可以查找到所需要的信息。查找到相关资料后，可以通过浏览器浏览、保存相关资料。本任务中，请在 IE 浏览器中通过百度搜索引擎搜索海湾战争的信息，然后保存，并把百度设置为 IE 的主页。

搜索引擎是一种特殊网站，它们主要用来提供 WWW 搜索服务功能。这些搜索引擎拥有自己独有的数据库和查询系统，可以提供多种形式的信息搜索服务，包括网页、图片、讨论组等。在众多的搜索引擎中，百度是比较常用的一个。

【任务实施】

一、使用搜索引擎进行搜索

常见的中文搜索引擎有：百度 Baidu(www.baidu.com)、Google(www.google.com.hk)、搜狐 Sohu(www.sohu.com)和新浪 Sina(www.sina.com.cn)等。在搜索引擎中可以搜索的内容包括网页、MP3、图片、Flash、新闻、软件等诸多信息。我们使用百度搜索引擎来进行搜索，具体操作步骤如下：

(1) 首先启动 IE 浏览器，在地址栏输入 www.baidu.com 搜索引擎地址并回车。

(2) 输入关键字“海湾战争”，分别对“网页”和“视频”进行搜索，如图 6-3-1 所示。

(3) 使用多个关键字“海湾战争”和“网络中心战”，重新对“网页”和“视频”进行搜索，观察搜索结果的变化，如图 6-3-2 所示。

图 6-3-1　百度搜索引擎

图 6-3-2　搜索结果

也可以使用浏览器中内嵌的搜索引擎搜索网页，效果完全相同。

二、IE 的使用

1. 基本用法

(1) 使用 IE 工具栏中的“后退”按钮，返回搜索引擎。

(2) 使用 IE 工具栏中的“前进”按钮，重新进入搜索结果页。

(3) 在浏览主页的时候，鼠标的指针形状在超级链接所在位置会由箭头变成手指，单击鼠标左键，会出现相应的新页面，这就是超级链接的跳转。

凡是能变成手指的地方，单击鼠标左键，就会出现相应的新页面，通过超级链接的跳转可以轻松直观地获取所希望的信息，并且不断深入地挖掘感兴趣的内容。

(4) 可以按工具栏上的“打印”按钮，将感兴趣的页面打印出来。

(5) 使用 IE 工具栏中的“停止”按钮，停止正在从服务器的网页传送。

(6) 使用 IE 工具栏中的“刷新”按钮，重新开始从服务器的网页传送。

2. 将百度添加到收藏夹

(1) 单击“添加到收藏夹……”按钮，可以把这个网页添加到收藏夹。

(2) 直接从收藏夹中打开百度网页。

如果把这个链接拖到桌面或“我的文档”快捷图标上，以后就可以直接从桌面或“我的文档”通过快捷方式访问这个链接。

3. 用历史记录访问百度页

(1) 单击 IE 工具栏中的“历史”按钮。

(2) 单击“历史记录”选项卡。

(3) 单击“今天”目录下的 www.baidu.com，可以访问今天访问过的百度搜索引擎。如图 6-3-3 所示。

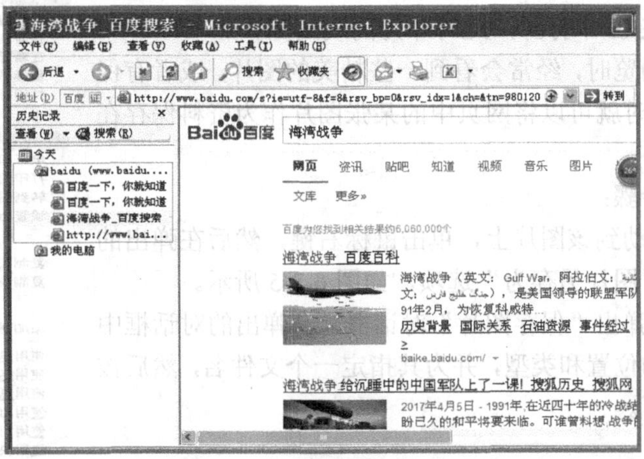

图 6-3-3 通过历史记录访问页

4. 拷贝相关内容

(1) 用鼠标选定相应内容，通过 IE 浏览器“编辑”菜单下的“复制”命令，将相应内容复制到剪贴板上。

(2) 再在其他应用程序中将其“粘贴”过来，从而达到信息的共享。

5. 保存网页和图片

在浏览网页时，如果遇到具有保留价值的信息，或者是想引用的信息，都需要保存到本地硬盘。另外，如果阅读比较长的文章，可先将其保存到本地硬盘，然后再离线浏览，这样可以大量节省上网费用。

保存网页的步骤：

(1) 选择“文件”菜单下的“另存为”菜单。

(2) 在弹出的保存 Web 页对话框中选择该文件要保存的位置，并指定一个文件名，然后按“保存”按钮，如图 6-3-4 所示。

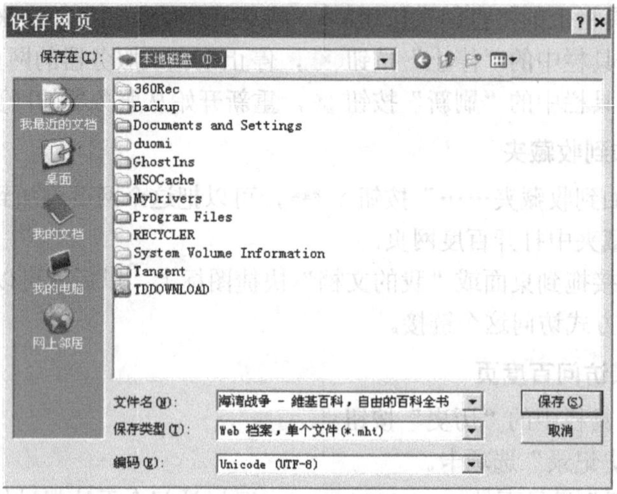

图 6-3-4　保存网页

(3) 保存完成后，可在保存该文件的文件夹中找到并双击该文件，该文件会在 IE 中打开，此时即为离线浏览。

在进行网页浏览时，经常会看到一些精美的图片，或者有保留价值的图片，这时就可以将网页中的某张图片作为资料保存在硬盘中。

保存图片的步骤：

(1) 将鼠标移动到该图片上，单击鼠标右键，然后在弹出的快捷菜单中选择“图片另存为”选项，如图 6-3-5 所示。

(2) 这时将会弹出“保存图片”对话框，在弹出的对话框中选择该图片保存的位置和类型，并为其指定一个文件名，然后按“保存”按钮即可。

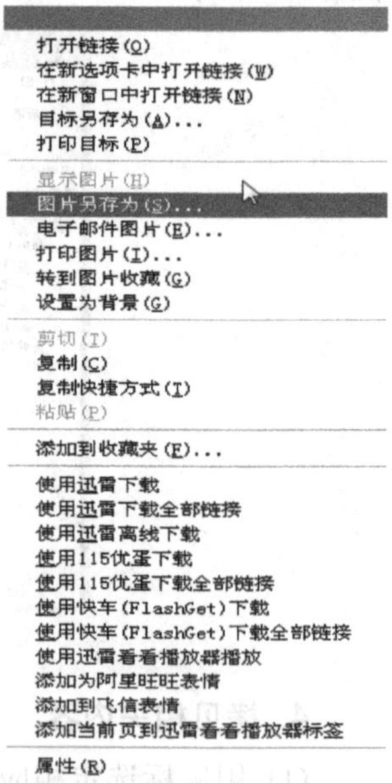

图 6-3-5　保存图片

6. 下载文件

(1) 在百度搜索引擎“文档”分类下搜索“海湾战争”。

(2) 单击进入一个文档页面。

(3) 单击“下载”按钮，出现“文件下载”对话框，在弹出的对话框中选择该文件保存的位置并为其指定一个文件名，然后按“保存”按钮即可，如图 6-3-6 所示。

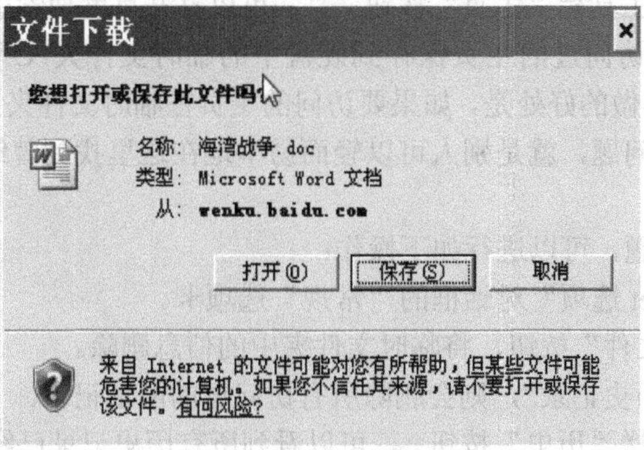

图 6-3-6 保存文件

(4) 如果系统安装了迅雷(Thunder)、网际快车(Flashget)、网络蚂蚁(NetAnts)等下载软件，可以使用软件进行下载。

三、IE 的设置

在“Internet 选项”对话框可以进行 IE 的设置。

1. 常规设置

(1) 单击 IE 的“工具”菜单，选择“Internet 选项”菜单项，选择“常规”选项卡，如图 6-3-7 所示。

(2) “主页”栏默认的起始页为微软公司主页 http://home.microsoft.com/intl/cn/，可以将其改成经常使用的搜索引擎 www.baidu.com，如图 6-3-8 所示。

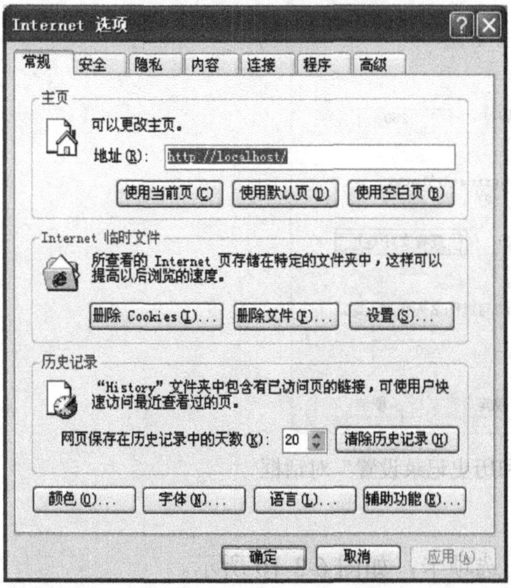

图 6-3-7 Internet 选项

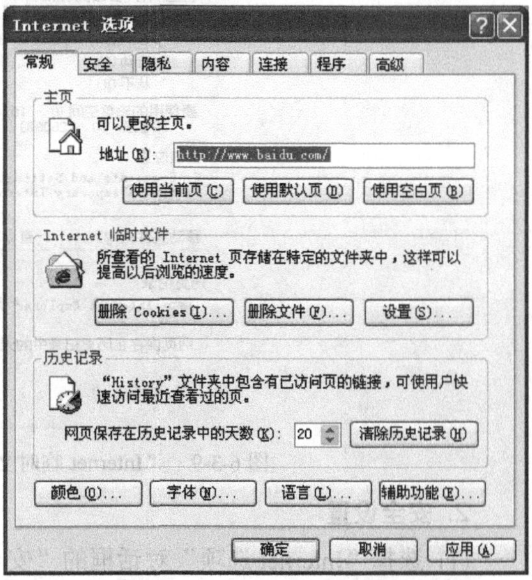

图 6-3-8 “常规”选项卡

(3) 单击“使用当前页”按钮保存设置。

(4) 通过单击 IE 工具栏“主页”按钮 ，可以打开百度搜索引擎。

浏览器会自动将访问过的主页保存到硬盘中的临时文件夹 C:\WINDOWS\Temporary Internet Files 中，这样做的好处是，如果要访问的主页在临时文件夹中，访问的速度就会非常快。但也存在一个问题，就是别人可以轻而易举地在这里找到曾经访问过的主页、下载的图片等信息。

为了解决这些问题，可以进行如下操作：

(1) 选择“Internet 选项”对话框的“常规”选项卡。

(2) 单击“删除文件”按钮，将临时文件夹中的信息删除。

(3) 单击“清除历史记录”，则会删除所有访问过的网址记录。

(4) 单击 IE 工具栏“历史”按钮，可以看到所有历史记录已经被清除。

临时文件夹的大小对保存的副本内容和时间有所限制，如果超过限制，就会自动将最早保存的临时文件删除，以腾出空间来保存新的内容。如果用户的网页浏览量比较大，而且对网页的打开速度有一定的要求，那么不妨将 IE 临时文件夹的储存空间设置得大一点。

设置的具体操作步骤：

(1) 选择“Internet 选项”对话框的“常规”选项卡。

(2) 在“Internet 临时文件夹”栏中单击“设置”按钮，打开“设置”对话框。

(3) 在“要使用的磁盘空间”中输入数字，就可以修改 IE 临时文件夹的储存空间。如图 6-3-9 所示。

(4) 最后单击“确定”按钮，相应的设置就完成了。

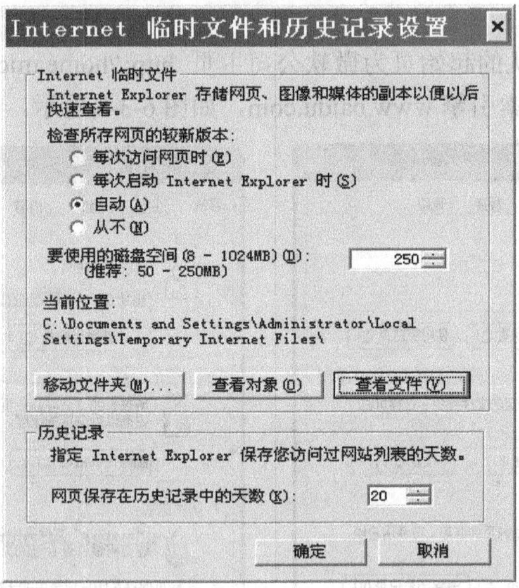

图 6-3-9　“Internet 临时文件和历史记录设置”对话框

2. 安全设置

(1) 选择“Internet 选项”对话框的“安全”选项卡，如图 6-3-10 所示。

(2) 选中“受信任的站点”，单击站点，出现可信站点对话框，如图 6-3-11 所示。

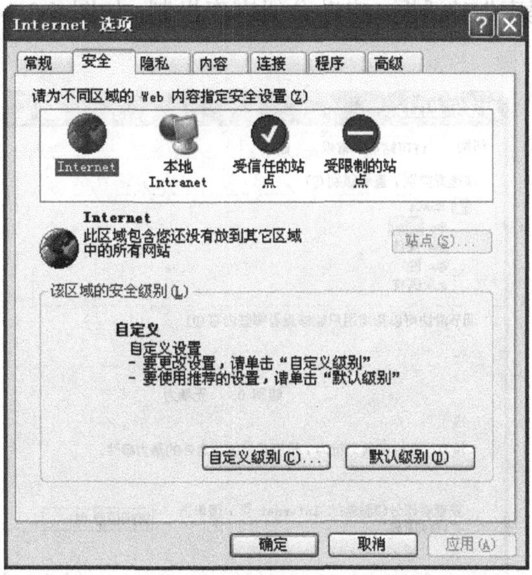

图 6-3-10　Internet 选项—“安全”选项卡

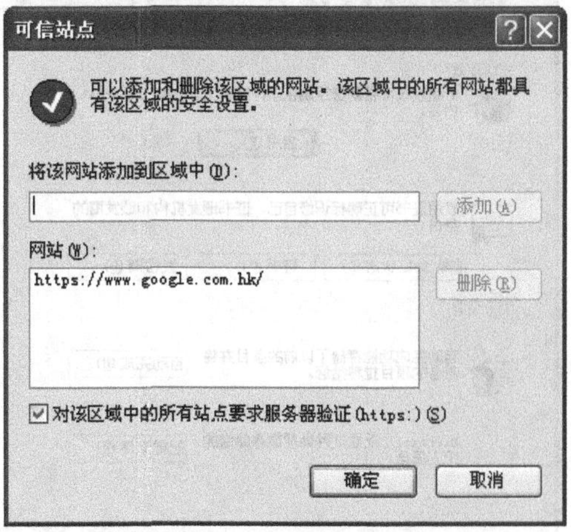

图 6-3-11　“可信站点”对话框

(3) 在“将该网站添加到区域中”编辑框中输入 Google 网址，单击“添加”按钮，将 Google 添加到“网站”中。

(4) 单击“确定”完成相应的设置。Google 即成为可信任站点。

(5) 单击“安全”选项卡的“自定义级别”，可进行选中 Internet 区域的安全设置，如图 6-3-12 所示。

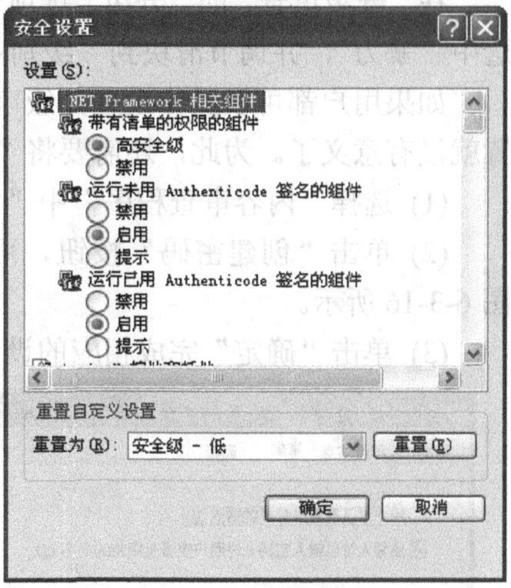

图 6-3-12　“安全设置”对话框

Internet 区域：默认情况下，该区域包含了不在的计算机和 Intranet 上及未分配到其他任何区域的所有站点。Internet 区域的默认安全级为“中”。

本地 Intranet 区域：该区域通常包含按照系统管理员的定义不需要代理服务器的所有地址。本地 Intranet 区域的默认安全级为“中低”。

可信站点区域：该区域包含信任的站点，相信可以直接从这里下载或运行文件，而不用担心会危害的计算机。可将站点分配到该区域。可信站点区域的默认安全级为“低”。

受限站点区域：该区域包含不信任的站点，不能肯定是否可以从这里下载或运行文件而不损害的计算机，可将站点分配到该区域。受限站点区域的默认安全级为“高”。

3. 内容设置

在“Internet 选项”对话框中的“内容”选项卡中提供了分级审查功能，如图 6-3-13 所示。分级审查功能可以限制在本机访问那些受限制的站点，例如防止未成年人访问暴力色情站点。

(1) 选择“Internet 选项”对话框的“内容”选项卡。

(2) 单击“启用”按钮，打开“内容审查程序”对话框，启动分级审查机制，如图 6-3-14 所示。

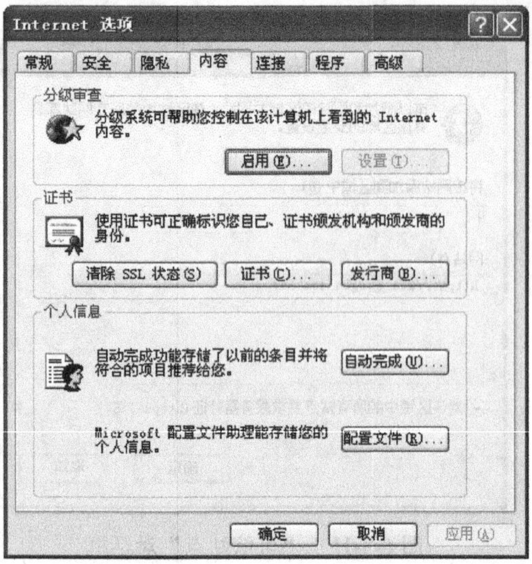

图 6-3-13　“内容”选项卡

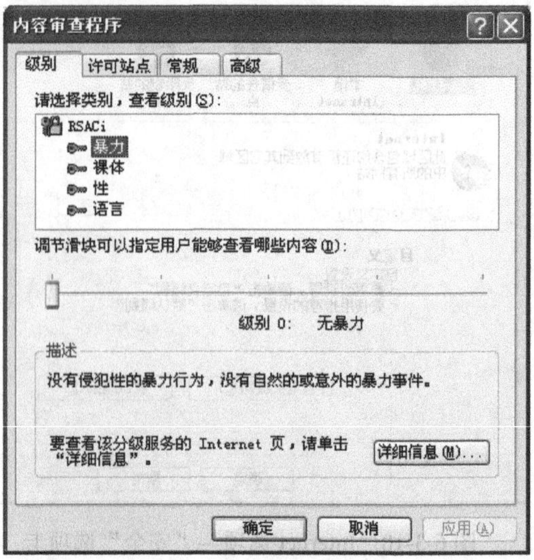

图 6-3-14　“Internet 选项”的分级审查

在“分级审查”的“分级”选项卡中可对“暴力”“裸体”等类别进行级别设置。例如，选中“暴力”，并调节滑块到“级别 0：无暴力”。

如果用户都可以操作设置分级审查功能，刚设置完，别人还可以改回来，那么分级设置就没有意义了。为此，还需要将“分级审查设置”这一功能加密。

(1) 选择“内容审查程序”中“常规”选项卡，如图 6-3-15 所示。

(2) 单击“创建密码”按钮，可创建监护人密码对分级审查设置功能进行保护。如图 6-3-16 所示。

(3) 单击“确定”完成相应的设置。

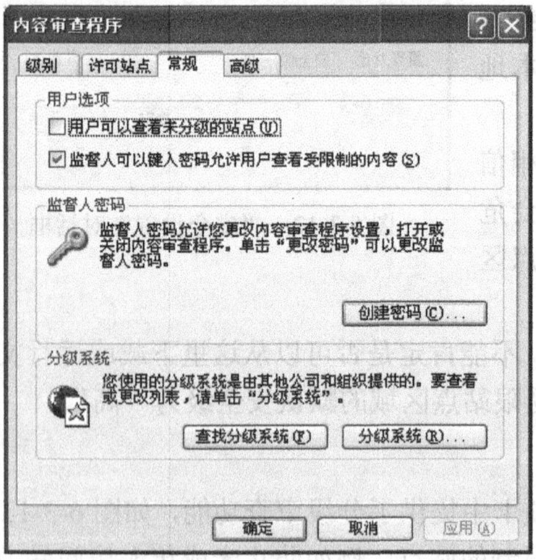

图 6-3-15　分级审查功能加密

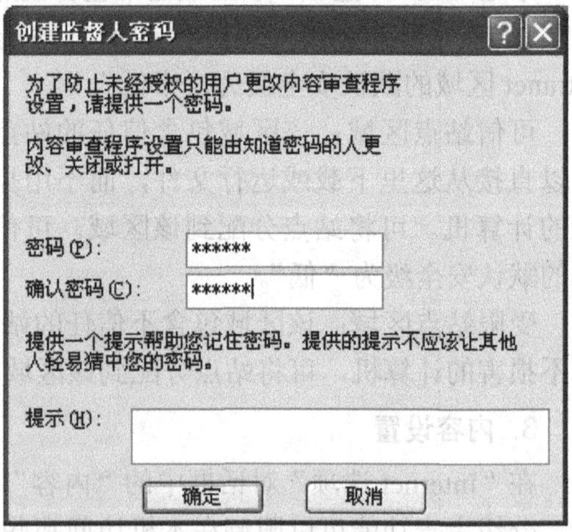

图 6-3-16　“创建监督人密码”对话框

在“许可站点”选项卡中，可以设置百度和 Google 为始终允许访问的站点。

(1) 选择“内容审查程序”中“许可站点”选项卡。

(2) 在“允许该网站”下的编辑框中输入百度和Google地址，如图6-3-17所示。

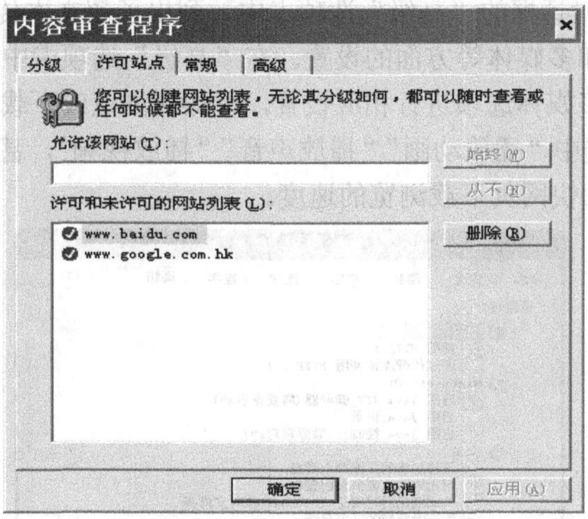

图6-3-17 设置允许访问的站点

(3) 单击“始终”按钮，将编辑的地址加入“许可和未许可的网站列表”。

(4) 单击“确定”按钮完成相应的设置。

4. 程序设置

在“Internet 选项”对话框的“程序”选项卡中，可以指定各种互联网服务使用的程序。例如，系统默认的电子邮件程序是Outlook Express，可以选择“电子邮件”下拉式列表框右边的下拉按钮，将其改为Microsoft Outlook，这样，在使用IE发送电子邮件时，将自动打开Microsoft Outlook应用程序，而不是Outlook Express。

将IE设置为默认浏览器：

(1) 选择“Internet选项”对话框的“程序”选项卡，如图6-3-18所示。

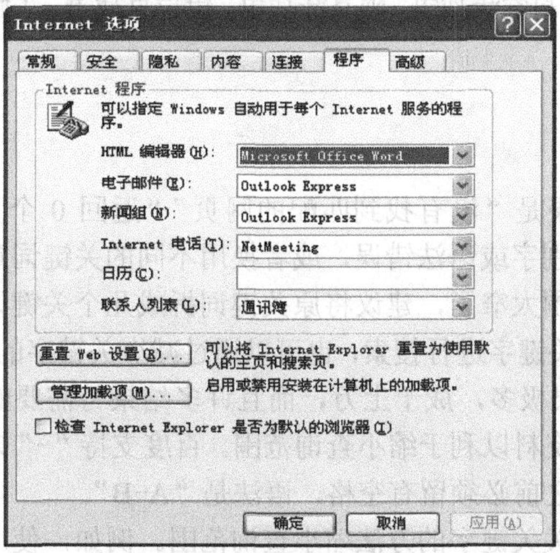

图6-3-18 “程序”选项卡

(2) 单击“重置Web设置”按钮，可以将IE重置为使用默认的主页和搜索页。

(3) 单击“确定”完成相应的设置。

5. 高级设置

“Internet 选项”对话框的“高级”选项卡中，列出了超文本传输协议 HTTP、Java 虚拟机 Java VM、安全和多媒体等方面的设置。在“高级”选项卡中还提供了多媒体选项，如图 6-3-19 所示。对多媒体选项进行相应设置，可加快浏览或下载网页的速度。例如，选中“显示图片”而不选中“播放动画”“播放声音”“播放视频”，甚至连“显示图片”都不选中，这样可以大大加快网页下载浏览的速度。

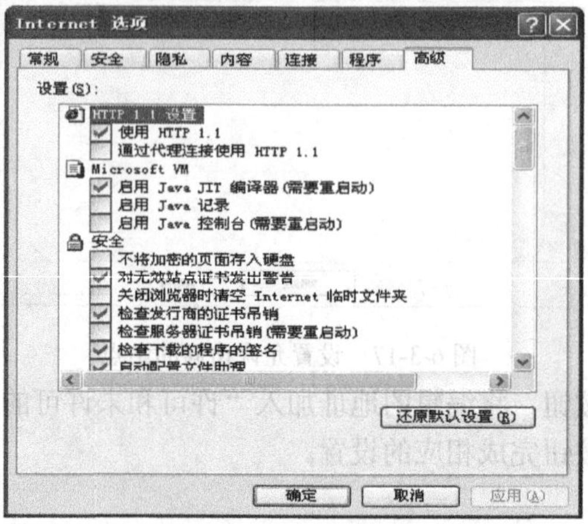

图 6-3-19 “高级”选项卡

清除“显示图片”复选框后，如果当前页上的图片仍然可见，可选择“查看”菜单，然后单击“刷新”，以隐藏此图片。另外，即使清除了“显示图片”或“播放视频”复选框，也可以通过鼠标右键单击相应图标，然后单击“显示图片”，在 Web 页上显示单幅图片或动画。

【课堂练习】

上网搜索海湾战争、科索沃战争、阿富汗战争、伊拉克战争，了解其与网络中心战的关系。

【知识扩展】

搜索技巧：

(1) 如果返回的结果是“没有找到匹配的网页”“返回 0 个页面”。这时通常要检查一下关键字中有没有错别字或语法错误，或者换用不同的关键词重新搜索。也可能是有的搜索表达式所设定的范围太窄了，建议将原关键词拆成几个关键词来搜索，词与词之间用空格隔开。如果是多个关键字进行搜索，也可以通过减少关键字的方法增加搜索内容的量。

(2) 如果返回的结果极多，成千上万，而且许多结果与需要的主题无关。这时通常需要排除含有某些词语的资料以利于缩小查询范围。百度支持“-”功能，用于有目的地删除某些无关网页，但减号之前必须留有空格，语法是“A-B”。

还可以通过增加相关关键字的方法缩小查询范围。例如，使用“海湾战争”和“网络中心战”两个关键字查询，查询出网页的数量会大大减少。

(3) 如果希望更准确地利用百度或 Google 进行搜索，却又不熟悉繁杂的搜索语法，在高级搜索功能中可以自己定义要搜索的网页的时间、地区、语言、关键词出现的位置，以及关键词之间的逻辑关系等。高级搜索功能使百度搜索引擎功能更完善，信息检索也更加准确、快捷。

任务四　收发电子邮件

【学习目标】

(1) 掌握 Outlook Express(OE)的启动、设置账户等基本操作。
(2) 掌握电子邮件的编写和接收、发送等基本操作。
(3) 掌握电子邮件格式的设置。

【相关知识】

E-mail：Electronic Mail 的缩写，即电子邮件，又称电子函件，是指通过电子通讯系统进行书写、发送和接收的信件。

【任务说明】

随着办公自动化程度的日益提高，军网内部电子邮件的使用频率呈逐年上升的趋势。OE 作为微软公司出品的一款电子邮件客户端，可以对电子邮件进行有效的管理。请帮助某营张参谋使用 OE 设置其账户，接收和阅读邮件，并创建一份邮件，把《紧跟时代，进行科技大练兵》的通知作为附件，下发给营直属各连通信员，并“抄送”各连连长及营长和教导员，然后帮助其使用 OE 进行邮件格式(例如签名)的设置。

【任务实施】

一、建立账户

使用 OE 处理电子邮件的前提是，利用从 Internet Service Provider(ISP)处得到的电子邮件账号的相关信息，在 OE 中为张参谋创建电子邮件账号。具体步骤如下：

(1) 启动 OE，选择“工具”菜单下的“账号”选项，如图 6-4-1 所示。

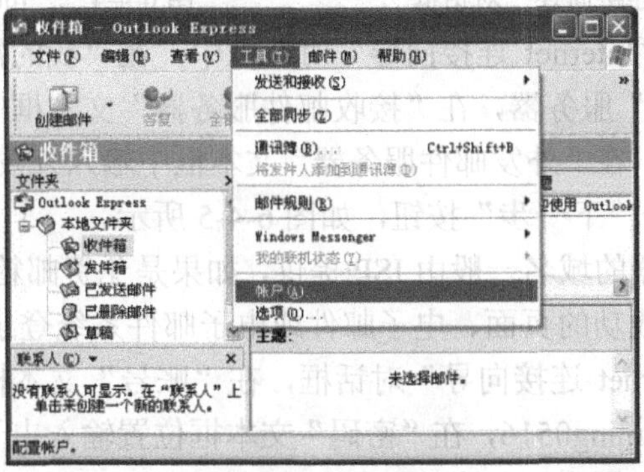

图 6-4-1　选择账号

(2) 选择“账号”菜单，会弹出“Internet 账号”对话框。

(3) 选择“邮件”选项卡，单击“添加”按钮下的“邮件”子菜单，如图 6-4-2 所示。

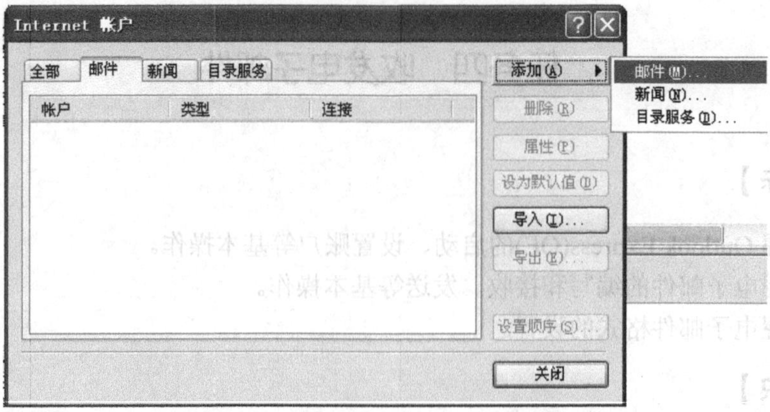

图 6-4-2　“Internet 账号”对话框

(4) 随即弹出“Internet 连接向导”对话框，在“显示名”文本框中输入“张明”，单击“下一步”按钮，如图 6-4-3 所示。

注意：此名字和邮件账号没有必然联系，只是作为将来发送邮件时“发件人”的名字。

(5) 在随即弹出的“Internet 连接向导”对话框中，在“电子邮件地址”文本框中输入 zhangming0516@yeah.net，然后单击“下一步”按钮，如图 6-4-4 所示。

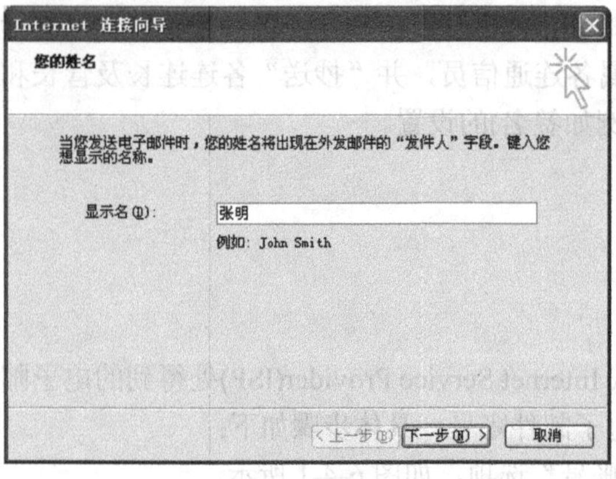

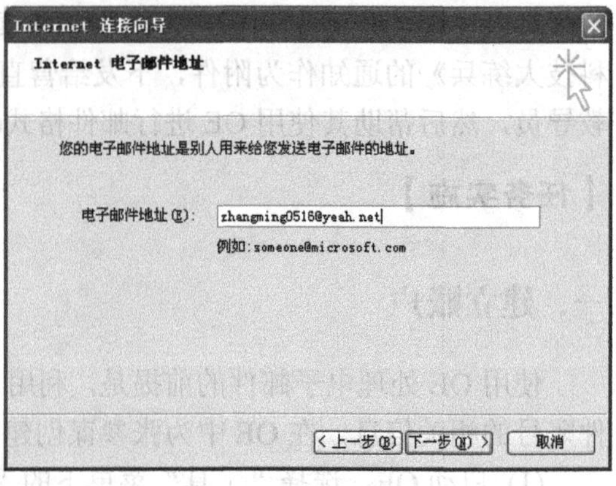

图 6-4-3　“Internet 连接向导”对话框　　图 6-4-4　“Internet 连接向导”对话框

(6) 在随即弹出的“Internet 连接向导”对话框中，在“我的接收邮件服务器是”下拉式列表框中选择“POP3”服务器，在“接收邮件服务器”文本框中输入接收邮件服务器的全称域名：pop.yeah.net，在“外发邮件服务器”文本框中输入外发邮件服务器的全称域名：smpt.yeah.net，然后单击“下一步”按钮，如图 6-4-5 所示。

通常，这两个服务器的域名一般由 ISP 提供，如果是免费邮箱，则在邮箱申请成功时，由 ISP 在祝贺邮箱申请成功的页面、电子邮件或电子邮件系统登录页面中提供。

(7) 随即弹出“Internet 连接向导”对话框，在“账号”文本框位置输入电子邮件地址@前面的部分，即 zhangming0516，在“密码”文本框位置输入电子邮件地址的密码，然后单击“下一步”按钮，如图 6-4-6 所示。

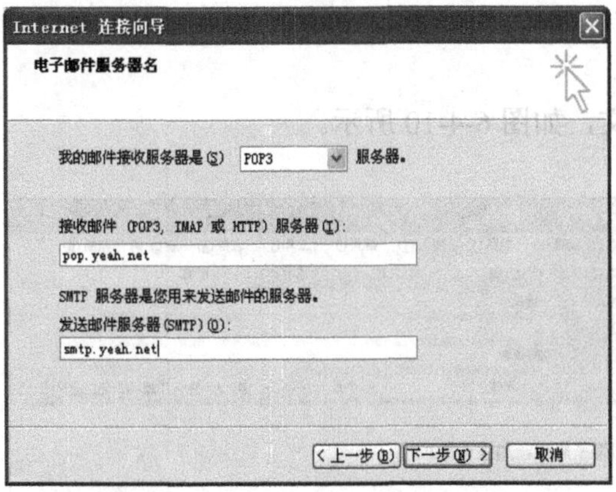

图 6-4-5 “Internet 连接向导”对话框

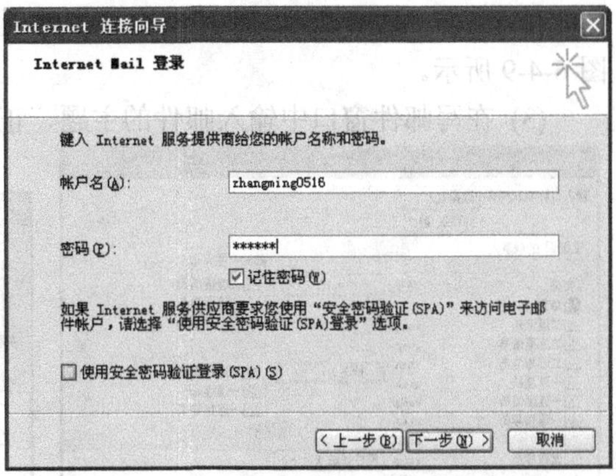

图 6-4-6 “Internet 连接向导”对话框

(8) 在随即弹出的“Internet 连接向导”对话框中单击“完成”按钮。系统返回“Internet 账号”对话框，在对话框中增加了一个类型为“邮件”的账号“zhangming”，如图 6-4-7 所示，单击“关闭”按钮返回。

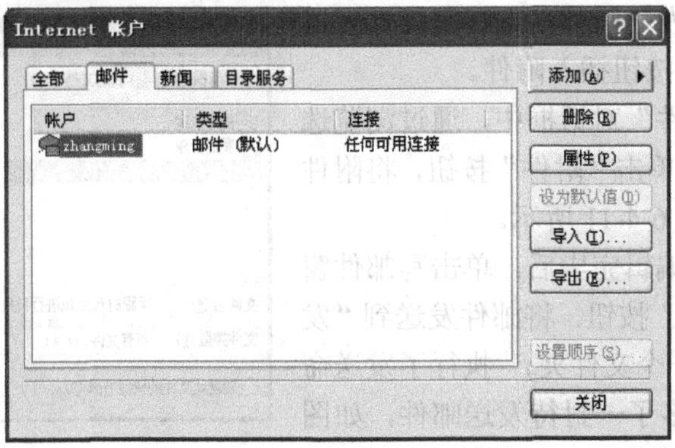

图 6-4-7 “Internet 账号”对话框

二、接收发送电子邮件

(1) 单击 OE 窗口工具栏上“创建邮件”按钮，如图 6-4-8 所示，进入写邮件窗口。

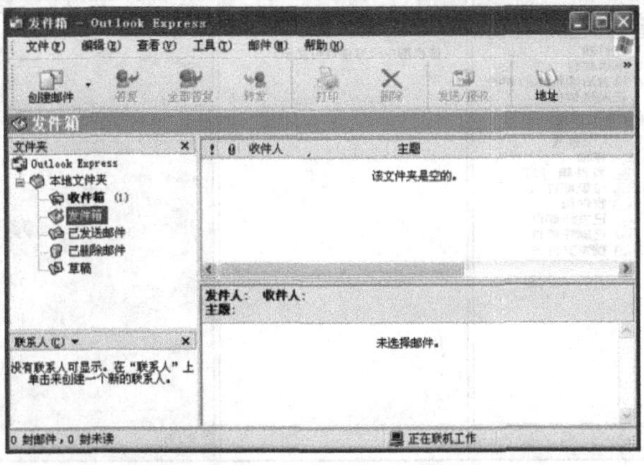

图 6-4-8 Outlook Express 窗口

(2) 单击“收件人”，打开“选择收件人”窗口。选择通信录中的收件人和抄送，如图 6-4-9 所示。

(3) 在写邮件窗口中输入邮件的主题、正文，如图 6-4-10 所示。

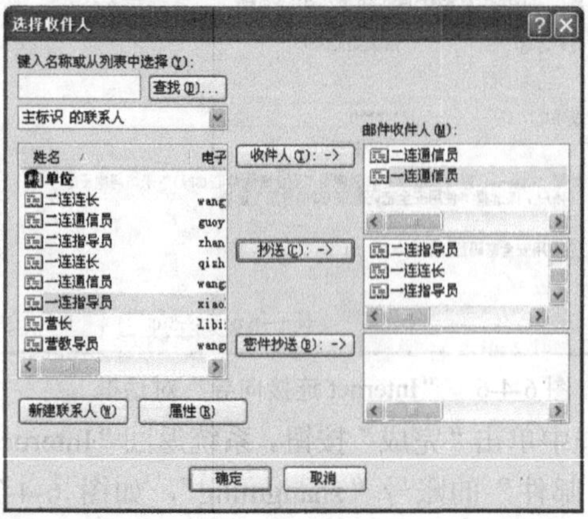

图 6-4-9　“选择收件人”对话框

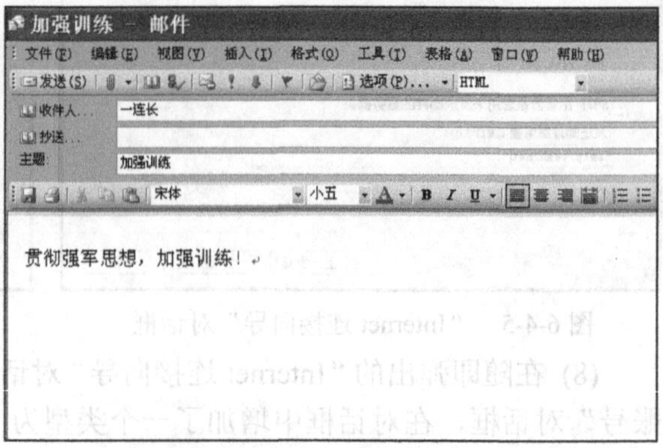

图 6-4-10　添加邮件的主题、正文

(4) 如果要同时发送附件，选择写邮件窗口工具栏上的“附加”按钮插入附件。

(5) 在“插入附件”对话框中，通过浏览选择拟插入的附件后，单击“附件”按钮，将附件加入到邮件中，如图 6-4-11 所示。

(6) 当邮件书写编辑完毕后，单击写邮件窗口工具栏上的“发送”按钮，将邮件发送到“发件箱”(本地硬盘的一个文件夹)。执行了发送命令后，“发件箱”中多了一封待发送邮件，如图 6-4-12 所示。需要说明的是，在此之前都不要求在线。

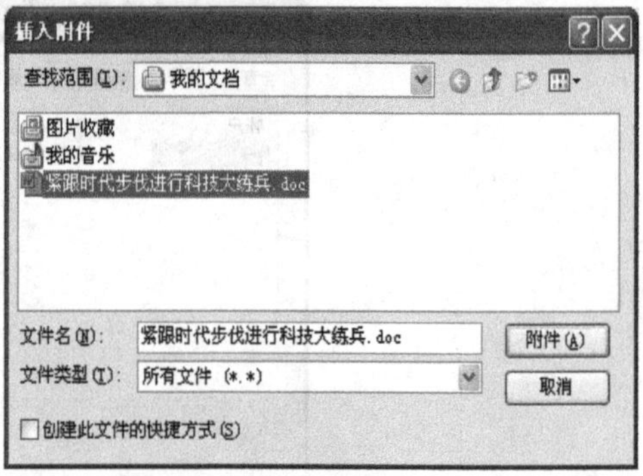

图 6-4-11　“插入附件”对话框

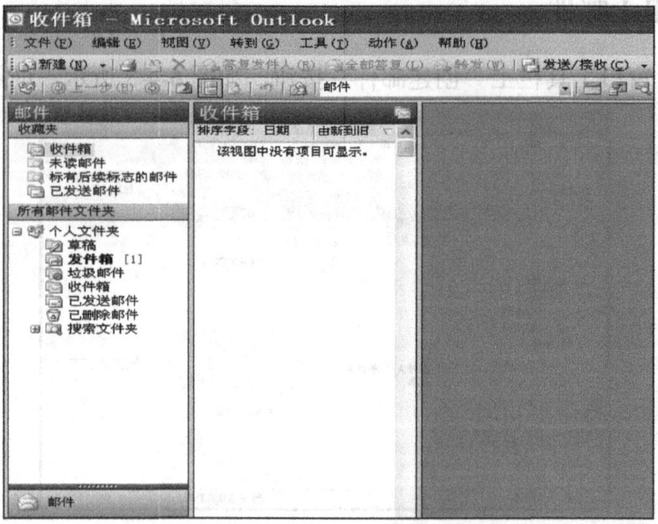

图 6-4-12　发件箱窗口

(7) 网络连通后，单击 OE 窗口工具栏上的“发送/接收”按钮，这时，出现邮件“传输提示”对话框。传输完成后，“传输提示”对话框关闭(具体传输时间取决于发送和接收的邮件内容和附件的大小)。

(8) 此时，可以断开网络连接，看到“发件箱”中的那封待发送邮件没有了，“收件箱”中的信件变为“2 封”，多了两封刚刚接收的邮件，如图 6-4-13 所示。

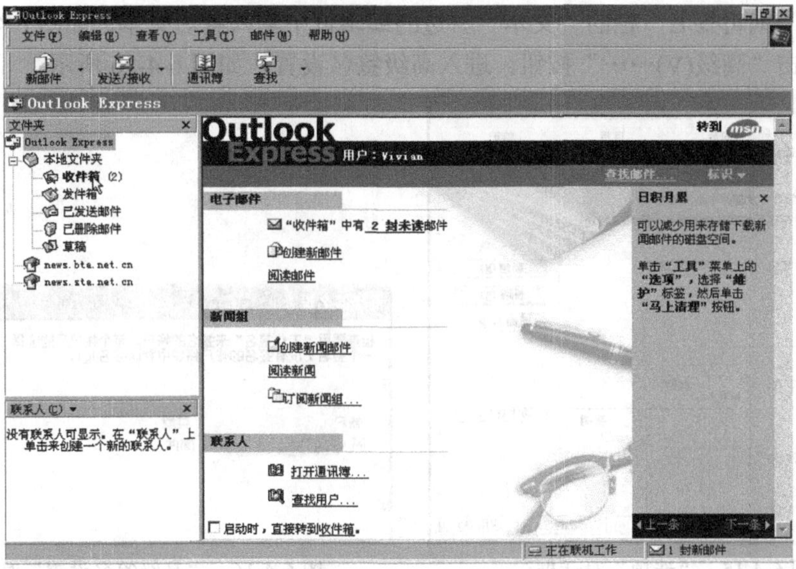

图 6-4-13 收件箱窗口

(9) 单击“收件箱”，进入读邮件窗口，选择“发件人”为 Garyzgm 的邮件，可进一步查看该邮件内容，这封邮件的信息栏中带有回形针符号 🖇，表示该邮件中插有附件，可单击重新保存，如图 6-4-14 所示。

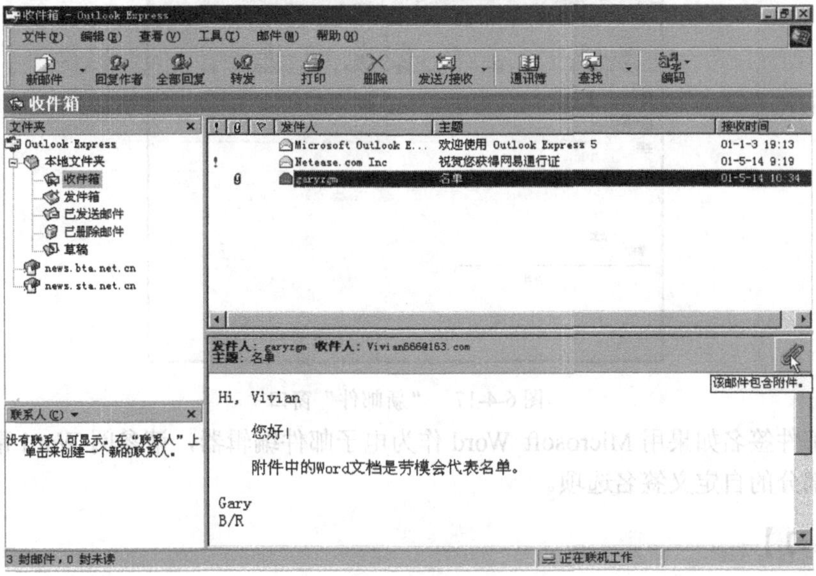

图 6-4-14 读邮件窗口

三、电子邮件格式设置

设置电子邮件签名

(1) 进入 OE 邮件管理，选择“工具”菜单下的“选项”菜单，选择“签名”选项卡。

(2) 单击“新建”按钮，在“签名”栏出现新签名，修改签名的名称为“工作签名”。

(3) 在“编辑签名”栏的“文本”右边的编辑框中输入签名文本，如图 6-4-15 所示。

(4) 单击“高级(V)……”按钮，进入高级签名设置，如图 6-4-16 所示。

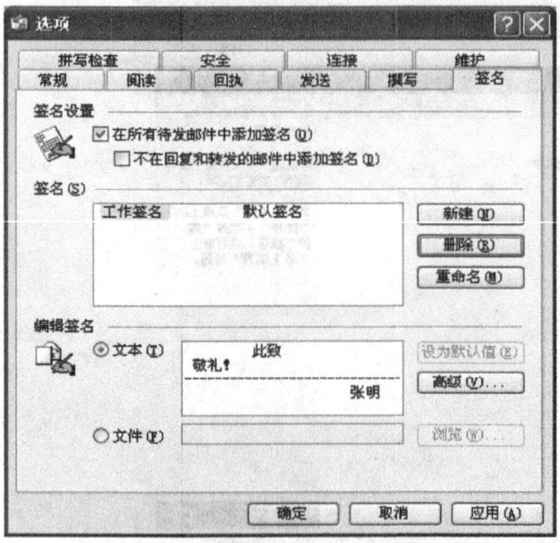

图 6-4-15　“选项”对话框

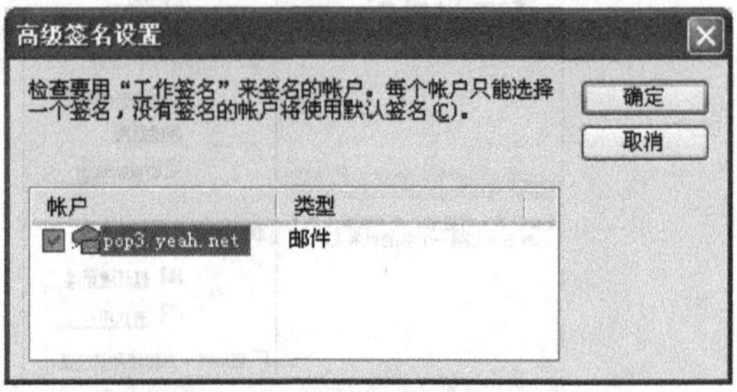

图 6-4-16　“高级签名设置”对话框

(5) 选中使用签名的账户前的复选框，单击“确定”保存签名。

(6) 单击“新邮件”按钮，在邮件窗口中可以看到新邮件使用了默认签名，如图 6-4-17 所示。

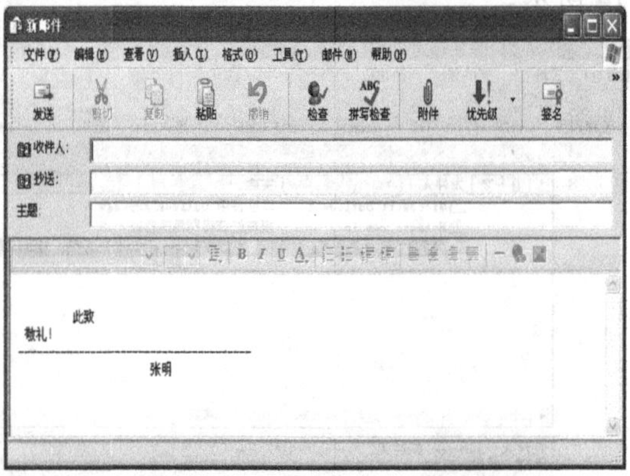

图 6-4-17　“新邮件”窗口

创建邮件签名如果用 Microsoft Word 作为电子邮件编辑器，请参阅 Word 帮助。Word 提供了大部分的自定义签名选项。

【课堂练习】

在 OE 中建立自己的账户，并发送一封带附件的邮件给课代表。要求邮件有签名设置。

【知识扩展】

一个完整的 E-mail 地址是一个字符串组成的式子，如 Username@host.domain，这些字符串由@分成两部分：第一部分为 Username，表示用户名(即用户的电子邮件账号)；第二部分的@是邮件符号，表示“在”(即英文单词 at)的意思，host 表示主机名，domain 表示域名。E-mail 地址是唯一的，表示在某部主机上的一个使用者账号。

习 题

一、选择题

1. 计算机网络中，共享的资源主要指(　　)。

A. 主机、程序、通信信道和数据　　B. 主机、外设、通信信道和数据

C. 软件、外设和数据　　D. 软件、硬件、数据和通信信道

2. 在一所大学中，每个系都有自己的局域网，则连接各个系的校园网是(　　)。

A. 广域网　　B. 局域网

C. 城市网　　D. 这些局域网不能互联

3. ISO/OSI 模型将计算机网络分为(　　)层。

A. 2　　B. 3　　C. 4　　D. 7

4. 在 Internet 上，每个网络和每台主机都被分配了一个地址，该地址由数字表示，数字之间用小数点分开，该地址称为(　　)。

A. TCP 地址　　B. IP 地址

C. WWW 服务器地址　　D. WWW 客户机地址

5. E-mail 是指(　　)。

A. 利用计算机网络及时地向特定对象传送的一种通信方式

B. 电报、电话、电传等通信方式

C. 无线和有线的总称

D. 报文的传送

6. 连入计算机网络的计算机或服务器都必须在主机板上插一块(　　)才能互相通信。

A. 视频卡　　B. 网卡　　C. 显示卡　　D. 声卡

7. IP 地址是(　　)。

A. 接入 Internet 的计算机地址编号　　B. Internet 中网络资源的地理位置

C. Internet 中的子网地址　　D. 接入 Internet 的局域网编号

8. 域名是(　　)。

A. IP 地址的 ASCII 码表示形式

B. 按接入 Internet 的局域网的地理位置所规定的名称

C. 按接入 Internet 的局域网的大小所规定的名称

D. 按分层的方法为 Internet 中的计算机所起的直观名字

9. 浏览 Web 的软件称为(　　)

A. HTML 解释器　　B. Web 浏览器

C. Explorer　　D. Netscape Navigator

二、判断题

1. 网络中的所有微机在进行信息交换时，应使用统一的网络协议。(　　)

2. 电子邮件的地址格式与域名相同。(　　)

3. Internet 使用的基本协议是 TCP/IP。(　　)

4. 在计算机网络中使用的传输介质只能是有线传输介质。(　　)

5. WWW 是 Internet 最受欢迎的超文本信息浏览服务。(　　)

6. 广域网覆盖范围大，传输速率较低，主要的目的是数据通信。(　　)

模块七 常用工具软件

随着计算机性能的不断提高，互联网技术的迅速发展，计算机对人们生活和工作的影响越来越大。本模块介绍了目前最常用的计算机实用工具软件，先介绍了常用软件的安装方法，然后对文件压缩工具、文件恢复工具、图像捕捉工具和转换文件格式软件的使用等进行了介绍。

任务一 文件压缩工具

【学习目标】

(1) 熟悉 WinRAR 软件的界面和功能。

(2) 使用 WinRAR 进行压缩文件与加密压缩文件。

【相关知识】

WinRAR 是现在最流行的一款压缩工具，其界面友好，使用方便，在压缩率和速度方面都有很好的表现。其压缩率比之 WinZIP 之类要高，是现在压缩率较大、压缩速度较快的格式之一，无需解压就可以在压缩文件内查找文件和字符串、压缩文件格式转换功能。

【任务说明】

学会使用压缩软件，能压缩有关文档和解压缩。

【任务实施】

WinRAR 采用了更先进的压缩算法，如前所述，是现在压缩率较大、压缩速度较快的格式之一。WinRAR 还是强大的压缩文件管理器，它提供了 RAR 和 ZIP 文件的完整支持，能解压 ARJ、CAB、LZH、ACE、TAR、GZ、UUE、BZ2、JAR、ISO 格式文件。WinRAR 的功能包括强力压缩、分卷、加密、自解压模块、备份简易等。

一、WinRAR 的资源管理器

WinRAR 是一款压缩解压缩软件，也是一款很好的资源管理器软件。用户可以从如下位置打开 WinRAR 软件，如图 7-1-1 所示。

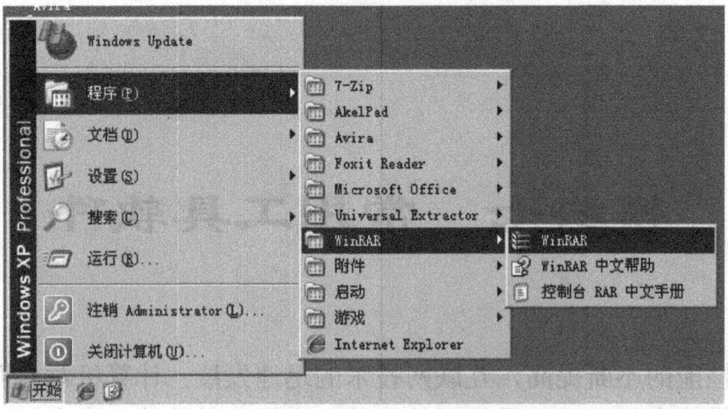

图 7-1-1　打开 WinRAR

如图 7-1-2 所示，我们可以在 WinRAR 的主界面中看到硬盘中的各分区盘符，点击左面向上的箭头可退回到上层目录。

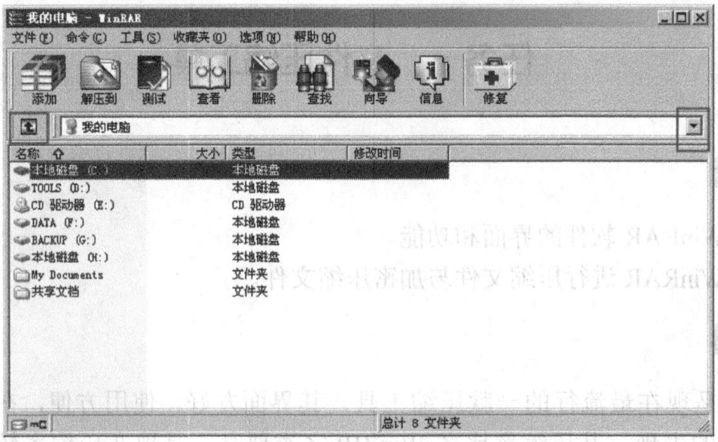

图 7-1-2　软件界面

而点击右侧下拉小箭头，可以切换分区盘符，如图 7-1-3 所示。

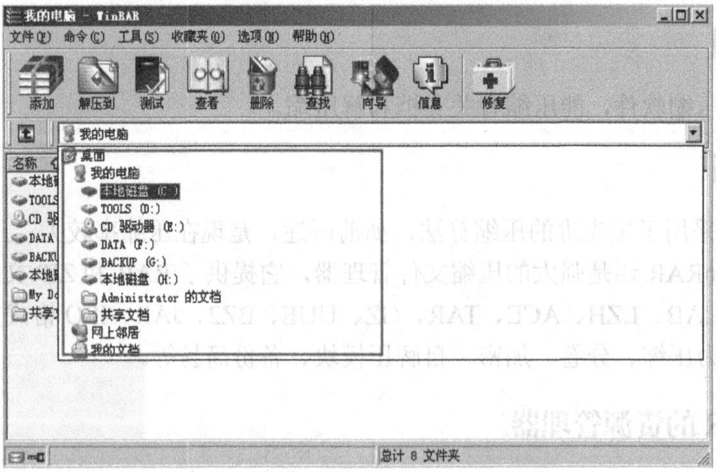

图 7-1-3　选择磁盘

同样，切换分区盘符还可以用文件菜单中的“改变驱动器”来完成，如图 7-1-4 所示。

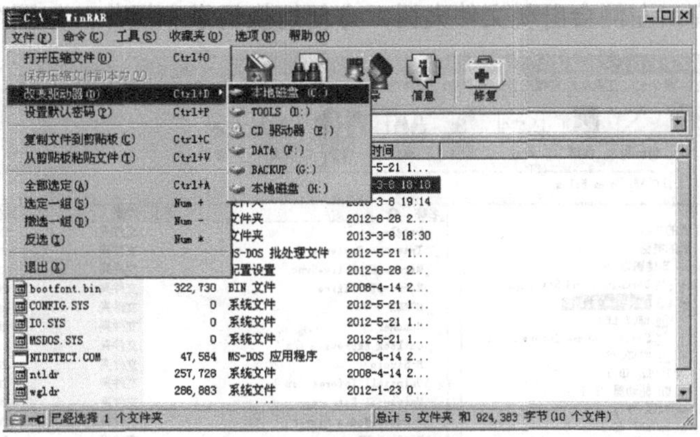

图 7-1-4　使用菜单选择盘符

可以右击在资源管理器窗口中看到的文件、文件夹，或者点击工具栏上相应的按钮进行查看、删除、重命名等常规操作，如图 7-1-5 所示。

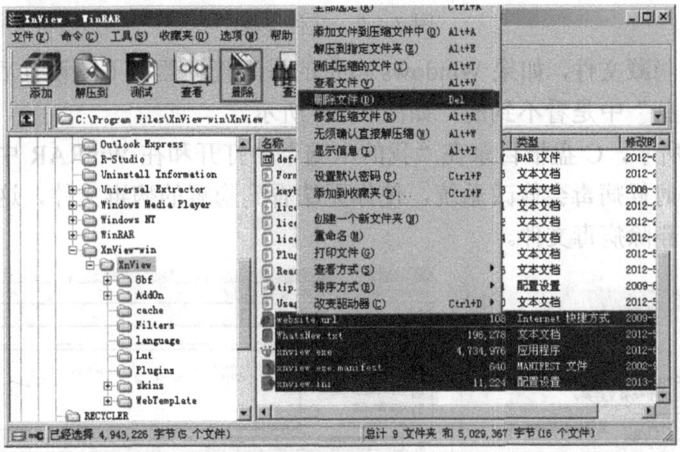

图 7-1-5　文件操作

WinRAR 的资源窗口中显示树状文件列表，如图 7-1-6 所示的选择。

图 7-1-6　选择文件夹树

WinRAR 在窗口左侧会出现文件夹树，方便切换目录和操作，如图 7-1-7 所示。

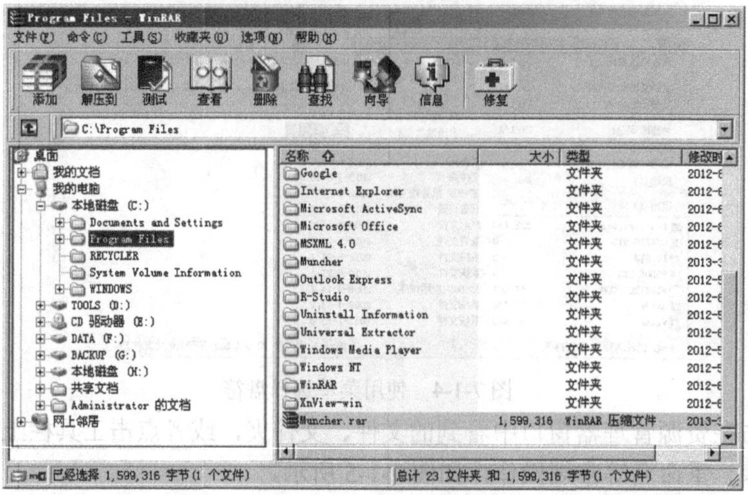

图 7-1-7　文件夹树

显示系统和隐藏文件，如果 Windows 自带的资源管理器如下图设置后，那么隐藏系统文件在“我的电脑”中是看不到的，如图 7-1-8 所示。

如图 7-1-9 所示，C 盘根目录在“我的电脑”中打开和在 WinRAR 中看到的文件数量是不同的，有些时候病毒会修改系统，使你无法看到隐藏的病毒文件，这个时候可以利用 WinRAR 查看并删除病毒文件。

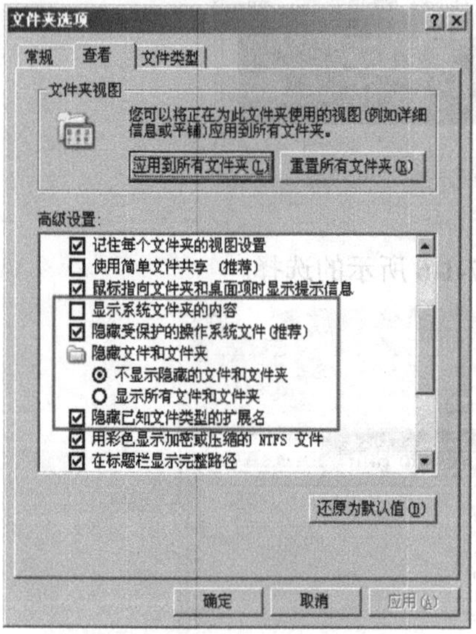

图 7-1-8　选择隐藏文件

图 7-1-9　查看隐藏文件

二、文件选择

WinRAR 有一个功能是选择某一类文件，以选择 MP3 文件为例，打开有 MP3 的文件夹，如图 7-1-10 所示。

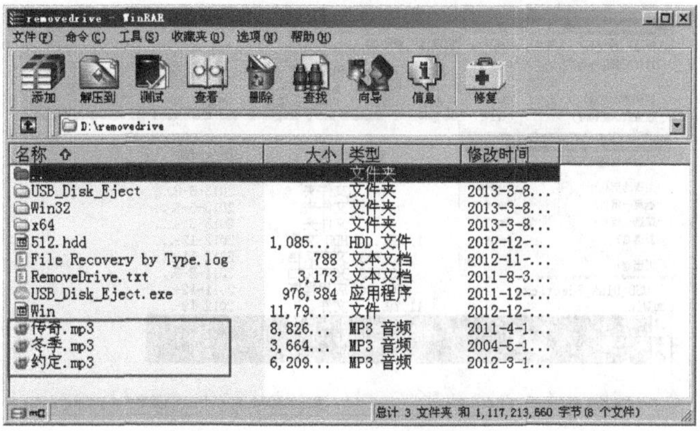

图 7-1-10 打开一个文件夹

点击“文件”→“选定一组”，在出现的对话框中输入文件通配符，如*.mp3，如图 7-1-11 所示。

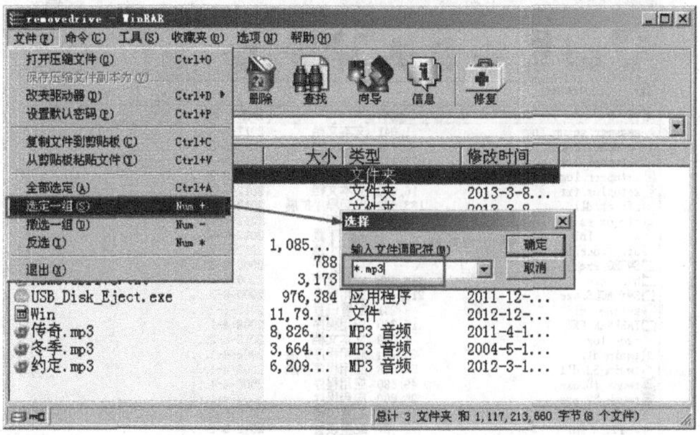

图 7-1-11 选择一类文件

如图 7-1-12 所示，扩展名为.mp3 的所有文件都被选中了，选中后可以对文件进行删除、复制等操作，可以直接按 Delete 键删除，按“Ctrl + C”复制。

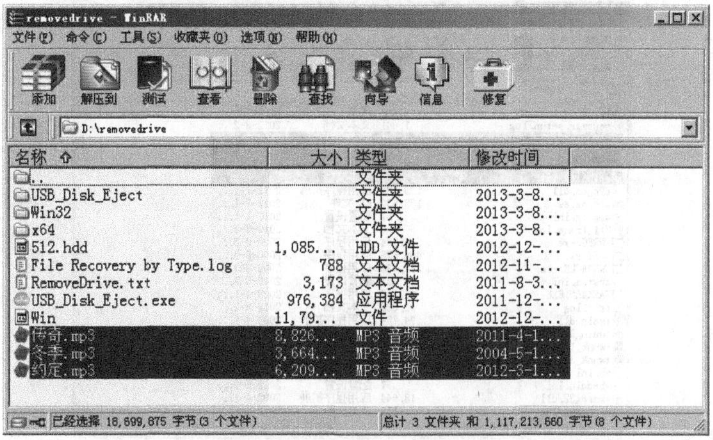

图 7-1-12 选中一类文件

也可以从“文件”→“复制文件到剪贴板”来复制文件，如图 7-1-13 所示。

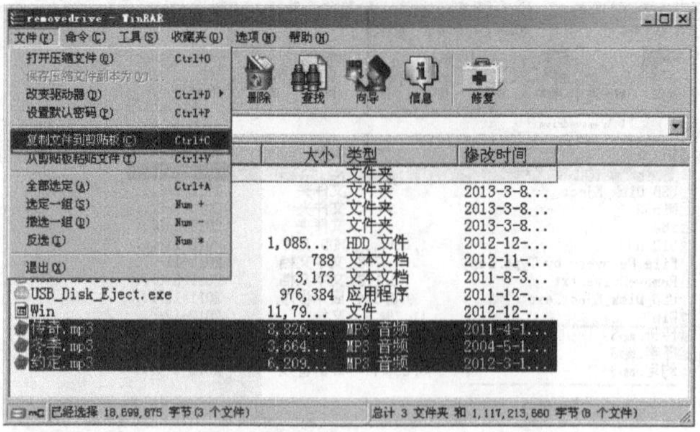

图 7-1-13　复制文件

如果选择文件时输入的通配符是 set*，如图 7-1-14 所示，则所有以 set 开头的文件、文件夹都会被选中。

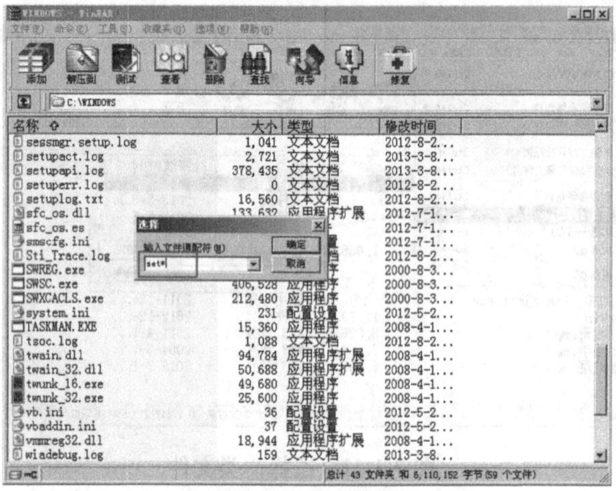

图 7-1-14　选择以 set 开头的文件

如图 7-1-15 所示，以 set 开头的文件都被选择中了。

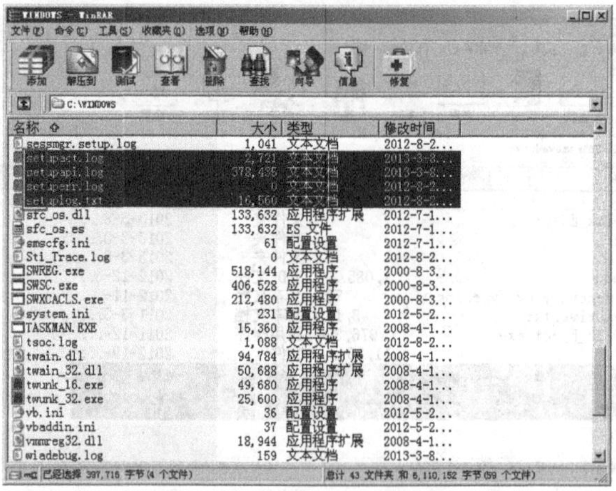

图 7-1-15　选中 set 开头的文件

选择一组文件后，还可以继续选择，前面选择的文件还是选定状态，例如，再输入*32*，如图 7-1-16 所示。

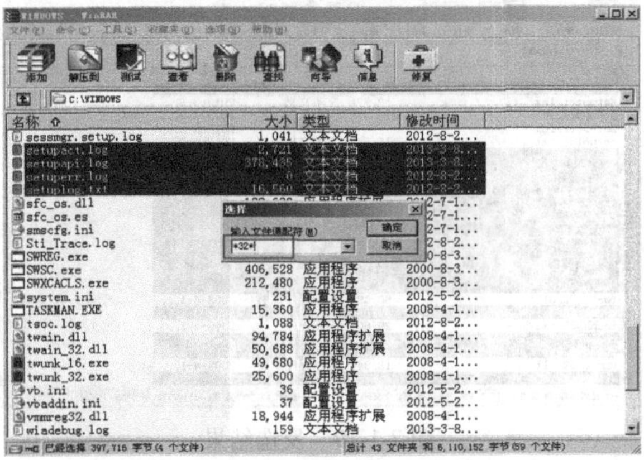

图 7-1-16 选择文件名中含 32 的文件

那么所有文件名中间有 32 的文件都被选中了，如图 7-1-17 所示。

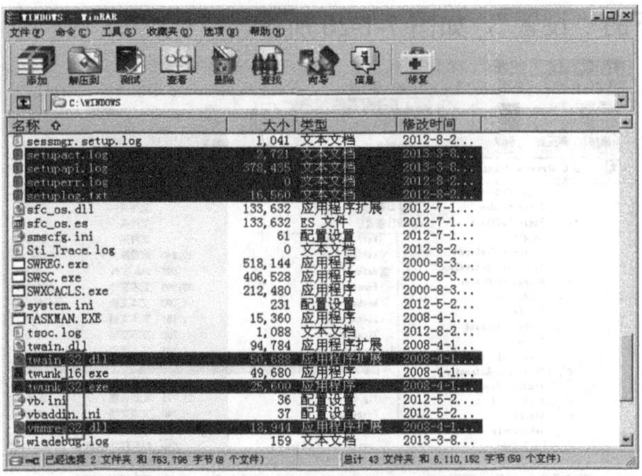

图 7-1-17 选中文件名中含 32 的文件后的效果

还可以反向选择，点击文件菜单下的“反选”后，如图 7-1-18 所示。

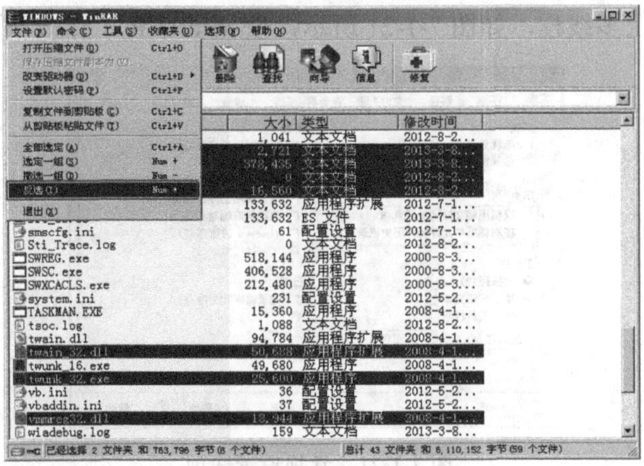

图 7-1-18 反选操作

所有刚才未选中的文件现在都变为了选中状态，如图 7-1-19 所示。

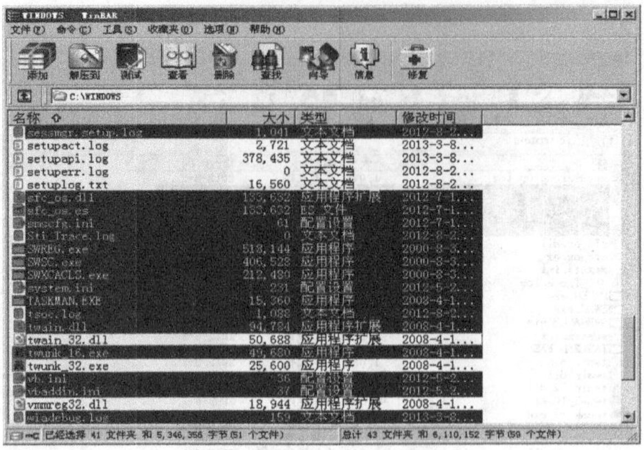

图 7-1-19　反选结果

三、WinRAR 软件的设置

选择选项菜单下的“设置”，如图 7-1-20 所示。

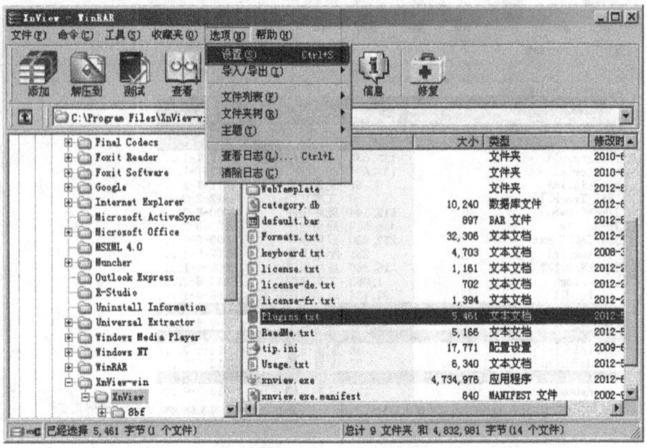

图 7-1-20　设置选项

常规设置中，可以去掉框中的勾选，不记录历史记录以保护隐私。另外，如果电脑比较新，也可以勾选上多线程，如图 7-1-21 所示，使 WinRAR 工作效率更高。

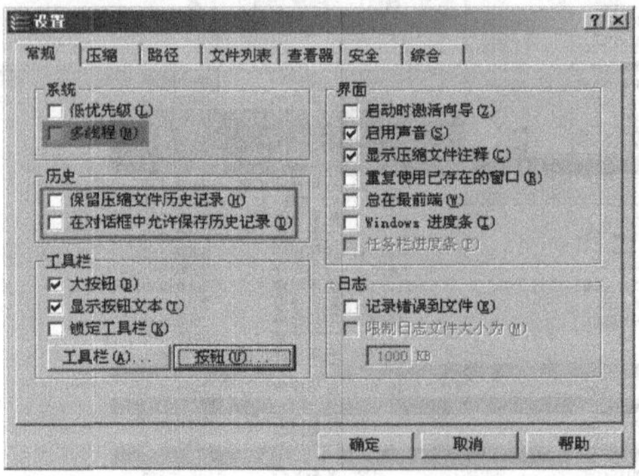

图 7-1-21　常规设置选项

在文件列表中可以设置 WinRAR 资源管理器中的字体，如图 7-1-22 所示。

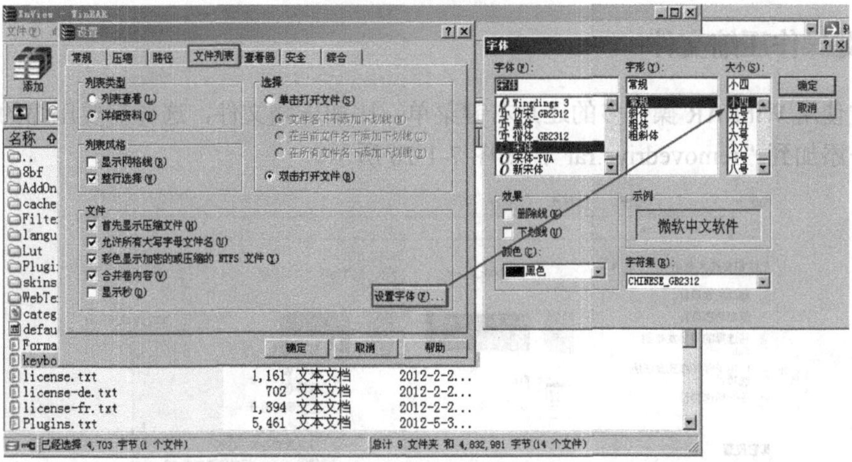

图 7-1-22　文件列表选项

设置字体后的效果及比较如图 7-1-23 所示。

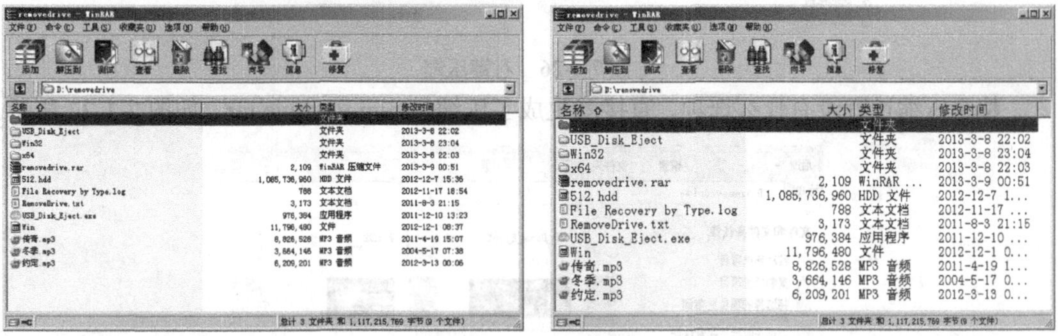

图 7-1-23　设置不同字体

在综合标签的 WinRAR 文件关联中，可以设置哪些文件类型可通过 WinRAR 来打开，如图 7-1-24 所示。

关联菜单项可以去掉如下图勾选的两个选项，如图 7-1-25 所示。

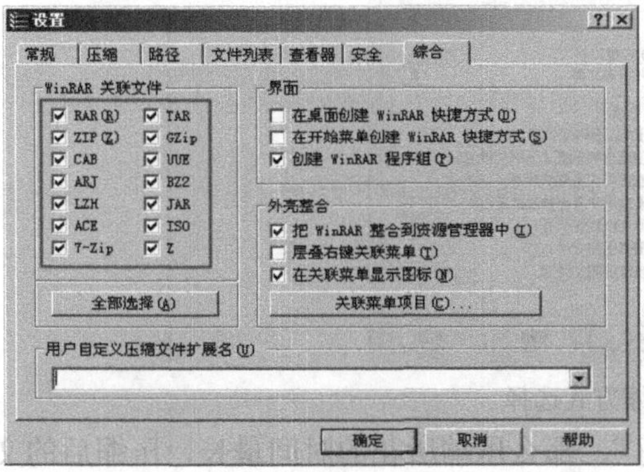

图 7-1-24　设置关联文件

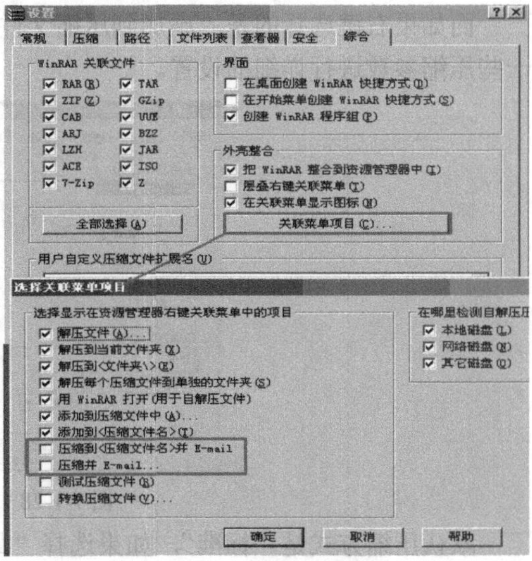

图 7-1-25　设置关联菜单

四、右键操作压缩文件

平时使用 WinRAR 操作多的还是右键菜单，比如压缩文件，选择需要压缩的文件，单击右键→添加到“removedrive.rar”，如图 7-1-26 所示。

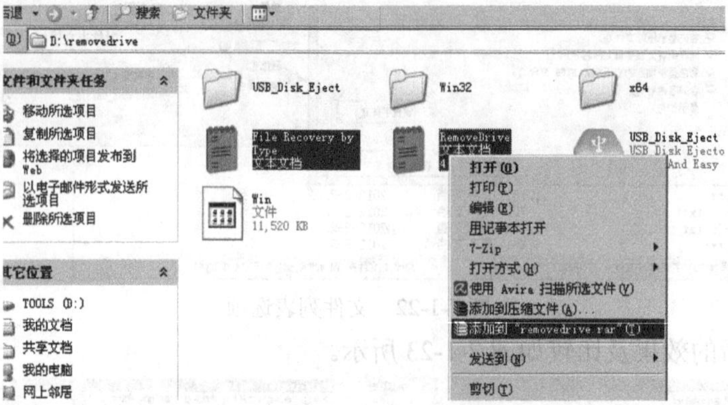

图 7-1-26　右键压缩

整个压缩过程没有什么选项，直接就生成了压缩包 removedrive.rar，如图 7-1-27 所示。

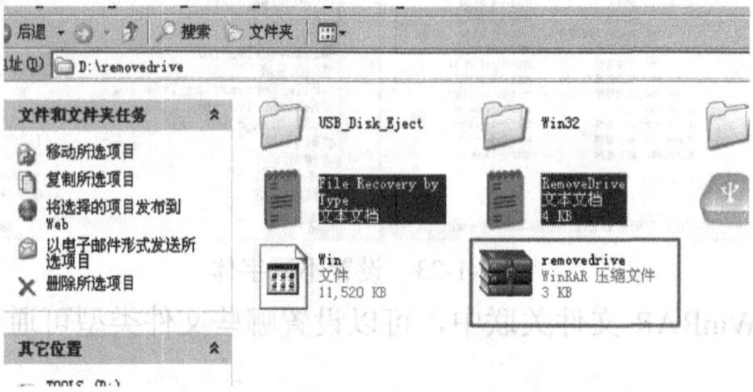

图 7-1-27　生成压缩包

而如果右键选择的是“添加到压缩文件”，会出现如图 7-1-28 所示的对话框，可以对一些压缩参数进行详细的设置。

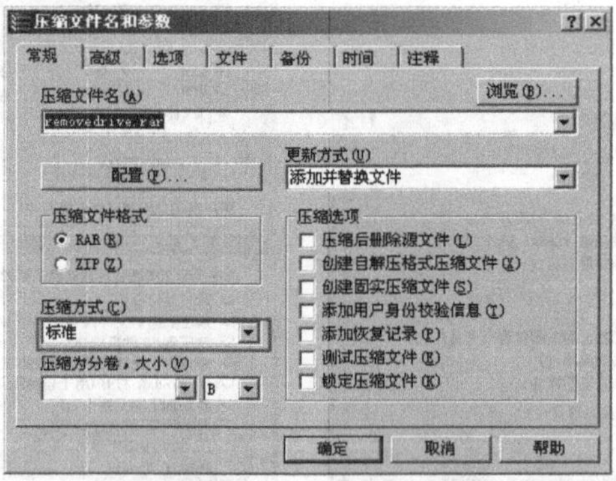

图 7-1-28　压缩方式选择

默认压缩方式是“标准”，如果选择“最好”，那么压缩所花的时间最长，压缩后的文件包越小。这里选择哪种压缩方式也是有技巧的，比如需要压缩的文件本来就是压缩格式，如视频文件 rmvb、系统备份 gho 文件等，这些文件没有什么可压缩的余地，所以选择“最好”方式既费时间又没有必要。

再如，从硬盘往 U 盘上复制一些零散的小文件，会发现速度是比较慢的，因为复制小文件不如复制单个大文件快，如果不太在乎打包后的文件体积，也比较赶时间，那么用 WinRAR 打包压缩方式可以选择“存储”方式，如图 7-1-29 所示，很快就能完成打包。

压缩文件如果出错是很难修复的，有些时候为了增加容错性，打包压缩的时候可以添加恢复记录，如图 7-1-30 所示的选项。

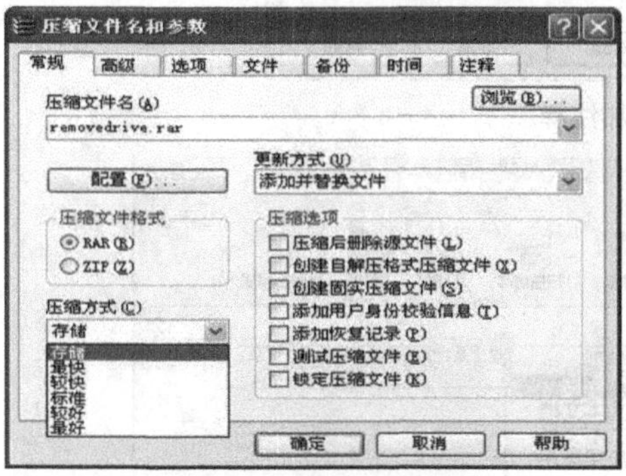

图 7-1-29 “存储”压缩方式

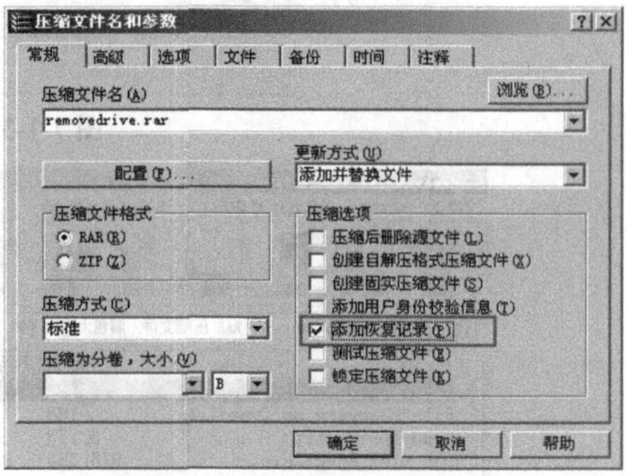

图 7-1-30 添加恢复记录

可以选择恢复记录的百分比，如图 7-1-31 所示。百分比越大，容错性越好，那么压缩出来的文件体积也会相应地有所增加。所以，是否使用恢复记录，要看具体文件而定。

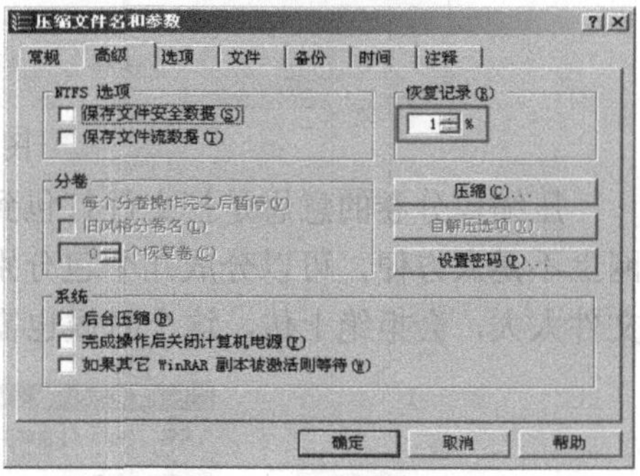

图 7-1-31 恢复记录百分比

WinRAR 可以对压缩的文件进行简单的加密，设置密码的地方如图 7-1-32 所示。如果勾选上加密文件名，那么文件名称也会被加密，压缩包中的文件名称没有密码是无法看到的。如果不勾选加密文件名，压缩包中的文件名称是可以看到的，只是解压缩出来的时候需要密码。

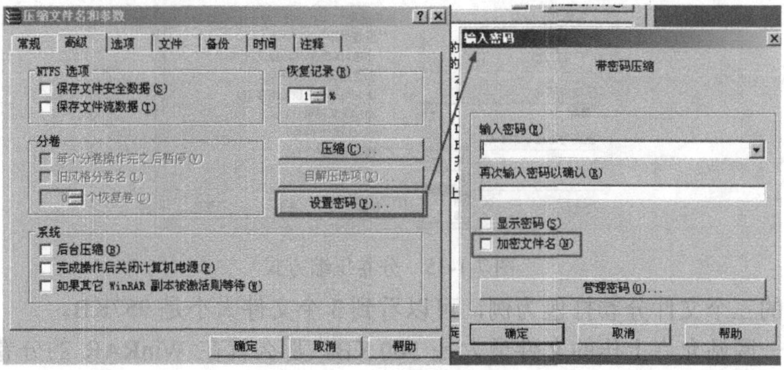

图 7-1-32 设置密码

如图 7-1-33 所示的位置可以对压缩包添加注释，比如，添加对压缩包的一些说明。有些网上下载的加密压缩包会把密码写入注释中，所以，如果提示有密码，可以看看是否在注释中已经给出，如图 7-1-34 所示。

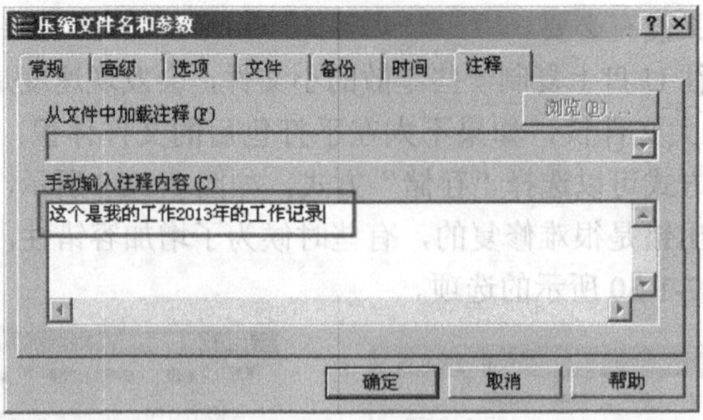

图 7-1-33　添加注释

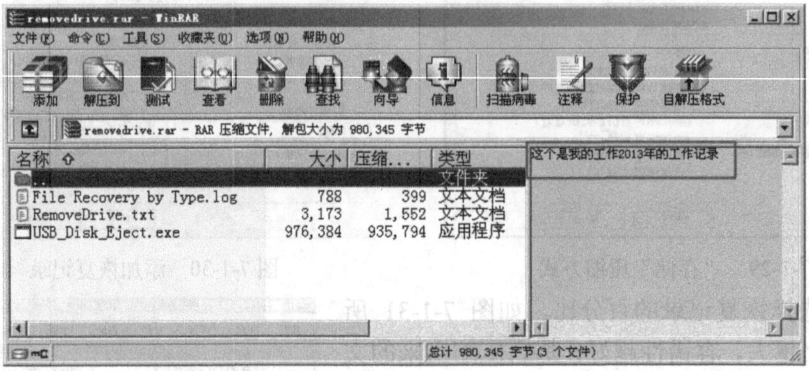

图 7-1-34　查看注释

压缩包分卷的意思是把文件打包到几个压缩包中，比如一个很大的文件压缩后上传到网上不是太方便，可以分成几个包分别上传，有些网站对上传的文件大小也有限制，如果文件太大，会拒绝上传，这个时候也需要分卷压缩打包，如图 7-1-35 所示。

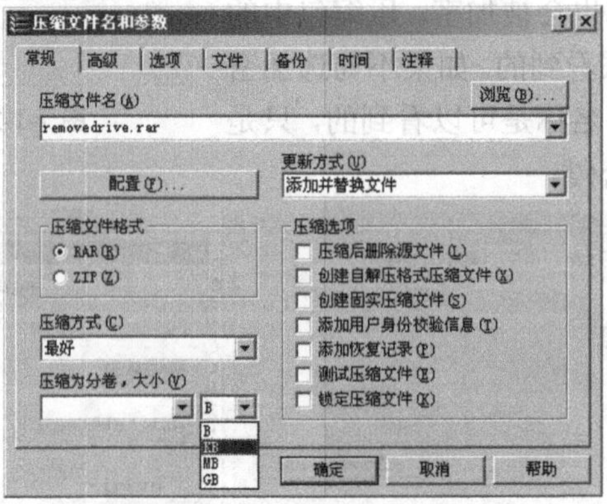

图 7-1-35　分卷压缩方式

以下面的三个文件分卷打包为例，可以看到 3 个文件大小是 957KB。

例如，一网站允许上传的文件最大是 300 KB，那么就在 WinRAR 的分卷大小中输入 300，单位是 KB，957 ÷ 300 = 3.19，这样计算一下，就知道大概会被分成 4 个包。如果需要把文件打包为两个分卷包，则 957 ÷ 2 = 478.5，那么在分卷大小中输入 480 就可以了，单位是 KB，如图 7-1-36 所示。

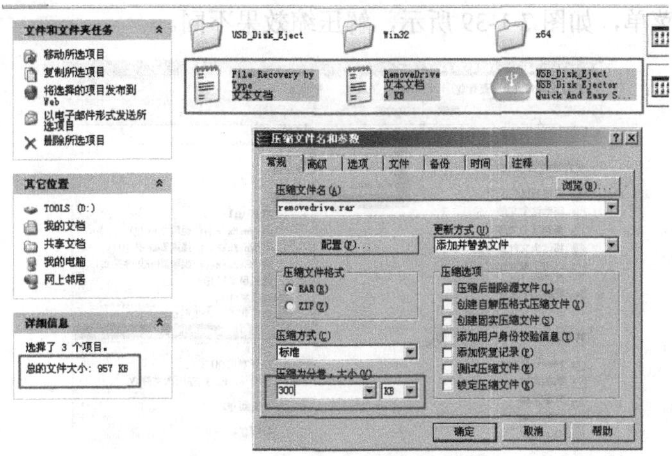

图 7-1-36 设置分卷压缩大小

如图 7-1-37 所示是生成的 4 个分卷压缩包，文件名后有 part1(2、3、4)标志。

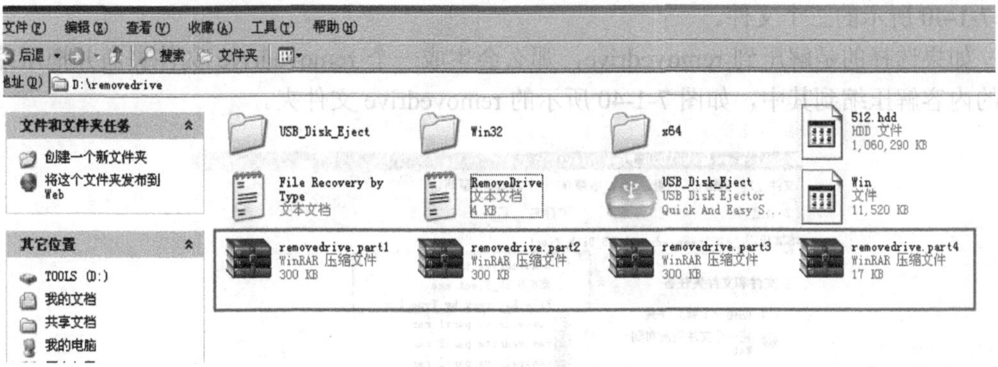

图 7-1-37 分卷压缩包

五、右键操作解压缩文件

还以上文的 4 个分卷压缩包为例讲解压缩包的解压缩，在任何一个分卷压缩包上单击右键选择解压缩，就可以完成解压缩过程。就分卷压缩包解压来说，你必须把所有分卷包都放入一个目录中，才可以完成解压缩过程，如果缺少一个分卷包，解压缩过程提示会无法完成解压，如图 7-1-38 所示。

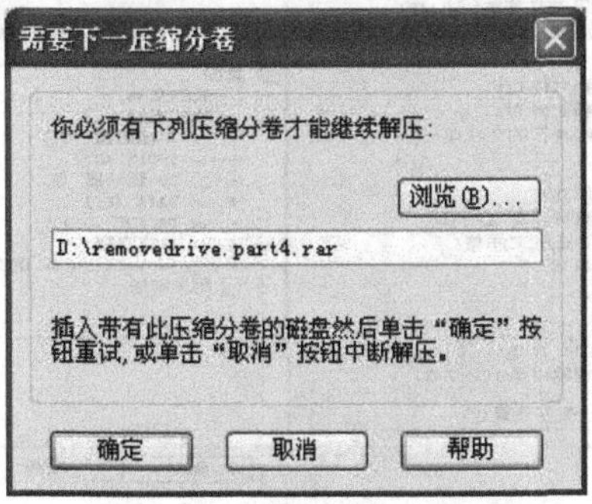

图 7-1-38 提示缺少分卷包

选择不同的菜单，如图 7-1-39 所示，解压缩效果不同。

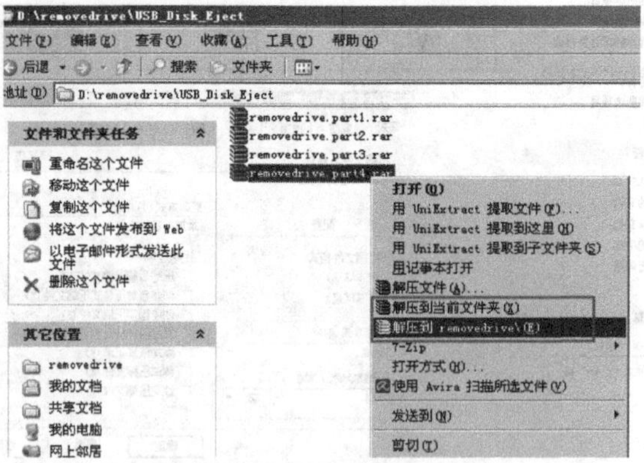

图 7-1-39　不同解压缩菜单选择

如果选择解压缩到当前文件夹，那么就会在当前文件夹出现压缩包中的内容，如图 7-1-40 所示的三个文件。

如果选择的是解压到 removedrive，那么会生成一个 removedrive 文件夹，并把压缩包中的内容解压缩到其中，如图 7-1-40 所示的 removedrive 文件夹。

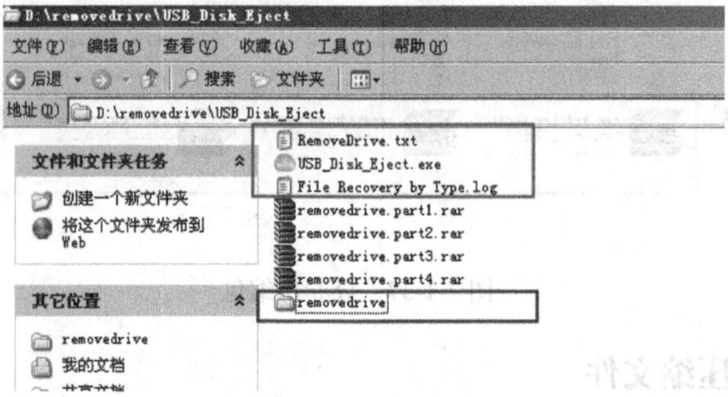

图 7-1-40　解压缩不同效果

如果选择"解压文件(A)……"菜单解压文件，则会出现如图 7-1-41 所示的对话框，可以具体选择解压缩到某个文件夹中。

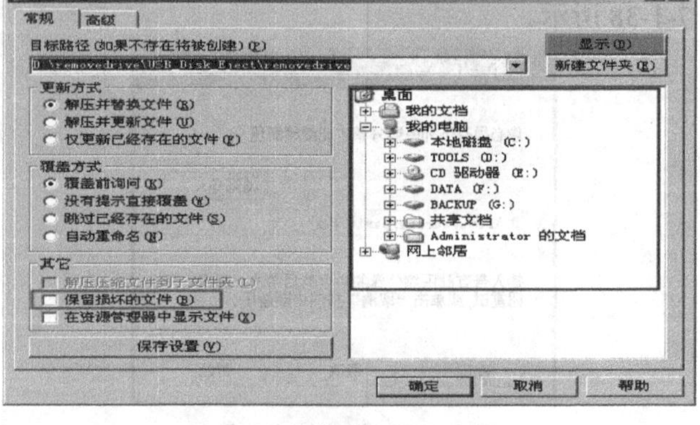

图 7-1-41　选择解压缩位置

有时候下载的压缩包不完整或有错误，解压缩过程中出错时，任何文件都不会被解压出来。有时候压缩包中有一部分文件是没有损坏的，此时勾选图 7-1-41 左下角的“保留损坏的文件”选项后再解压缩，没有损坏的文件会被解压出来。

【课堂练习】

(1) 压缩一个文本文档，并与原文档比较文件的大小。

(2) 压缩一个图形文档，并与原文档比较文件的大小。

【知识扩展】

目前压缩技术可分为通用无损数据压缩与有损压缩两大类，但无论采用何种技术模型，其本质都是一样的，即都是通过某种特殊的编码方式将数据信息中存在的重复度、冗余度有效地降低，从而达到数据压缩的目的。比如：“中国”是“中华人民共和国”的简称，但前者的字数是 2，后者的则是 7，但我们都不会对它们所要表达的意思产生误解，这是因为前者保留了信息中的“关键点”。同时，作为有思维能力的人类，我们根据前后词汇关系和知识积累就可推断出其原来的全部信息。压缩技术也一样，在不影响文件的基本使用的前提下，只保留原数据中一些“关键点”，去掉了数据中重复的、冗余的信息，从而达到压缩的目的。这就是文件压缩技术所要遵循的最基本原理。

例如，一个文件的内容是 11100000000……000001111(中间有一万个零)，你要完全写出来的话，会很长很长，但如果你写“111 一万个零 1111”来描述它，也能得到同样的信息，但却只有 11 个字，这样就减小了文件体积。在具体应用中很少有这样的文件存在，那些文件都相当复杂，根据一定的数学算法，权衡将哪段字节用一个特定的更小字节代替，就可以实现数据最大程度的无损压缩。

任务二 文件恢复工具

【学习目标】

(1) EasyRecovery 软件的界面和功能。

(2) 使用 EasyRecovery 恢复删除的文件。

(3) 使用 EasyRecovery 查看磁盘使用情况。

【相关知识】

EasyRecovery：世界著名数据恢复公司 Ontrack 的技术杰作，是威力非常强大的硬盘数据恢复工具，囊括了磁盘诊断、数据恢复、文件修复、E-mail 修复等全部 4 大类目 19 个项目的各种数据文件修复和磁盘诊断方案。

【任务说明】

(1) 使用 EasyRecovery 进行硬盘数据恢复。

(2) 使用 EasyRecovery 进行 U 盘数据恢复。

【任务实施】

在使用电脑时，有时稍不留意，便会误将重要的文件、硬盘分区删除和格式化(format)，自己在硬盘的某个分区辛辛苦苦整理保存的大量数量顷刻化为乌有。这是一件非常令人头疼和痛心的事情。因此我们极力提倡要经常进行重要数据的备份，以便能够保证重要数据的绝对安全，彻底排除各种安全隐患。那么，有没有一个工具能够将误删误格式化的文件和硬盘分区恢复呢？EasyRecovery 就是一款功能十分强大且操作非常简单、非常实用的硬盘数据恢复工具。

EasyRecovery 是威力非常强大的硬盘数据恢复工具，能够帮你恢复丢失的数据并重建文件系统。EasyRecovery 不会向你的原始驱动器写入任何数据，它主要是在内存中重建文件分区表，使数据能够安全地传输到其他驱动器中。你可以从被病毒破坏或是已经格式化的硬盘中恢复数据。该软件可以恢复大于 8.4 GB 的硬盘，支持长文件名，被破坏的硬盘中诸如丢失的引导记录、BIOS 参数数据块、分区表、FAT 表、引导区等都可以由它来进行恢复。EasyRecovery 主界面如图 7-2-1 所示。

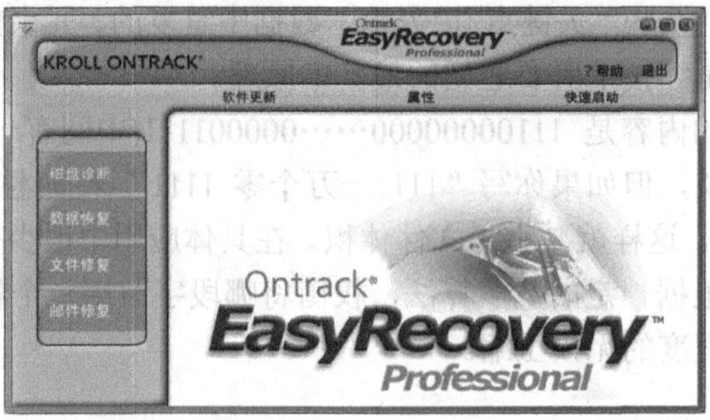

图 7-2-1　EasyRecovery Professional 主界面

为了防止硬盘数据被覆盖或破坏，在安装 EasyRecovery 软件时，系统会提示不要将软件安装在需要恢复数据的硬盘分区中，如图 7-2-2 所示。

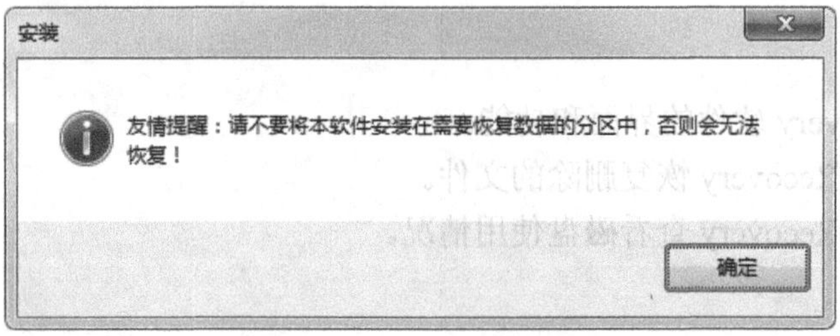

图 7-2-2　软件安装提示

一、磁盘诊断

磁盘诊断类为系统诊断工具，其中包含的工具能快速确定系统是否正面临硬件或磁盘结构问题。此类别中的所有工具都会生成关于系统状态的详细报告，其界面如图 7-2-3 所示。

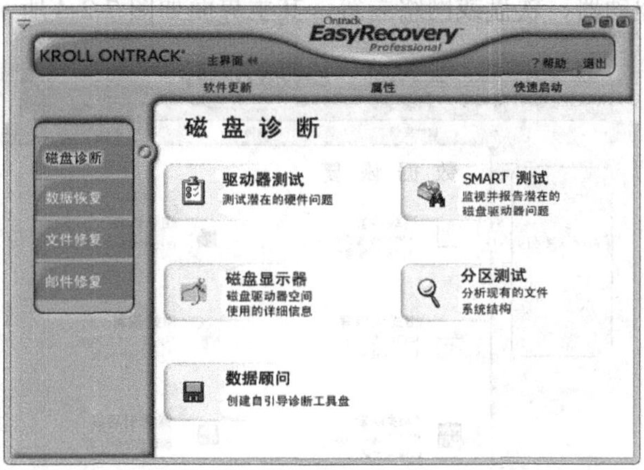

图 7-2-3 “磁盘诊断”主界面

1. 驱动器测试

驱动器测试工具主要测试磁盘驱动器的健康状况。此工具中的所有测试都是只读测试，目的是检查硬盘的物理稳定性，可以选择多个驱动器进行测试。

2. SMART 测试

SMART 测试也称智能测试，它通过使用内置在硬盘驱动器固件中的特殊算法来预测可能会出现的驱动器故障，从而防止数据丢失。大多数新的 IDE 和 SCSI 硬盘都支持该智能技术。

3. 磁盘显示器

磁盘显示器是在计算机系统上显示磁盘使用情况的实用程序。它提供一个即时的图形视图的空间利用情况，很容易找到过大的文件夹和文件。磁盘显示器可以帮助确定系统中哪些文件占满了空间。

4. 分区测试

在某些情况下，驱动器可能没有任何物理问题，但它可能有磁盘结构问题。分区测试工具的目的是对磁盘上的文件系统结构进行广泛的扫描，然后生成一份文件数据状态报告。文件系统检查 FAT 和 NTFS 分区的数据完整性，测试的长度将根据分区的大小和分区中的文件数量而有很大的不同。

5. 数据顾问

数据顾问是一种自我引导的诊断工具，用于评估计算机系统的状态。它通过识别可能导致数据丢失的问题，快速评估硬盘驱动器、文件结构和计算机内存的健康状况。这一综合诊断工具可用于诊断当前问题，并作为常规维护程序的一部分，以识别可能导致数据丢失的潜在问题。若发现潜在问题，将备份有价值的信息并进行更正，以避免将来的损失。

二、数据恢复

数据恢复类包括一系列从损坏的 FAT 和 NTFS 分区中恢复文件数据的工具，所有工具都是非破坏性的和只读的，它们的设计目的是将数据复制到另一个目的地，例如可移动驱动器、另一个硬盘驱动器、软盘或网络卷等，其主界面如图 7-2-4 所示。

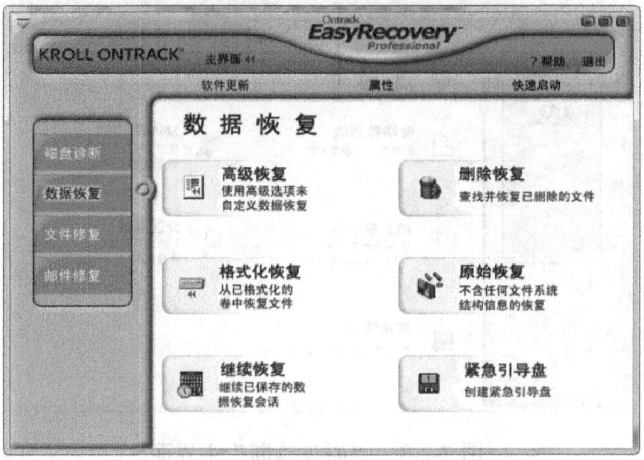

图 7-2-4　“数据恢复”主界面

EasyRecovery 支持的数据恢复方案包括：

(1) 高级恢复——使用高级选项自定义数据恢复。

(2) 删除恢复——查找并恢复已删除的文件。

(3) 格式化恢复——从格式化过的卷中恢复文件。

(4) 原始恢复——忽略任何文件系统信息进行恢复。

(5) 继续恢复——继续一个保存的数据恢复进度。

(6) 紧急引导盘——创建自引导紧急启动盘。

1. 高级恢复

高级恢复提供先进的恢复选项，包括误删除分区、恢复病毒的攻击和其他主要的文件系统损坏。该工具提供了连接到系统的驱动器的详细图形表示，包括与每个设备相关联的分区，如图 7-2-5 所示。

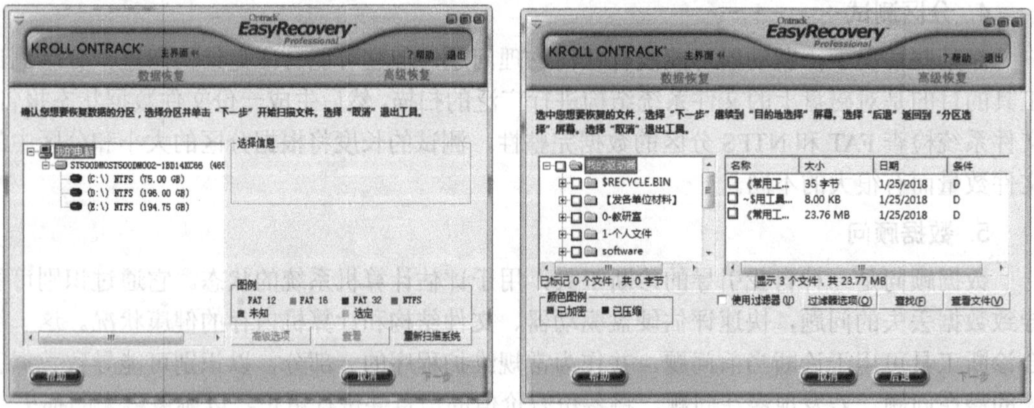

图 7-2-5　“高级恢复”中的分区关联

2. 删除恢复

误删除文件是最常见的数据恢复场景之一。删除恢复工具能快速访问已删除的文件，对已删除的文件进行快速扫描或彻底完整扫描，也可以选择不使用“通配符”输入或文件筛选器字符串，快速恢复一个特定名称的文件，如图 7-2-6 所示。

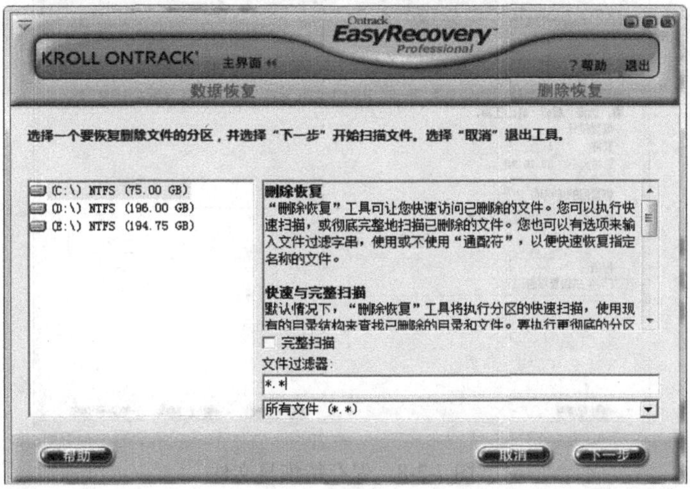

图 7-2-6 “删除恢复”选项

默认扫描选项是对分区的快速扫描，它使用现有的目录结构查找已删除的目录和文件。快速扫描需要几分钟至几十分钟时间才能完成。完整的扫描选项将搜索整个分区，从开始分区信息读取到分区的结束，完成一个完整的扫描，寻找目录和文件。

一般情况下，如果误删除了一个或两个文件，并且没有将任何数据复制到数据驻留的分区上，恢复已删除文件的概率较大。在这种情况下，通常使用快速扫描选项找到文件信息。如果已经删除了包含几个子目录和文件的整个目录，那么最好勾选“完整扫描”，执行一次完整彻底的扫描。

扫描完成之后，误删除的文件及文件夹会全部呈现出来，寻找勾选出需要恢复的文件或文件夹，如图 7-2-7 所示。如果不能确认文件是否是想要恢复的，可以点击界面右下角的“查看文件”命令来查看文件内容。

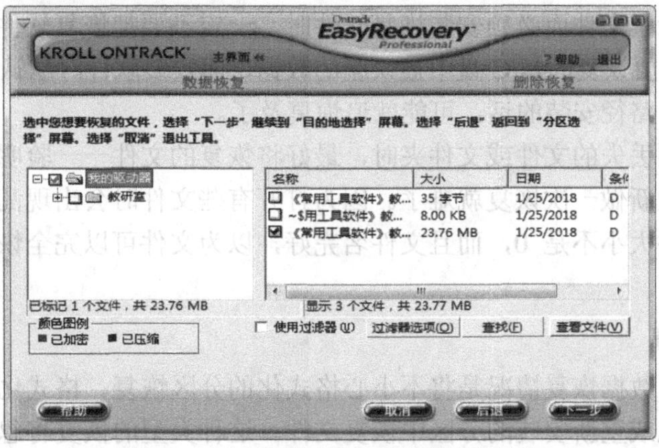

图 7-2-7 勾选需要恢复的文件或文件夹

选择好要恢复的文件后，按照提示选择一个用以保存待恢复文件的逻辑驱动器，如图 7-2-8 所示。

此时切记应将待恢复的文件保存到其他分区上。最好准备一个大容量的移动硬盘，这一点在误格式化某个分区时尤为重要。

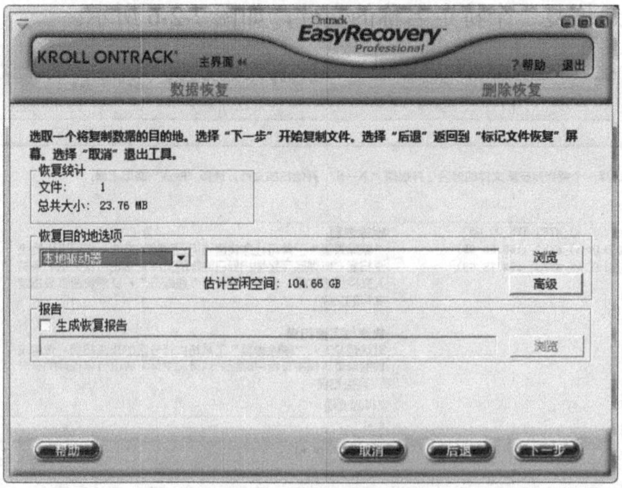

图 7-2-8　保存待恢复文件

点击“下一步”开始复制文件，并生成恢复报告。

注意事项：

首先，如果发现不小心误删了文件或误格式化了硬盘后，记住千万不要再对要修复的分区或硬盘进行新的读写操作(这样数据就很有可能被覆盖了)，因为这样会导致数据恢复难度增加或数据恢复不完全。在 Windows 系统中虽然将文件彻底删除了，但其实文件内容在磁盘上并没有消失，只是在原来存储文件的地方作了可以写入文件的标记，所以如果在删除文件后又写入新数据，则有可能占用原来文件的位置而影响恢复的成功率。

其次，一定不要在目标分区执行新的任务。这一点从概念上容易理解，但实际要做到却不是那么容易的。因为 Windows 会在各个分区多多少少生成一些临时文件，加上还有在启动时自动扫描分区的功能，如果设置不当或操作上稍不留意，可能无形中就会写入新文件。所以在确认文件完全恢复成功前，不要对计算机做不必要的操作(包括重新启动)，特别是当发现误删除了文件而必须安装恢复软件时，一定不要把恢复软件安装在恢复文件所在分区。例如，你要恢复的是 C 盘中被误删的数据，而安装软件时默认路径也是 C 盘，此时若一路采用默认路径安装的话，可能就追悔莫及了。

另外，扫描到丢失的文件或文件夹时，最好将恢复的文件一一验明正身后再进行恢复操作，否则再想重新做一次恢复就难了。因为打开有些文件时会出现乱码，特别是文档资料，明明查看文件大小不是 0，而且文件名完好，以为文件可以完全恢复，而打开却是一堆乱码或不完整。

3. 格式化恢复

另一个常见的数据恢复情况是将不小心格式化的分区恢复。格式化恢复工具能从一个已被不小心格式化或重新安装的分区中恢复文件。这种类型的恢复将忽略现有的文件系统结构，并搜索与以前文件系统相关联的结构。

同文件被删除一样，执行分区的格式化，并删除分区中所有文件，只是对分区作了可以写入文件的标记，文件数据(内容)仍然存在于分区上，没有被覆盖或被破坏，可以使用格式化恢复工具，选择分区进行扫描，如图 7-2-9 所示。

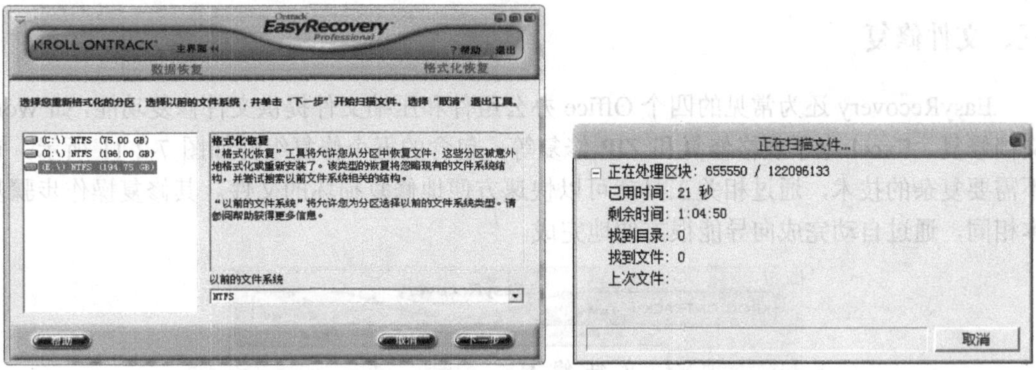

图 7-2-9　“格式化恢复”时选择分区进行文件扫描

待扫描完成并重新构建目录树后，可选择需要的分区文件恢复到其他分区中保存，如图 7-2-10 所示。

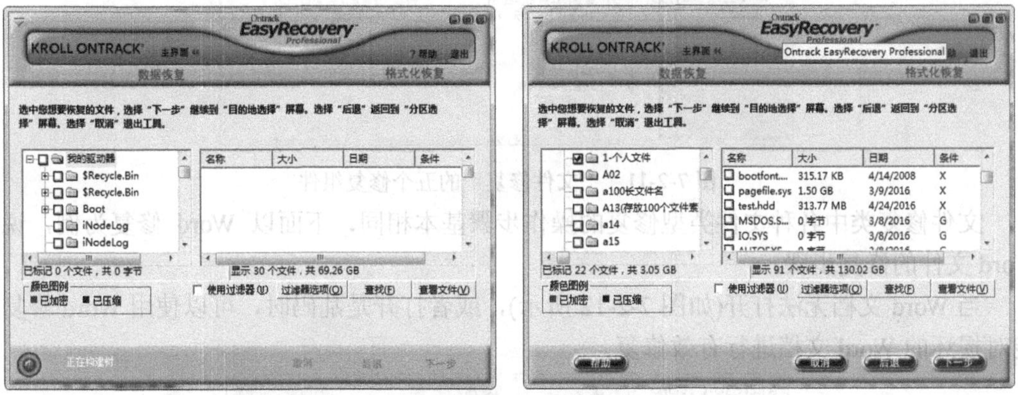

图 7-2-10　格式化后的文件恢复

4. 原始恢复

原始恢复，又称 Raw 恢复。该工具使用文件签名的搜索算法扫描严重损坏的分区，从具有损坏目录结构的分区中恢复文件。

该工具应作为从严重损坏的分区中恢复数据的最后手段，将依次读取磁盘上的所有扇区(逐扇区)查找特定文件头签名。通常，小文件存储在一个扇区中，大文件存储在磁盘上连续的簇中。当频繁使用磁盘创建、删除和修改文件时，会自然产生许多磁盘碎片。进行磁盘碎片整理会大大提高数据恢复的几率。

5. 继续恢复

数据恢复类中的所有恢复工具都可以使用继续恢复选项。当需要中断数据恢复过程时，继续恢复工具会保存包括当前的恢复步骤、分区设置、文件/目录信息和用于恢复的文件/目录等信息。当需要继续恢复时，继续恢复工具加载已保存的状态恢复文件信息，就可以从中断的地方继续恢复。

6. 紧急引导盘

当 Windows 系统不能正常启动，可以通过创建的紧急引导软盘或光盘来启动系统，实现系统急救。它们包括在 Windows 工具中使用的基于 DOS 的数据恢复引擎版本。

三、文件修复

EasyRecovery 还为常见的四个 Office 办公组件和压缩文件提供文件修复功能，如 Word 文档修复、Excel 电子表格修复和 ZIP 修复等，包含的五个修复组件如图 7-2-11 所示。它不需要复杂的技术，通过相关工具就可以快速方便地修复损坏的文件。其修复操作步骤基本相同，通过自动完成向导能很方便地完成。

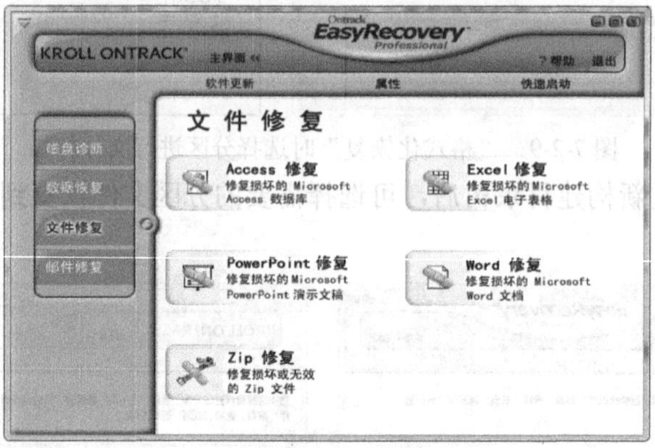

图 7-2-11　“文件修复”的五个修复组件

文件修复类中各种文件类型修复的操作步骤基本相同，下面以 Word 修复为例，说明 Word 文件的修复步骤。

当 Word 文档无法打开(如图 7-2-12 所示)，或者打开是乱码时，可以使用 Word 修复功能对损坏的 Word 文档进行有效修复。

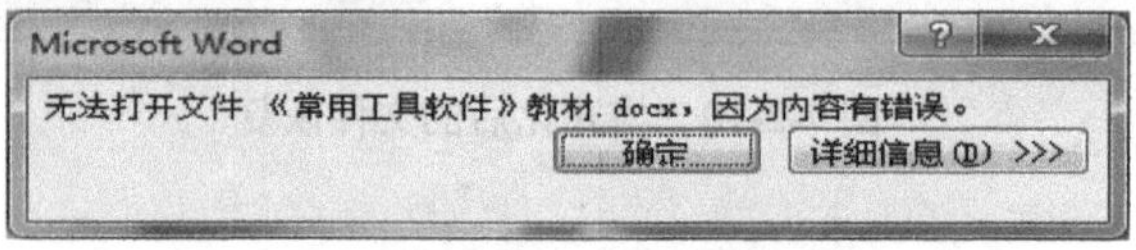

图 7-2-12　损坏的 Word 文档无法打开

在文件修复界面点击“Word 修复”功能，按提示选择待修复的 Word 文档，如图 7-2-13 所示。点击“下一步”即可完成指定文档的修复。

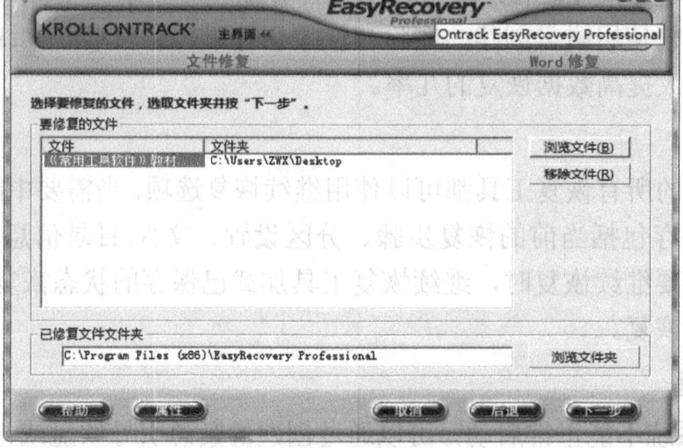

图 7-2-13　选择待修复的 Word 文档

四、邮件修复

与文件修复功能及使用方法类似，EasyRecovery 还提供了电子邮件修复功能，用来修复受损的电子邮件。

【课堂练习】

(1) 使用 EasyRecovery 对计算机 D 盘进行数据恢复。

(2) 使用 EasyRecovery 对计算机 U 盘进行数据恢复。

【知识扩展】

关于防止数据丢失的三个方法：

1. 永远不要长期将文件数据保存在操作系统的同一驱动盘上

大部分文字处理器会将创建的文件保存在“我的文档”中，然而这恰恰是最不适合保存文件的地方。对于影响操作系统的大部分电脑问题(不管是病毒问题还是软件故障问题)，通常唯一的解决方法就是重新格式化驱动盘或重新安装操作系统，如果是这样的话，驱动盘上所有数据都会丢失。

有一个成本相对低的解决方法，就是在电脑上安装第二个硬盘，当操作系统被破坏时，第二个硬盘驱动器不会受到任何影响；如果还需要购买一台新电脑时，这个硬盘还可以被安装在新电脑上，而且这种硬盘安装非常简便。

另一个很好的选择就是购买一个外接式硬盘，外接式硬盘操作更加简便，可以在任何时候用于任何电脑，而只需要将它插入 USB 端口或 FireWire 端口。

2. 定期备份文件数据，无论它们被存储在什么位置

将文件全部保存在操作系统分区中是不够的，应该将文件保存在不同的位置，并且需要创建文件的定期备份，这样就能保障文件的安全性，无论备份是否会失败(出于光盘被损坏、硬盘遭破坏、软盘被清除等原因)。如果想要确保能够随时取出文件，可以考虑进行二次备份；如果数据非常重要的话，甚至可以考虑在防火层保存重要的文件。

3. 提防用户错误

虽然我们不愿意承认，但很多时候是因为自己的问题导致数据丢失。用户可以考虑利用文字处理器中的保障措施，例如版本特征功能和跟踪变化。用户数据丢失的最常见的情况就是当他们在编辑文件的时候，意外地删除掉某些部分，那么在文件被保存后，被删除的部分就丢失了，除非你启用了保存文件变化的功能。

任务三 图像捕获工具

【学习目标】

(1) 熟悉 SnagIt 软件的界面和功能。

(2) 使用 SnagIt 对区域图像、浮动窗口、菜单时间延迟、对象、网页图像、窗口文字进行捕获，记录屏幕视频和编辑图像。

【相关知识】

SnagIt：一个非常优秀的屏幕、文本和视频捕获与转换程序，可以捕获 Windows 屏幕、DOS 屏幕；RM 电影、游戏画面；菜单、窗口、客户区窗口、最后一个激活的窗口或用鼠标定义的区域。

【任务说明】

使用 SnagIt 对区域图像、浮动窗口、菜单时间延迟、对象、网页图像、窗口文字进行捕获，记录屏幕视频和编辑图像。

【任务实施】

使用 SnagIt 可将图像保存为 BMP、PCX、TIF、GIF 或 JPEG 格式，也可以存为视频动画。保存为 JPEG，可以指定所需的压缩级(从 1%到 99%)，可以选择是否包括光标、添加水印，另外，还具有自动缩放、颜色减少、单色转换、抖动，以及转换为灰度级的功能。

与其他捕获屏幕软件相比，SnagIt 有以下几个特点：

(1) 捕获的种类多：不仅可以捕获静止的图像，而且可以获得动态的图像和声音；另外，还可以在选中的范围内只获取文本。

(2) 捕获范围极其灵活：可以选择整个屏幕，某个静止或活动窗口，也可以自己随意选择捕获内容。

(3) 输出的类型多：可以以文件的形式输出，也可以把捕获的内容直接发 E-mail 给朋友；另外，还可以编辑成册。

(4) 具备简单的图形处理功能：利用它的过滤功能，可以将图形的颜色进行简单处理，也可对图形进行放大或缩小处理。

SnagIt 9 主界面分为五个部分，如图 7-3-1 所示，顶部为菜单，左侧为导航菜单，中间为方案选择窗口，可以让用户不必通过菜单就能快速选择捕获方式，最下面为方案设置窗口，通过它，用户可以对每种捕获方式进行详细的设定，右下角为“捕获”按钮。

图 7-3-1　SnagIt 9 的主界面

一、捕获功能

SnagIt 可以通过菜单、配置文件按钮、热键进行图像、文字、视频及网络的捕获，并且还针对不同模式提供了多种不同的捕获方式；同时，SnagIt 在进行每次捕获时都提供了详细的操作提示。

用户可根据不同需要，通过菜单“捕获”→“模式”来选择不同的捕获模式。SnagIt 9 共提供了四种捕获模式，如图 7-3-2 所示，分别是：图像、文字、视频及网络捕获。

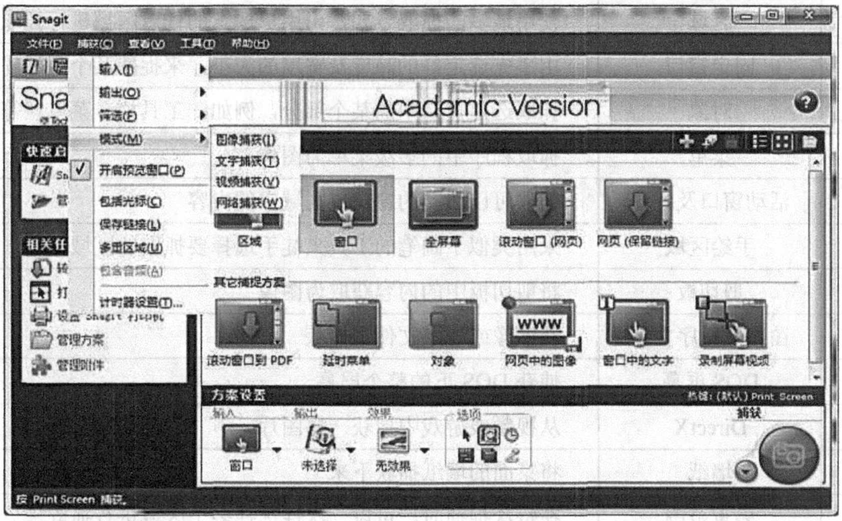

图 7-3-2 四种捕获模式

1. 图像捕获

通过菜单的“捕获”→“输入”可以选择不同的捕获方式，如屏幕、窗口、活动窗口、区域、对象、菜单等 17 种，如图 7-3-3 所示。

图 7-3-3 捕获方式选择

常用的 17 种图片捕获方式及其说明如表 7-3-1 所示。

表 7-3-1　图片捕获方式及其说明

序 号	捕 获 方 式	说　　明
1	屏幕	抓取整个屏幕
2	窗口	抓取由用户选定的窗口
3	活动窗口	抓取当前活动的窗口，一个用户可能打开多个窗口，但同一时间只有一个窗口在用
4	区域	使用最多的抓取方式，由用户选定的任意区域进行抓取
5	固定窗口	由事先选定好的高度及宽度的大小，来捉捕某个区域
6	对象	抓取选定窗口中的某个部分，例如：工具栏、菜单栏等
7	菜单	抓取程序中的多级菜单为图像
8	活动窗口及区域	抓取可以滚动的窗口或区域中的内容
9	手绘区域	采用类似于画笔的工具来徒手选择要抓取的区域
10	剪切板	将剪切板中的内容获取为图像
11	图像及程序文件	从图像或程序文件中捕获
12	DOS 屏幕	捕获 DOS 下的整个屏幕
13	DirectX	从视频或游戏中捕获一幅图片
14	墙纸	将桌面的墙纸捕获下来
15	多重范围	在每次捉捕时，可以一次性选择多个区域进行抓取
16	扫描仪及数码相机	对连接到电脑的扫描仪及数码相机中的图像进行扫描
17	扩展窗口	对已经捕获的图像的高度及宽度进行重新设置

基本捕获方法大致分两类：

(1) 屏幕捕获步骤：通过菜单“捕获”→“模式”→“图像捕获”→“输入”→“屏幕”→单击“捕获”按钮即可。

(2) 窗口捕获步骤：通过菜单“捕获”→“模式”→“图像捕获”→“窗口”→单击“捕获”按钮即可获得窗口图片。

其他类型的捕获和屏幕(或窗口)捕获的步骤基本相同。

SnagIt 在进行菜单捕获时，还可以通过“捕获”→“定时器设置”设置延迟时间，让用户有充分的时间打开菜单，进行捕获。另外，它还提供了计划、定时捕获功能，如图 7-3-4 所示。

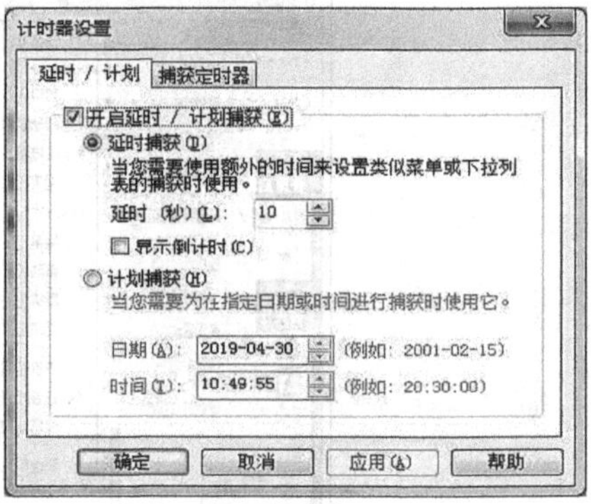

图 7-3-4　SnagIt 延时及定时设置画面

2. 文字捕获

文字捕获功能是指将屏幕、窗口、活动窗口、区域、固定区域、对象、自动滚动窗口、滚动区域、滚动活动窗口等 11 种区域或对象中的文字分离出来，并且能对其进行编辑。

捕获方法：通过菜单“捕获”→“输入”可以选择不同的捕获方式(普通、滚动及高级等)；选好之后按“捕获”按钮即可。

捕获其他区域的文字的步骤与上面基本相同。自动滚动的时间也可以通过菜单“捕获”→“输入”→“属性”进入设置界面，设置滚动的时间及其他属性，如图 7-3-5 所示。

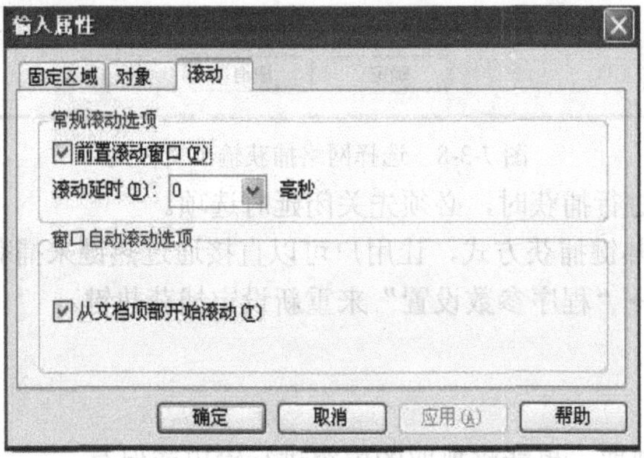

图 7-3-5　滚动选项的设置

3. 视频捕获

视频捕获是指将屏幕、窗口、活动窗口、区域、固定区域等 5 种进行录像并保存为.avi 格式文件。例如，可以将屏幕操作时的鼠标动作或应用程序的运行过程录制成视频文件。

捕获方法：通过菜单“捕获”→“输入”可以选择不同的捕获方式；按“捕获”按钮即可。也可以直接选择方案选择窗口中的“录制屏幕视频”来进行视频的录制。点击【开始】按钮开始视频录制，按“Print Screen”键停止捕获，如图 7-3-6 所示。

在进行视频抓取时，首先要通过菜单“捕获”→“输入”→“高级”选取“Direct X”选项。否则，抓取出来的会是一团漆黑的内容。

图 7-3-6　视频捕获

4. 网络捕获

网络捕获是指通过某个设定网址或输入网址来自动获取这个网站上的图片。

网络捕获方式有固定地址和提示地址两种。如图 7-3-7 所示。

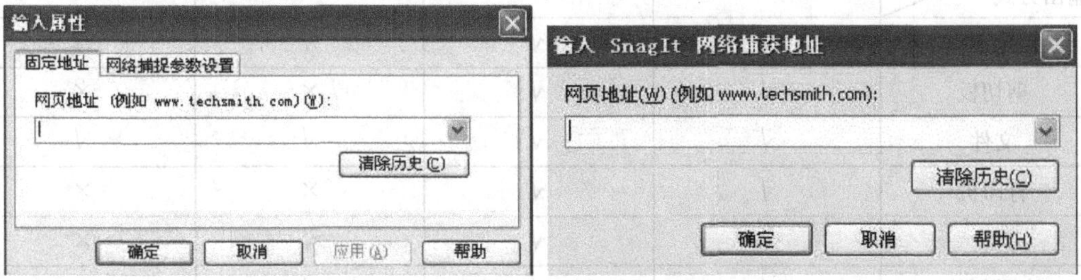

图 7-3-7　固定网址与提示地址设置页面

输入网址后，选定本地存放文件夹，如图 7-3-8 所示，获得的网页图片将会被存到指定的文件夹中。

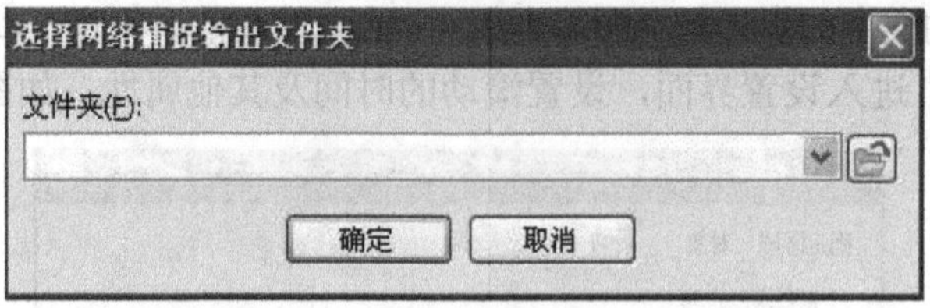

图 7-3-8　选择网络捕获输出文件夹

在使用提示地址进行捕获时，必须先关闭延时选项。

SnagIt 还提供了热键捕获方式，让用户可以直接通过热键来捕获不同的对象，并且可以通过菜单“工具”→“程序参数设置”来重新设定捕获热键。

二、输出功能

SnagIt 能够实现抓取，也能将抓取的内容进行输出或保存。

对于图像、文字、视频及网络捕获到的内容，通过菜单“捕获”→“输出”可以选择如表 7-3-2 中不同的输出方式。不同的捕获方式，其输出方式与内容并不完全一样，如表 7-3-3 所示。

表 7-3-2　输出方式及说明

输 出 方 式	说　明
预览窗口	将捕获的图像直接显示在 HyperSnap 的预览窗口中
剪切板	将捕获的图像放到剪切板
文件	将捕获的图像保存到文件中
打印机	将捕获的图像输出到打印机上
FTP	将捕获的图像上传到 FTP 主机上
电子邮件	将捕获的图片发送到某个电子邮件内
程序	将捕获的图像直接输出到某个程序中，例如：Word，Excel 中

表 7-3-3　输出方式及内容

内容 输出方式	图像	文字	视频	网络
预览窗口	√	√	√	√
剪切板	√	√	×	×
文件	√	√	√	√
打印机	√	√	×	×
FTP	√	√	√	×
电子邮件	√	√	√	×
程序	√	√	√	×

三、编辑功能

SnagIt 提供了独立的图像编辑器，具备非常强大的图像处理功能。其主界面如图 7-3-9 所示。它可以对捕获的图像进行编辑、加注、调色、旋转、标记、发送等多种处理工具。其图像编辑功能的应用尤其广泛。

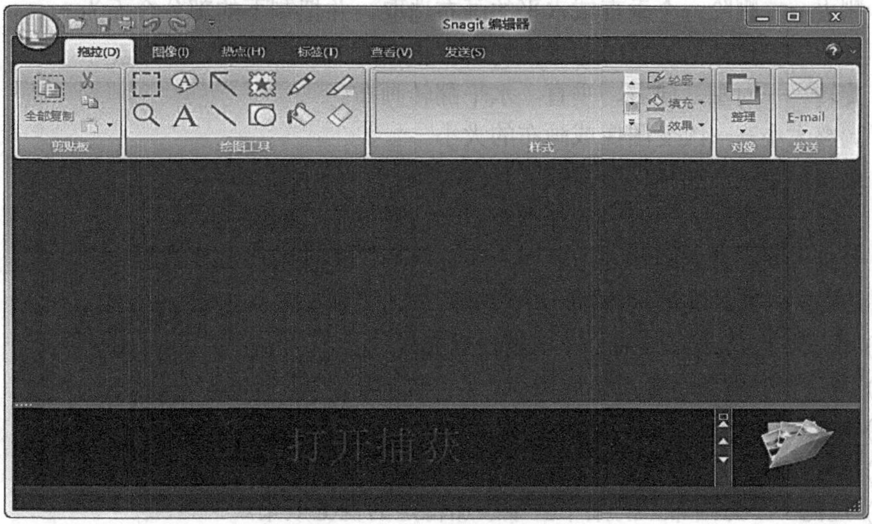

图 7-3-9 SnagIt 图像编辑器

1. 绘图工具

SnagIt 的图像编辑功能，即“拖拉”菜单下“绘图工具栏”所包含的 12 个功能，其功能界面如图 7-3-10 所示。

(1) 选区——可以在画布上框选一个要移动、复制或剪贴的区域。

图 7-3-10 图像编辑工具栏

(2) 项目符号——可以添加一个包含文字的外形，如矩形、云朵等。

(3) 箭头——添加箭头来指示重要信息。

(4) 印章——插入一个小图来添加重点或重要说明。

(5) 钢笔——在画布上绘制手绘线。

(6) 高亮区域——在画布上绘制一个高亮矩形区域。

(7) 缩放——在画布上左击放大，右击缩小。

(8) 文本——在画布上添加文字说明。

(9) 直线——在画布上绘制线条。

(10) 外形——绘制矩形、圆形及多边形等。

(11) 填充——使用任意颜色填充一个密闭区域。

(12) 橡皮——类似于橡皮擦的功能，可以擦除画布上的内容。

2. 图像工具

SnagIt“图像”包含 15 类功能，其功能界面如图 7-3-11 所示。

图 7-3-11 图像修饰功能

(1) 修剪——删除捕获中不需要的区域。

(2) 删去——删除一个垂直或水平的画布选取，并把剩下的部分合而为一。

(3) 修剪——自动从捕获的边缘剪切所有未改变的纯色区域。

(4) 旋转——向左、向右、垂直、水平翻转画布。

(5) 调整大小——改变图像或画布的大小。

(6) 画布颜色——选择用于捕获背景的颜色。

(7) 边框——添加、更改、选择画布四周边界的宽度或颜色。

(8) 效果——在选定画布的边界四周添加阴影、透视或修改特效。

(9) 边缘——在画布四周添加一个边缘特效。

(10) 模糊——将画布的某个区域进行模糊处理。

(11) 灰度——将整个画布变成黑白。

(12) 水印——在画布上添加一个水印图片。

(13) 颜色效果——为画布上的某个区域添加、修改颜色特效。

(14) 过滤——为画布上的某个区域添加特定的视觉效果。

(15) 聚光灯与放大——放大画布选定区域，或模糊非选定区域。

3. 热点工具

SnagIt“热点”包含 4 类功能，其功能界面如图 7-3-12 所示。

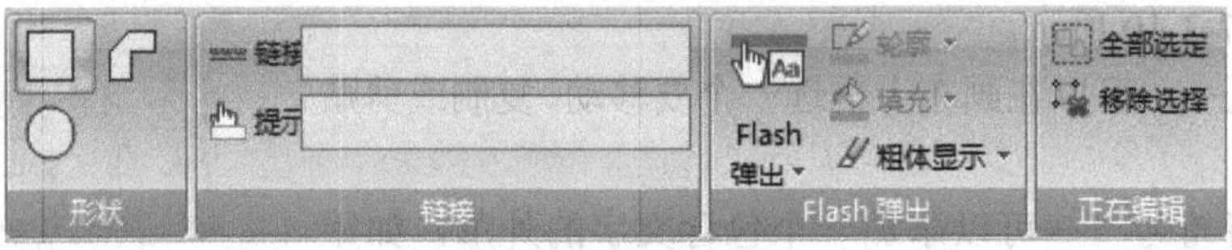

图 7-3-12 热点功能

(1) 形状——访问网络地址或显示弹出文本框及图形。

(2) 链接——设置一个跳转的网址链接。

(3) Flash 弹出——鼠标停留在热点上显示的弹出文字或图片。

(4) 正在编辑——热点上的选定与删除。

4. 标签工具

SnagIt“标签”包含 9 种，分别是重要、趣味、想法、错误、私人、发送、跟进、财务及酷图，可以在图像下方加上不同的标签，其功能界面如图 7-3-13 所示。

图 7-3-13 标签功能

5. 查看工具

SnagIt 的“查看”包含 5 类功能，其功能界面如图 7-3-14 所示。

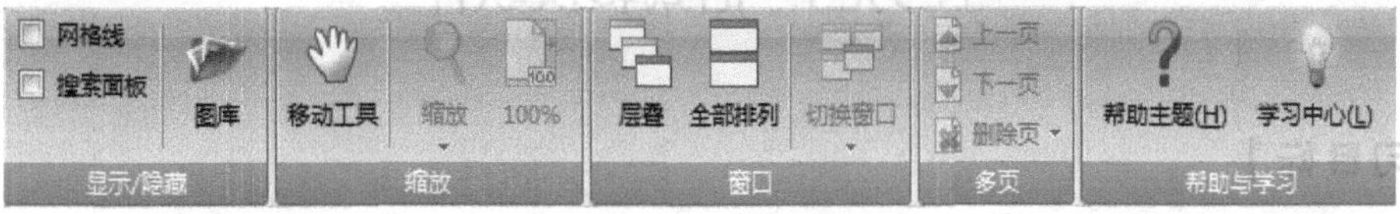

图 7-3-14　查看功能

(1) 显示/隐藏——查找、查看、管理图像文本及视频文件。

(2) 缩放——对画布上的图像进行缩放操作。

(3) 窗口——对于软件中的窗口进行层叠、排列或切换操作。

(4) 多页——分页查看或删除页。

(5) 帮助与学习——提供帮助主题。

6. 发送

SnagIt“发送”包含 2 类功能，可以将捕获的图像直接发送到电子邮件、FTP 服务器、程序(例如 Photoshop 等)、剪贴板和其他类型的输出附件中，其功能界面如图 7-3-15 所示。

图 7-3-15　发送功能

【课堂练习】

(1) 使用 SnagIt 9 捕获一幅静态图像。

(2) 使用 SnagIt 9 捕获一幅网页图像。

(3) 使用 SnagIt 9 捕获文本。

(4) 使用 SnagIt 9 记录屏幕视频。

【知识扩展】

Word 屏幕截图是 Microsoft Word 2010 的新增功能，Word 软件以前的版本没有此功能。用户可以将已经打开且未处于最小化状态的窗口截图插入到当前 Word 文档中。需要注意的是，“屏幕截图”功能只能应用于文件扩展名为.docx 的 Word 2010 文档中，在文件扩展名为.doc 的兼容 Word 文档中是无法实现的。

操作步骤：

(1) 将准备插入到 Word 2010 文档中的窗口处于非最小化状态，然后打开 Word 2010 文档窗口，切换到“插入”功能区。在“插图”分组中单击“屏幕截图”按钮。

(2) 打开“可用视窗”面板，Word 2010 将显示智能监测到的可用窗口。单击需要插入截图的窗口即可。

如果用户仅仅需要将特定窗口的一部分作为截图插入到 Word 文档中，则可以只保留该特定窗口为非最小化状态，然后在“可用视窗”面板中选择“屏幕剪辑”命令。

进入屏幕裁剪状态后，拖动鼠标选择需要的部分窗口，即可将其截图插入到当前 Word 文档中。

任务四　格式转换软件

【学习目标】

(1) 图形文件格式的转换。
(2) 音频文件格式的转换。
(3) 视频文件格式的转换。

【相关知识】

格式工厂：一款功能强大的文件格式转换软件，能够进行图形、音频、视频文件的格式转换。

【任务说明】

学会使用格式工厂软件，能进行文档的文件格式的转换。

【任务实施】

有时候软件无法打开某一文件，但又急需打开，这时候就需要转换文件的格式。格式工厂(Format Factory)是一款多功能的多媒体文件格式转换软件，可以实现大多数视频、音频和图像文件不同格式之间的相互转换；还可以设置文件输出配置，增添数字水印等。

下载并安装格式工厂软件后，桌面会产生格式工厂的快捷方式  图标。双击该图标，即可打开格式工厂软件，如图 7-4-1 所示。

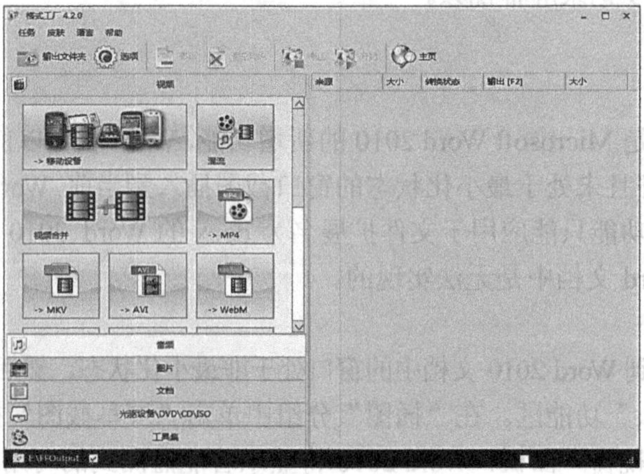

图 7-4-1　格式工厂主界面

格式工厂可以将常见的视频文件转换成需要的视频格式，例如 AVI 格式压缩成 FLV 格式。当然，格式工厂也可以将常见的音频文件转成需要的音频格式，将常见的图片文件转化成需要的图片格式。这里重点介绍视频文件格式的转换，其他文件格式转换和视频文件格式转换类似。

一、视频转换使用方法

(1) 打开格式工厂主界面，然后选择需要转换的视频格式(如图 7-4-1 所示)。

该软件提供视频格式转换、音频格式转换和图片格式转换，在界面上有相应按钮。默认为第一项视频格式转换。界面上显示的格式是要转换成的格式，比如“MP4”按钮，表示可以把常见格式的视频文件转换为 MP4 格式的视频文件。

要将其他格式的视频转换成 MP4 格式的，那么只要点击 MP4 图标即可，然后就会弹出转换的操作设置界面，如图 7-4-2 所示。

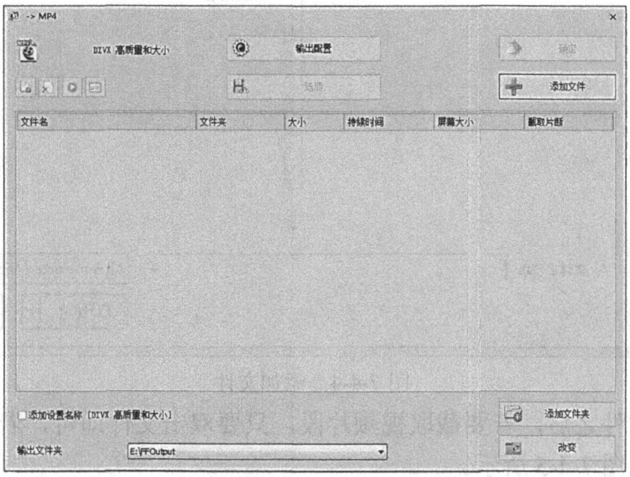

图 7-4-2　视频转换

在这里还可以选择输出文件存放地址，默认为 D:\FFOUTPUT。

(2) 点击输出配置，在输出配置选项里可以选择视频的质量和大小、字母、背景音乐等，可以根据需要进行选择设置，直接确定的属于默认(缺省)设置，默认设置的视频参数(如帧频、比特率等)与原视频参数一致。如果需要视频合并，最好先右击视频文件看看视频属性，在软件中设置视频参数与要合并的视频参数一致，如图 7-4-3 所示。

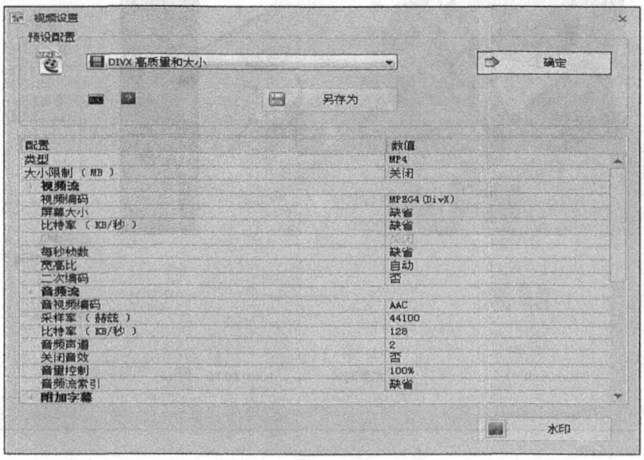

图 7-4-3　视频参数

(3) 转换单个文件就选择添加文件，也可以一次选择添加多个视频文件，如图 7-4-4 所示。

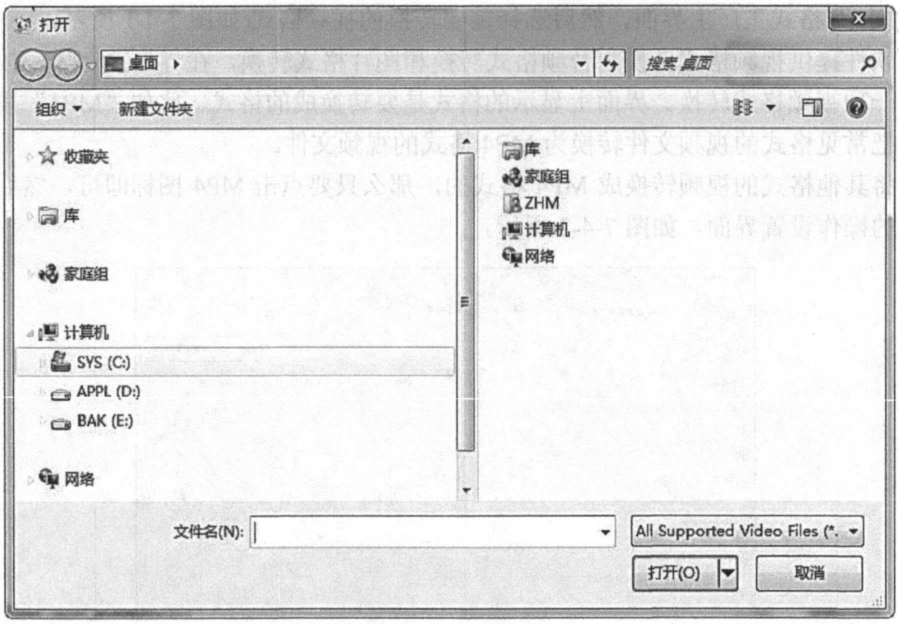

图 7-4-4　添加文件

添加完视频文件之后，若要截取视频片段，只要双击文件即可，若不截取，直接点击“确定”即可，如图 7-4-5 所示。

在这里，可以选取相应的时间段对视频进行截取。

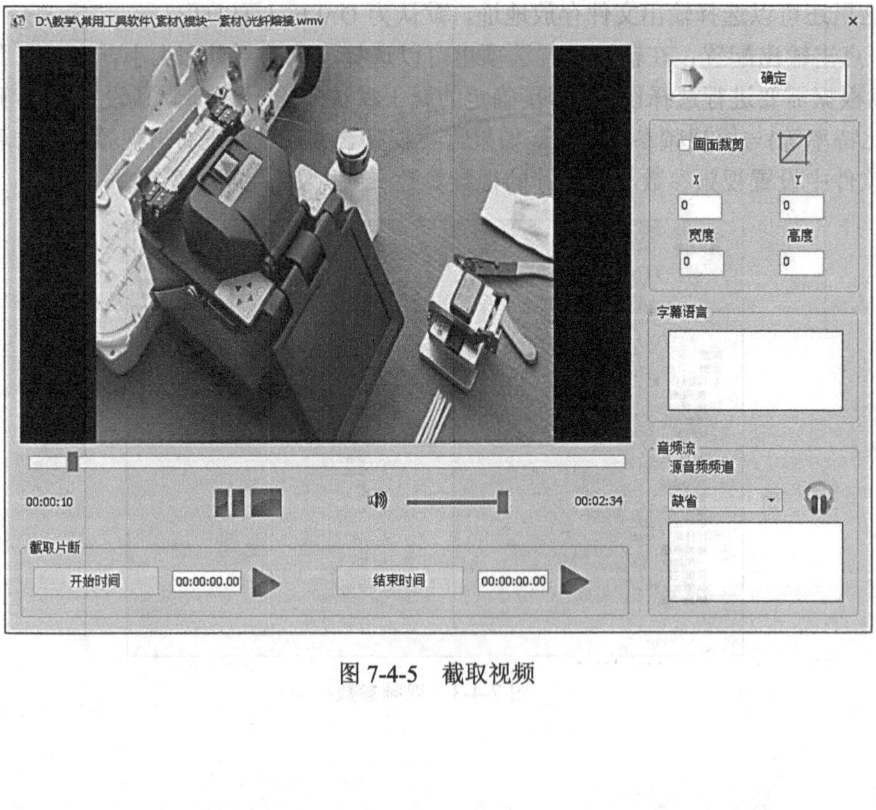

图 7-4-5　截取视频

(4) 点击“确定”按钮回到初始界面，如图 7-4-6 所示。

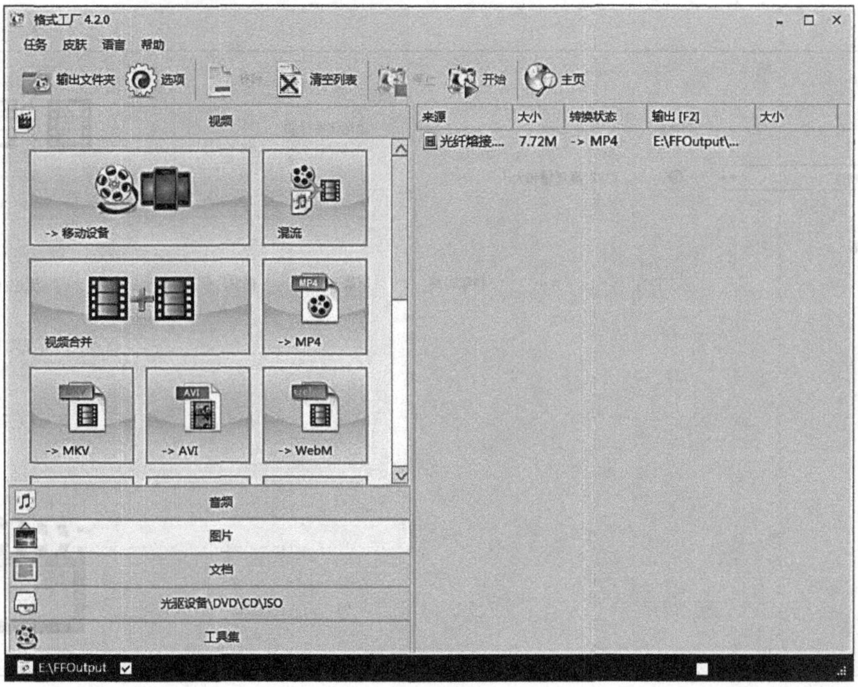

图 7-4-6　初始界面

点击【开始】按钮，就开始转换了，然后在转换状态栏会出现进度条，方便我们查看。转换状态显示完成之后，点击界面的输出文件夹，就可以找到转换完成的视频。

二、合并视频

(1) 打开格式工厂，单击下面的“工具集”选项按钮，弹出工具集选项对话框，如图 7-4-7 所示。

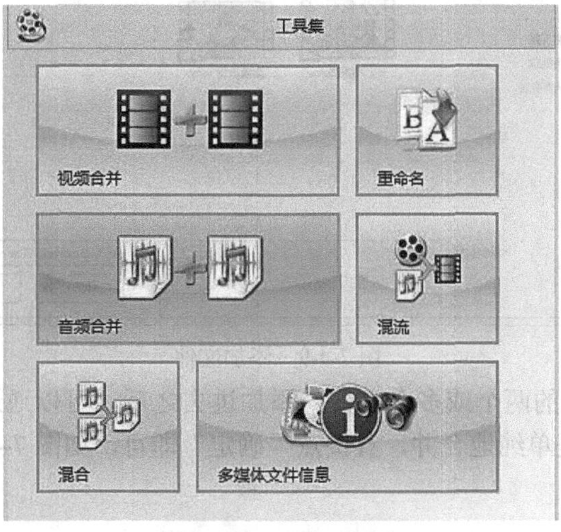

图 7-4-7　工具集界面

(2) 之后可以看到高级的功能，选择“视频合并”，即可弹出视频合并对话框，如图 7-4-8 所示。

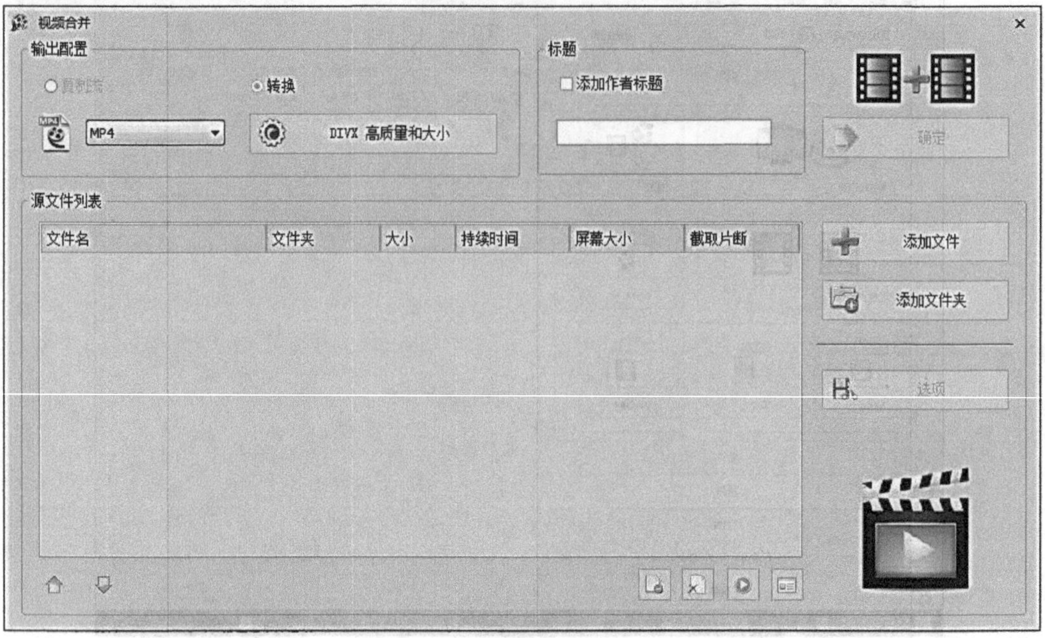

图 7-4-8　视频合并输出配置

(3) 在输出配置窗口添加要合并的文件，点击“添加文件”。要合并某个文件夹中的所有视频，可点击添加文件夹，弹出添加文件对话框，如图 7-4-9 所示。

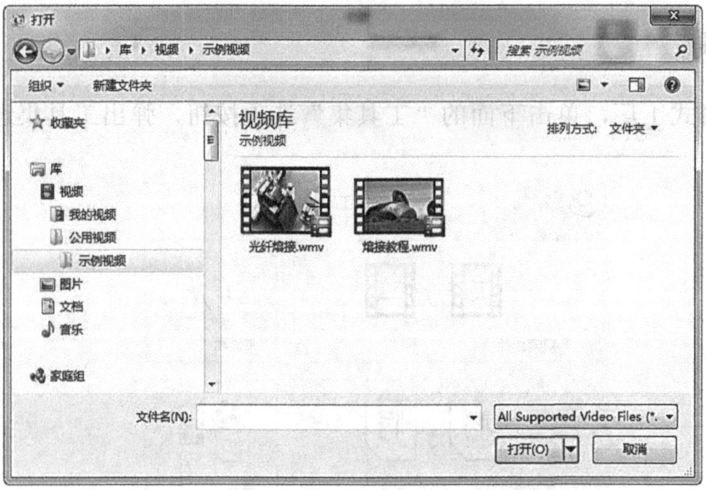

图 7-4-9　添加文件

(4) 找到想要合并的两个或多个文件，添加进去之后，可以通过选项设置视频的开始和结束时间，如果只是单纯地合并，直接点“确定”即可，如图 7-4-10 所示。

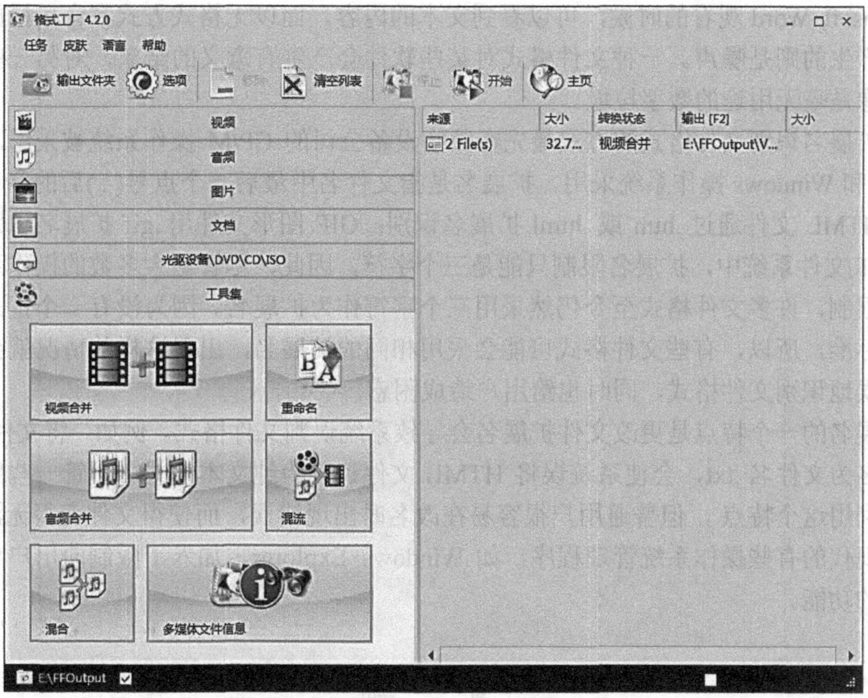

图 7-4-10 视频合并

(5) 回到主界面，看到了刚刚建立的任务，点击工具栏的【开始】按钮，格式工厂便开始合并添加的多个视频，等待任务的完成。

(6) 任务完成进度达到“100%”之后，右击任务，在弹出的菜单中选择“打开输出文件夹”，就可以查看合并完成之后的视频了。

【课堂练习】

(1) 进行图片的格式转换。

(2) 为视频文件加水印。

(3) 将视频的 AVI 文件转换为 MP4 文件格式。

【知识扩展】

文件格式(或文件类型)是指电脑为了存储信息而使用的对信息的特殊编码方式，是用于识别内部储存的资料。比如，有的储存图片，有的储存程序，有的储存文字信息。每一类信息都可以以一种或多种文件格式保存在电脑存储器中。每一种文件格式通常会有一种或多种扩展名，可以用来识别，但也可能没有扩展名。扩展名可以帮助应用程序识别文件格式。

有些文件格式被设计用于存储特殊的数据，例如：图像文件中的 JPEG 文件格式仅用于存储静态的图像；而 GIF 既可以存储静态图像，也可以存储简单动画；Quicktime 格式则可以存储多种不同的媒体类型。再如文本类的文件：text 文件一般仅存储简单没有格式的 ASCII 或 Unicode 文本；HTML 文件则可以存储带有格式的文本；PDF 格式则可以存储内容丰富、图文并茂的文本。

同一个文件格式，用不同的程序处理，可能产生截然不同的结果。例如 Word 文件，用 Microsoft Word 观看的时候，可以看到文本的内容，而以无格式方式在音乐播放软件中播放，产生的则是噪声。一种文件格式对某些软件会产生有意义的结果，对另一些软件来说，就像是毫无用途的数字垃圾。

用扩展名识别文件格式的方式最先在数字设备公司的 CP/M 操作系统被采用，而后又被 DOS 和 Windows 操作系统采用。扩展名是指文件名中最后一个点号(.)后的字母序列。例如：HTML 文件通过 .htm 或 .html 扩展名识别；GIF 图形文件用 .gif 扩展名识别。在早期的 FAT 文件系统中，扩展名限制只能是三个字符，因此，尽管绝大多数的操作系统已不再有此限制，许多文件格式至今仍然采用三个字符作为扩展名。因为没有一个正式的扩展名命名标准，所以，有些文件格式可能会采用相同的扩展名，出现这样的情况就会使操作系统错误地识别文件格式，同时也给用户造成困惑。

扩展名的一个特点是更改文件扩展名会导致系统误判文件格式。例如，将文件名 .html 简单改名为文件名 .txt，会使系统误将 HTML 文件识别为纯文本格式。尽管一些熟练的用户可以利用这个特点，但普通用户很容易在改名时出现错误，而使得文件变得无法使用。因此，现代的有些操作系统管理程序，如 Windows Explorer，加入了限制向用户显示文件扩展名的功能。

习　题

一、选择题

1. WinZip 和 WinRAR 除了都具有压缩、解压缩文件的功能外，还具有的共同功能是(　　)。

A. 对压缩文件设置密码　　B. 修复损坏的压缩包
C. 编辑文件　　D. 重命名和移动文件

2. 在 WinRAR 的“档案文件名字和参数”对话框中，通过选中(　　)选项来生成压缩后的 exe 文件，这样一来，即使在没有 WinRAR 的计算机上也可以对该文档进行解压。

A. 创建自释放格式档案文件　　B. 创建固定档案文件
C. 测试档案文件　　D. 锁定档案文件

3. (　　)是一个文件和目录的集合，且这个集合也被存储在一个文件夹中。但它的存储方式使其所占用的磁盘空间减少。

A. 压缩文件　　B. 系统文件　　C. 应用文件　　D. 优化文件

4. WinRAR 是一个强大的压缩文件管理工具。它提供了对 RAR 和 ZIP 文件的完整支持，不能解压(　　)格式文件。

A. CAB　　B. ARP　　C. LZH　　D. ACE

5. 在 WinRAR 的“压缩文件名和参数”对话框中，可以设置密码的选项是(　　)。

A. 常规　　B. 高级　　C. 文件　　D. 备份

6. 以下关于格式工厂的说法不正确的是(　　)。

A. 支持 DVD 转换到视频文件　　B. 支持 DVD/CD 转换到 ISO/CSO

C. 刻录 ISO 镜像光盘　　D. 支持 ISO 与 CSO 互换

7. 使用格式工厂进行视频格式转换，不能进行的设置是(　　)。

A. 截取视频片段　　B. 进行画面裁剪

C. 设置输出画面的大小　　D. 调整多个文件的上下次序

8. 以下关于格式工厂的说法不正确的是(　　)。

A. 可以进行音频合并　　B. 可以进行视频合并

C. 可以进行图片合并　　D. 可以进行音视频合并

9. 使用 SnagIt 进行屏幕捕捉时，如果希望捕捉一个菜单的一部分菜单选项，应该使用(　　)。

A. 屏幕模式　B. 区域模式　C. 窗口模式　D. 活动窗口模式

10. SnagIt 提供的捕获对象为(　　)。

A. 【视频捕获】、【图像捕获】、【音频捕获】、【文字捕获】和【网络捕获】

B. 【图像捕获】、【文字捕获】、【视频捕获】、【网络捕获】和【打印捕获】

C. 【图像捕获】、【音频捕获】、【网络捕获】、【视频捕获】和【打印捕获】

D. 【视频捕获】、【文字捕获】、【音频捕获】、【网络捕获】和【打印捕获】

二、简答题

(1) EasyRecovery 可以修复哪些类型的误操作？

(2) EasyRecovery 的主要功能特征有哪些？

参 考 文 献

[1] 冯寿鹏，等. 计算机信息技术基础[M]. 西安：西安电子科技大学出版社，2014.
[2] 冯寿鹏，等. 实用办公软件[M]. 西安：西安电子科技大学出版社，2014.
[3] 兰顺碧，李战春，胡兵，等. 大学计算机基础[M]. 3 版. 北京：人民邮电出版社，2012.
[4] 黄良永. 办公软件 Office 高级应用教程(项目式)[M]. 北京：人民邮电出版社，2011.
[5] 杨兰芳. 大学计算机应用基础[M]. 北京：北京邮电大学出版社，2013.
[6] 甘勇，尚展垒，陈慧，等. 大学计算机基础实践教程[M]. 北京：人民邮电出版社，2009.